U0178036

江苏省高等学校重点教材

电工电子基础课程系列教材

电工技术基础

（第4版）

黄锦安　陈胜垚　蔡小玲　徐行健　李　竹　编著

电子工业出版社

Publishing House of Electronics Industry

北京·BEIJING

内 容 简 介

本书共 11 章,主要包括电路的基本概念和基本定律、电路的分析方法、正弦交流电路、三相交流电路、电路的频率特性、电路的暂态分析、磁路和变压器、异步电动机、继电-接触器控制、直流电动机和可编程控制器。

本书符合教育部高等学校电子电气基础课程教学指导分委员会制定的"电工学"课程教学基本要求,是"十二五"江苏省高等学校重点教材(编号:2014-1-156)、"十四五"江苏省高等学校重点教材(编号 2021-1-067)。

本书可作为高等学校非电类专业和其他工科专业的教材,也可供有关工程技术人员参考。

图书在版编目(CIP)数据

电工技术基础/黄锦安等编著. —4 版. —北京:电子工业出版社,2023.9
ISBN 978-7-121-46382-2

Ⅰ. ①电… Ⅱ. ①黄… Ⅲ. ①电工技术-高等学校-教材 Ⅳ. ①TM

中国国家版本馆 CIP 数据核字(2023)第 176649 号

责任编辑:韩同平

印　　刷:三河市君旺印务有限公司
装　　订:三河市君旺印务有限公司
出版发行:电子工业出版社
　　　　　北京市海淀区万寿路 173 信箱　邮编:100036
开　　本:787×1092　1/16　印张:18.5　字数:592 千字
版　　次:2004 年 9 月第 1 版
　　　　　2023 年 9 月第 4 版
印　　次:2023 年 9 月第 1 次印刷
定　　价:69.90 元

凡所购买电子工业出版社图书有缺损问题,请向购买书店调换。若书店售缺,请与本社发行部联系,联系及邮购电话:(010)88254888,88258888。

质量投诉请发邮件至 zlts@phei.com.cn,盗版侵权举报请发邮件至 dbqq@phei.com.cn。

本书咨询联系方式:88254525,hantp@phei.com.cn。

第 4 版前言

本书符合教育部高等学校电子电气基础课程教学指导分委员会制定的"电工学"课程教学基本要求,可作为高等学校非电类专业"电工学"课程的教材或教学参考书。

本书自 2004 年第 1 版出版以来,在南京理工大学及多所高校的本科教学中长期使用,教学效果好,先后获评兵工高校优秀教材一等奖(国防科工委)、江苏省高等学校精品教材、"十二五"江苏省高等学校重点教材(编号:2014-1-156)、"十四五"江苏省高等学校重点教材(编号 2021-1-067)。

本书具有以下特点:

1. 强调基本概念和基本原理,辅以每节的思考与练习,以便为读者打下扎实的电工技术理论基础。

2. 注重科学性和教学适用性的有机结合,例题和习题的类型全面多样,可供读者灵活选择。

3. 可根据专业或课程学时数的不同取舍内容,以满足不同层次学生的学习需求。

4. 加强应用性,通过工程应用实例,将电工技术理论与工程实际应用相结合,可帮助读者学以致用。

5. 适应互联网+、新的教学模式(如线上、线下及混合式教学模式等),以及教育部虚拟教研室建设点(南京理工大学"电工电子课程群虚拟教研室")的建设需要。

本次修订重点增添各章节的基本知识点教学视频、综合知识点习题进阶训练的教学视频,并以二维码形式嵌入教材,较丰富的教学视频资源,可更好地服务学习者;每节增加思考与练习,帮助学习者夯实基础;对各章习题重新审定,进行增减,以满足不同层次学生的学习需求,并帮助他们提高分析问题、解决问题的能力。

本书传承了南京理工大学"电路电工"教学团队优良的教学传统,文字教材全面系统,教学视频严谨规范,教学课件细致美观。参加本教材编写的有南京理工大学电子工程与光电技术学院黄锦安(第 1 章)、陈胜垚(第 2、6、7 章)、蔡小玲(第 3、4、5、8 章)、徐行健(第 9、10、11 章)。教学视频由陈胜垚、李竹、蔡小玲、黄锦安拍摄,教学课件由李竹制作。全书经黄锦安修改和定稿。本书修订过程中,孙宪君教授仔细审阅了全部书稿,并提出很多宝贵意见,在此表示深切的谢意。同时,对本书所引用参考文献的全体作者,表达深深感谢。

限于编者水平,书中的不足与错误之处,希望使用本书的读者和教师给予批评指正。作者电子邮箱:circuitnjust@126.com。

目　　录

第1章 电路的基本概念与基本定律

本章介绍电路的基本概念与基本定律。它们源于物理,但又不同于物理。本章内容主要有电路模型的概念,电流、电压及其参考方向;重点介绍电路有源元件——电压源和电流源,以及基尔霍夫定律。此外,对电路的状态、电位的计算等电工技术中常遇到的一些问题,在本章也进行了说明。

本章内容将贯穿整个电路分析的始终,必须深刻理解,熟练掌握。

1.1 电路和电路模型

现代社会中,电路几乎处处可见。电路是电流的通路,是根据特定需要,由相应的电工设备或电气元件按一定方式连接而成的。

1.1.1 电路的作用

实际电路的结构形式和所能完成的任务是多种多样的。电路的作用主要有以下几方面。

1.1

1. 实现能量的传输与转换

最简单的电路就是白炽灯照明电路,如图 1.1-1 所示。它是把电池的能量,经过导线的传输,送到白炽灯(统称负载),使之完成能量的转换。

图 1.1-2 所示是一个较为复杂的电力系统示意图。虽然它具有较多的电气设备,电路结构也比较复杂,但其基本作用仍然是进行能量的传输与转换。图 1.1-2 中,发电机部分称为电源,电灯、电动机、电炉等称为负载,其余部分如变压器、输电线、保护设备等用于连接电源与负载部分,称为中间环节。

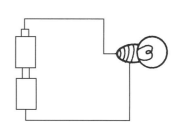

图 1.1-1 白炽灯照明电路

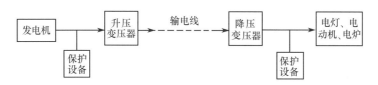

图 1.1-2 电力系统示意图

2. 进行信号的传递与处理

在电子技术和非电量的测量中,常会遇到一些用于传递和处理信息(例如语言、音乐、图像、压力、温度等)的电路。如扩音机电路,其电路示意图如图1.1-3所示。它的工作原理是话筒把接收的语言和音乐等信息转换为相应的电流和电压,即电信号,而后通过电路传递给扬声器,再把电信号转换为语言或音乐。话筒接收的信号往往很弱,因此中间还要用放大器将其放大。信号的这种转换、传递和放大过程就是信号的传递和处理过程。

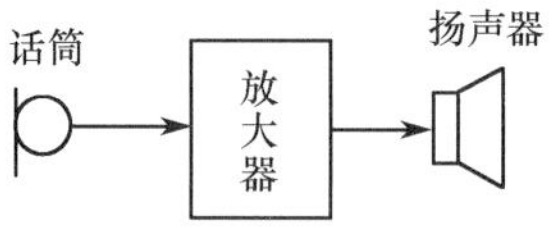

图 1.1-3 扩音机电路示意图

在图1.1-3中,话筒将接收的语言或音乐的声波信号转换为电信号输出,这种设备称之为信号源。扬声器是接收和转换信号的装置,也就是负载。

3. 进行信息的存储

例如计算机的存储器电路,可以存放数据、程序等。

1.1.2 电路的组成与模型

一个基本的电路通常由电源、负载、中间环节等组成。

电源是产生电能和电信号的装置,如各种发电机、稳压电源、信号源等。

负载是取用电能并将其转换为其他形式能量的装置,如电灯、电动机、电炉、扬声器等。

中间环节是传输、控制电能或信号的部分,如连接导线、控制电路、保护电路、放大电路等。

电工设备和电气元器件的种类很多,即便是很简单的实际元器件,在工作时所发生的物理现象也是很复杂的。例如一个实际的线绕电阻器有电流通过时,它除了对电流呈现阻力,还在导线周围产生磁场,因而兼有电感的性质;在线匝之间还会存在电场,因而又兼有电容的性质。这些现象在高频电路中是绝不能忽视的。又如连接导线总会有电阻,甚至还有电感和电容,所以直接对实际元器件和设备组成的电路进行分析和研究,往往是困难的,有时还是不可能的。为了便于对电路进行分析计算,常常将实际元器件加以理想化,即忽略它的次要性质,用一个足以表征其主要物理性质的"模型"(或称理想元件)来表示。电路模型具有以下特点:首先每一种电路模型所反映的物理性质可以用数学表达式精确地描述;其次任何一个实际元件中所发生的物理现象都可用各种电路模型的适当组合来表示。

理想电路元件主要有电阻元件、电感元件、电容元件、独立源与受控源等。电阻元件是一种只表示消耗电能并将其转换为热能或其他形式能量的元件,用 R 表示,图形符号如图1.1-4(a)所示。电感元件是一种表示储存磁场能量的元件,用 L 表示,图形符号如图1.1-4(b)所示。电容元件是一种表示储存电场能量的元件,用 C 表示,图形符号如图1.1-4(c)所示。理想电压源是一种表示电压恒定、其内阻为零的独立源元件,图形符号如图1.1-4(d)所示。理想电流源是一种表示电流恒定、其内电导为零(即内阻为无限大)的独立源元件,图形符号如图1.1-4(e)所示。

引入了电路模型,那么图1.1-1所示的实际电路就可以用相应的电路模型来表示,如图1.1-5所示。

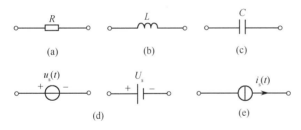

图 1.1-4 理想电路元件

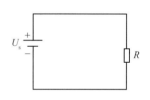

图 1.1-5 图 1.1-1 的电路模型

应当指出的是,图 1.1-5 中连接导线的电阻是忽略的,看作理想导体。本书后面章节所讨论的电路都是电路模型。

当对一个电路进行分析时,就是在已知电路结构、元器件参数和激励形式的条件下,去确定电路的响应,这将涉及电流、电压、电动势及功率和能量等物理量的概念。

思考与练习

1.1-1 电路由几部分组成?电路的作用有哪些?

1.1-2 由实际电路抽象而成的电路模型唯一吗?

1.1-3 实际的电路元器件与理想元件的关系是什么?

1.2 电路的基本物理量及其参考方向

1.2.1 电流

电路的基本物理量之一是电流强度,简称为电流,用符号 i 表示。电流强度在数值上等于单位时间 $\mathrm{d}t$ 内通过某导体横截面的电荷量 $\mathrm{d}q$,即

$$i = \mathrm{d}q/\mathrm{d}t \qquad (1.2\text{-}1)$$

式(1.2-1)表示电流是随时间而变化的,是电流的瞬时值表达式。

当电流不随时间变化时称为直流电流,用 I 表示。此时

$$I = q/t \qquad (1.2\text{-}2)$$

1.2

式中,q 的单位是库(C);t 的单位是秒(s);I 与 i 的单位是安培,简称安(A)。

电流的辅助量纲有千安(kA)、毫安(mA)和微安(μA),它们的关系是

$$1\,\mathrm{kA} = 10^3\,\mathrm{A}, \quad 1\,\mathrm{mA} = 10^{-3}\,\mathrm{A}, \quad 1\,\mu\mathrm{A} = 10^{-6}\,\mathrm{A}$$

在物理学中规定:正电荷的运动方向为电流的方向(实际方向)。但在复杂的直流电路分析中,有时对某一段电路中电流的实际方向很难判断。而在交流电路中,电流的实际方向又是不断变化的,因此很难在电路中标出电流的实际方向。由于这些原因,引入了"电流的参考方向"这个重要概念。

在一段电路中,可以在连接导线上任意选定一个箭头方向作为电流的参考方向。当然所选定的参考方向,并不一定就是电流的实际方向。把电流看成是一个代数量,当电流为正值($i>0$)时,则表示电流的实际方向与所选定的电流的参考方向相同[见图 1.2-1(a)];当电流为负值($i<0$)时,则表示电流的实际方向与所选定的电流的参考方向相反[见图 1.2-1(b)]。

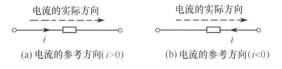

(a) 电流的参考方向($i>0$)   (b) 电流的参考方向($i<0$)

图 1.2-1 说明电流参考方向的图

因此电路中的电流,在选定的参考方向下,经过电路的计算所得电流的正负值就反映出电流的实际方向。显然,在未选定电流的参考方向的情况下,电流的正负值是没有意义的。

1.2.2 电压与电动势

电路的另一个基本物理量就是电压。由物理学可知,电荷在电场力的作用下产生电流。

电荷在移动过程中会发生能量的转换,使电荷失去能量。例如图1.2-2所示电路接通时就有电流 i 产生。电场力将单位正电荷由电路的端点A经过电阻R移动到另一端点B所做的功,定义为该两点之间的电压 u_{AB}。

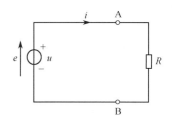

$$u_{AB} = dw/dq \qquad (1.2\text{-}3)$$

式中,dw 为电荷 dq 移动过程中所做的功,单位为焦耳(J);电压的单位为伏特,简称伏(V)。

图1.2-2　电压与电动势的参考方向

电压的辅助单位有千伏(kV)、毫伏(mV)、微伏(μV),它们的关系是

$$1 \text{ kV} = 10^3 \text{ V}, \quad 1 \text{ mV} = 10^{-3} \text{ V}, \quad 1 \text{ μV} = 10^{-6} \text{ V}$$

由上述基本定义可知:正电荷在A点所具有的能量高,在B点所具有的能量低。因此我们说A点的电位高表示为正极,B点的电位低表示为负极。将A、B两点之间的电压称为A、B两点间的电位差。即

$$u_{AB} = u_A - u_B \qquad (1.2\text{-}4)$$

式中,u_A 为A点的电位;u_B 为B点的电位。

规定从高电位端指向低电位端的方向为电压的实际方向,即为电位降低的方向。

在图1.2-2中,如果单位正电荷由B点经过电源内部移动到A点时,正电荷获得能量。此时由其他形式的能量转换为电能量,则必有局外力(电源力)对正电荷做功,使它从低电位移到高电位。这种局外力对正电荷做的功称为电源电动势。电源电动势 e 在数值上等于局外力(电源力)把单位正电荷由电源的低电位端B,经过电源内部移动到高电位端A所做的功。电动势的单位和电压一样用伏(V)表示。

规定在电源内部由低电位端指向高电位端的方向为电动势的实际方向,即为电位升高的方向。

如同需要为电流规定参考方向一样,也需要为电压与电动势规定参考方向(也称为参考极性)。

电压与电动势的参考方向,一般可任意选定。在电路图中通常有两种标定方法:一种是用"+"、"−"极性表示,称为参考极性,如图1.2-3(a)所示;另一种是用带箭头的短线表示,称为参考方向,如图1.2-3(b)所示。当然也可以把电压用"+"、"−"极性,电动势用带箭头的短线表示,如图1.2-3(c)所示。在书写时也可以用双下标表示,如 u_{AB} 则表示电压的参考方向为由A点指向B点。用电压、电动势代数值的正负并结合参考方向可表示其实际方向。当电压或电动势为正值时,则实际方向与参考方向一致;当电压或电动势为负值时,则实际方向与参考方向相反。

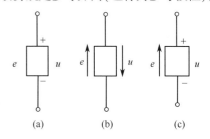

图1.2-3　电压、电动势
参考方向的表示法

在电路的分析与计算中,电流、电压与电动势的参考方向可以任意标定,但一经标定,电路方程的列写就必须在标定的参考方向下进行,不应改变。

对一段电路或一个元件上电压的参考方向和电流的参考方向可以独立地任意选定。若选定的电流参考方向从标有电压"+"极性的一端流入,而从标有电压"−"极性的一端流出,则电流的参考方向与电压的参考方向选得一致。这种情况称为关联参考方向,如图1.2-4所示。采用关联参考方向,在未加说明的情况下,只要选定一段电路的电压或者电

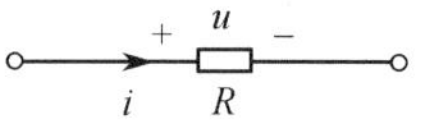

图1.2-4　电压与电流的
关联参考方向

流任何一个物理量的参考方向后,另一个物理量的参考方向也就随之而定了。

1.2.3 功率

由前所述,正电荷从电路中的 A 点经元件移到 B 点时,将失去能量或得到能量。若 A 点为元件电压的"+"极,B 点为元件电压的"−"极,则正电荷释放能量,即此元件吸收能量;若 A 点为元件电压的"−"极,B 点为元件电压的"+"极,则正电荷获得能量,即此元件向外释放能量。因此元件吸收的能量可以根据电压的定义,由式(1.2-3)得

$$dw = udq$$

根据电流的定义,由式(1.2-1)得

$$dq = idt$$

于是在电压、电流的关联参考方向条件下,如图 1.2-4 所示,该元件在 dt 时间内吸收的能量为

$$dw = uidt$$

式中,dw 的单位为焦耳,简称焦(J)。

该元件吸收能量的速率,即吸收的功率为

$$p = dw/dt = ui \tag{1.2-5}$$

功率的单位为瓦特,简称瓦(W)。辅助单位有千瓦(kW)和毫瓦(mW),它们的关系是

$$1\,kW = 10^3\,W, \quad 1\,mW = 10^{-3}\,W$$

元件采用关联参考方向后,可以用式(1.2-5)计算元件的功率。由于电压、电流均为代数量,所以计算得到的功率也是一个代数量,若 $p>0$,则表示该元件吸收功率;若 $p<0$,则表示该元件产生功率。

若采用非关联参考方向,如图 1.2-5 所示。由于此时电流为关联参考方向时电流的负值,因此在应用功率计算公式时,前面应加一个负号,即

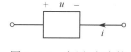

图 1.2-5 电压、电流的非关联参考方向

$$p = -ui \tag{1.2-6}$$

若用式(1.2-6)计算所得的功率 $p>0$,则表示该元件吸收功率;若计算所得的功率 $p<0$,则表示该元件产生功率。

[**例 1.2-1**] 计算图 1.2-6(a)~(d)所示各元件的功率,并判别该元件是吸收功率还是产生功率。

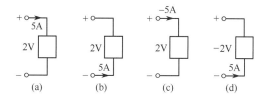

图 1.2-6 例 1-1 的电路

解:① 对图 1.2-6(a)所示元件,u 与 i 为关联参考方向,则

$$p = ui = (2\times5)\,W = 10\,W$$

$p>0$,表示该元件吸收功率。

② 对图 1.2-6(b)所示元件,u 与 i 为非关联参考方向,则

$$p = -ui = -(2\times5)\,W = -10\,W$$

$p<0$,表示该元件产生功率。

③ 对图 1.2-6(c)所示元件,u 与 i 为关联参考方向,则

$$p=ui=\left[2\times(-5)\right]\ \text{W}=-10\ \text{W}$$

$p<0$,表示该元件产生功率。

④ 对图 1.2-6(d)所示元件,u 与 i 为非关联参考方向,则

$$p=-ui=-\left[(-2)\times5\right]\ \text{W}=10\ \text{W}$$

$p>0$,表示该元件吸收功率。

思考与练习

1.2-1　电流、电压的参考方向是为了便于电路计算提出的假定方向,如何根据计算结果,判定电流、电压的实际方向?

1.2-2　当 $u<0$ 时,能判断电压的实际方向吗?

1.2-3　选定参考方向后,若 $i>0$,能说明电流的实际方向与参考方向一致吗?

1.2-4　电压与电流的关联参考方向是针对一段电路提出的,能否放到一个回路中讨论,试说明之。

1.2-5　任意一段电路吸收的功率均可用公式 $p=ui$ 计算吗?

1.3　电 阻 元 件

电阻元件是从实际电阻器抽象出来的电路模型,是一种二端元件。以电流为横坐标,以电压为纵坐标所形成的平面称为 i-u 平面。电阻元件的电压与电流之间的关系,可以用此平面上的一条曲线表示。这条曲线称为电阻元件的伏安特性曲线。线性电阻元件的伏安特性曲线是通过原点的一条直线,如图 1.3-1(b)所示。即在任何时刻,它两端的电压与通过它的电流的关系服从欧姆定律,则称为线性电阻元件。图 1.3-1(a)所示电阻元件的电压、电流为关联参考方向,则有

1.3

$$u=Ri \tag{1.3-1}$$

在直流电路中　　　　$U=RI$　　　　$(1.3-2)$

式中,R 为电阻元件的阻值。R 的单位为欧姆,简称欧(Ω),它的辅助单位有千欧($k\Omega$)和兆欧($M\Omega$),它们的关系是

$$1\ k\Omega=10^{3}\ \Omega,\quad 1\ M\Omega=10^{6}\ \Omega$$

式(1.3-1)、式(1.3-2)称为欧姆定律。

电阻元件也可以用另一个参数——电导来表示,其定义为

$$G=1/R \tag{1.3-3}$$

电导的单位是西门子,简称西(S)。

式(1.3-2)也可以写成　　　$I=GU$　　　$(1.3-4)$

式(1.3-4)称为欧姆定律的另一种形式。

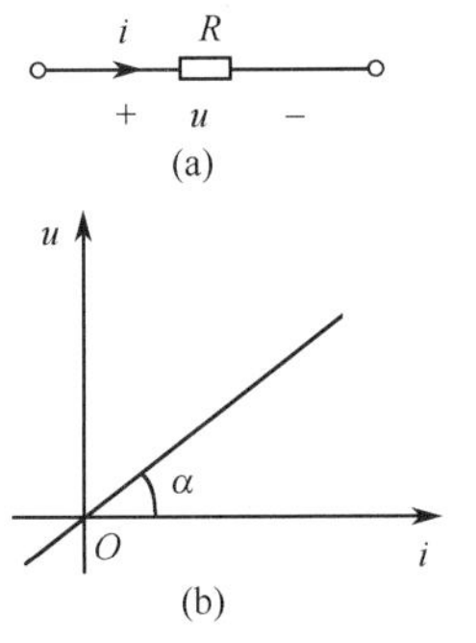

应当指出式(1.3-2)与式(1.3-4)是在电压、电流为关联参考方向时得到的。若电压、电流为非关联参考方向,则式(1.3-2)与式(1.3-4)应分别改为

$$U=-RI \tag{1.3-5}$$

$$I=-GU \tag{1.3-6}$$

图 1.3-1　线性电阻元件及其伏安特性曲线

·6·

在电压和电流为关联参考方向下,电阻元件吸收的功率为

$$P = UI = RI^2 = U^2/R \qquad\qquad (1.3\text{-}7)$$

或

$$P = UI = GU^2 = I^2/G \qquad\qquad (1.3\text{-}8)$$

由电阻元件的伏安特性曲线可知,电阻元件的 u 和 i 二者的实际方向总是一致的,因此功率总是正值。这说明电阻元件总是吸收功率,是耗能元件。

电阻器吸收的能量往往会转换为热能,因而使电阻器的温度升高。温度升高就有可能将电阻器烧坏。所以一般电阻器除了标明电阻值,还要标出它的额定功率值或额定电流值。

应当注意:电气设备或电工元件在给定的工作条件下,规定的工作电压叫作额定电压,用 U_N 表示;允许通过的最大电流叫作额定电流,用 I_N 表示;在额定电压、额定电流下工作时的功率叫作额定功率,用 P_N 表示。

[例1.3-1]　在电路中需要一个能通过 $300\,\text{mA}$、电阻值为 $100\,\Omega$ 的电阻器,现有下列电阻器:$100\,\Omega$、$5\,\text{W}$;$100\,\Omega$、$7.5\,\text{W}$;$100\,\Omega$、$10\,\text{W}$。试问选用哪种电阻器为宜?

解:
$$P = I^2 R = (0.3)^2 \times 100 = 9\,\text{W}$$
选用 $100\,\Omega$、$10\,\text{W}$ 的电阻器为宜。

[例1.3-2]　有一盏白炽灯,标有 $220\,\text{V}$、$100\,\text{W}$ 的字样。问:

(1) 能否将其接到 $380\,\text{V}$ 的电源上使用?

(2) 若将其接到 $127\,\text{V}$ 的电源上使用,其消耗的功率为多少?

解:(1) 白炽灯上标有 $220\,\text{V}$、$100\,\text{W}$ 的字样,表示其额定工作电压为 $220\,\text{V}$,额定功率为 $100\,\text{W}$,所以不能将其接到 $380\,\text{V}$ 的电源上使用,否则会因电压过高而烧坏。

(2) 白炽灯的额定工作电流为
$$I_N = P_N/U_N = 100/220\,\text{A} = 5/11\,\text{A}$$
白炽灯灯丝的电阻为
$$R = U_N/I_N = 220/(5/11)\,\Omega = 484\,\Omega$$
将它接到 $127\,\text{V}$ 的电源时,其电阻不变,所以此时消耗的功率为
$$P = U^2/R = 127^2/484\,\text{W} = 33.32\,\text{W}$$

可见,将该白炽灯接到 $127\,\text{V}$ 电源上,虽能安全工作,但其消耗的功率仅有 $33.32\,\text{W}$,白炽灯的亮度不够。

思考与练习

1.3-1　电阻元件的伏安关系符合欧姆定律 $u = Ri$ 的表述正确吗? 为什么?

1.3-2　在计算电阻功率时,由公式 $P = RI^2$ 可知:R 越大则 P 越大;由公式 $P = \dfrac{U^2}{R}$ 可知:R 越大,则 P 越小。解释这一矛盾。

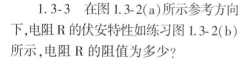

1.3-3　在图1.3-2(a)所示参考方向下,电阻 R 的伏安特性如练习图1.3-2(b)所示,电阻 R 的阻值为多少?

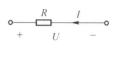

(a)　　　　(b)

图1.3-2

1.4 独立源——电压源与电流源

要使电路中有电流流动,电路中必须有独立电源(简称独立源)。独立源是电路中的有源元件,它能够连续不断地提供电压和电流。

独立源有两种不同的类型:一种是电压源,如电池、直流发电机、交流发电机、信号源等;还有一种是电流源,如光电池等。

1.4

1.4.1 电压源

电压源通常指理想电压源,它是从实际电源抽象出来的一种电路模型。这种电源不论流过它的电流为多少,在其两端总能保持一定的电压。

因此电压源具有两个基本性质:①它的端电压是一个定值 U_s 或是一定的时间函数 $u_s(t)$,与流过它的电流大小无关;②流过电压源的电流大小取决于与它相连接的外电路。

电压源的电路符号如图 1.4-1 所示,其中 $u_s(t)$ 为电压源的电压,而"+"、"-"号是其参考极性。如果电压源的电压为常数,即 $u_s(t)=U_s$,就称为直流电压源。直流电压源的电路符号还可以用图 1.4-2(a)的符号来表示。图中长线段表示电压源的高电位端,即正极;短线段表示电压源的低电位端,即负极。图 1.4-2(a)的电路符号也可以用来表示电池。图 1.4-2(b)给出了直流电压源的伏安特性曲线,它是 $i\text{-}u$ 平面上一条不通过原点且与电流轴平行的直线。

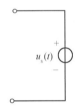

图 1.4-1　电压源的电路符号

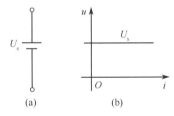

图 1.4-2　直流电压源的电路符号及伏安特性曲线

电压源实际上是不存在的,只有当实际电压源如电池、发电机等的内电阻可以忽略不计的情况下,才可以视它为电压源。因此可以用一个电压源 U_s 与一个电阻元件 R_0 相串联的电路模型来表示实际电压源。例如一个实际直流电压源就可以用图 1.4-3 中虚线框住的部分表示。

当实际电压源接上负载电阻 R_L 以后,就有电流流过电源。对于实际直流电压源,按图 1.4-3 中所标参考方向,则有

$$U = U_s - R_0 I \tag{1.4-1}$$

式中,U_s 为电压源的电压;R_0 为实际电压源的内阻;I 为流过负载的电流;U 为实际电压源的端电压,亦即负载电阻 R_L 两端的电压。其中 U_s、R_0 是常数,而 U 和 I 是随 R_L 的变化而变化的。

由式(1.4-1)可知,实际直流电压源伏安特性曲线是一条如图 1.4-4 所示的直线。由图中可以看出:在 $I \neq 0$ 的情况下,电源的端电压 U 低于电压源的电压 U_s,所低之值与电流 I 成正比。通常实际电压源的内阻 R_0 很小。若 $R_0 \ll R_L$,则内阻的电压 $IR_0 \ll U$,故有 $U \approx U_s$,此时可以把一个实际电压源看作一个电压源。

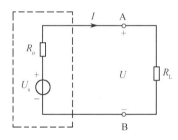

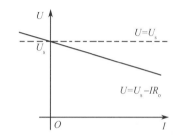

图 1.4-3　实际电压源供电的电路　　　图 1.4-4　实际直流电压源的伏安特性曲线

1.4.2　电流源

电流源通常指理想电流源,它是以实际电源抽象出来的另一种电路模型。这种电源不论两端的电压为多少总能向外提供一定的电流。

因此电流源应具有两个基本性质:①它输出的电流是一个定值 I_s 或是一定的时间函数 $i_s(t)$,与两端的电压无关;②电流源两端电压的大小取决于与它相连接的外电路。

电流源的电路符号如图 1.4-5(a)所示,其中 $i_s(t)$ 为电流源的电流,箭头所指的方向为 $i_s(t)$ 的参考方向。如果电流源的电流为常数,即 $i_s(t)=I_s$,就称为直流电流源。图 1.4-5(b)给出了直流电流源的伏安特性曲线,它是 i-u 平面上一条不通过原点且与电压轴平行的直线。

与电压源相似,电流源实际上也是不存在的。只有当实际电流源如光电池等的内阻为无穷大时,才可以视它为电流源。因此可以用一个电流源 $i_s(t)$ 和一个电阻元件 R_o 相并联的电路模型来表示实际电流源。例如,一个实际直流电流源可以用图 1.4-6 中虚线框住的部分表示。

图 1.4-5　电流源的电路符号及伏安特性曲线

当实际电流源接上负载电阻 R_L 以后,就有电流流过 R_L。对于实际直流电流源,按图 1.4-6 中所标参考方向,则有

$$I=I_s-U/R_o \qquad (1.4-2)$$

式中,I_s 为电流源的电流;R_o 为实际电流源的内阻;I 为流过负载电阻 R_L 的电流;U 为实际电流源的端电压,亦即 R_L 两端的电压。其中 I_s 和 R_o 是常数,而 U 和 I 是随 R_L 的变化而变化的。

由式(1.4-2)可知:实际直流电流源的伏安特性曲线也是一条如图 1.4-7 所示的直线。

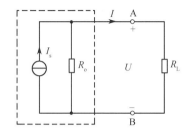

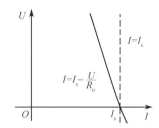

图 1.4-6　实际电流源供电的电路　　　图 1.4-7　实际直流电流源的伏安特性曲线

通常实际电流源的内阻 R_o 很大,若 $R_o \gg R_L$,则流过 R_o 的电流 $U/R_o \ll I$,故有 $I \approx I_s$。此时就可以把一个实际电流源看作一个电流源。

[例 1.4-1] 计算图 1.4-8 所示电路中各电源发出的功率。

解: 根据理想电流源的基本性质,流过电阻 R 的电流 $I = 1.5$ A。

设电流源两端的电压为 U,参考方向如图中所示,其值取决于外电路,即

$$U = -RI + 20 = (-10 \times 1.5 + 20) \text{ V} = 5 \text{ V}$$

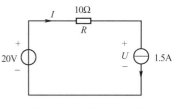

对于电流源,电压与电流的参考方向关联,则电流源吸收的功率为

$$P_1 = (5 \times 1.5) \text{ W} = 7.5 \text{ W}$$

图 1.4-8 例 1-41 图

可知电流源发出的功率为 -7.5 W。

对于电压源,电压与电流的参考方向非关联,则电压源吸收的功率为

$$P_2 = -(20 \times 1.5) \text{ W} = -30 \text{ W}$$

可知电压源发出的功率为 30 W

思考与练习

1.4-1 独立电压源和电流源总是发出功率吗? 讨论图 1.4-9 中各独立源的功率,总结如何确定其吸收功率还是发出功率?

1.4-2 实际电压源的伏安关系 $u = u_s - R_o i$;实际电流源的伏安关系 $i = i_s - u/R$。与电路中端钮处的 u 和 i 的参考方向有关吗?

1.4-3 求图 1.4-10 所示电路中三个电源的功率,并指明吸收或发出功率。

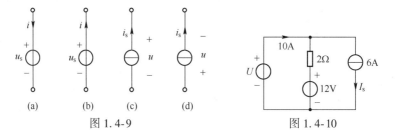

图 1.4-9   图 1.4-10

1.5 电路的三种状态

有载工作状态、开路、短路是电路的三种状态。

将图 1.5-1 中的开关 S 闭合上,电源与负载接通,这就是电路的有载工作状态。此时负载电阻 R_L 上有电流 I 流过,其两端的电压为 U。

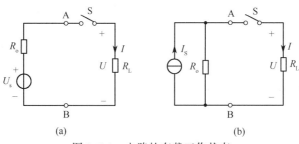

图 1.5-1 电路的有载工作状态

在电压、电流的参考方向如图 1.5-1 所示的情况下,对图 1.5-1(a)的实际电压源电路有

$$
\left.\begin{array}{l}
I = \dfrac{U_s}{R_o + R_L} \\[3mm]
U = U_s - R_o I
\end{array}\right\} \tag{1.5-1}
$$

对图 1.5-1(b)的实际电流源电路有

$$
\left.\begin{array}{l}
U = \dfrac{I_s}{G_o + G_L} = \dfrac{R_o R_L}{R_o + R_L} I_s \\[3mm]
I = I_s - G_o U = I_s - U/R_o
\end{array}\right\} \tag{1.5-2}
$$

式中,$G_o = 1/R_o$;$G_L = 1/R_L$。

由式(1.5-1)、式(1.5-2)可以看出:对实际电压源而言,负载上的电压 U 小于电压源的电压 U_s;对实际电流源而言,流过负载的电流 I 小于电流源的电流 I_s。

必须注意,对于一定的电源来说,通过负载的电流不能无限制地增加,否则会由于电流过大而将电源损坏;对于用电设备来说,也有同样情况。因此各种电气设备或电路元件的电压、电流、功率等,都有规定的使用数据,这些数据称为该设备或元件的额定值。电气设备工作在额定值情况下称为额定工作状态。

电气设备的额定值是制造厂对产品的使用规定。按照额定值来使用是最经济合理和安全可靠的,也才能使电气设备有正常的使用寿命。电气设备的使用寿命与绝缘材料的质量有较大关系。当电流超过额定值较多时,会由于过热而使绝缘材料损坏;当所加电压超过额定值较多时,绝缘材料也可能被击穿。反之,如果电气设备使用时的电压与电流远低于其额定值,往往会使设备不能正常工作,或者不能充分利用设备能力达到预期的工作效果。例如电灯灯光太暗,电动机因电压太低而不能启动等。

电气设备和电路元件的额定值通常标在其铭牌上或写在其他说明中,在使用时应充分考虑其数据。额定值通常用下标 N 表示。

在图 1.5-1 中,若开关 S 打开,则电路处于开路(空载)状态。在此情况下,外电路的电阻对电源来说相当于无穷大,因此外电路的电流为零。此时

对实际电压源有
$$
\left.\begin{array}{l}
U = U_s \\
I = 0
\end{array}\right\} \tag{1.5-3}
$$

对实际电流源有
$$
\left.\begin{array}{l}
U = R_o I_s \\
I = 0
\end{array}\right\} \tag{1.5-4}
$$

应当指出:因为实际电流源内阻 R_o 很大,开路时,电流源两端的电压就很高。这样高的电压将使实际电流源内的绝缘材料击穿而毁坏,所以电流源与实际电流源是不允许开路的。

开路时电源两端的输出电压称为电源的开路电压。

在图 1.5-1 中,当电源的两端 A 和 B,由于某种原因而连在一起时,电源就被短路,如图 1.5-2 所示。电源短路时,短路线的电阻可视为零,因此电流 I 不通过负载 R_L 而经过短路线流回电源。

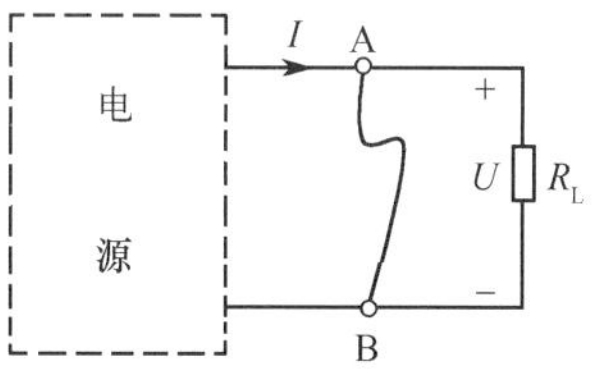

图 1.5-2 电源的短路状态

在短路时对实际电压源有

$$
\left.\begin{array}{l}
U = 0 \\
I = U_s/R_o
\end{array}\right\} \tag{1.5-5}
$$

对实际电流源有
$$\left.\begin{array}{l} U=0 \\ I=I_{\mathrm{s}} \end{array}\right\} \qquad (1.5\text{-}6)$$

短路时的电流称为短路电流,因为实际电压源的内阻 R_{o} 很小,所以短路时,实际电压源流出的短路电流很大。这样大的电流将使电源内部遭受强大的电动力与过热而毁坏,所以电压源与实际电压源都是不允许短路的。由于现在使用的电源大多数是实际电压源,因此短路是一种严重事故,要特别引起注意。为了防止短路,在电路中通常接入保护装置,例如熔断器、短路自动跳闸装置等,以便一旦发生短路时,能自动切断电源。

[例1.5-1] 有一实际电压源的开路电压 $U_{\mathrm{o}}=110\,\mathrm{V}$,额定电流 $I_{\mathrm{N}}=10\,\mathrm{A}$,满载时电压 $U_{\mathrm{IN}}=104.5\,\mathrm{V}$,求实际电压源的电动势 E 和内阻 R_{o} 是多少?满载时电压降低的百分数和短路电流 I_{sc} 又是多少?

解：
$$E=U_{\mathrm{s}}=U_{\mathrm{o}}=110\,\mathrm{V}$$
$$U_{\mathrm{IN}}=U_{\mathrm{s}}-R_{\mathrm{o}}I_{\mathrm{N}}$$
$$R_{\mathrm{o}}=\frac{U_{\mathrm{s}}-U_{\mathrm{IN}}}{I_{\mathrm{N}}}=\left(\frac{110-104.5}{10}\right)\,\Omega=0.55\,\Omega$$

满载时电压降低的百分数为
$$\frac{U_{\mathrm{o}}-U_{\mathrm{IN}}}{U_{\mathrm{o}}}\times100\%=\frac{110-104.5}{110}\times100\%=5\%$$

短路电流为
$$I_{\mathrm{sc}}=U_{\mathrm{s}}/R_{\mathrm{o}}=U_{\mathrm{o}}/R_{\mathrm{o}}=110/0.55\,\mathrm{A}=200\,\mathrm{A}$$

思考与练习

1.5-1 独立电压源不允许短路使用,独立电流源不允许开路使用,你知道理由吗?

1.5-2 一只额定电压为 $110\,\mathrm{V}$ 的 $15\,\mathrm{W}$ 白炽灯泡,另一只额定电压为 $220\,\mathrm{V}$ 的 $30\,\mathrm{W}$ 白炽灯泡,将其并联接于电压为 $110\,\mathrm{V}$ 的电源上,哪只灯泡发光亮些?为什么?

1.6 基尔霍夫定律

电路是由各种元件,根据特定的需要互相连接而成的。不同的连接方式,构成不同的电路。为了便于讨论,先介绍下列名词术语。

1.5

支路——电路中没有分支的一段电路称为支路。一条支路中流过同一电流。如图 1.6-1 所示的电路中有三条支路:acb、ab 和 adb,其中 acb 和 adb 支路中含有电源,称为有源支路,ab 支路中无电源称为无源支路。

节点——电路中三条或三条以上支路的连接点称为节点。图 1.6-1 中有两个节点 a 和 b,而 c 和 d 不是节点。

回路——由一条或一条以上的支路所组成的闭合电路称为回路。图 1.6-1 中共有三个回路:cabc、adba 和 cadbc。

网孔——电路中的每一个网格,即未被其他支路分割的最简单回路称为网孔。图 1.6-1 中有两个网孔:cabc 和 adba,而 cadbc 只是回路而不是网孔,因为 cadbc 回路中有 ab 支路将其分割开来。

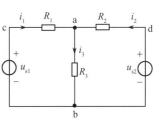
图 1.6-1 含有三条支路的电路

基尔霍夫定律是电路理论中最基本的定律之一,正确、灵活地应用此定律分析与计算电路,是学习本课程与后续有关课程的基础。基尔霍夫定律包括基尔霍夫电流定律和基尔霍夫电压定律。

基尔霍夫电流定律是用来确定连接在同一节点上的各支路电流间关系的。

基尔霍夫电流定律(KCL)[①]为:在任意瞬时,任意节点上电流的代数和恒等于零。

基尔霍夫电流定律的表达式(称为 KCL 方程)为

$$\sum i = 0 \tag{1.6-1}$$

式中,规定流出节点的支路电流前面取"+"号;流入节点的支路电流前面取"−"号。

根据 KCL,在图 1.6-1 所示电路中,对节点 a 可以写出

$$-i_1 - i_2 + i_3 = 0 \tag{1.6-2}$$

如果将式(1.6-2)改写成

$$i_1 + i_2 = i_3 \tag{1.6-3}$$

则一般形式为

$$\sum i_\text{入} = \sum i_\text{出} \tag{1.6-4}$$

式(1.6-4)表明:在任意瞬时,流入任意节点的支路电流之和必然等于流出该节点的支路电流之和。所以 KCL 实质上是电荷守恒和电流连续性原理的反映。

基尔霍夫电流定律不仅适用于任意节点,而且可推广应用到电路的某一假想的闭合面。如图 1.6-2 所示的用虚线所框的假想闭合面。该闭合面内包围的是一个三角形连接的电路,它有三个节点 A、B、C。

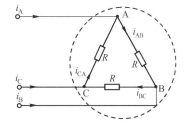

对节点 A 有 $i_A = i_{AB} - i_{CA}$

对节点 B 有 $i_B = i_{BC} - i_{AB}$

对节点 C 有 $i_C = i_{CA} - i_{BC}$

将上面三式相加得 $i_A + i_B + i_C = 0$

图 1.6-2 KCL 应用的推广

可见,在任一瞬时,通过任一闭合面的电流代数和也恒等于零。同理,如果规定流出闭合面的电流取"+"号,则流入闭合面的电流取"−"号。

[例 1.6-1] 在图 1.6-3 所示电路中,已知 $I_1 = 2\,\text{A}$,$I_2 = -3\,\text{A}$,$I_3 = 2\,\text{A}$,求 I_4。

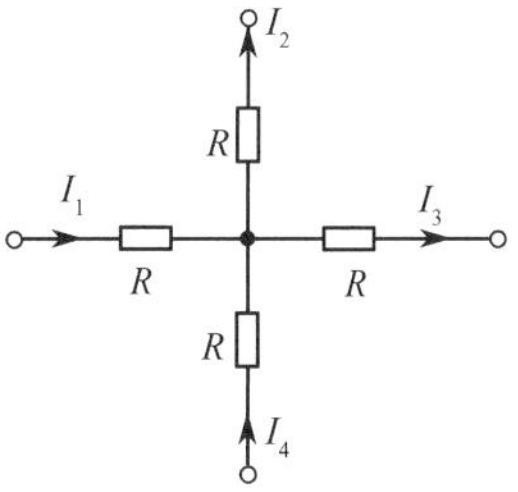

解:由 KCL 可知

$$-I_1 + I_2 + I_3 - I_4 = 0$$

将已知数据代入得 $-2 + (-3) + 2 - I_4 = 0$

解得 $I_4 = -3\,(\text{A})$

图 1.6-3 例 1.6-1 的电路

由本例可知,方程式中有两套正负号,不应混淆,以免发生错误。一是方程式各项前面的正、负号,其正负号是由基尔霍夫电流定律根据电流的参考方向确定的。另一套是括号内数字前的正负号,它表示电流本身数值的正负。

基尔霍夫电流定律是对电路中任一节点而言的,与之相对应,基尔霍夫电压定律是对电路中任一回路而言的。

---

① KCL 为"Kirchhoff's Current Law"的缩写,本书用 KCL 来代表基尔霍夫电流定律。

基尔霍夫电压定律是用来确定回路中各段电压之间的关系的。基尔霍夫电压定律(KVL)[1]为:在任一瞬时,沿任一回路所有支路电压的代数和恒等于零。

基尔霍夫电压定律的表达式(称为 KVL 方程)为

$$\sum u = 0 \tag{1.6-5}$$

在列写式(1.6-5)时,首先需要任意指定一个绕行回路的方向。规定凡电压参考方向与回路绕行方向一致时,在该式中此电压前面取"+"号;否则取"−"号。KVL 实质上是电位单值性属性的反映。

图 1.6-4 给出了某电路的一个回路,回路绕行方向如图中虚线所示,按图中所指定的各元件电压的参考方向,式(1.6-5)可写为

$$u_1 + u_2 + u_3 + u_{s3} - u_{s4} - u_4 = 0 \tag{1.6-6}$$

在图 1.6-4 中,回路是由电源和电阻所构成的,式(1.6-6)又可写为

$$R_1 i_1 + R_2 i_2 + R_3 i_3 + u_{s3} - u_{s4} - R_4 i_4 = 0$$

或

$$R_1 i_1 + R_2 i_2 + R_3 i_3 - R_4 i_4 = -u_{s3} + u_{s4}$$

即

$$\sum Ri = \sum u_s \tag{1.6-7}$$

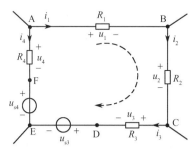

图 1.6-4　说明 KVL 的电路

由式(1.6-7)可得出:任一瞬时,对于电路中的任一回路,电阻元件上电压的代数和等于电源电压的代数和。其中电流参考方向与绕行方向一致时,它在电阻上所产生的电压取"+"号,反之取"−"号;电源电压参考方向与绕行方向一致时,在电源电压值前取"−"号,反之取"+"号。

基尔霍夫电压定律不仅适用于闭合回路,也可以将它推广应用于开口电路。下面以图1.6-5 所示的电路为例,应用基尔霍夫电压定律列出计算开口处电压的表达式。

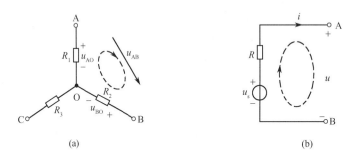

图 1.6-5　KVL 应用的推广

对于图 1.6-5(a)所示电路,可得

$$u_{AB} + u_{BO} - u_{AO} = 0, \quad 即\ u_{AB} = u_{AO} - u_{BO}$$

对于图 1.6-5(b)所示电路,可得

$$u - u_s + Ri = 0, \quad 即\ u = u_s - Ri$$

该式是在图示参考方向下,有源支路欧姆定律的表达式。

应当指出:在应用基尔霍夫定律时,首先要在电路图上标出电流、电压、电压源电压的参考

---

① KVL 为"Kirchhoff's Voltage Law"的缩写,本书用 KVL 来代表基尔霍夫电压定律。

方向,因为所列方程中各物理量前的正负号是由它们的参考方向决定的,否则列出的方程是没有意义的。其次基尔霍夫定律的成立与电路是由什么元件组成的支路或由什么元件构成的回路没有任何关系,因此基尔霍夫定律不仅适用于线性电路,也适用于非线性电路。

[例1.6-2]　在图 1.6-6 所示电路中,已知 $U_{s1}=2$ V,$U_{s2}=6$ V,$U_{s3}=4$ V,$R_1=1.5$ Ω,$R_2=1.6$ Ω,$R_3=1.2$ Ω,$I_1=1$ A,$I_2=-3$ A。求电流 I_3 及电压 U_{AB}、U_{BC} 和 U_{CD}。

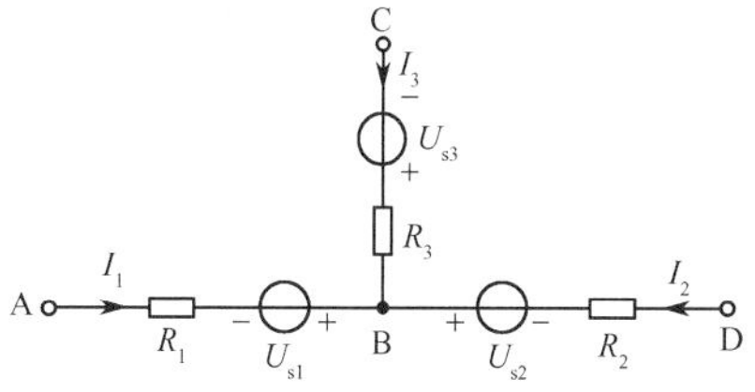

解:由 KCL 得　$-I_1-I_2-I_3=0$

$$I_3=-I_1-I_2=[-1-(-3)]\text{ A}=2\text{ A}$$

由 KVL 得　$U_{AB}+U_{s1}-R_1I_1=0$

$$U_{AB}=R_1I_1-U_{s1}$$
$$=(1.5\times1-2)\text{ V}=-0.5\text{ V}$$

$$U_{BC}-U_{s3}+R_3I_3=0$$
$$U_{BC}=U_{s3}-R_3I_3=(4-1.2\times2)\text{ V}=1.6\text{ V}$$

$$U_{CD}+R_2I_2-U_{s2}-R_3I_3+U_{s3}=0$$
$$U_{CD}=-R_2I_2+R_3I_3+U_{s2}-U_{s3}$$
$$=[-1.6\times(-3)+1.2\times2+6-4]\text{ V}=9.2\text{ V}$$

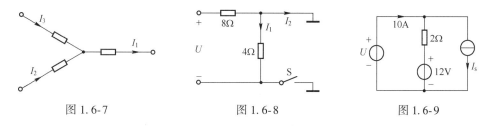

图 1.6-6　例 1.6-2 的电路

思考与练习

1.6-1　KCL 和 KVL 与电路中元件性质有关吗?

1.6-2　运用 KCL 和 KVL 时要涉及两套正负号,你知道这两套正负号的含义吗?如何正确使用这两套正负号?

1.6-3　在图 1.6-7 中,设 $I_1=3$ A,$I_2=-1$ A,$I_3=2$ A,问是否满足 KCL?

1.6-4　在图 1.6-8 中,已知电压 $U=12$ V,开关 S 打开时,$I_1=?$,$I_2=?$ 开关 S 闭合时,$I_1=?$ $I_2=?$

1.6-5　在图 1.6-9 中,$I_s=10$ A 时,电压 $U=?$ $I_s=8$ A 时,电压 $U=?$

图 1.6-7　　　　　图 1.6-8　　　　　图 1.6-9

1.7　电位的计算

在分析和计算电路时,经常应用电位这个概念,以使电路图简洁和问题简化。下面以图 1.7-1 所示电路来讨论各点的电位。

由图 1.7-1 可求得

$$U_{ab}=60\text{ V},\quad U_{ca}=80\text{ V},\quad U_{da}=30\text{ V},\quad U_{cb}=140\text{ V},\quad U_{db}=90\text{ V}$$

1.6

可见,在图 1.7-1 中,只能算出两点间的电压值,而不能算出某一点电位值。如果在电路中任意选择一点作为参考点,例如 b 点,再把参考点 b 的电位设为零(通常在电路图中画上接地符号"⊥"就表示该点为参考点），如图1.7-2（a）所示，b点的电位又称为参考电位。

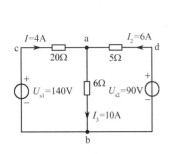

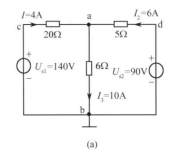

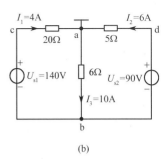

图1.7-1　电路举例　　　　　　　　　　　　　图1.7-2　计算电位的电路

　　很显然，在图1.7-2（a）电路中，$U_b=0$，根据电压和电位的关系得

$$U_{ab}=U_a-U_b,\quad U_a=U_{ab}+U_b=+60\text{ V}$$

$$U_{cb}=U_c-U_b,\quad U_c=U_{cb}+U_b=U_{s1}=+140\text{ V}$$

$$U_{db}=U_d-U_b,\quad U_d=U_{db}+U_b=U_{s2}=+90\text{ V}$$

　　如果取电路中的a点接地，即取a点为参考点（$U_a=0$），如图1.7-2（b）所示，可得

$$U_b=U_a-U_{ab}=-60\text{ V}$$

$$U_c=U_{ca}+U_a=+80\text{ V}$$

$$U_d=U_{da}+U_a=+30\text{ V}$$

由上面的结果可以看出：

　　① 电路中某点的电位等于该点与参考点（电位为零）之间的电压。因此，离开参考点讨论电位是没有意义的。

　　② 参考点选取不同，电路中各点的电位值也不同，但是任意两点间的电压值是不变的。所以各点电位值的高低是相对的，而两点间的电压值是绝对的。

　　在电子线路中，经常遇到具有公共接地点和共用电压源的电路。而我们所要知道的也常常是电路中各点的电位（即该点与参考点间的电压），故常将电路中的电压源省略掉，改用电位值来表示。这样就可以将图1.7-2（a）电路简化为如图1.7-3所示。

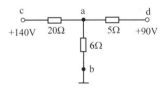

图1.7-3　用电位表示的电路图

　　怎样画出这种简化电路图呢？基本步骤如下：

　　① 先选择好参考点（即接地点），并标出接地符号，如图1.7-3所示的b点。

　　② 若电压源一端接地，则另一端的电压即为该点的电位。于是可将电压源去掉后标出该点的电位值，并且省掉原电源与参考点之间的连接线。图1.7-3中c点标以电位值+140 V，d点标以电位值+90 V。

　　③ 电路的其余部分不变。

　　[例1.7-1]　画出用电位表示的图1.7-4（a）所示电路的简化电路图。

　　解：选择电压源公共连接点e为参考点，并以接地符号表示，根据电压源的数值与参考方向得 $U_a=+10\text{ V}$，$U_b=+5\text{ V}$，$U_c=-10\text{ V}$。用各点电位表示相应的电压源，画出简化电路图，如图1.7-4（b）所示。

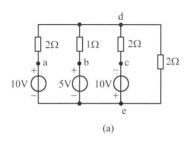
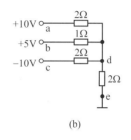

(a)

(b)

图 1.7-4　例 1.7-1 的电路

[例 1.7-2]　在图 1.7-5 所示电路中,已知 $U_{s1} = 18\,\text{V}$, $U_{s4} = 5\,\text{V}$, $R_1 = 5\,\Omega$, $R_2 = 3\,\Omega$, $R_3 = 6\,\Omega$, $R_4 = 10\,\Omega$,电压表的读数为 28 V,求 a、b、c、d、e 各点的电位 U_a、U_b、U_c、U_d、U_e 和 U_{s2}。

解:由 KVL 得　　$U_{db} = R_1 I + U_{s1}$

$$I = \frac{U_{db} - U_{s1}}{R_1} = \left(\frac{28 - 18}{5}\right)\text{A} = 2\ \text{A}$$

由于 R_4 与电压表支路中无电流流过,所以在 abceda 回路中的电流是同一电流 I。又由 KVL 得

$$U_{db} = -(R_2 + R_3)I + U_{s2}$$

$$U_{s2} = U_{db} + (R_2 + R_3)I = [28 + (3 + 6) \times 2]\,\text{V} = 46\,\text{V}$$

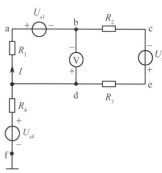

图 1.7-5　例 1.7-2 的电路

由于 f 点为参考点, $U_f = 0$, R_4 中无电流流过,所以得

$$U_d = U_{s4} = +5\,\text{V}$$

而

$$U_a = U_{ad} + U_d = -R_1 I + U_d = -5\,\text{V}$$

$$U_b = U_{ba} + U_a = -U_{s1} + U_a = -23\,\text{V}$$

$$U_c = U_{cb} + U_b = -R_2 I + U_b = -29\,\text{V}$$

$$U_e = U_{ed} + U_d = R_3 I + U_d = +17\,\text{V}$$

或

$$U_e = U_{s2} + U_c = +17\,\text{V}$$

思考与练习

1.7-1　电压与电位概念的差异是什么?

1.7-2　在图 1.7-6 中,求出各未知电压;若以节点 e 为参考点,求出其他节点的电位。

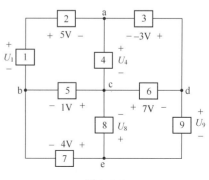

图 1.7-6

1.8　非独立源——受控源

前面介绍的两种电源——电压源和电流源都是独立源。电压源的输出电压和电流源的输出电流完全由电源本身所确定,而与外电路无关。然而,由电子器件构成的放大电路具有放大电压、电流或功率的功能,描述这种电路的"模型"已不能只用独立、电阻等理想元件来组成。因此必须引入新的元件模型,这一新的理想元件就是受控源。

1.7

理想的受控源是一种双口元件,它含有两条支路。一条支路为控制支路,这条支路或为开路或为短路。另一条支路为受控支路,这条支路或为一个电压源或为一个电流源。受控支路中的电压源与独立源是不同的,它的输出量是受控制支路的开路电压或短路电流控制的,当控

制电压或电流消失或等于零时,受控源的输出也将为零。为了与独立源区别,受控源的符号用菱形表示。根据控制支路是开路还是短路和受控支路是电压源还是电流源,受控源可以分为以下四种类型。

(1)电压控制电压源(VCVS):受控电压源的电压是受控制支路的开路电压控制的,这种受控源称为电压控制电压源,如图 1.8-1(a)所示。图中

$$u_2 = \mu u_1 \tag{1.8-1}$$

式中,u_1 为控制电压;μ 为一个无量纲的系数,称为电压放大系数。

(2)电流控制电压源(CCVS):受控电压源的电压是受控制支路的短路电流控制的,这种受控源称为电流控制电压源,如图 1.8-1(b)所示。图中

$$u_2 = r i_1 \tag{1.8-2}$$

式中,i_1 为控制电流;r 为一个具有电阻量纲的系数,称为转移电阻。

(3)电压控制电流源(VCCS):受控电流源的电流是受控制支路的开路电压控制的,这种受控源称为电压控制电流源,如图 1.8-1(c)所示。图中

$$i_2 = g u_1 \tag{1.8-3}$$

式中,u_1 为控制电压;g 为一个具有电导量纲的系数,称为转移电导。

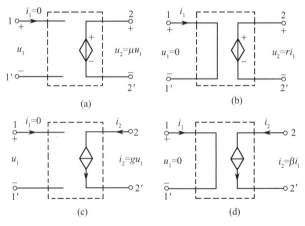

图 1.8-1 受控源

(4)电流控制电流源(CCCS):受控电流源的电流是受控制支路的短路电流控制的,这种受控源称为电流控制电流源,如图 1.8-1(d)所示。图中

$$i_2 = \beta i_1 \tag{1.8-4}$$

式中,i_1 为控制电流;β 为一个无量纲的系数,称为电流放大系数。

必须指出:理想的受控源,对于控制支路而言,当控制量为电压 u_1 时,则 $i_1 = 0$,如图 1.8-1(a)、(c)所示。当控制量为电流 i_1 时,则 $u_1 = 0$,如图 1.8-1(b)、(d)所示。对于受控支路而言,若是受控电压源,则其内电阻为零;若是受控电流源,则其内电导为零。

在分析含受控源的电路时,可以将受控源按独立源去处理,但是它和独立源还是有区别的。独立源在电路中起着"激励"作用,因为有了它,电路中就可以产生电流或电压;而受控源就不同,由于它输出的电压或电流是受电路中其他支路的电压或电流控制的,所以它本身不能直接起"激励"作用。

[例1.8-1] 含 CCCS 的电路如图 1.8-2(a)所示,求电源电压 U_s。

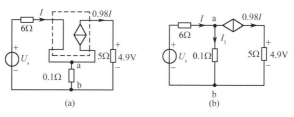

图 1.8-2 例 1.8-1 的电路

解: 为了简便起见,常把图 1.8-2(a)所示电路改画成图 1.8-2(b)所示,直接在电路图中标出控制量和受控量。由欧姆定律得 5 Ω 电阻上的电压为

$$U = 0.98I \times 5 = 4.9 \text{ V}$$
$$I = 1 \text{ A}$$

此即流过 6 Ω 电阻上的电流。由 KCL 可知

$$I_1 = I - 0.98I = 0.02I = 0.02 \text{ A}$$

0.1 Ω 电阻两端的电压为

$$U_{ab} = (0.1 \times 0.02) \text{ V} = 0.002 \text{ V}$$

由 KVL 可得 $\qquad U_s = 6I + U_{ab} = (6 + 0.002) \text{ V} = 6.002 \text{ V}$

[例1.8-2] 含 VCVS 的电路如图 1.8-3 所示,求各元件的功率。

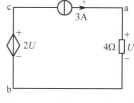

图 1.8-3 例 1.8-2 的电路

解: 由欧姆定律得 $\qquad U = (4 \times 3) \text{ V} = 12 \text{ V}$

受控源两端电压 $\qquad U_{cb} = 2U = 24 \text{ V}$

电流源两端电压 $\qquad U_{ac} = U - 2U = -12 \text{ V}$

电阻功率 $\qquad P_R = UI_s = 12 \times 3 = 36 \text{ W}(吸收)$

电流源功率 $\qquad P_{Is} = -U_{ac}I_s = -(-12) \times 3 = 36 \text{ W}(吸收)$

受控源功率 $\qquad P_{2U} = -U_{cb}I_s = -24 \times 3 = -72 \text{ W}(产生)$

思考与练习

1.8-1 受控源是"激励"电源吗?它与独立源有何异同?它是吸收功率还是发出功率?

1.8-2 受控源的输出量为电压或电流,取决于什么?

1.8-3 在图 1.8-4 中求电压 U_o 及两受控源的功率,并指明吸收或发出功率。

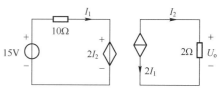

图 1.8-4

本 章 小 结

1. 参考方向是本课程的最基本和最重要概念,电路方程与所标参考方向必须一一对应。在标定参考方向下,所有物理量均为代数量。

2. 功率计算先依据电压、电流的参考方向选择计算公式,再依据功率值的正负,判断吸收功率或产生功率。

3. 欧姆定律 $u=Ri$ 或 $i=Gu$ 只适用电压、电流参考方向关联下的线性电阻或线性电导。

4. 理想电源的基本性质对偶。理想电压源的输出电压恒定;其流过的电流由外电路确定。理想电流源的输出电流恒定;其两端的电压由外路确定。实际电源的电路模型对偶,伏安关系也对偶,即实际电压源为:$u=-R_s i+U_s$;实际电流源为:$i=-G_s u+i_s$。

5. 基尔霍夫定律阐明了电路作为一个整体,各部分的电流和电压应该遵循的规律。KCL 指出:任一时刻,流入任一节点的电流代数和恒等于零,即 $\sum i_K=0$。约定:流入取负;流出取正。KVL 指出:任一时刻,沿电路中任一闭合路径的电压降代数和恒等于零,即 $\sum u_k=0$。约定:u_k 参考方向与回路绕行方向一致时取正;反之取负。基尔霍夫定律使用过程中,涉及两套正、负号,切勿混淆。

6. 电位计算是电工技术中常见的计算问题。通过确定参考点(即零电位点),计算各段电路的电压;利用电压与电位的关系,由 $u_{jk}=u_j-u_k$ 公式计算各点的电位。

7. 受控源是为了便于分析电子线路引入的电路模型。它有两条支路(控制支路和被控支路)、四个端点,属于多端元件。受控源的输出量为电压或电流,应由电路符号直接判断。理想受控源可以具有与理想独立源相类似的基本性质,但不可以像独立源一样,作为电路的"激励"使用。

习　　题

1.2 节的习题

1-1　各元件的情况如题图 1-1 所示,试求元件的功率,并指出它是吸收功率还是产生功率。

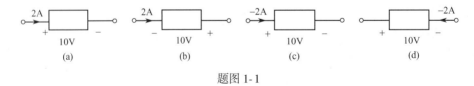

题图 1-1

1-2　在题图 1-2 中,各元件上电压及电流的参考方向如图中所示。通过实验测得 $I_1=-4\,A$,$I_2=6\,A$,$I_3=10\,A$,$U_1=140\,V$,$U_2=-90\,V$,$U_3=60\,V$,$U_4=-80\,V$,$U_5=30\,V$。试标出各电压及电流的实际方向,计算各元件的功率。

1-3　求题图 1-3 中各含源支路的未知量,支路功率 P_b 与电源功率 P_s,并说明这些功率是吸收功率还是产生功率。

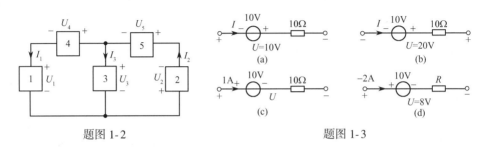

题图 1-2　　　　　　　　　　题图 1-3

1.4 节的习题

1-4　求题图 1-4 中的电压 U、电流 I 与电源的功率,并说明这些功率是吸收功率还是产生功率。

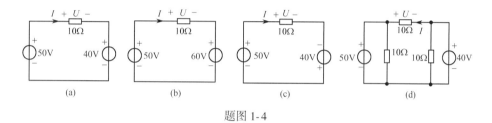

题图 1-4

1-5 求题图 1-5 中的电压 U、电流 I 与电源的功率,并说明这些功率是吸收功率还是产生功率。

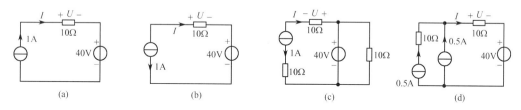

题图 1-5

1.6 节的习题

1-6 在题图 1-6 所示参考方向和数值下,求:

(1)题图 1-6(a)电路中电流 I;

(2)题图 1-6(b)电路中各未知支路电流;

(3)题图 1-6(c)电路中各未知支路电压。

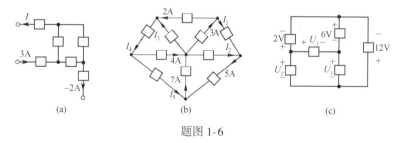

题图 1-6

1-7 有一直流电源,其额定电压 $U_N = 50\ V$、额定功率 $P_N = 200\ W$、内阻 $R_o = 0.5\ \Omega$,R_L 可以调节,其电路如题图 1-7 所示。试求:

(1)额定工作状态下的电流 I_N 及 R_L;

(2)开路状态下的电源端电压;

(3)电源短路状态下的电流。

1-8 某电压比较电路如题图 1-8 所示。已知 $U_{s1} = 15\ V$,$U_{s2} = 12\ V$,$R_0 = 250\ \Omega$,$R_3 = 100\ \Omega$,$R_1 = 500\ \Omega$,$R_2 = 2000\ \Omega$。求 U_{ab} 的变化范围。

1-9 电路如题图 1-9 所示,求流过各电压源的电流 I_1、I_2、I_3 和 I_4。

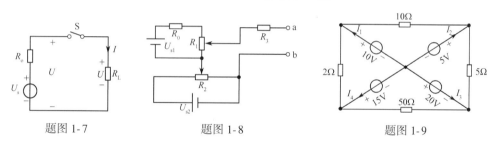

题图 1-7   题图 1-8   题图 1-9

1-10 电路如题图 1-10 所示,已知 $I_A = 5\,A, I_B = 3\,A, I_C = -8\,A$。求 I_1、I_2 及 U_s。

1-11 电路如题图 1-11 所示,已知 $I_2 = 2\,A$,试求 R_x 及各电源的功率。

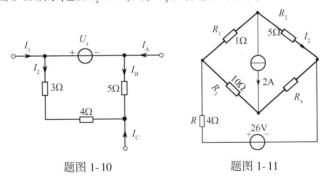

题图 1-10   题图 1-11

1-12 求题图 1-12 所示电路的 U 和 I。

1-13 在题图 1-13 所示电路中,求电流 I 及电压 U,并说明功率平衡关系。

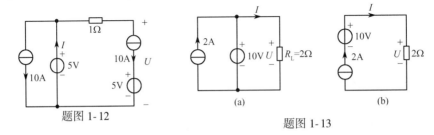

题图 1-12   (a)   (b)

题图 1-13

1.7 节的习题

1-14 分别计算题图 1-14 中开关 S 断开与闭合情况下的 U_A、U_B 与 U_{AB}。

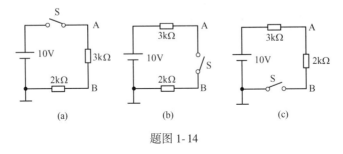

(a)   (b)   (c)

题图 1-14

1-15 题图 1-15 中 d 点接地,求开关 S 闭合与断开时电路中的电流及 a、b、c 三点的电位。

1-16 在题图 1-16 所示电路中,求开关 S 断开与闭合时 A 点的电位。

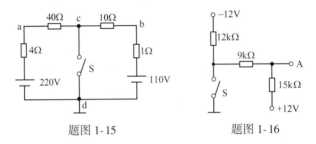

题图 1-15   题图 1-16

1-17 求题图 1-17 中 A、B 两点的电位。如果 A、B 两点用一根导线或用一个电阻连接起来,对电路的工作是否有影响,为什么?

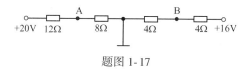

题图 1-17

1-18 在题图 1-18 中，已知 $I_s = 1\,A, U_{s1} = 60\,V, U_{s2} = 10\,V, R_1 = 10\,\Omega, R_2 = 5\,\Omega, R_3 = 15\,\Omega, R_4 = 20\,\Omega, R_5 = 30\,\Omega$。求开关 S 断开与闭合时 a、b、c、d、e 各点的电位及 U_{ae}。

1.8 节的习题

1-19 含 VCVS 电路如题图 1-19 所示，求 U、I 及各元件的功率，并说明这些功率是吸收功率还是产生功率。

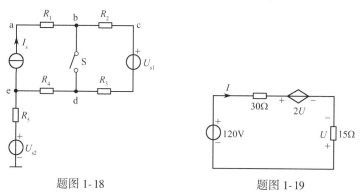

题图 1-18   题图 1-19

1-20 电路如题图 1-20 所示，已知 $I_1 = 2\,A$，求 I_s。

1-21 电路如题图 1-21 所示，试求电流 I 及电压 U_s 和 U_{ab}。

1-22 电路如题图 1-22 所示，试求电压 U_{ab}

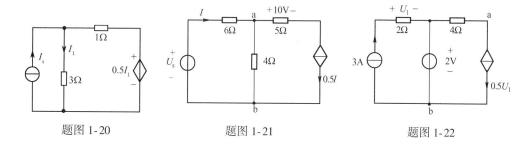

题图 1-20   题图 1-21   题图 1-22

第2章 电路的分析方法

电路分析是电路理论中最重要的内容之一。它是在给定电路结构和元件参数的条件下,计算电路各部分的电压、电流、功率等物理量。

实际电路的结构形式是多种多样的。根据给定的具体电路结构,可以通过三种不同的途径进行分析。对于简单电路,可以利用等效变换的方法进行分析。对于复杂电路(即无法利用等效变换的方法变换为单回路的电路)可以利用独立变量的方法进行分析。此外,还可以根据线性电路的性质,利用电路定理进行分析。

本章以电阻电路为例介绍常用的电路分析方法,如等效变换的方法、支路电流法、网孔电流法、节点电压法、叠加定理、等效电源定理等。

2.1 二端网络与等效变换

2.1.1 等效二端网络的概念

由前面的分析可知,电阻元件是一个无源二端元件;独立源是一个有源二端元件。如果有许多元件相互连接成一个整体,而这个整体只有两个端点,可引出来与外部电路相连接,则称此整体为二端网络。显然,分别进出这两个端点的电流是同一个电流,所以二端网络也可称为一端口(单口)网络。

如果两个二端网络与同一个外部电路相接,当相接端口处的伏安关系完全相同时,则称这两个二端网络是等效的。等效的两个二端网络可以相互替代,这种替代称为等效变换。尽管这两个二端网络内部可以具有完全不同的结构,但对于任意一个外电路而言,它们却具有完全相同的影响,没有丝毫区别。

图 2.1-1(a)所示是一个由三个电阻元件连接成的电路,可作为一个二端网络看待。此二端网络可用方框 N_0 来表示,如图 2.1-1(b)所示。显然,这个二端网络是无源的,故称为无源二端网络。

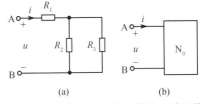

图 2.1-1 电阻元件电路及等效二端网络

2.1.2 电阻的串联、并联和混联

根据等效变换的概念,可导出电阻的串、并联公式。

电路中有两个或两个以上电阻依次连接成一串,这样的连接称为电阻的串联。串联的特点是各电阻中流过同一电流。

图 2.1-2(a)所示为三个电阻 R_1、R_2、R_3 串联组成的二端网络 N_1。图 2.1-2(b)所示为只含一个电阻 R 的另一个二端网络 N_2。二端网络 N_1 的伏安关系是

$$u = u_1 + u_2 + u_3$$
$$= R_1 i + R_2 i + R_3 i$$
$$= (R_1 + R_2 + R_3) i$$

而二端网络 N_2 的伏安关系是

$$u = Ri$$

根据二端网络的等效概念,若两个网络 N_1、N_2 等效,则这两个二端网络的伏安关系是相同的。故有

$$R = R_1 + R_2 + R_3 \qquad (2.1\text{-}1)$$

可见电阻串联电路的总电阻等于各个电阻之和。

而每个电阻上的电压与总电压的关系是

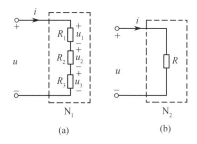

图 2.1-2　电阻的串联与其等效电阻

$$u_K = R_K i = R_K \frac{u}{R_1 + R_2 + R_3} = \frac{R_K}{R} u, \quad K = 1,2,3 \qquad (2.1\text{-}2)$$

可见串联电阻上电压的分配与其电阻成正比。电阻串联电路常用于分压电路。

电路中两个或两个以上电阻连接在两个公共的节点之间,这样的连接称为电阻的并联。并联的特点是并联的各电阻承受同一电压。

图 2.1-3(a)所示为三个电阻 R_1、R_2、R_3 并联的二端网络 N_1,图 2.1-3(b)所示为只含一个电阻 R 的另一个二端网络 N_2。

二端网络 N_1 的伏安关系是

$$i = i_1 + i_2 + i_3 = \frac{u}{R_1} + \frac{u}{R_2} + \frac{u}{R_3}$$

$$= \left(\frac{1}{R_1} + \frac{1}{R_2} + \frac{1}{R_3} \right) u$$

而二端网络 N_2 的伏安关系是

$$i = u/R$$

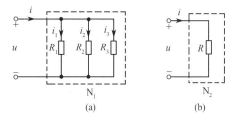

图 2.1-3　电阻的并联与其等效电阻

根据二端网络的等效概念,必有

$$\left. \begin{array}{l} \dfrac{1}{R} = \dfrac{1}{R_1} + \dfrac{1}{R_2} + \dfrac{1}{R_3} \\[2mm] G = G_1 + G_2 + G_3 \end{array} \right\} \qquad (2.1\text{-}3)$$

即

式中　　　　　　$G = 1/R, \quad G_1 = 1/R_1, \quad G_2 = 1/R_2, \quad G_3 = 1/R_3$

可见电阻并联电路的总电阻的倒数(即总电导)等于各个电阻的倒数(电导)之和。

而每个电阻中的电流与总电流的关系是

$$i_K = G_K u = G_K \frac{i}{G_1 + G_2 + G_3} = \frac{G_K}{G} i = \frac{R}{R_K} i, \quad K = 1,2,3 \qquad (2.1\text{-}4)$$

可见并联电阻中的电流分配与其电导成正比,而与其电阻成反比。

两个电阻 R_1、R_2 并联的总电阻为

$$R = \frac{R_1 R_2}{R_1 + R_2} \qquad (2.1\text{-}5)$$

各个电阻中的电流与总电流 i 的关系是

$$i_1 = \frac{R_2}{R_1 + R_2} i, \quad i_2 = \frac{R_1}{R_1 + R_2} i \qquad (2.1\text{-}6)$$

式中,i_1 为流过电阻 R_1 的电流;i_2 为流过电阻 R_2 的电流。式(2.1-5)和式(2.1-6)是两组常用公式,应该熟练掌握,正确使用。

由于并联电阻的电流分配与其电阻成反比,所以并联的电阻越小,流过该电阻的电流越大;反之,并联的电阻越大,流过该电阻的电流就越小。

并联的负载电阻越多(负载增加)时,并联后的总电阻越小,该并联电路的总电流和总功率就越大。但是,每个并联负载的电流和功率是不变的,这是因为每个并联负载上的电压是同一电压。

当电阻的连接中既有串联又有并联时,称为电阻的混联,如图 2.1-4 所示。电阻混联电路只要判断清楚电阻之间的连接关系,使用串联等效、并联等效,以及分压、分流公式,就可以很方便地进行电阻混联电路的计算。图 2.1-4(a)所示电路的等效电阻为

$$R=\frac{R_1 R_2}{R_1+R_2}+R_3$$

图 2.1-4(b)所示电路的等效电阻为

$$R=\frac{(R_1+R_2)R_3}{(R_1+R_2)+R_3}$$

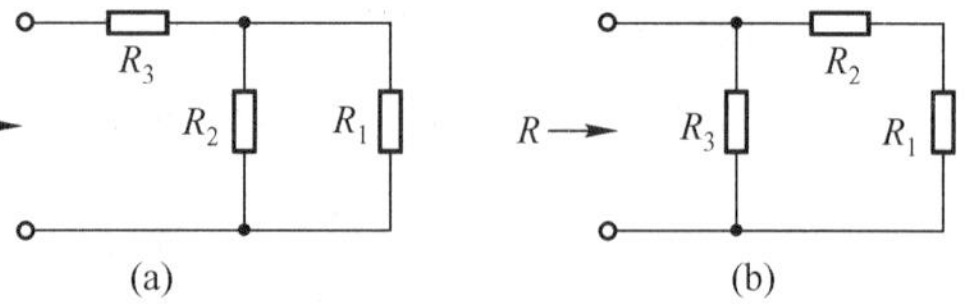

图 2.1-4 电阻的混联

[例 2.1-1] 在图 2.1-5(a)所示电路中,$R_1=6\,\Omega$,$R_2=2\,\Omega$,$R_3=10\,\Omega$,$R_4=15\,\Omega$,$R_5=12\,\Omega$,$U_{ab}=12\,V$。试求等效电阻 R_{ab} 及电流 I_1 和 I_2。

解: 在图 2.1-5(a)所示电路中将每个电阻的端点标清楚后,很快可以整理成图 2.1-5(b)所示电路,则

$$R_{cb}=\frac{1}{\dfrac{1}{R_3}+\dfrac{1}{R_4}+\dfrac{1}{R_5}}=\frac{1}{\dfrac{1}{10}+\dfrac{1}{15}+\dfrac{1}{12}}\,\Omega=4\,\Omega$$

$$R_{ab}=\frac{(R_2+R_{cb})R_1}{(R_2+R_{cb})+R_1}=\frac{(2+4)\times6}{(2+4)+6}\,\Omega=3\,\Omega$$

于是可得电路的总电流

$$I=\frac{U_{ab}}{R_{ab}}=\frac{12}{3}\,A=4\,A$$

由分压公式可得

$$U_{cb}=\frac{R_{cb}}{R_2+R_{cb}}U_{ab}=\left(\frac{4}{2+4}\times12\right)V=8\,V$$

由 KCL 可得

$$I_1=\frac{U_{ab}}{R_2+R_{cb}}-\frac{U_{cb}}{R_3}=\left(\frac{12}{2+4}-\frac{8}{10}\right)A=1.2\,A$$

$$I_2=I-\frac{U_{cb}}{R_5}=\left(4-\frac{8}{12}\right)A=\frac{10}{3}\,A$$

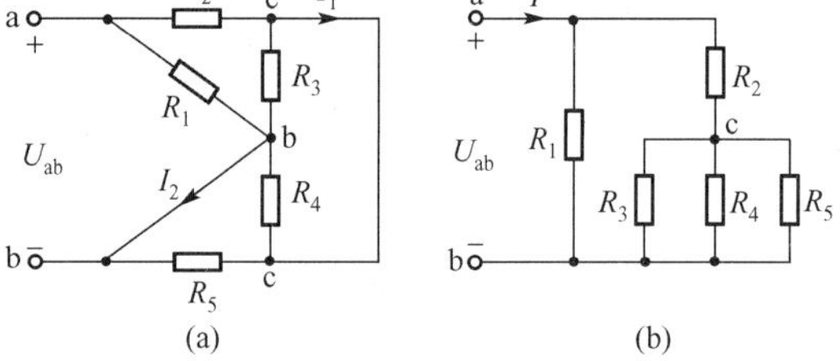

图 2.1-5 例 2.1-1 图

[例 2.1-2] 在图 2.1-6(a)所示电路中,$R_1=R_2=R_3=3\,\Omega$,$R_4=R_5=6\,\Omega$,$R_6=12\,\Omega$。试求开关 S 闭合与断开时的等效电阻 R_{ab}。

解: 当开关 S 闭合时,电路中的节点 c 与节点 e 电位相等,此时可以将电路在不改变各电阻所连接节点关系的前提下进行整理,其结果如图 2.1-6(b)所示,则

$$R_{ac}=\frac{R_1R_2}{R_1+R_2}=\frac{3\times3}{3+3}\ \Omega=1.5\ \Omega \qquad R_{cd}=\frac{R_3R_5}{R_3+R_5}=\frac{3\times6}{3+6}\ \Omega=2\ \Omega$$

$$R_{cb}=\frac{(R_{cd}+R_6)R_4}{(R_{cd}+R_6)+R_4}=\left[\frac{(2+12)\times6}{(2+12)+6}\right]\Omega=4.2\ \Omega$$

$$R_{ab}=R_{ac}+R_{cb}=(1.5+4.2)\ \Omega=5.7\ \Omega$$

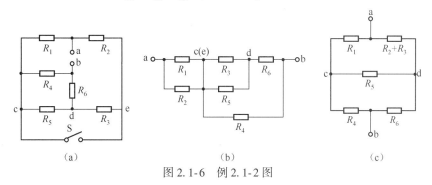

图 2.1-6 例 2.1-2 图

当开关 S 断开时,将电路进行整理,其结果如图 2.1-6(c)所示。可见,此时电路为一电桥电路。对于电桥电路,无公共连接端点的两个电阻称为一对相对桥臂,图 2.1-6(c)中 R_1 和 R_6 是一对相对桥臂;(R_2+R_3)和 R_4 也是一对相对桥臂。而两个内节点 c 与 d 之间的 R_5 支路称为中间桥臂。对于电桥电路,当相对桥臂的电阻乘积相等时,电桥处于平衡状态。电桥平衡时,中间桥臂的两个端点的电位相等,则中间桥臂的支路电压为零,流过中间桥臂的电流也为零。此时可以将中间桥臂断路或短路,中间桥臂电阻不起作用。对于图 2.1-6(c)的电路,由于

$$R_1\times R_6=(R_2+R_3)\times R_4=36$$

所以该电桥处于平衡状态,R_5 的作用可以不考虑,将其断开,则

$$R_{ab}=\frac{(R_1+R_4)\times(R_2+R_3+R_6)}{(R_1+R_4)+(R_2+R_3+R_6)}=\left[\frac{(3+6)\times(3+3+12)}{(3+6)+(3+3+12)}\right]\Omega=6\ \Omega$$

若电桥电路不平衡,就不属于电阻的混联电路,需要利用电路分析的其他方法加以分析。

2.1.3 实际电源模型的等效变换

前面介绍的实际电压源模型和实际电流源模型都可以看作一个有源二端网络。根据二端网络的等效概念,这两种电源模型也存在着等效关系。

若有源二端网络 N_1 为实际直流电压源模型,如图 2.1-7(a)所示。另一个有源二端网络 N_2 为实际直流电流源模型,如图 2.1-7(b)所示。这两个有源二端网络等效,则它们端口上的伏安关系必然是相同的。

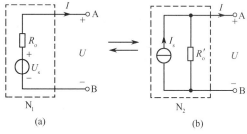

图 2.1-7 实际电压源与实际电流源的等效变换

2.2 2.3

由式(1.4-2)可得实际电流源的伏安关系是

$$I = I_s - U/R_o'$$

即

$$U = R_o' I_s - R_o' I$$

又由式(1.4-1)可得实际电压源的伏安关系是

$$U = U_s - R_o I$$

将以上两式相比较,若满足

$$\left.\begin{array}{l} R_o = R_o' \\ U_s = R_o' I_s \quad \text{或} \quad I_s = U_s/R_o \end{array}\right\} \tag{2.1-7}$$

则这两个有源二端网络的伏安关系是完全相同的。换言之,式(2.1-7)是实际电压源与实际电流源等效互换时必须同时满足的两个条件。

在进行这种等效变换时需要注意下列几点:①电压源电压 U_s 与电流源电流 I_s 的参考方向必须如图2.1-7所示,即 I_s 的流向是由 U_s 的"−"极性端指向"+"极性端,以保证对外电路等效;②电源的等效变换只对外电路而言,对于电源内部由于其结构不同,是不等效的;③实际电压源与实际电流源的等效变换可以理解为有源支路的等效变换,即实际电压源的串联电阻与实际电流源的并联电阻不局限于电源的内阻;④电压源与电流源之间无等效关系,也就是说,电压源不能等效变换为电流源,反之亦然。

[例2.1-3] 将图2.1-8(a)电路等效变换为实际电流源电路。

解: $$I_s = U_s/R_o = 10/5 \text{ A} = 2 \text{ A}$$

根据图2.1-8(a)中实际电压源的参考极性可知,I_s 的参考方向应向上。再把5 Ω 电阻与 I_s 并联,即得等效实际电流源电路如图2.1-8(b)所示。

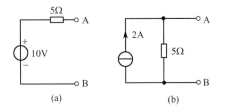

图2.1-8 例2.1-3的电路

[例2.1-4] 将图2.1-9(a)所示有源二端网络等效变换为图2.1-9(b)所示的实际电压源电路。

解: 若图2.1-9(a)电路与图2.1-9(b)电路等效,则它们端口的伏安关系相同。图2.1-9(a)电路的伏安关系,根据KCL有

$$I = 5 - U/2$$

图2.1-9(b)电路的伏安关系为

$$I = \frac{U_s - U}{R_o} = \frac{U_s}{R_o} - \frac{U}{R_o}$$

若两个电路等效,则必须有

$$R_o = 2 \ \Omega, \quad U_s = (5 \times 2) \text{ V} = 10 \text{ V}$$

即等效的实际电压源电压 $U_s = 10 \text{ V}$,$R_o = 2 \ \Omega$。

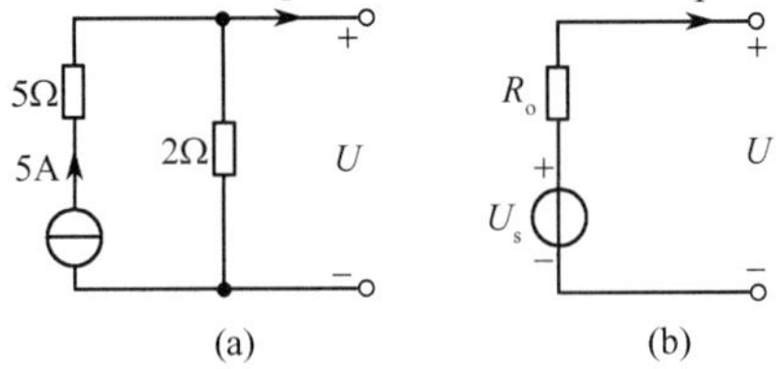

图2.1-9 例2.1-4的电路

由此例可见:在电流源中串入电阻后并不能影响电流源的电流值,与不串入电阻时的电流

源电流 I_s 是一样的。电流源中串入电阻只能影响电流源两端的电压。对外电路而言，进行等效变换时它不起作用，所以可去掉，即用短路替代电流源中串联的电阻。同理，在进行等效变换时，凡是和电流源串联的任何二端元件都可以用短路替代。

根据以上分析，如果一个电压源并联一个电阻，进行等效变换时又会怎样呢？请读者自己分析。结论是在进行等效变换时，凡是与电压源并联的任何二端元件都可以用开路替代，对外电路不产生影响，但与电压源并联的电路会影响流过电压源的电流。

[例2.1-5]　如图2.1-10(a)所示电路。已知 $U_{s1} = 12\,\text{V}$，$U_{s2} = 24\,\text{V}$，$R_1 = R_2 = 20\,\Omega$，$R_3 = 50\,\Omega$。求通过 R_3 的电流 I_3。

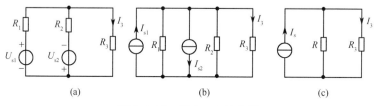

图2.1-10　例2.1-5的电路

解：（1）图2.1-10(a)电路中两个实际电压源可分别等效为两个实际电流源，电路如图2.1-10(b)所示。根据等效变换关系得

$$I_{s1} = U_{s1}/R_1 = 12/20\,\text{A} = 0.6\,\text{A}, \quad I_{s2} = U_{s2}/R_2 = 24/20\,\text{A} = 1.2\,\text{A}$$

（2）图2.1-10(b)中两个电流源可简化为一个电流源 I_s（注意 I_{s2} 的方向），并将两个电阻 R_1、R_2 并联等效为 R，得到等效电路如图2.1-10(c)所示。其中

$$I_s = I_{s1} - I_{s2} = (0.6 - 1.2)\,\text{A} = -0.6\,\text{A}$$

$$R = \frac{R_1 R_2}{R_1 + R_2} = \left(\frac{20 \times 20}{20 + 20}\right)\Omega = 10\,\Omega$$

（3）图2.1-10(c)电路中，根据分流公式得

$$I_3 = \frac{R}{R + R_3} I_s = \left[\frac{10}{10 + 50} \times (-0.6)\right]\text{A} = -0.1\,\text{A}$$

负号表示 I_3 的实际方向与参考方向相反。

思考与练习

2.1-1　什么是等效变换？等效变换的目的是什么？两个二端网络等效需要满足什么条件？

2.1-2　对图2.1-11所示电阻电路进行等效变换，求出其等效电阻 R_{ab}。

2.1-3　某实际电源的开路电压为20 V，短路电流为2.5 A，试分别画出相应的实际电压源与实际电流源模型。

2.1-4　试将图2.1-12所示电路简化为实际电压源电路。

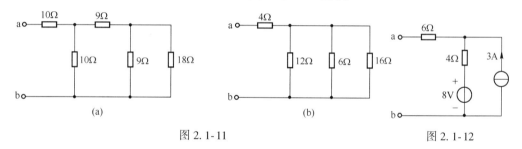

图2.1-11　　　　　　　　　　　　　　　　图2.1-12

2.2 支路电流法

支路电流法是计算复杂电路的最基本、最直接的方法。它以电路中的支路电流为变量,根据 KCL、KVL 分别对电路中的独立节点和独立回路列出关于支路电流的电路方程,再联立求解出各支路的电流。下面以图 2.2-1 所示电路为例,说明这一方法。

图 2.2-1 电路是一个具有三条支路、两个节点和三个回路的复杂电路。首先在图中标出各支路电流的参考方向和回路的绕行方向,然后根据 KCL 列出两个节点的电流方程,即

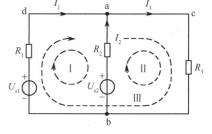

图 2.2-1 支路电流法的电路

对节点 a $\qquad -I_1 - I_2 + I_3 = 0$

对节点 b $\qquad I_1 + I_2 - I_3 = 0$ $\qquad$ (2.2-1)

显然,这两个方程是同一方程。所以,对两个节点的电路,根据 KCL 只能有一个独立的节点电流方程。可以证明,电路中如有 n 个节点,则由 KCL 只能列出 $(n-1)$ 个独立的节点电流方程。所对应的 $(n-1)$ 个节点称为独立节点。

再根据 KVL 列出回路的电压方程。根据图 2.2-1 中所示的回路绕行方向,有

对回路 abda $\qquad R_1 I_1 - R_2 I_2 = U_{s1} - U_{s2}$

对回路 acba $\qquad R_2 I_2 + R_3 I_3 = U_{s2}$ $\qquad$ (2.2-2)

对回路 acbda $\qquad R_1 I_1 + R_3 I_3 = U_{s1}$

2.4

上面三个方程中只有两个是独立的,因为其中任何一个方程均可由其他两个方程得出。为了获得独立方程,必须选取对应的独立回路,即应使所选取的回路中至少含有一条新支路(注意:这仅是一个充分条件)。对于一个平面电路,其网孔就是一组独立回路,以网孔为回路所列出的 KVL 方程都是独立的。可以证明,一个具有 n 个节点、b 条支路的平面电路,其网孔数 $m = b - (n-1)$。所以,对于一个平面电路,对 $(n-1)$ 个独立节点列出 KCL 方程,对 m 个网孔列出 KVL 方程,就可以得到 b 个互相独立的电路方程。在图 2.2-1 所示电路中,将节点 a 选作独立节点,回路 acba 和 abda 为网孔,所得到的方程

$$-I_1 - I_2 + I_3 = 0$$
$$R_1 I_1 - R_2 I_2 = U_{s1} - U_{s2}$$
$$R_2 I_2 + R_3 I_3 = U_{s2}$$

就是独立的电路方程组。

最后,联立求解 b 个独立方程,就可以解出 b 个未知的支路电流。

[**例 2.2-1**] 电路如图 2.2-1 所示。已知 $U_{s1} = 120\,\mathrm{V}$,$U_{s2} = 80\,\mathrm{V}$,$R_1 = 1\,\Omega$,$R_2 = 2\,\Omega$,$R_3 = 10\,\Omega$。求各支路电流与各元件的功率。

解:先在电路中标出各支路电流及其参考方向,同时标出网孔的绕行方向,如图 2.2-1 所示。

根据 KCL、KVL 列出独立方程组,即

对节点 a $\qquad -I_1 - I_2 + I_3 = 0$

对网孔 Ⅰ $\qquad R_1 I_1 - R_2 I_2 = U_{s1} - U_{s2}$

对网孔 Ⅱ $\qquad R_2 I_2 + R_3 I_3 = U_{s2}$

将数值代入上述方程组得

$$\left.\begin{array}{r}I_1+I_2-I_3=0\\I_1-2I_2=120-80\\2I_2+10I_3=80\end{array}\right\}$$

解得 $I_1=20\text{ A}$，$I_2=-10\text{ A}$，$I_3=10\text{ A}$。

各元件的功率为

$$P_{R_1}=R_1I_1^2=(1\times20^2)\text{ W}=400\text{ W}(吸收)$$

$$P_{R_2}=R_2I_2^2=[2\times(-10)^2]\text{ W}=200\text{ W}(吸收)$$

$$P_{R_3}=R_3I_3^2=(10\times10^2)\text{ W}=1000\text{ W}(吸收)$$

$$P_{U_{s1}}=-U_{s1}I_1=(-120\times20)\text{ W}=-2400\text{ W}(产生)$$

$$P_{U_{s2}}=-U_{s2}I_2=[-80\times(-10)]\text{ W}=800\text{ W}(吸收)$$

求解结果正确与否，可用功率平衡来检验。由计算结果可知，电路中产生的功率等于吸收的功率，功率平衡，计算结果是正确的。

[例 2.2-2]　电路如图 2.2-2 所示，各参数已标在图中，求各支路电流、U_{ab} 及各电源产生的功率。

解：先在图中标出各支路电流、电流源上电压的参考方向，标出独立回路的绕行方向。

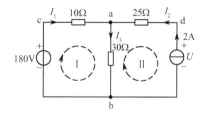

图 2.2-2　例 2.2-2 的电路

再根据 KCL、KVL 列出独立方程组，即

对节点 a　　　　　　　　$-I_1-I_2+I_3=0$

对网孔 I（回路 cabc）　$10I_1+30I_3=180$

对网孔 II（回路 adba）　$-25I_2-30I_3+U=0$

应当注意的是支路电流 I_2 即为流过电流源的电流，是已知量。如果只求支路电流，在列写 KVL 方程时只需对不包含电流源支路的独立回路列写 KVL 方程。因此，利用上述方程组中的前两个方程就可以解得 I_1 和 I_3。根据例题的要求需求出电流源的端电压，故仍需列出三个独立方程。

联立求解上述方程组得 $I_1=3\text{ A}$，$I_2=2\text{ A}$，$I_3=5\text{ A}$。

电流源的端电压　　　　　$U=25I_2+30I_3=200\text{ V}$

而　　　　　　　　　　　$U_{ab}=30I_3=(30\times5)\text{ V}=150\text{ V}$

电压源吸收的功率　　$P_{U_s}=(-180\times3)\text{ W}=-540\text{ W}(即产生 540\text{ W})$

电流源吸收的功率　　$P_{I_s}=(-200\times2)\text{ W}=-400\text{ W}(即产生 400\text{ W})$

此例的运算结果，同样可用电阻吸收的功率和电源产生的功率的平衡关系进行验算。

思考与练习

2.2-1　什么是独立节点？什么是独立回路？一个平面电路中，所有节点的 KCL 方程为什么是非独立的？

2.2-2　支路电流法的未知变量个数是多少？是否有办法来减少未知量的个数？

2.2-3　电路如图 2.2-3 所示，试用支路电流法求各支路电流。

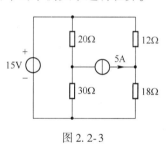

图 2.2-3

2.3 网孔电流法

应用支路电流法必须联立求解 b 个方程。当支路数很多时，需要建立的独立方程数越多，计算的工作量就越大。对同样的电路，如能减少独立方程数(即减少独立变量)，将会使计算工作量大大减少。网孔电流法就是一种行之有效的方法。

网孔电流法是分析和计算复杂电路的常用方法之一。它是假想在电路的每个网孔中各有一个电流沿网孔的各支路闭合流动，如图 2.3-1 中的 I_{m1}、I_{m2}、I_{m3}，称为网孔电流。由图 2.3-1 可知，网孔电流与各支路电流的关系是

$$\left.\begin{aligned} I_1 &= I_{m1} \\ I_2 &= I_{m2} - I_{m1} \\ I_3 &= I_{m2} \\ I_4 &= I_{m2} - I_{m3} \\ I_5 &= I_{m3} \end{aligned}\right\} \quad (2.3\text{-}1)$$

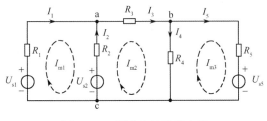

图 2.3-1　网孔电流法的电路

所以只要求出各网孔电流，就可以由式(2.3-1)求得各支路电流。为了求得网孔电流，可根据 KVL 列出以网孔电流为独立变量的回路电压方程，这些方程简称为网孔电流方程。

在图 2.3-1 中各电源的电压和电阻均为已知，列写求解网孔电流的方程组。根据 KVL 分别对网孔 1、网孔 2、网孔 3 列写方程

$$\left.\begin{aligned} R_1 I_{m1} - R_2 (I_{m2} - I_{m1}) + U_{s2} - U_{s1} &= 0 \\ R_2 (I_{m2} - I_{m1}) + R_3 I_{m2} + R_4 (I_{m2} - I_{m3}) - U_{s2} &= 0 \\ -R_4 (I_{m2} - I_{m3}) + R_5 I_{m3} + U_{s5} &= 0 \end{aligned}\right\} \quad (2.3\text{-}2)$$

式(2.3-2)可整理为

$$\left.\begin{aligned} (R_1 + R_2) I_{m1} - R_2 I_{m2} &= U_{s1} - U_{s2} \\ -R_2 I_{m1} + (R_2 + R_3 + R_4) I_{m2} - R_4 I_{m3} &= U_{s2} \\ -R_4 I_{m2} + (R_4 + R_5) I_{m3} &= -U_{s5} \end{aligned}\right\} \quad (2.3\text{-}3)$$

联立求解这三个方程，便可求得三个网孔电流。

为了得到网孔电流方程的一般规律，式(2.3-3)可写成一般形式，即

$$\left.\begin{aligned} \text{对网孔 1} \quad & R_{11} I_{m1} + R_{12} I_{m2} + R_{13} I_{m3} = U_{s11} \\ \text{对网孔 2} \quad & R_{21} I_{m1} + R_{22} I_{m2} + R_{23} I_{m3} = U_{s22} \\ \text{对网孔 3} \quad & R_{31} I_{m1} + R_{32} I_{m2} + R_{33} I_{m3} = U_{s33} \end{aligned}\right\} \quad (2.3\text{-}4)$$

式(2.3-4)的各网孔电流方程左端本网孔电流前的系数称为自电阻，它为本网孔中所有支路上的电阻之和。结合图 2.3-1 可以得到 $R_{11} = R_1 + R_2$，$R_{22} = R_2 + R_3 + R_4$，$R_{33} = R_4 + R_5$，与式(2.3-3)所得结果完全一致，自电阻的值恒为正。

各网孔电流方程左端相邻网孔电流前的系数称为互电阻，它为相邻的两个网孔之间公共支路上的电阻之和。互电阻的值可正可负，当相邻的两个网孔电流在公共支路上流向一致时，互电阻取正值；当相邻的两个网孔电流在公共支路上流向不一致时，互电阻取负值。结合图 2.3-1 可以得到 $R_{12} = R_{21} = -R_2$，$R_{23} = R_{32} = -R_4$。而网孔 1 和网孔 3 是没有公共支路的

不相邻网孔,则 $R_{13}=R_{31}=0$。由此可见,如果我们选定网孔电流的绕行方向均为顺(或逆)时针方向,则互电阻为非正值。

式(2.3-4)方程右端的 U_{s11}、U_{s22}、U_{s33} 分别为网孔 1、2、3 中电压源电压值的代数和。在各网孔内,当电压源电压的方向与网孔电流方向一致时,电压值前取负号;当电压源电压的方向与网孔电流方向相反时,电压值前取正号。

这样以网孔电流为独立变量,根据 KVL 列出所需的独立方程,从而解出网孔电流,再计算出各支路电流的方法,称为网孔电流法。此法只需列出 $b-(n-1)=m$ 个独立方程。m 亦即网孔数。

现将网孔电流法的解题步骤归纳如下:

① 在电路图中选定网孔,标出网孔电流与支路电流的参考方向;

② 根据自电阻、互电阻、电压源电压值代数和的形成规律,利用直接观察的方法列出关于网孔电流的电路方程;

③ 求解网孔电流方程组,解出各网孔电流;

④ 根据支路电流与网孔电流的关系,求出各支路电流及其他未知量。

[例2.3-1]　电路如图 2.3-1 所示。已知 $U_{s1}=160\text{ V}$, $U_{s2}=120\text{ V}$, $U_{s5}=60\text{ V}$, $R_1=R_2=20\ \Omega$, $R_3=5\ \Omega$, $R_4=40\ \Omega$, $R_5=10\ \Omega$。用网孔电流法求各支路电流,电压 U_{ac} 与 U_{bc}。

解:在电路图中标出各支路电流及网孔电流的参考方向,如图 2.3-1 所示。

列出网孔电流方程组为

$$\left.\begin{array}{l}(R_1+R_2)I_{m1}-R_2I_{m2}=U_{s1}-U_{s2}\\-R_2I_{m1}+(R_2+R_3+R_4)I_{m2}-R_4I_{m3}=U_{s2}\\-R_4I_{m2}+(R_4+R_5)I_{m3}=-U_{s5}\end{array}\right\}$$

将已知数代入上述方程组得

$$\left.\begin{array}{l}40I_{m1}-20I_{m2}=40\\-20I_{m1}+65I_{m2}-40I_{m3}=120\\-40I_{m2}+50I_{m3}=-60\end{array}\right\}$$

用消元法或行列式法,解得 $I_{m1}=3\text{ A}$, $I_{m2}=4\text{ A}$, $I_{m3}=2\text{ A}$。

故各支路电流为 　　　　$I_1=I_{m1}=3\text{ A}$,　　$I_2=I_{m2}-I_{m1}=(4-3)\text{ A}=1\text{ A}$

$$I_3=I_{m2}=4\text{ A},\quad I_4=I_{m2}-I_{m3}=(4-2)\text{ A}=2\text{ A},\quad I_5=I_{m3}=2\text{ A}$$

则 　　　　　　　　　　$U_{ac}=-R_2I_2+U_{s2}=(-20\times1+120)\text{ V}=100\text{ V}$

$$U_{bc}=R_4I_4=(40\times2)\text{ V}=80\text{ V}$$

[例2.3-2]　如图 2.3-2 所示电路,试列出网孔电流方程组。

解:在图 2.3-2 中标出网孔电流及电流源端电压的参考方向。注意网孔电流法是利用 KVL 列写关于网孔电流的电路方程,电流源的端电压无法用网孔电流表示,所以电流源的端电压应予以虚设。

列出网孔电流方程组为

$$\left.\begin{array}{l}(R_1+R_2+R_4)I_{m1}-R_2I_{m2}-R_4I_{m3}=-U_s\\-R_2I_{m1}+(R_2+R_3+R_5)I_{m2}-R_5I_{m3}+U=U_s\\-R_4I_{m1}-R_5I_{m2}+(R_4+R_5+R_6)I_{m3}-U=0\end{array}\right\}$$

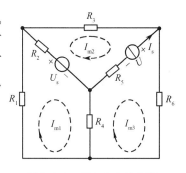

图 2.3-2　例 2.3-2 的电路

图 2.3-2 的电路有三个网孔,可列出三个网孔电流方程。但上述方程组中除三个网孔电流为未知量外,还有电流源的端电压 U 为未知量。三个方程中有四个未知量,显然求不出唯一解,所以还应补充一个方程。电流源的电流是已知的,它可以提供一个电流源电流与网孔电流的约束方程

$$I_s = I_{m3} - I_{m2}$$

这样四个未知量有四个方程,故方程组是独立而完备的,可以解出网孔电流及电流源的电压值。

思考与练习

2.3-1 网孔电流法中,互电阻的取值可正可负,如何让互电阻恒为负值?

2.3-2 对比网孔电流法和支路电流法,指出采用网孔电流法进行电路分析有哪些优势。

2.3-3 电路如图 2.2-3 所示,试列写其网孔电流方程,并求出各支路电流。

2.4 节点电压法

2.3 节的网孔电流法是以网孔电流为独立变量的,根据 KVL 列写方程,方程数比支路电流法减少了 $(n-1)$ 个。而如果要求某支路电流时,只要知道了该支路两节点之间的电压,就可以用欧姆定律或有源支路的欧姆定律求得该支路的电流。在任一电路的各节点中,取一点作为参考节点(令其电位为零),其余各节点与该参考节点之间的电压就称为这些节点的节点电压(或节点电位)。节点电压是彼此独立的。如何求出节点电压呢?以节点电压为独立变量,根据 KCL 列出 $(n-1)$ 个独立的节点电压方程,从而解出节点电压,再计算出各支路电流的方法,称为节点电压法。当电路结构的网孔数多而节点数少时, 此法更能显示其优越性。下面以图 2.4-1(a) 所示的两节点电路为例说明这一方法。

2.6

图 2.4-1(a) 是一个支路数 $b=4$,网孔数 $m=3$,节点数 $n=2$ 的电路,取节点 b 为参考点,如果求出了节点电压 U_{na},就可以求出各支路电流了。

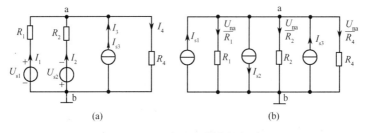

(a)   (b)

图 2.4-1 具有两个节点的电路

设节点电压 U_{na} 已求出,根据欧姆定律或有源支路欧姆定律,各支路电流为

$$I_1 = \frac{U_{s1} - U_{na}}{R_1}, \quad I_2 = \frac{-U_{s2} - U_{na}}{R_2}, \quad I_4 = \frac{U_{na}}{R_4}, \quad I_3 = I_{s3}$$

根据 KCL,对节点 a 有 $\qquad -I_1 - I_2 - I_3 + I_4 = 0$

将各电流代入上式得 $\qquad -\frac{U_{s1} - U_{na}}{R_1} - \frac{-U_{s2} - U_{na}}{R_2} - I_{s3} + \frac{U_{na}}{R_4} = 0$

整理可得节点电压
$$U_{na} = \frac{\dfrac{U_{s1}}{R_1} - \dfrac{U_{s2}}{R_2} + I_{s3}}{\dfrac{1}{R_1} + \dfrac{1}{R_2} + \dfrac{1}{R_4}}$$
(2.4-1)

U_{na} 求出后,各支路电流也就可以求出了。

现在来说明式(2.4-1)的物理意义。式(2.4-1)的分子是流入节点 a 的各等效电流源电流值的代数和,而分母与 U_{na} 的乘积表示在节点电压 U_{na} 的作用下流出节点 a 的电流。也就是说,对节点 a 而言,在节点电压 U_{na} 作用下,流出节点的电流之和等于流入节点的各等效电流源电流值的代数和。相应的等效电路如图 2.4-1(b)所示。

式(2.4-1)可用一般形式表示为
$$\left(\sum G \right) U_n = \sum I_s$$

即
$$U_n = \frac{\sum I_s}{\sum G}$$
(2.4-2)

式中, $\sum I_s$ 是将各实际电压源都等效变换为实际电流源后,流向独立节点的各等效电流源电流值的代数和。规定流入独立节点的电流源电流值前取正号,反之取负号; $\sum G$ 为与该独立节点相连的各支路电导之和。式(2.4-2)又称为弥尔曼定理。

[**例 2.4-1**] 用节点电压法求图 2.4-2 所示电路的各支路电流。

解:由式(2.4-2)得
$$U_{na} = \frac{U_{s1}/R_1 + I_s}{1/R_1 + 1/R_3} = \left(\frac{38/2 + 2}{1/2 + 1/5} \right) \text{V} = 30 \text{ V}$$

则
$$I_1 = \frac{U_{s1} - U_{na}}{R_1} = \left(\frac{38 - 30}{2} \right) \text{A} = 4 \text{ A}$$

$$I_2 = I_s = 2 \text{ A}, \quad I_3 = U_{na}/R_3 = 30/5 \text{ A} = 6 \text{ A}$$

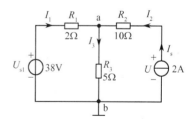

图 2.4-2 例 2.4-1 的电路

由此例可见,串入电流源支路的电阻 R_2 没有出现在分母之中,这是因为串入电流源支路的电阻对通过电流源的电流无影响,因而对外电路 U_{na}(将电流源看成一个有源二端网络)无影响。而电阻 R_2 的存在仅对电流源两端的电压 U 有影响。当 $R_2 = 0$ 时, $U = U_{na}$;当 $R_2 \neq 0$ 时, $U = U_{na} + R_2 I_2$ 。

对于具有 n 个节点、m 个网孔的电路,取电路中的任意节点为参考点,即该节点的电位为零,再由 KCL 列出 $(n-1)$ 个独立的节点电压方程。

现以图 2.4-3 所示电路为例,说明用节点电压法对具有多个节点的电路的求解步骤。

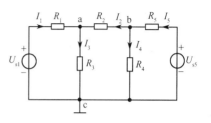

图 2.4-3 具有多个节点的电路

图 2.4-3 所示电路中节点数 $n = 3$。取节点 c 为参考节点,即 $U_c = 0$。各支路电流参考方向已标出。

根据 KCL 得

对节点 a $-I_1 - I_2 + I_3 = 0$

对节点 b $I_2 + I_4 - I_5 = 0$

运用欧姆定律与有源支路欧姆定律得

$$I_1 = \frac{U_{s1} - U_{na}}{R_1}, \quad I_2 = \frac{U_{nb} - U_{na}}{R_2}, \quad I_3 = \frac{U_{na}}{R_3}, \quad I_4 = \frac{U_{nb}}{R_4}, \quad I_5 = \frac{U_{s5} - U_{nb}}{R_5}$$

将上面各式分别代入节点 a、节点 b 的节点电流方程中,得

$$\left.\begin{array}{l} -\dfrac{U_{s1} - U_{na}}{R_1} - \dfrac{U_{nb} - U_{na}}{R_2} + \dfrac{U_{na}}{R_3} = 0 \\[3mm] \dfrac{U_{nb} - U_{na}}{R_2} + \dfrac{U_{nb}}{R_4} - \dfrac{U_{s5} - U_{nb}}{R_5} = 0 \end{array}\right\}$$

整理后可得
$$\left.\begin{array}{l} \left(\dfrac{1}{R_1} + \dfrac{1}{R_2} + \dfrac{1}{R_3}\right) U_{na} - \dfrac{1}{R_2} U_{nb} = \dfrac{U_{s1}}{R_1} \\[3mm] -\dfrac{1}{R_2} U_{na} + \left(\dfrac{1}{R_2} + \dfrac{1}{R_4} + \dfrac{1}{R_5}\right) U_{nb} = \dfrac{U_{s5}}{R_5} \end{array}\right\} \tag{2.4-3}$$

若用电导表示每个电阻的倒数,式(2.4-3)又可写为
$$\left.\begin{array}{l} (G_1 + G_2 + G_3) U_{na} - G_2 U_{nb} = G_1 U_{s1} \\[2mm] -G_2 U_{na} + (G_2 + G_4 + G_5) U_{nb} = G_5 U_{s5} \end{array}\right\} \tag{2.4-4}$$

将上述方程写成一般形式为
$$\left.\begin{array}{l} G_{aa} U_{na} + G_{ab} U_{nb} = I_{saa} \\[2mm] G_{ba} U_{na} + G_{bb} U_{nb} = I_{sbb} \end{array}\right\} \tag{2.4-5}$$

式(2.4-5)的各节点电压方程左端各节点电压前的系数称为自电导,它为连接到该节点上所有支路的电导之和。结合图2.4-3可以得到 $G_{aa} = G_1 + G_2 + G_3$,$G_{bb} = G_2 + G_4 + G_5$,与式(2.4-4)所得结果完全一致,自电导的值恒为正。各节点电压方程左端相邻节点电压前的系数称为互电导,它为相邻的两个节点之间公共支路上的电导之和。互电导的值恒为负。结合图2.4-3可以得到 $G_{ab} = G_{ba} = -G_2$。若两个节点之间没有公共支路相连,则它们的互电导为零。

式(2.4-5)方程右端的 I_{saa}、I_{sbb} 分别为流入节点 a 和 b 的等效电流源电流值的代数和,流入节点的电流源电流值前取正号,流出节点的电流源电流值前取负号。式(2.4-5)是具有两个独立节点的电路的节点电压方程的一般形式。节点电压方程是 KCL 的体现,因为方程左端是各节点电压所引起的流出节点的电流,而方程右端则是从电流源流入节点的电流。

现将节点电压法的解题步骤归纳如下:

① 在电路中任选某一节点为参考节点,则其余节点与参考节点间的电压就是独立的节点电压;

② 根据自电导、互电导、电流源电流值代数和的形成规律,利用直接观察的方法列出关于节点电压的电路方程;

③ 求解节点电压方程组,解出各节点电压;

④ 求出各支路电流及其他未知量。

[例2.4-2] 电路如图2.4-3所示。已知 $R_1 = 5\,\Omega$,$R_2 = 10\,\Omega$,$R_3 = 5\,\Omega$,$R_4 = 10\,\Omega$,$R_5 = 15\,\Omega$,$U_{s1} = 15\,\mathrm{V}$,$U_{s5} = 65\,\mathrm{V}$。求各支路电流。

解:选节点 c 为参考节点,用直接观察的方法列出节点电压方程组为

$$\left.\begin{array}{l} \left(\dfrac{1}{R_1} + \dfrac{1}{R_2} + \dfrac{1}{R_3}\right) U_{na} - \dfrac{1}{R_2} U_{nb} = \dfrac{1}{R_1} U_{s1} \\[3mm] -\dfrac{1}{R_2} U_{na} + \left(\dfrac{1}{R_2} + \dfrac{1}{R_4} + \dfrac{1}{R_5}\right) U_{nb} = \dfrac{1}{R_5} U_{s5} \end{array}\right\}$$

将已知数代入上述方程组得

$$\left(\frac{1}{5}+\frac{1}{10}+\frac{1}{5}\right)U_{na}-\frac{1}{10}U_{nb}=\frac{15}{5}$$

$$-\frac{1}{10}U_{na}+\left(\frac{1}{10}+\frac{1}{10}+\frac{1}{15}\right)U_{nb}=\frac{65}{15}$$

解得 $U_{na}=10\text{ V}$，$U_{nb}=20\text{ V}$。

各支路电流分别为

$$I_1=\frac{U_{s1}-U_{na}}{R_1}=\left(\frac{15-10}{5}\right)\text{A}=1\text{ A}$$

$$I_2=\frac{U_{nb}-U_{na}}{R_2}=\left(\frac{20-10}{10}\right)\text{A}=1\text{ A}$$

$$I_3=\frac{U_{na}}{R_3}=\frac{10}{5}\text{A}=2\text{ A},\quad I_4=\frac{U_{nb}}{R_4}=\frac{20}{10}\text{A}=2\text{ A}$$

$$I_5=\frac{U_{s5}-U_{nb}}{R_5}=\frac{65-20}{15}\text{A}=3\text{ A}$$

检验:对节点 c 列 KCL 方程,有

$$I_1-I_3-I_4+I_5=0$$

代入各支路电流的值

$$1-2-2+3=0$$

证明计算结果正确。

思考与练习

2.4-1 节点电压法中,如果非边沿支路上存在理想电流源,节点电压方程如何列写?

2.4-2 对比分析网孔电流法和节点电压法的特点,指出在这两种方法中如何选择,可保证电路分析的复杂度更低?并说明理由。

2.4-3 电路如图 2.2-3 所示,试列写其节点电压方程,并求出各支路电流。

2.4-4 电路如图 2.4-4 所示,使用节点电压法求电流源的电压 U。

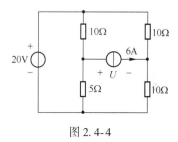

图 2.4-4

2.5 叠 加 定 理

叠加定理是线性电路的重要定理之一,它可以将一个复杂电路的分析与计算简化为几个简单电路的分析与计算,它体现了线性电路的基本性质——叠加性。

下面以图 2.5-1 所示电路来说明叠加定理及其应用。

对于图 2.5-1(a)所示电路,R_2 支路中的电流为 I_2,由基尔霍夫定律得

$$I_1=I_2-I_3=I_2-I_s$$

$$U_s=R_1I_1+R_2I_2=R_1(I_2-I_s)+R_2I_2=(R_1+R_2)I_2-R_1I_s$$

移项整理后得

$$I_2=\frac{U_s}{R_1+R_2}+\frac{R_1}{R_1+R_2}I_s=I_2'+I_2'' \tag{2.5-1}$$

2.7

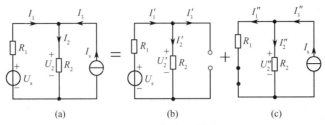

图 2.5-1 叠加定理的电路

显然，R_2 支路中的电流是由两个分量 I_2' 和 I_2'' 叠加而成的。其中

$$I_2' = \frac{U_s}{R_1 + R_2}$$

它是在电流源开路时，由电压源单独作用所产生的流过 R_2 的电流，如图 2.5-1(b) 所示；而另一分量

$$I_2'' = \frac{R_1}{R_1 + R_2} I_s$$

则是在电压源短路时，由电流源单独作用所产生的流过 R_2 的电流，如图 2.5-1(c) 所示。

流过 R_2 的电流可以如此计算，而 R_2 两端的电压

$$U_2 = R_2 I_2 = R_2 \left(\frac{U_s}{R_1 + R_2} + \frac{R_1}{R_1 + R_2} I_s \right)$$

$$= \frac{R_2}{R_1 + R_2} U_s + \frac{R_1 R_2}{R_1 + R_2} I_s = U_2' + U_2'' \tag{2.5-2}$$

也可以用这种方法计算。

同样可以证明这一结论也适用于其他支路中的电流和电压的计算。

上述结果反映了线性电路的一个很重要的性质，称为叠加定理。它的内容是：在线性电路中，有多个独立源同时作用时，任何一条支路的电流(或电压)等于各个独立源单独作用在该支路产生的电流(或电压)分量的代数和。

应用叠加定理时需注意以下几点：

① 电路中仅考虑某一个独立源单独作用时，其他独立源应视为零值，即电压源用短路替代，电流源用开路替代。同时保持电路结构不变。

② 分量的"代数和"意指各分量进行叠加时，若分量的参考方向与原物理量的参考方向一致，该分量前取正号；若分量的参考方向与原物理量的参考方向相反，则该分量前取负号。

③ 叠加定理只适用于线性电路，不适用于非线性电路。

④ 叠加定理不能用于求功率。比如图 2.5-1 中电阻 R_2 上的功率为

$$P_2 = R_2 I_2^2 = R_2 (I_2' + I_2'')^2 \neq R_2 I_2'^2 + R_2 I_2''^2$$

这是因为功率与电流不是正比关系，而是平方关系。

[例 2.5-1]　用叠加定理求图 2.5-2(a) 所示电路中的各支路电流。

解：(1) 当电压源 U_{s1} 单独作用时，对应的电路如图 2.5-2(b) 所示。由图可得

$$I_1' = I_2' = \frac{U_{s1}}{R_1 + R_2} = \frac{60}{5 + 10} A = 4\,A, \quad I_3' = 0$$

当电压源 U_{s2} 单独作用时，对应的电路如图 2.5-2(c) 所示。由图可得

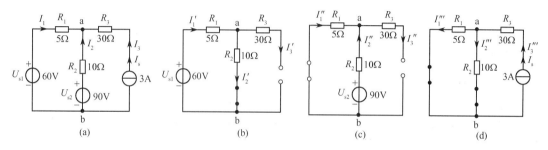

图 2.5-2 例 2.5-1 电路

$$I_2'' = -I_1'' = \frac{U_{s2}}{R_1 + R_2} = \frac{90}{5 + 10} A = 6 A, \quad I_3'' = 0$$

当电流源 I_s 单独作用时,对应的电路如图 2.5-2(d)所示,由图可得

$$I_3''' = I_s = 3 A$$

$$I_1''' = \frac{R_2}{R_1 + R_2} I_s = \left(\frac{10}{5 + 10} \times 3\right) A = 2 A$$

$$I_2''' = \frac{R_1}{R_1 + R_2} I_s = \left(\frac{5}{5 + 10} \times 3\right) A = 1 A$$

(2) 求各支路电流。要特别注意各支路电流的参考方向与每个独立源单独作用时在该支路的电流分量参考方向的关系。由图 2.5-2 可得

$$I_1 = I_1' + I_1'' - I_1''' = (4 - 6 - 2) A = -4 A$$

$$I_2 = -I_2' + I_2'' - I_2''' = (-4 + 6 - 1) A = 1 A$$

$$I_3 = -I_3' - I_3'' + I_3''' = 3 A$$

由叠加定理可推知,当电路中只有一个独立源作用时,该电路中各处电压或电流,都与该独立源成正比关系。这个关系称为齐性原理。

[例 2.5-2] 梯形电路如图 2.5-3 所示,试求各支路电流。

解:电路中只有一个电压源作用,可利用电阻串并联关系进行化简,求出 I_1;再利用分流关系依次求出其他各支路的电流,但过程较为烦琐。一般情况下,应用齐性原理分析梯形电路更为方便。

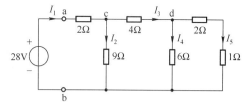

图 2.5-3 例 2.5-2 电路

如果设电流 $I_5 = 1 A$,则各支路电流和电压分别为

$$U_{db} = (2 + 1) \times I_5 = 3 V, \quad I_4 = U_{db}/6 = 0.5 A, \quad I_3 = I_4 + I_5 = 1.5 A$$

$$U_{cb} = 4 \times I_3 + U_{db} = (6 + 3) V = 9 V, \quad I_2 = U_{cb}/9 = 1 A, \quad I_1 = I_2 + I_3 = 2.5 A$$

$$U_{ab} = 2 \times I_1 + U_{cb} = (5 + 9) V = 14 V$$

可见,在假设电流 $I_5 = 1 A$ 时,需要在 a 和 b 两点之间加入一个电压为 14 V 的电压源。现已知电压源的电压值为 28 V,故 $K = 28/14 = 2$,根据齐性原理,只需将前面所求各支路的电流,乘上比例常数 K,即可得到电压值为 28 V 的电压源作用下的各支路电流,即

$$I_1 = 2.5 A \times 2 = 5 A, \quad I_2 = 1 A \times 2 = 2 A, \quad I_3 = 1.5 A \times 2 = 3 A$$

$$I_4 = 0.5\ \text{A} \times 2 = 1\ \text{A}, \quad I_5 = 1\ \text{A} \times 2 = 2\ \text{A}$$

本例由离电源最远的支路开始计算,假设其电流为 1 A,然后由远到近地推算到电压源支路,最后利用齐性原理予以修正。这种方法可以称为"倒推法"。

思考与练习

2.5-1 叠加定理能否用于非线性电路?是否适用于功率的计算?

2.5-2 试归纳用叠加定理进行电路分析的特点,并列举出叠加定理可显著降低分析复杂度的典型电路结构。

2.5-3 电路如图 2.5-4 所示,试用叠加定理求电流源的电压 U 及其发出的功率。

2.5-4 电路如图 2.5-5 所示,试用叠加定理求支路电流 I。

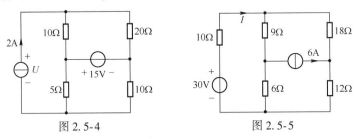

图 2.5-4　　　　　　　　　　图 2.5-5

2.6　等效电源定理

当仅需计算一个复杂电路中某一支路的电流(或电压)时,若用前面介绍的计算方法,必然要多计算出不需要的支路电流(或电压),增加了计算工作量。这种情况下应用等效电源定理求解就比较简便。其方法是将所要求的某一支路抽出,而把其余电路视为一个有源二端网络,如图 2.6-1(a)所示。通过讨论可知道,任何一个有源二端网络,对外电路而言,都可以用一个等效电源替代。等效电源可以是实际电压源,也可以是实际电流源。这样,使该电路简化为如图 2.6-1(b)、(c)所示的等效电路求解。

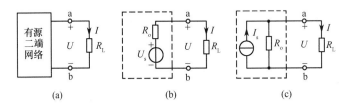

(a)　　　　　　　　(b)　　　　　　　　(c)

图 2.6-1　有源二端网络及其等效电路

将一个有源二端网络等效化简为实际电压源或实际电流源的方法称为等效电源定理。等效电源定理包含戴维南定理和诺顿定理。

2.6.1　戴维南定理

任意一个线性有源二端网络,可以用一个对外与它等效的电压源 U_s 和电阻 R_o 相串联的实际电压源来替代,如图 2.6-2 所示。U_s 的值等于该有源二端网络两端的开路电

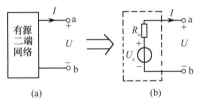

(a)　　　　　　　　(b)

图 2.6-2　戴维南等效电路

2.8

压 U_{oc}，R_o 等于该有源二端网络内所有独立源都为零值（即电压源用短路替代，电流源用开路替代）时，从所得的无源二端网络两端看进去的等效电阻。这就是戴维南定理。

下面来证明戴维南定理。

如前所述，电路的等效指的是对外电路等效，即它们具有相同的伏安关系。从图 2.6-2 所示电路可知，当外电路开路时，U_s 应当和此时原有源二端网络的开路电压 U_{oc} 相等，即

$$U_s = U_{oc} \tag{2.6-1}$$

当外电路接通而输出电流 I 时，等效电压源的端电压为

$$U = U_s - R_o I = U_{oc} - R_o I \tag{2.6-2}$$

它也应当和此时原有源二端网络的端电压相等。这时原有源二端网络的端电压可以这样来分析：设想在原有源二端网络两端接一个 $I_s = I$ 的电流源来替代它的外电路，如图 2.6-3(a) 所示。这同样符合它在输出电流 I 时的工作状态，因为它不会改变原有源二端网络各支路的电流和电压。

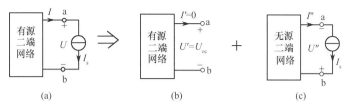

图 2.6-3　戴维南定理的证明

图 2.6-3(a) 中的电压 U 可应用叠加定理来求得。当原有源二端网络中各个独立源均作用，而外电路的电流源 I_s 为零时，如图 2.6-3(b) 所示，此时 a、b 两端开路，$I' = 0$，端电压 $U' = U_{oc}$；当原有源二端网络中所有独立源为零（变成无源二端网络），仅有外电路的电流源 I_s 作用时，如图 2.6-3(c) 所示，$I'' = I_s = I$，端电压 U'' 等于无源二端网络的等效电阻（用 R_{abo} 表示）乘以电流 I，即

$$U'' = R_{abo} I$$

根据图 2.6-3 所示电路的叠加关系得

$$U = U' - U'' = U_{oc} - R_{abo} I \tag{2.6-3}$$

比较式(2.6-2)和式(2.6-3)，可得

$$R_o = R_{abo} \tag{2.6-4}$$

因此，有源二端网络可以用一个电压源电压为 U_s、串联电阻为 R_o 的实际电压源来等效。

[**例2.6-1**]　求图 2.6-4(a) 所示电路的戴维南等效电路。

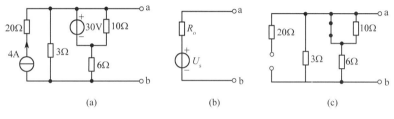

图 2.6-4　例 2.6-1 的电路

解：求戴维南等效电路就是将图 2.6-4(a) 等效变换为图 2.6-4(b) 所示电路，就是要求等效电压源电压 U_s 和电阻 R_o。

本题中因 $10\,\Omega$ 电阻与电压源并联，$20\,\Omega$ 电阻与电流源串联，对输出电压 U_{ab} 无影响，可分别用开路与短路替代 $10\,\Omega$ 与 $20\,\Omega$ 电阻，用弥尔曼定理得

$$U_{abo} = \frac{30/6+4}{1/6+1/3}\,\text{V} = 18\,\text{V}$$

即 $U_s = 18\,\text{V}$。

令图 2.6-4(a)所示电路中的独立源皆为零，得对应的无源二端网络如图 2.6-4(c)所示，可得

$$R_o = \frac{3\times6}{3+6}\,\Omega = 2\,\Omega$$

即 $R_o = 2\,\Omega$。

根据已求出的 U_s 和 R_o 可画出戴维南等效电路，如图 2.6-4(b)所示。

[例 2.6-2] 利用戴维南定理求图 2.6-5(a)所示电路中的电压 U。

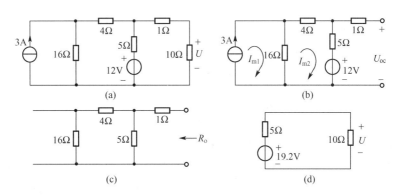

图 2.6-5 例 2.6-2 的电路

解：利用戴维南定理求电压 U 时，首先将待求的 $10\,\Omega$ 电阻支路断开，求出左侧线性含源二端网络的戴维南等效电路。

求开路电压 U_{oc} 的电路如图 2.6-5(b)所示，根据网孔电流法，则有

$$\left.\begin{aligned} I_{m1} &= 3\,\text{A} \\ -16I_{m1}+25I_{m2} &= -12 \end{aligned}\right\}$$

解得 $I_{m1} = 3\,\text{A}$，$I_{m2} = 1.44\,\text{A}$，于是可得

$$U_{oc} = (5I_{m2}+12)\,\text{V} = 19.2\,\text{V}$$

令图 2.6-5(a)所示电路中的独立源皆为零，得对应的无源二端网络如图 2.6-5(c)所示，可得

$$R_o = \left[\frac{(4+16)\times5}{(4+16)+5}+1\right]\Omega = 5\,\Omega$$

根据已求得的 U_{oc} 和 R_o 画出对应的等效电路，如图 2.6-5(d)所示，于是求得

$$U = \left(\frac{10}{10+5}\times19.2\right)\text{V} = 12.8\,\text{V}$$

由以上计算可以看出，利用戴维南定理进行电路分析时，通常有三个步骤，即：求开路电压 U_{oc}；求等效电阻 R_o；画出等效电路，求出未知量。

计算开路电压时，可以运用前面介绍的各种分析方法，如等效变换法、网孔电流法、节点电

压法等。

计算等效电阻时,若无源二端电阻网络为电阻的混联电路,则可以用电阻串、并联化简的方法。若无源二端电阻网络不是电阻的混联电路,则要用到求等效电阻的一般方法。

求等效电阻的一般方法分为外加电源法和开路电压、短路电流法。

外加电源法是将有源二端网络内部的独立源取为零值后,在其端口上外加一个电压源 U,如图 2.6-6(a)所示。计算出流入端口的电流 I,有

$$R_o = U/I \tag{2.6-5}$$

也可以在其端口上外加一个电流源 I_s,如图 2.6-6(b)所示。计算出端口电压 U,有

$$R_o = U/I_s \tag{2.6-6}$$

注意,外加电源法中电压与电流的参考方向均是向无源二端网络内部关联的。

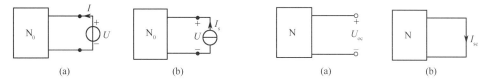

图 2.6-6　外加电源法　　　　　图 2.6-7　开路电压、短路电流法

开路电压、短路电流法是分别求出有源二端网络端点处开路时的开路电压 U_{oc},如图 2.6-7(a)所示,以及有源二端网络端点处短路时的短路电流 I_{sc},如图 2.6-7(b)所示。于是,可求得

$$R_o = U_{oc}/I_{sc} \tag{2.6-7}$$

注意,开路电压、短路电流法中开路电压及短路电流的参考方向是与被断开、短路的支路关联的。

[例 2.6-3]　试求图 2.6-8(a)所示电路中流过 70 Ω 电阻支路的电流 I。

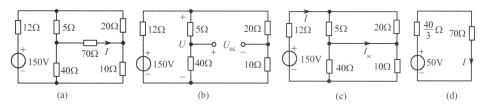

图 2.6-8　例 2.6-3 的电路

解:利用戴维南定理求流过 70 Ω 电阻支路的电流。为此先断开 70 Ω 电阻支路,求出开路电压 U_{oc},如图 2.6-8(b)所示,则有

$$U = \left[\frac{\dfrac{(5+40)\times(20+10)}{(5+40)+(20+10)}}{\dfrac{(5+40)\times(20+10)}{(5+40)+(20+10)}+12}\times 150\right] V = 90\ V$$

$$U_{oc} = \frac{40}{5+40}U - \frac{10}{20+10}U = 50\ V$$

显然,令图 2.6-8(a)所示电路中的独立源为零值时,无法用串、并联化简的方法求出70 Ω电阻支路两端看进去的等效电阻,故采用开路电压、短路电流法。为此将 70 Ω 电阻短路,求出短路电流 I_{sc},如图 2.6-8(c)所示。由图可得

$$I = \left(\frac{150}{\dfrac{5 \times 20}{5+20} + \dfrac{40 \times 10}{40+10} + 12} \right) A = \frac{25}{4} A$$

$$I_{sc} = \frac{20}{5+20} I - \frac{10}{40+10} I = \frac{15}{4} A$$

于是可得

$$R_o = \frac{U_{oc}}{I_{sc}} = \frac{40}{3} \Omega$$

根据已求得的 U_{oc} 和 R_o 画出对应的等效电路,如图 2.6-8(d)所示,于是求得

$$I = \left(\frac{50}{40/3 + 70} \right) A = \frac{3}{5} A$$

2.6.2 诺顿定理

任意线性有源二端网络,也可以用一个对外与它等效的电流源 I_s 和电阻 R_o 相并联的实际电流源来替代,如图 2.6-9 所示。其中 I_s 等于该有源二端网络的短路电流 I_{sc},R_o 等于该有源二端网络内所有独立源都为零(即电压源用短路替代,电流源用开路替代)时所得的无源二端网络端口之间的等效电阻。这就是诺顿定理。

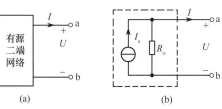

图 2.6-9 诺顿等效电路

2.9

可应用实际电压源与实际电流源的等效变换,由戴维南定理来证明诺顿定理。

[例 2.6-4] 试用诺顿定理求图 2.6-10 所示电路中 10 Ω 电阻支路的电流 I。

解:用诺顿定理求解电路中某一支路的电流时,首先要求出原电路在断开该支路后的诺顿等效电路。为此,将 a、b 两点间 10 Ω 电阻用短路线替代,即可求得等效电流源的电流 I_s。由图 2.6-11(a)可得

$$I_{sc} = \left(2 + \frac{16}{20} \right) A = 2.8 A$$

故

$$I_s = I_{sc} = 2.8 A$$

求与电流源并联的电阻 R_o,由图 2.6-11(b)得

$$R_o = \left(\frac{20 \times 5}{20+5} \right) \Omega = 4 \Omega$$

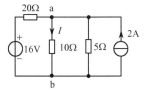

图 2.6-10 例 2.6-4 的电路

根据求得的 I_s 与 R_o,可画出如图 2.6-11(c)所示电路,由此可得

$$I = \left(\frac{4}{4+10} \times 2.8 \right) A = 0.8 A$$

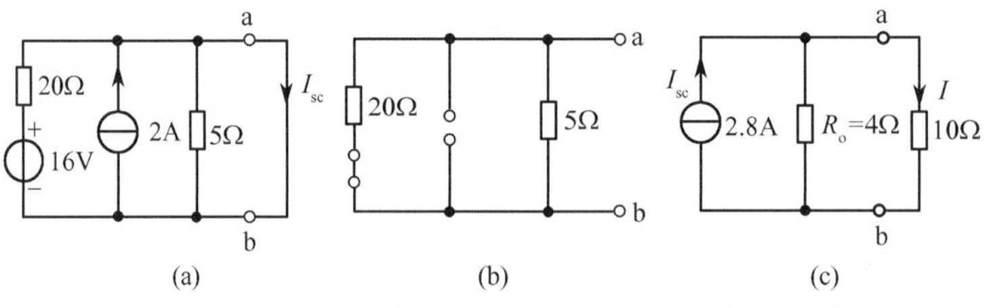

（a）　　　　　　　　（b）　　　　　　　　（c）

图 2.6-11 例 2.6-4 的诺顿等效电路

思考与练习

2.6-1　简述戴维南定理和诺顿定理的基本内容,并说明它们的适用条件以及进行电路分析的基本步骤。

2.6-2　从实际电源等效变换的角度看,一个电路如果存在戴维南等效电路,则必然也存在诺顿等效电路。这个观点正确吗? 如果不正确,请举出反例。

2.6-3　试根据叠加定理证明诺顿定理。

2.6-4　电路如图 2.6-12 所示,试分别用戴维南定理和诺顿定理求支路电流 I。

2.6-5　电路如图 2.6-13 所示,试用戴维南定理求 3 A 电流源的电压 U。

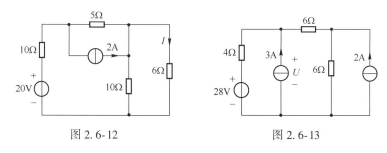

图 2.6-12　　　　　　　图 2.6-13

2.7　负载获得最大功率的条件

根据戴维南定理,任何一个线性有源二端网络都可以用一个实际电压源来替代,如图 2.6-2 所示。根据诺顿定理,它又可以用一个实际电流源来替代,如图 2.6-9 所示。当任一线性有源二端网络外接一可调负载电阻 R_L 时,在什么条件下,负载能得到最大功率呢?

现在以戴维南等效电路替代任一线性有源二端网络,如图 2.7-1 所示。负载电阻 R_L 所消耗的功率为

2.10

$$P = R_L I^2 = R_L \left(\frac{U_s}{R_o + R_L} \right)^2 = \frac{R_L U_s^2}{(R_o + R_L)^2}$$

由上式可知:当 R_L 改变时,功率 P 也随着改变。要使功率 P 为最大,应使 $\dfrac{\mathrm{d}P}{\mathrm{d}R_L} = 0$,由此可解得 P 为最大值时的 R_L 值。即

$$\frac{\mathrm{d}P}{\mathrm{d}R_L} = \frac{(R_o + R_L)^2 U_s^2 - 2(R_o + R_L) R_L U_s^2}{(R_o + R_L)^4} = \frac{(R_o - R_L) U_s^2}{(R_o + R_L)^3} = 0$$

解得 $R_L = R_o$。

所以,从线性有源二端网络向负载电阻 R_L 输送最大功率的条件是

$$R_L = R_o \tag{2.7-1}$$

式中,R_o 为有源二端网络的等效电阻。工程上把满足这一条件的工作状态称为匹配。此时 R_L 所获得的最大功率为

$$P_{\max} = \frac{U_s^2}{4R_o} \tag{2.7-2}$$

如果用诺顿等效电路替代任一线性有源二端网络,电路如图 2.7-2 所示,R_L 获得最大功率的条件仍然是式(2.7-1)。获得的最大功率为

$$P_{\max} = \frac{R_L I_s^2}{4} \tag{2.7-3}$$

负载电阻所吸收的功率与有源二端网络等效变换为实际电压源（电流源）后的电压源（电流源）产生的功率之比称为传输效率。当负载匹配，即 $R_L = R_o$ 时，传输效率只有 50%，是很低的。在电力系统中是不允许这样工作的，但这种工作状态常常是电子线路中所要求的。

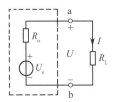

图 2.7-1　负载获得最大功率条件的电路一

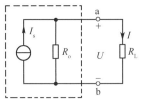

图 2.7-2　负载获得最大功率条件的电路二

[例 2.7-1]　试问在例 2.6-1 的电路中，在 a、b 端所接电阻 R_L 为多大时，可获得最大功率，并求此最大功率。

解：由例 2.6-1 结果可知：其戴维南等效电路如图 2.6-4（b）所示，当在 a、b 端接入负载电阻 R_L 后，电路如图 2.7-3 所示。

根据负载获得最大功率的条件可知，当

$$R_L = R_o = 2\,\Omega$$

时，负载电阻 R_L 可获得最大功率，所获得的最大功率为

$$P_{\max} = \frac{U_s^2}{4R_o} = \left(\frac{18^2}{4\times 2}\right)\text{W} = 40.5\,\text{W}$$

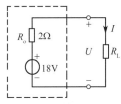

图 2.7-3　例 2.7-1 的电路

思考与练习

2.7-1　什么是最大功率传输？负载获得最大功率的条件是什么？

2.7-2　当负载获得最大功率时，电源发出的功率与负载获得的功率是什么关系？是否电源功率的利用效率此时也达到最大？

2.7-3　电路如图 2.7-4 所示，试用戴维南定理分析，当 R_L 为多少时获得最大功率？并求 $P_{\max}$。

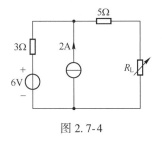

图 2.7-4

2.8　含受控源电路的分析计算方法

理想的受控电压源具有类似于理想电压源的两个基本性质；理想的受控电流源具有类似于理想电流源的两个基本性质。所以，对于含有受控源的线性电路，可以将受控源视为独立源来处理，采用前面所介绍的电路分析方法进行分析与计算。但是，受控源的输出量是受电路中某一支路的电流（或电压）控制的，因此它又与独立源有区别，在电路的分析与计算中应充分注意它们的特性。下面通过几个例题来说明含受控源电路的分析计算方法。

[例 2.8-1]　试用电源等效变换化简图 2.8-1（a）所示的有源二端网络。

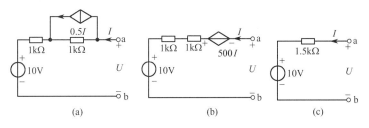

图 2.8-1 例 2.8-1 电路

解：先把受控电流源与电阻并联部分等效变换成受控电压源与电阻串联的电路。受控电压源的电压为

$$0.5I \times 1000 = 500I$$

变换后的电路如图 2.8-1(b)所示。由该电路可得

$$U = -500I + 2000I + 10 = 1500I + 10$$

而图 2.8-1(c)所示电路的伏安关系是

$$U = 1500I + 10$$

故图 2.8-1(c)所示电路即为图 2.8-1(a)所示电路的简化结果。

从此例可知：含受控源、电阻及独立源的二端网络和含电阻及独立源的二端网络一样，可以用一个电压源和一个电阻串联的等效电路来替代；也可以用一个电流源和一个电阻并联的等效电路来替代。

[例 2.8-2] 电路如图 2.8-2(a)所示，求电流 I_x。

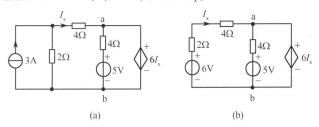

图 2.8-2 例 2.8-2 电路

解：求解含受控源的电路时，如需对电路进行等效变换，应当注意在等效变换过程中，不能把控制量消除掉，否则无法算出结果。

图 2.8-2(a)中 3 A 电流源与 2 Ω 电阻并联电路可等效变换为 $U_s = 2 \times 3\,\text{V} = 6\,\text{V}$ 的电压源与 2 Ω 电阻串联的电路，如图 2.8-2(b)所示。

求 I_x 应注意受控电压源 $6I_x$ 直接加在 a、b 端点之间，根据 KVL 得

$$6I_x = 6 - (4+2)I_x$$

解得 $I_x = 0.5\,\text{A}$。

[例 2.8-3] 电路如图 2.8-3(a)所示，试求电流 I_x。

解：可用叠加定理求解。在应用叠加定理计算含受控源的电路时，应当注意：受控源的输出量受电路中其他支路的电流(或电压)控制，它不能作为电路的"激励"。所以，在应用叠加定理计算电路时，受控源不能单独作用。而当每一个独立源单独作用时，受控源均予以保留，且控制量均做相应变化。为此，图 2.8-3(a)所示电路可用图 2.8-3(b)、(c)所示独立源单独作用的

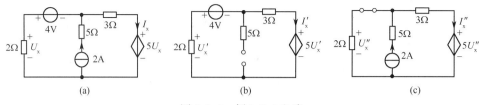

图 2.8-3　例 2.8-3 电路

电路叠加而成。

对于图 2.8-3(b)所示电路,根据 KVL 得

$$4+3I'_x+5U'_x-U'_x=0$$

而 $U'_x=-2I'_x$,代入上式,解得 $I'_x=4/5$ A。

对于图 2.8-3(c)所示电路,根据 KVL 得

$$3I''_x+5U''_x-U''_x=0$$

而

$$U''_x=2\times(2-I''_x)$$

代入上式,解得 $I''_x=16/5$ A。

根据叠加定理得
$$I_x=I'_x+I''_x=(4/5+16/5)\text{ A}=4\text{ A}$$

[例 2.8-4]　电路如图 2.8-4 所示。已知 $U_s=20$ V,$R_1=4\ \Omega$,$R_2=12\ \Omega$,$R_3=2\ \Omega$,$R_4=4\ \Omega$,$R_5=2\ \Omega$,$\mu=2$。求各支路电流与电压 U_1。

解:用网孔电流法求解。首先在电路图中标出网孔电流、支路电流及它们的参考方向,如图 2.8-4 所示。

当电路中含有受控源时,利用网孔电流法(或节点电压法)分析电路的过程中,可以先将受控源视为独立源,利用直接观察法列写电路方程组。然后再将受控源的控制量用独立变量表示,便可得到完备的电路方程组。

根据图 2.8-4 可列出网孔电流方程组

$$\left.\begin{array}{l}(R_1+R_2+R_3)I_{m1}-R_2I_{m2}-R_3I_{m3}=0\\-R_2I_{m1}+(R_2+R_4)I_{m2}-R_4I_{m3}=-\mu U_3\\-R_3I_{m1}-R_4I_{m2}+(R_3+R_4+R_5)I_{m3}=-U_s\end{array}\right\}$$

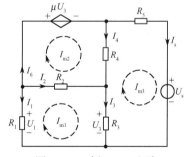

图 2.8-4　例 2.8-4 电路

其中控制量　　　　　$U_3=R_3(I_{m1}-I_{m3})$

将已知数代入上述方程组,并进行整理得

$$\left.\begin{array}{l}18I_{m1}-12I_{m2}-2I_{m3}=0\\-8I_{m1}+16I_{m2}-8I_{m3}=0\\-2I_{m1}-4I_{m2}+8I_{m3}=-20\end{array}\right\}$$

解得 $I_{m1}=-4$ A,$I_{m2}=-5$ A,$I_{m3}=-6$ A。

故各支路电流为

$$I_1=-I_{m1}=4\text{ A},\quad I_2=I_{m1}-I_{m2}=[-4-(-5)]\text{ A}=1\text{ A}$$

$$I_3=I_{m1}-I_{m3}=[-4-(-6)]\text{ A}=2\text{ A},\quad I_4=I_{m2}-I_{m3}=[-5-(-6)]\text{ A}=1\text{ A}$$

$$I_5=I_{m3}=-6\text{ A}\quad I_6=I_{m2}=-5\text{ A}$$

根据关联的参考方向得　　　　　$U_1=R_1I_1=4\times4=16$ V

在应用等效电源定理分析计算含受控源的电路时,应注意以下两点:

① 求开路电压与短路电流时与只含独立源的电路方法相同。

② 求等效电阻 R_o 时,所有独立源都为零值,但受控源仍需保留,这样就不能用简单的电阻串、并联化简的方法来求其等效电阻,而必须用求等效电阻的一般方法。

[例 2.8-5] 求图 2.8-5(a)所示电路的戴维南等效电路。

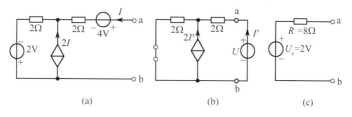

图 2.8-5 例 2.8-5 的电路

解:利用图 2.8-5(a)求开路电压 U_{oc}。因为 a、b 两端开路时,$I=0$,故受控电流源 $2I=0$ 相当于开路。根据 KVL 得

$$U_{oc} = U_{abo} = 4-2 = 2 \text{ V}$$

求等效电阻 R_o 用外加电压源的方法,即令电路中所有独立源为零值,保留受控源 $2I$,在 a、b 两端加一电压源 U,求出流入端点 a 的电流 I',电路如图 2.8-5(b)所示。根据 KVL 与 KCL 得

$$U = 2I' + (I'+2I') \times 2 = 8I'$$

$$R_o = U/I' = 8I'/I' = 8 \text{ }\Omega$$

画出戴维南等效电路,如图 2.8-5(c)所示。

思考与练习

2.8-1 不含受控源的电路等效变换为实际电压源时,电压源的内阻恒为正值。对于含受控源的电路,这一结论是否成立?如不成立,试举出反例。

2.8-2 与不含受控源的电路相比,含受控源电路用网孔电流法和节点电压法分析时,电路方程分别发生了什么变化?

2.8-3 电路如图 2.8-6 所示,试用戴维南定理分析,当 R_L 为多少时获得最大功率?

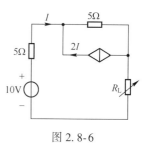

图 2.8-6

2.9 电路的对偶性

对偶性是许多物理现象的一种常见属性,在电路中也不例外。从前面的分析不难发现,有些关系具有相似的形式。如欧姆定律的两个表达式

$$U = RI \tag{2.9-1}$$

$$I = GU \tag{2.9-2}$$

两式中 U 与 I 是对偶量,R 与 G 是对偶量。当对偶量分别相互替代后式(2.9-1)与式(2.9-2)就相互交换了,这就是电路的对偶性。式(2.9-1)和式(2.9-2)是对偶关系式。

串联和并联也是对偶的。对于串联电路有

$$R = R_1 + R_2 + R_3 + \cdots \tag{2.9-3}$$

对于并联电路有 $\qquad\qquad G=G_1+G_2+G_3+\cdots$ (2.9-4)

可见式(2.9-3)和式(2.9-4)是对偶关系式。

KCL 与 KVL 存在着对偶关系。实际电压源电路与实际电流源电路存在着对偶关系。戴维南定理与诺顿定理也存在着对偶关系。所以知道了电路中的对偶量,根据电路的对偶性就能很容易地写出它们的对偶关系式。

运用电路的对偶性,对分析电路会带来很大的方便,使得学习电路理论与记忆电路有关知识时收到举一反三、事半功倍的效果。

现将所学过的对偶量列于表 2.9-1 中。

表 2.9-1 电路中的对偶量

分　类	基本对偶量	
基本物理量	电流 I	电压 U
电路元件	电阻 R	电导 G
	电压源 U_s	电流源 I_s
电路结构	串联	并联
	节点	回路
	开路	短路

思考与练习

2.9-1　试列举电路中具有对偶关系的元件、物理量、连接方式、电路方程及电路分析方法。

2.9-2　试说明基尔霍夫电压定律与基尔霍夫电流定律之间的对偶关系,并以此为基础探索网孔电流方程与节点电压方程之间的对偶关系。

2.10　非线性电阻电路

以上各节所讨论的电路都是线性电阻电路。实际电路中除了线性电阻,还有非线性电阻。非线性电阻两端的电压和通过它的电流之比不是一个常数,它的伏安特性不满足欧姆定律,而遵循某种特定的非线性的函数关系。在 U-I 平面上不是一条通过原点的直线,而是一条曲线。如图 2.10-1(b)所示为半导体二极管的伏安特性曲线,其数学表达式为

$$U=f(I)$$

或 $\qquad\qquad I=g(U)$

非线性电阻在工程上应用很广。例如半导体二极管就是一个非线性电阻,它的电路符号如图 2.10-1(a)所示,其伏安特性曲线如图 2.10-1(b)所示。非线性电阻的电路符号如图 2.10-2(a)所示。

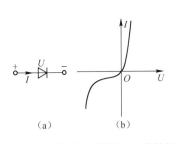

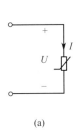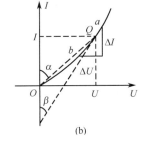

图 2.10-1　半导体二极管的电路符号及伏安特性曲线

图 2.10-2　非线性电阻的电路符号及伏安特性曲线

非线性电阻的阻值不是常数,所以在计算时需要指明其工作电压或电流,如在直流电压或直流电流下工作时,只要给出它的伏安特性 $U=f(I)$ 或 $I=g(U)$,就可以由已知的电压查出相应的电流;或者由已知的电流查出相应的电压。如图 2.10-2(b)所示的伏安特性曲线中的 Q

点称为静态工作点。Q 点的电压与电流之比称为静态电阻 R_s，即

$$R_s = U/I \tag{2.10-1}$$

由图 2.10-2(b)可见，Q 点的静态电阻正比于 $\tan\alpha$，α 是 OQ 连线与纵轴的夹角。

若作用在非线性电阻上的电压和电流，除了直流电源，还有一个较小的交流信号源，则此时非线性电阻在以工作点 Q 为中心的一段曲线上工作，如图 2.10-2(b)中的 ab 段。因此，在 Q 点附近的电压微小增量 ΔU 与电流微小增量 ΔI 之比的极限称为动态电阻 r。即

$$r = \lim_{\Delta I \to 0} \frac{\Delta U}{\Delta I} = \frac{\mathrm{d}U}{\mathrm{d}I} \tag{2.10-2}$$

由图 2.10-2(b)可见，Q 点的动态电阻正比于 $\tan\beta$，β 是 Q 点的切线与纵轴的夹角。

可见，对于一个非线性电阻，任何一个工作点 Q 都对应着两个表征其特性的电阻，即静态电阻和动态电阻。静态电阻是指直流工作电压与电流之比，而动态电阻对应于工作电压和工作电流有微小变化的交流情况。这两个电阻的阻值都不是常数，在不同的工作点有不同的值。在同一个工作点这两个电阻的阻值一般也是不相等的。

含有非线性电阻的电路称为非线性电阻电路。无论什么样的非线性电阻电路，如能将非线性电阻单独从电路中分离出来，归结为一个非线性电阻，剩下的部分就成为一个只含有线性电阻和独立源的线性有源二端网络。而任一线性有源二端网络均可用戴维南等效电路或诺顿等效电路来表示，于是就把原电路变换为一个非线性电阻与实际电压源或实际电流源相连接的电路，如图 2.10-3 所示。

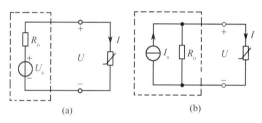

图 2.10-3 非线性电阻电路

由于非线性电阻的阻值不是常数，其电压、电流关系不服从欧姆定律，所以在分析计算时常用较为直观的图解法。

图 2.10-3(a)所示为实际电压源与一非线性电阻相连接的电路。实际电压源端电压与电流的关系为

$$U = U_s - R_0 I \tag{2.10-3}$$

这是一个直线方程，其伏安特性在 U-I 平面上为一条直线。这条直线很容易做出，只要令 $I=0$，得 $U=U_s$，在横坐标上得点 $M(U_s,0)$。再令 $U=0$，得 $I=U_s/R_0$，在纵坐标上得点 $N(0,U_s/R_0)$。连接 MN，便得到所求直线。直线 MN 又称为负载线。

在同一 U-I 平面上绘出非线性电阻的伏安特性 $I=g(U)$。其与负载线相交于 Q 点。由于电路的工作状态既要满足直线方程

$$U = U_s - R_0 I$$

又要满足 $\qquad\qquad I = g(U)$

因此交点 Q 就是电路的工作点，如图 2.10-4 所示。由图 2.10-4 可查出非线性电阻两端的电压和通过它的电流，即交点 Q 的 U 与 I。

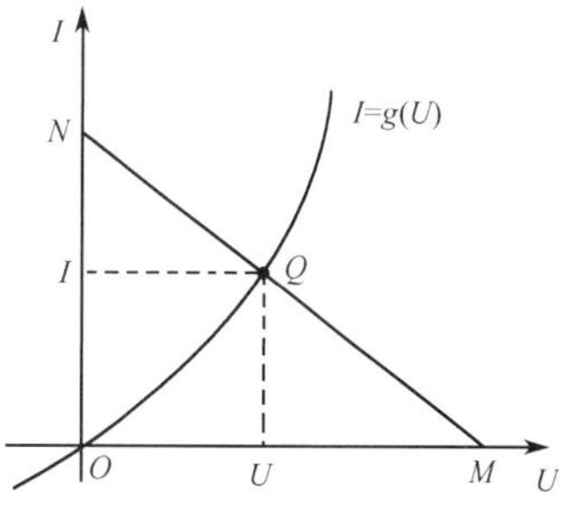

图 2.10-4 非线性电阻电路的图解法

[例 2.10-1] 图 2.10-5(a)所示电路中，已知 $R_1=3\,\mathrm{k}\Omega$，$R_2=1\,\mathrm{k}\Omega$，$R_3=0.25\,\mathrm{k}\Omega$，$U_{s1}=5\,\mathrm{V}$，$U_{s2}=1\,\mathrm{V}$，VD 是半导体二极管，其伏安特性曲线如图 2.10-5(b)所示。用图解法求出二极管中

的电流及其端电压,并计算其他两条支路的电流 I_1 和 I_2。

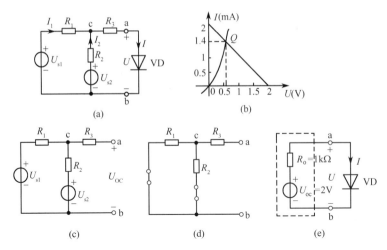

图 2.10-5　例 2.10-1 的电路

解:将二极管 VD 抽出来,电路的其余部分如图 2.10-5(c)所示,求出其戴维南等效电路。先求 a、b 两端的开路电压 U_{oc},有

$$U_{oc} = \frac{U_{s1}-U_{s2}}{R_1+R_2}R_2+U_{s2} = \left(\frac{5-1}{3+1}\times 1+1\right) V = 2 V$$

再求等效电阻 R_o,由图 2.10-5(d)所示电路得

$$R_o = \frac{R_1 R_2}{R_1+R_2}+R_3 = \left(\frac{3\times 1}{3+1}+0.25\right) k\Omega = 1 k\Omega$$

根据 U_{oc} 及 R_o 画出戴维南等效电路,如图 2.10-5(e)所示。其端口伏安特性为

$$U = U_{oc}-R_o I = 2-1000I$$

据此方程在图 2.10-5(b)所示的 U-I 平面上绘出一条直线。这条直线在横轴上的截距为 2 V,在纵轴上的截距为 $I = U_{oc}/R_o = 2$ mA。它与二极管的伏安特性曲线相交于 Q 点。由 Q 点可得 $I = 1.4$ mA, $U = 0.6$ V。

计算其他两条支路的电流,根据 KVL 可得

$$U_{cb} = U_{ca}+U_{ab} = U_{ca}+U = R_3 I+U = (0.25\times 1.4+0.6) V = 0.95 V$$

而

$$I_1 = \frac{U_{s1}-U_{cb}}{R_1} = \left(\frac{5-0.95}{3}\right) mA = 1.35 \ mA$$

$$I_2 = \frac{U_{s2}-U_{cb}}{R_2} = \left(\frac{1-0.95}{1}\right) mA = 0.05 \ mA$$

对于仅含一个非线性电阻的电路,当非线性电阻的伏安特性为一简单的解析函数时,则可以直接用解析法进行求解。

[**例 2.10-2**]　在图 2.10-6(a)所示电路中,已知非线性电阻的伏安特性为 $U = I^2-I+1$ $(I>0)$,其电流单位为 A,电压单位为 V。$R_1 = R_2 = 1 \Omega$, $U_s = 1$ V, $I_s = 2$ A。试求流过非线性电阻的电流 I 及端电压 U。

解:首先求出非线性电阻向左看进去的线性有源二端网络的戴维南等效电路。此时有

$$U_{oc}=R_1 I_s + U_s = (1 \times 2 + 1)\ \text{V} = 3\ \text{V}$$
$$R_o = R_1 + R_2 = (1+1)\ \Omega = 2\ \Omega$$

于是可以得到如图 2.10-6(b)所示的等效电路,根据 KVL 得

$$R_o I + U = U_{oc}$$

即　　　　　　　$$2I + U = 3$$

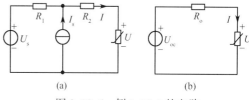

结合非线性电阻的伏安特性

$$U = I^2 - I + 1$$

整理后可得　　　$$I^2 + I - 2 = 0$$

可解得 $I_1 = 1\ \text{A}$,$I_2 = -2\ \text{A}$(舍去)。

图 2.10-6　例 2.10-2 的电路

于是流过非线性电阻的电流 $I = 1\ \text{A}$。其两端的电压 $U = 1^2 - 1 + 1 = 1\ \text{V}$。

注意:当电路中含有非线性电阻时,如果对解没有约束条件,它将是一个多解问题。例如,本例如果没有约束条件 $I>0$,$I_2 = -2\ \text{A}$ 也将是电路的一个解,它所对应的电压 $U_2 = 7\ \text{V}$。

思考与练习

2.10-1　非线性电阻元件的静态电阻与动态电阻有什么区别?它们在电路分析中分别用于什么场合?

2.10-2　电路如图 2.10-7 所示,其中非线性电阻的伏安关系为 $U = I^2 - 2I$,试用解析法求出非线性电阻上的电流 I。

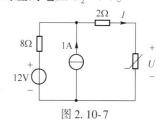

图 2.10-7

2.11　应用实例

电阻串联可以起分压作用。例如在图 2.11-1(a)所示电路中,$U_2 = \left(\dfrac{100}{100+100} \times 150\right)\ \text{V} = 75\ \text{V}$。分压器在工程中有很多应用。例如收音机中的音量控制电路,晶体管放大电路中的直流偏置电路等。在实际分压器设计中必须考虑负载的效应,即后续电路对分压器的影响,如图 2.11-1(b)所示。图中将负载的效应等效为一个负载电阻 R_L 的作用。

$R_L = 100\ \Omega$ 时
$$U_2 = \left(\dfrac{\dfrac{100 \times 100}{100+100}}{100+\dfrac{100 \times 100}{100+100}} \times 150\right)\ \text{V} = 50\ \text{V}$$

$R_L = 100\ \text{k}\Omega$ 时
$$U_2 = \left(\dfrac{\dfrac{100000 \times 100}{100000+100}}{100+\dfrac{100000 \times 100}{100000+100}} \times 150\right)\ \text{V} = 74.96\ \text{V}$$

可见负载效应的等效电阻越大,对分压器的影响就越小。

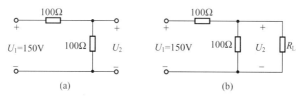

图 2.11-1　分压器电路

[例2.11-1] 三级分压电路(也称为衰减器)如图 2.11-2 所示。已知 $R_1 = R_2 = R_3 = R_6 = 50\,\Omega$，$R_4 = R_5 = 100\,\Omega$，输入电压 $U = 10\,\text{V}$。求：(1) R_{ao}；(2)三级输出电压 U_{bo}、U_{co}、U_{do}；(3)各电阻中的电流。

解:(1) 根据电阻串、并联电路的总电阻公式得

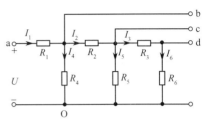

$$R_{cdo} = R_3 + R_6 = (50 + 50)\,\Omega = 100\,\Omega$$

$$R_{co} = \frac{R_5 R_{cdo}}{R_5 + R_{cdo}} = \left(\frac{100 \times 100}{100 + 100}\right)\Omega = 50\,\Omega$$

$$R_{bco} = R_2 + R_{co} = (50 + 50)\,\Omega = 100\,\Omega$$

$$R_{bo} = \frac{R_4 R_{bco}}{R_4 + R_{bco}} = \left(\frac{100 \times 100}{100 + 100}\right)\Omega = 50\,\Omega$$

$$R_{ao} = R_1 + R_{bo} = (50 + 50)\,\Omega = 100\,\Omega$$

图 2.11-2 例 2.11-1 的电路

(2) 根据串联电路的分压公式得

$$U_{bo} = \frac{R_{bo}}{R_1 + R_{bo}}U = \left(\frac{50}{50 + 50} \times 10\right)\text{V} = 5\,\text{V}$$

$$U_{co} = \frac{R_{co}}{R_2 + R_{co}}U_{bo} = \left(\frac{50}{50 + 50} \times 5\right)\text{V} = 2.5\,\text{V}$$

$$U_{do} = \frac{R_6}{R_3 + R_6}U_{co} = \left(\frac{50}{50 + 50} \times 2.5\right)\text{V} = 1.25\,\text{V}$$

此电路每级分压系数(也称为衰减系数)为 1/2。

(3) 求各电阻的电流

$$I_1 = U/R_{ao} = 10/100\,\text{A} = 0.1\,\text{A}$$

很显然 $I_2 = I_4 = I_1/2 = 0.05\,\text{A}$， $I_3 = I_5 = I_6 = I_2/2 = 0.025\,\text{A}$

电阻并联可以起分流作用。电阻并联构成分流器可用于模拟电流表中扩大量程。

[例2.11-2] 图 2.11-3 所示电路是某型号万用表中直流电流的测量电路。其中微安表头的内阻 $R_g = 300\,\Omega$，满刻度(量程)的电流值为 $400\,\mu\text{A}$，$R_4 = 1\,\text{k}\Omega$，R_1、R_2、R_3 为分流电阻。要求转换开关 S 分别在位置 a、b、c 上，而输入电流 I 分别为 $3\,\text{mA}$、$30\,\text{mA}$、$300\,\text{mA}$ 时，表头指针偏转到满刻度。求 R_1、R_2、R_3 的电阻值。

解:(1) 当转换开关 S 转到位置 a 时，R_1、R_2、R_3 相串联，而 R_4 与 R_g 串联后与之相并联。根据并联电路的分流公式得

$$I_g = \frac{R_1 + R_2 + R_3}{(R_1 + R_2 + R_3) + (R_4 + R_g)}I$$

$$I_g = 400\,\mu\text{A} = 0.4\,\text{mA}$$

$$I = 3\,\text{mA}$$

$$R_4 + R_g = (300 + 1000)\,\Omega = 1300\,\Omega$$

$$R_1 + R_2 + R_3 = \frac{I_g(R_4 + R_g)}{I - I_g} = \left(\frac{0.4 \times 1300}{3 - 0.4}\right)\Omega$$

$$= 200\,\Omega$$

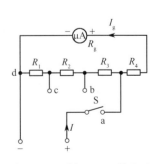

图 2.11-3 例 2.11-2 的电路

(2) 当转换开关 S 转到位置 b 时，R_1、R_2 相串联，而 R_3、R_4 与 R_g 串联后与之相并联。根据并联电路的分流公式得

$$I_g = \frac{R_1+R_2}{(R_1+R_2)+(R_3+R_4+R_g)}I$$

$$R_1+R_2 = (R_1+R_2+R_3+R_4+R_g)\frac{I_g}{I}$$

$$= \left[(200+1300)\times\frac{0.4}{30}\right]\Omega = 20\ \Omega$$

（3）当转换开关 S 转到位置 c 时，由上式可知

$$R_1 = (R_1+R_2+R_3+R_4+R_g)\frac{I_g}{I}$$

$$= \left(1500\times\frac{0.4}{300}\right)\Omega = 2\ \Omega$$

$$R_2 = (20-2)\ \Omega = 18\ \Omega, \quad R_3 = (200-20)\ \Omega = 180\ \Omega$$

电桥电路的平衡条件是相对桥臂的电阻乘积相等，该平衡条件可以利用戴维南定理进行证明。

[**例 2.11-3**]　试求图 2.11-4(a)所示电路中经过检流计的电流 I_g。

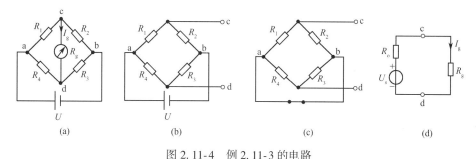

图 2.11-4　例 2.11-3 的电路

解：本题只求流过检流计的电流 I_g，用戴维南定理求解较为方便。为此首先要求出等效电压源电压 U_s，即开路电压 U_{cdo}，如图 2.11-4(b)所示，可得

$$U_{cdo} = \frac{R_2}{R_1+R_2}U - \frac{R_3}{R_3+R_4}U = \left(\frac{R_2}{R_1+R_2} - \frac{R_3}{R_3+R_4}\right)U = U_s$$

把图 2.11-4(b)中的电压源短路，如图 2.11-4(c)所示，可得

$$R_o = \frac{R_1R_2}{R_1+R_2} + \frac{R_3R_4}{R_3+R_4}$$

根据已求得的 U_s 及 R_o，画出戴维南等效电路并接上 R_g，如图 2.11-4(d)所示，可得

$$I_g = \frac{U_s}{R_o+R_g} = \frac{\left(\dfrac{R_2}{R_1+R_2} - \dfrac{R_3}{R_3+R_4}\right)U}{\dfrac{R_1R_2}{R_1+R_2} + \dfrac{R_3R_4}{R_3+R_4} + R_g}$$

$$= \frac{(R_2R_4 - R_1R_3)U}{R_1R_2(R_3+R_4) + R_3R_4(R_1+R_2) + R_g(R_1+R_2)(R_3+R_4)}$$

从此例所求得的 I_g 的结果可知：当 $R_2R_4 = R_1R_3$ 时，$I_g = 0$，这种情况称为直流电桥平衡。

虽然利用电阻表测量电阻值是一种最直接的方法，但是利用电阻电桥测量电阻值将会得

到更精确的测量结果。在图 2.11-5 中，R_x 为待测电阻，R_1、R_2 为标准电阻，R_4 为可调电阻，检流计是一种灵敏的电流指示装置。当电桥平衡时 $U_1 = U_2$。利用分压公式：

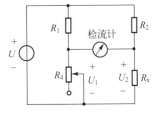

$$U_1 = \frac{R_4}{R_1+R_4}U, \quad U_2 = \frac{R_x}{R_1+R_x}U$$

图 2.11-5 电阻测量电路

即

$$\frac{R_4}{R_1+R_4} = \frac{R_x}{R_2+R_x} \Rightarrow R_1R_x = R_2R_4$$

于是待测电阻为

$$R_x = \frac{R_2}{R_1}R_4$$

若 $R_1 = R_2$，并且调节 R_4 直至没有电流流过检流计时，则有 $R_x = R_4$。

本 章 小 结

1. 若两个二端网络 N_1 和 N_2 与同一个外部电路相接，当相接端钮处的电压、电流关系完全相同时，则 N_1 与 N_2 为互为等效的二端网络。注意：等效仅对外电路成立。

2. 对无源二端网络求等效电阻时，若电路仅由电阻混联而成，则直接利用电阻串、并联化简的方法求等效电阻。若电路中含桥式电路，则可以先判断电桥是否平衡。电桥平衡时，可以将中间桥臂断路或短路，电路即可成为简单的混联电路，利用串、并联化简的方法求取等效电阻；电桥不平衡时，可以利用求等效电阻的一般方法求取。若电路中含受控源，则利用求输入电阻的方法求取等效电阻。

3. 实际电源的等效互换条件为：内阻相等 $R_o = R'_o$ 和 $U_s = R'_oI_s$（或 $I_s = U_s/R_o$）。注意：在进行实际电源的等效变换时，两个条件必须同时满足；变换前后电源的方向要保持一致，即电流源的方向是由电压源的"−"极性端流向"+"极性端。实际电源等效变换的方法也适用于实际受控源支路。

4. 支路电流法以支路电流为未知量，对具有 n 个节点和 b 条支路的电路，列写 $(n-1)$ 个独立的 KCL 方程，$[b-(n-1)]$ 个独立的 KVL 方程，进行联立求解。选取独立回路的方法，可以根据充分条件，即每一个回路中均具有一条其他回路不具有的新支路；对平面电路也可以直接选取网孔作为一组独立回路。

5. 网孔电流法是以网孔电流作为独立变量，根据 KVL 列写关于网孔电流的电路方程，进行求解的过程。网孔电流法要求利用直接观察法列写电路方程，即根据自电阻、互电阻、各网孔电压源电压值代数和的形成规则，直接列写电路方程。当理想电流源支路位于网孔间公共支路时，需要虚设其端电压，并添加约束方程。当电路中含有受控源时，可以先将受控源作为独立源处理，再将控制量用未知量表示，并整理方程。

6. 节点电压法是以独立节点的节点电压作为独立变量，根据 KCL 列写关于节点电压的电路方程，进行求解的过程。节点电压法要求利用直接观察法列写电路方程，即根据自电导、互电导、流入各节点电流源电流值代数和的形成规则，直接列写电路方程。当理想电压源支路位于两个独立节点之间时，需要虚设流过它的电流，并添加约束方程。当电路中含有受控源时，可以先将受控源作为独立源处理，再将控制量用未知量表示，并整理方程。

7. 叠加定理是指在多个独立源共同作用的线性电路中,各支路的电压(或电流)是各独立源单独作用时在该支路上所产生的电压(或电流)分量的代数和。注意:叠加定理只适用于求线性电路的电压或电流,不能直接用于求功率,也不适用于非线性电路;当每个独立源单独作用时,其余独立源应置为零值,即电压源用短路替代,电流源用断路替代;当每个独立源单独作用时,受控源均予以保留,控制量随之改为对应的控制分量;"代数和"是指分量叠加时,分量的参考方向与原参考方向一致时,叠加时分量前取"+"号,反之则取"-"号。

8. 等效电源定理包括戴维南定理和诺顿定理。戴维南定理是指任一线性有源二端网络都可以用一条实际电压源支路对外进行等效,其中电压源的电压值等于该有源二端网络端钮处开路时的开路电压 U_{oc};其串联电阻值等于该有源二端网络中所有独立源置为零时,由端钮处看进去的等效电阻 R_o。诺顿定理是指任一线性有源二端网络都可以用一条实际电流源支路对外进行等效,其中电流源的电流值等于该有源二端网络端钮处短路时的短路电流 I_{sc};其并联电阻值等于该有源二端网络中所有独立源置为零值时,由端钮处看进去的等效电阻 R_o。同一个线性有源二端的戴维南等效电路与诺顿等效电路可以等效互换。当线性有源二端网络中含有受控源时,要求控制支路和被控支路不能分属被等效部分和负载部分;求等效电阻 R_o 时要用求等效电阻的一般方法,即外加激励法或开路短路法。

9. 利用最大功率传输定理求取可调负载电阻获取最大功率的条件及最大功率值时,可使用戴维南定理,当 $R_L = R_o$ 时可获得最大功率,且 $P_{max} = \dfrac{U_{oc}^2}{4R_o}$。

10. 当电路中仅含一个非线性电阻元件时,可以先将线性部分用戴维南等效电路(或诺顿等效电路)进行等效,再接进非线性电阻支路,利用图解法或解析法进行求解。

2.11   2.12   2.13   2.14   2.15

习　题

2.1 节的习题

2-1　电路如题图 2-1 所示,试求等效电阻 R_{ab}。

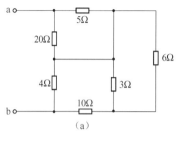　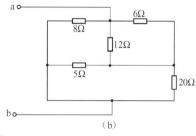

題图 2-1

2-2　电路如题图 2-2 所示,试求开关 S 打开与闭合时的等效电阻 R_{ab}。

2-3　电路如题图 2-3 所示,试求开关 S 闭合与打开时的等效电阻 R_{ab}。

2-4　电路如题图 2-4 所示。求:

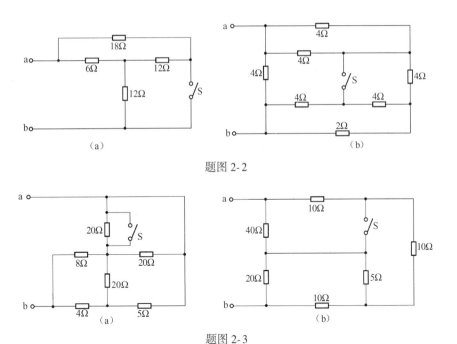

题图 2-2

题图 2-3

（1）等效电阻 R_{ab}；

（2）当 a、b 端加上一个电压源 $U_{ab} = 5\,V$ 时的 I_1、I_2。

2-5　电路如题图 2-5 所示，$U_s = 30\,V$，滑线变阻器 $R = 200\,\Omega$，电压表的内阻很大，电流表的内阻很小，它们对测量结果的影响不计。已知不接负载电阻 R_L 时，电压表的指示为 15 V。求：

（1）当接入负载电阻 R_L 后，若电流表的指示为 100 mA，求电压表的指示为多少？

（2）若仍需保持 R_L 两端电压为 15 V，滑线变阻器的滑动头应处于什么位置？

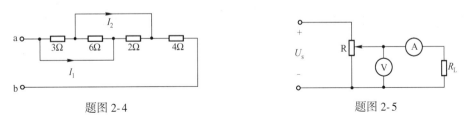

题图 2-4　　　　　　　　　　　　　题图 2-5

2-6　利用电源等效变换的方法化简题图 2-6 各电路。

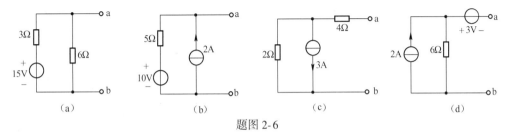

题图 2-6

2-7　将题图 2-7 所示电路简化为实际电压源电路。

2-8　将题图 2-8 所示电路简化为实际电流源电路。

2-9　试用电源等效变换的方法，计算题图 2-9 中 2 Ω 电阻的电流 I 与电压 U_{ab}。

2-10　试用电源等效变换的方法，计算题图 2-10 中支路电流 I 与电压 U_{ab}。

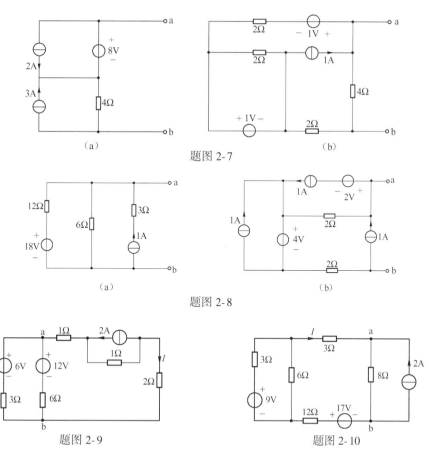

题图 2-7

题图 2-8

题图 2-9   题图 2-10

2-11 电路如题图 2-11 所示,试求 ab 两点左侧电路的最简等效电路。当 ab 两点间接 $R = 4\ \Omega$ 电阻时,试求电压 U_{ab} 和 U。

2.2 节的习题

2-12 电路如题图 2-12 所示,已知 $U_{s1} = 12\ V$,$U_{s2} = 6\ V$,$I_s = 3\ A$。试用支路电流求各支路电流和各电源的功率,并说明是吸收功率还是产生功率。

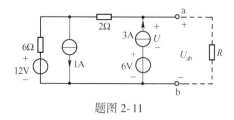

题图 2-11

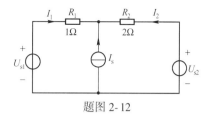

题图 2-12

2-13 电路如题图 2-13 所示,$U_{s1} = 20\ V$,$U_{s2} = 80\ V$。试用支路电流法求各支路电流。

2-14 电路如题图 2-14 所示,$U_{s1} = 10\ V$,$U_{s2} = 6\ V$,$U_{s3} = 30\ V$。试用支路电流法求各支路电流。

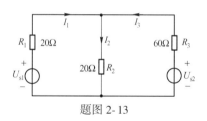

题图 2-13

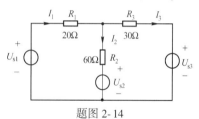

题图 2-14

2.3 节的习题

2-15 电路如题图 2-15 所示,用网孔电流法求各支路电流和电压。

2-16 电路如题图 2-16 所示,用网孔电流法求各支路电流。

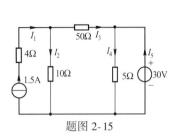

题图 2-15

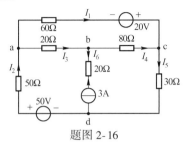

题图 2-16

2-17 电路如题图 2-17 所示,$U_{s1} = 14\text{ V}$,$U_{s2} = 2\text{ V}$,$I_s = 0.04\text{ A}$。试用网孔电流法求电流 I 及电流源发出的功率。

2-18 电路如题图 2-18 所示,$U_{s1} = 50\text{ V}$,$U_{s2} = 25\text{ V}$。试求各网孔电流及各电压源发出的功率。

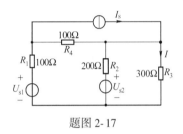

题图 2-17

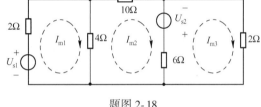

题图 2-18

2-19 电路如题图 2-19 所示,$U_s = 3\text{ V}$,$I_{s1} = 4\text{ A}$,$I_{s2} = 2\text{ A}$。试用网孔电流法求各支路电流。

2.4 节的习题

2-20 电路如题图 2-20 所示,$U_s = 12\text{ V}$,$I_s = 8\text{ A}$。试用节点电压法求电压 U 和电流 I。

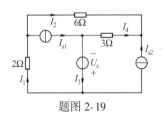

题图 2-19

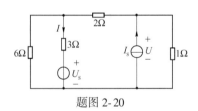

题图 2-20

2-21 电路如题图 2-21 所示,$U_s = 30\text{ V}$,$I_s = 1\text{ A}$。试用节点电压法求各节点电压及各电源发出的功率。

2-22 电路如题图 2-22 所示,$I_s = 9\text{ A}$,$U_{s1} = 1\text{ V}$,$U_{s2} = 0.75\text{ V}$。试用节点电压法求各节点电压。

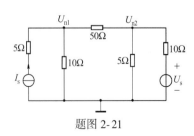

题图 2-21

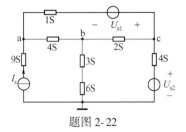

题图 2-22

2-23 电路如题图 2-23 所示,$I_{s1} = 1\text{ A}$,$I_{s2} = 2\text{ A}$。试用节点电压法求各节点电压。

2-24 电路如题图 2-24 所示,试求 a 点电位 U_a。

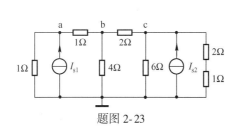

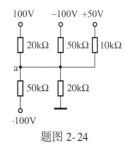

题图 2-23   题图 2-24

2.5 节的习题

2-25 电路如题图 2-25 所示,$U_{s1} = 20\,\mathrm{V}$,$U_{s2} = 6\,\mathrm{V}$,$I_{s1} = 5\,\mathrm{A}$,$I_{s2} = 10\,\mathrm{A}$。试用叠加定理求电流 I。

2-26 电路如题图 2-26 所示,$U_{s5} = 45\,\mathrm{V}$,$U_{s6} = 70\,\mathrm{V}$,$R_1 = R_3 = R_5 = 60\,\Omega$,$R_2 = R_4 = 80\,\Omega$,$R_6 = 10\,\Omega$。试求电流 I_5 和 I_6。

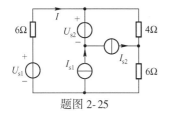

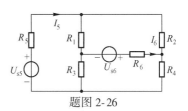

题图 2-25   题图 2-26

2-27 电路如题图 2-27 所示,$U_s = 8\,\mathrm{V}$,$I_s = 2\,\mathrm{A}$。试求电流 I。

2-28 电路如题图 2-28 所示,$U_s = 13\,\mathrm{V}$,$I_s = 3\,\mathrm{A}$,$R_1 = 2\,\Omega$,$R_2 = 4\,\Omega$,$R_3 = 3\,\Omega$,$R_4 = 12\,\Omega$,$R_5 = R_6 = 6\,\Omega$。试用叠加定理求电流 I。

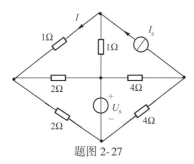

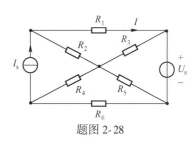

题图 2-27   题图 2-28

2-29 电路如题图 2-29 所示,$U_{s1} = 30\,\mathrm{V}$,$U_{s2} = 10\,\mathrm{V}$。试求电流 I。

2.6 节的习题

2-30 电路如题图 2-30 所示,试求该电路的戴维南等效电路和诺顿等效电路。

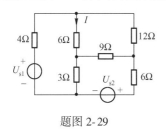

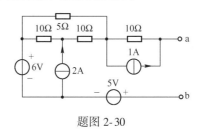

题图 2-29   题图 2-30

2-31 电路如题图 2-31 所示,试求该电路的戴维南等效电路和诺顿等效电路。

2-32 电路如题图 2-32 所示,试求 R 分别取 $2\,\Omega$、$4\,\Omega$ 和 $8\,\Omega$ 时,流过电阻 R 的电流 I 和消耗的功率 P。

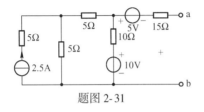

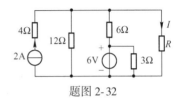

题图 2-31

题图 2-32

2-33 电路如题图 2-33 所示,试用诺顿定理求电流 I。

2-34 电路如题图 2-34 所示,试用戴维南定理和诺顿定理求电流 I。

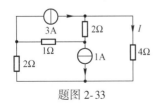

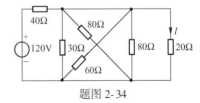

题图 2-33

题图 2-34

2.7 节的习题

2-35 电路如题图 2-35 所示,R_L 为多大时,它吸收功率最大,并求此最大功率。

2-36 电路如题图 2-36 所示,R_L 为多大时,它吸收功率最大,并求此最大功率。

2-37 电路如题图 2-37 所示,R_L 为多大时,它吸收功率最大,并求此最大功率。

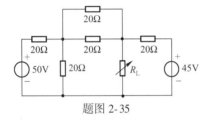

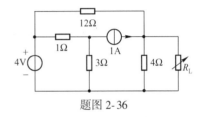

题图 2-35

题图 2-36

2.8 节的习题

2-38 电路如题图 2-38 所示,试求电路的输入电阻 R_i。

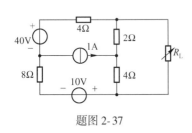

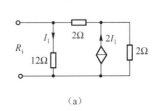

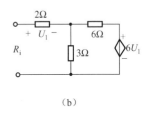

（a）

（b）

题图 2-37

题图 2-38

2-39 电路如题图 2-39 所示,$U_s = 5\,V, I_s = 2\,A$。试用支路电流法求电流 I,并求电流源 I_s 产生的功率。

2-40 电路如题图 2-40 所示,试求电压比 U_o/U_s。

2-41 电路如题图 2-41 所示,$U_s = 2\,V, I_s = 3\,A$。试求电压 U。

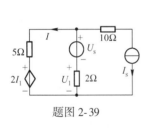

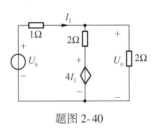

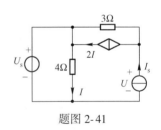

题图 2-39

题图 2-40

题图 2-41

2-42 电路如题图 2-42 所示,$U_{s1} = 14\,\text{V}$,$U_{s2} = 2\,\text{V}$。试用网孔电流法求电流 I 及受控源发出的功率。

2-43 电路如题图 2-43 所示,试列写该电路的网孔电流方程。

2-44 电路如题图 2-44 所示,$U_s = 20\,\text{V}$,$I_s = 8\,\text{A}$。试用节点电压法求各节点电压及各独立源发出的功率。

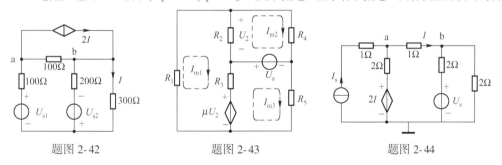

题图 2-42　　　　　　题图 2-43　　　　　　题图 2-44

2-45 电路如题图 2-45 所示,$U_s = 15\,\text{V}$,$I_s = 3\,\text{A}$。试用节点电压法求电流 I。

2-46 电路如题图 2-46 所示,$U_s = 4\,\text{V}$,$I_s = 2\,\text{A}$。试用叠加定理求电流 I。

2-47 电路如题图 2-47 所示,$U_s = 5\,\text{V}$,$I_s = 2\,\text{A}$。试用叠加定理求电压 U。

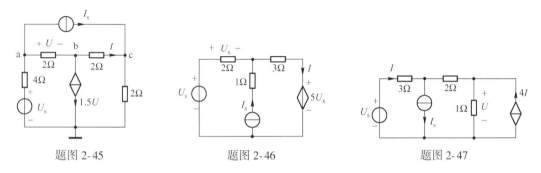

题图 2-45　　　　　　题图 2-46　　　　　　题图 2-47

2-48 电路如题图 2-48 所示,试求各电路的戴维南等效电路。

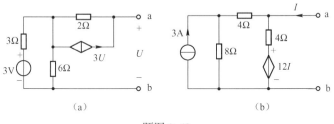

（a）　　　　　　　　（b）

题图 2-48

2-49 电路如题图 2-49 所示,$U_s = 60\,\text{V}$。问 R_L 为何值时可获得最大功率,并求此最大功率值 $P_{\max}$。

2-50 电路如题图 2-50 所示,$U_s = 10\,\text{V}$,$I_s = 1\,\text{A}$。问 R_L 为何值时可获得最大功率,并求此最大功率值 $P_{\max}$。

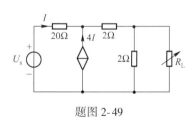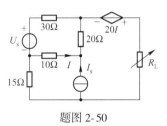

题图 2-49　　　　　　　　　题图 2-50

2.10 节的习题

2-51 非线性电阻电路如题图 2-51 所示,非线性电阻的伏安特性为 $U = I^2$。求:当 $I > 0$ 时的电压 U 及电流 I_1。

2-52 非线性电阻电路如题图 2-52 所示,非线性电阻的伏安特性为 $U = 2I^2 + 1$,求 $2\,\Omega$ 电阻的端电压 U_1。

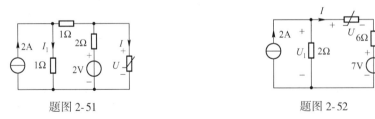

题图 2-51　　　　　　　　　题图 2-52

本章综合习题

2-53 电路如题图 2-53 所示,试求支路电流 I。

2-54 电路如题图 2-54 所示,试求支路电压 U 和支路电流 I。

2-55 电路如题图 2-55 所示,负载电阻 R_L 可调。试求:(1) R_L 为何值时,它吸收的功率最大? 此最大功率为多少? (2)受控源发出的功率是多少?

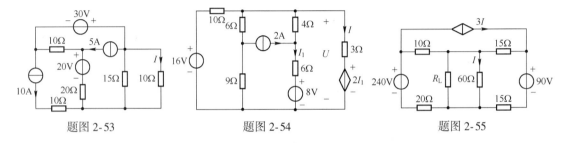

题图 2-53　　　　　　题图 2-54　　　　　　题图 2-55

第3章 正弦交流电路

大小和方向随时间变化的电压和电流称为交变电压和交变电流,相应的电路称为交流电路。正弦交流电路是应用最广泛的交流电路。正弦交流电路是指由正弦电源激励,电路中各部分电压和电流的稳态响应均按同一频率正弦规律变化的电路。

本章重点介绍正弦交流电的基本概念和表示方法;电路中动态元件电感 L 和电容 C;给出基尔霍夫定律的相量形式;推导电路元件伏安关系相量形式;引入复阻抗、复导纳,并借此建立电路的相量模型。最后介绍分析正弦稳态电路的相量法,以确定正弦交流电路中的电压、电流及功率等。

3.1 正弦交流电的基本概念

3.1.1 正弦量及其三要素

凡是随时间按正弦规律变化的电动势、电压和电流都称为正弦量。由于正弦量的大小和方向随时间在不断地变化,因此在电路图中,只有选定正弦量的某一方向为参考方向之后,才能应用公式得到它们在任一瞬时的大小和实际方向。当实际方向与参考方向一致时,该瞬时的正弦量为正值,相反时为负值。

3.1

正弦量在任一瞬时的值称为瞬时值。现以正弦电流为例,其参考方向如图 3.1-1 所示,随时间按正弦规律变化的波形如图 3.1-2 所示,其函数关系式为

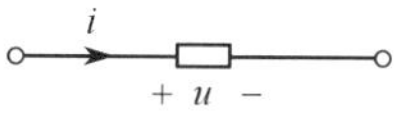

图 3.1-1 正弦电流的参考方向

$$i = I_m \sin(\omega t + \psi_i) \qquad (3.1-1)$$

它表示正弦电流的瞬时值,故称此式为瞬时值表达式。注意,在书写上,凡随时间变化的量均用小写字母表示,如 i;而不随时间变化的量用大写字母表示,如 I_m。式(3.1-1)示出了正弦电流的一种三角函数表示法,图 3.1-2 示出了其波形图表示法。

从式(3.1-1)和图 3.1-2 都可看到,正弦电流瞬时值的大小和方向是随时间变化的。同理,正弦电动势和电压的瞬时值表达式分别为

$$\left. \begin{aligned} e &= E_m \sin(\omega t + \psi_e) \\ u &= U_m \sin(\omega t + \psi_u) \end{aligned} \right\} \qquad (3.1-2)$$

式(3.1-1)与式(3.1-2)反映出每个正弦量都含有三个量:角频率(ω)、幅值(E_m、U_m、I_m)和初相位(ψ_e、ψ_u、ψ_i)。只要知道了这三个量,正弦量与时间的函数关系便被唯一地确定了,故这三个量称为正弦量的三要素。

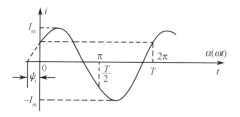

图 3.1-2 正弦电流的波形图

正弦量是周期函数,其重复交变一次所需要的时间,称为周期,用 T 表示,单位是秒(s)。每秒时间内交变的次数称为频率,用 f 表示,单位是赫兹(Hz),简称赫。显然,f 与 T 互为倒数关系,即

$$f = 1/T$$

我国电力系统的频率是 50 Hz,这种频率在工业上应用最广,所以也称为工业频率,简称工频。无线电系统用千赫(kHz)和兆赫(MHz),计算机系统用吉赫(GHz),它们的关系是:1 kHz = 10^3 Hz,1 MHz = 10^6 Hz,1 GHz = 10^9 Hz。

图 3.1-2 所示正弦电流变化一个周期时,经历的时间 $t = T$,相应的角度 α 变化了 2π 弧度。若把角度 α 与时间 t 之间的关系写为

$$\alpha = \omega t$$

则

$$\omega = \alpha/t$$

就是角速度,单位是弧度/秒(rad/s)。在电工学中,通常把 ω 称为角频率。当 $t = T$ 时,$\alpha = 2\pi$,于是

$$\omega = 2\pi/T = 2\pi f \tag{3.1-3}$$

式(3.1-3)表示了周期 T、频率 f 和角频率 ω 三者之间相互换算的关系。它们都是用来描述正弦量变化快慢的物理量,是同一概念的不同表示方式。

[例 3.1-1] 已知工频 $f = 50$ Hz,求 T 及 ω。

解:
$$T = 1/f = 1/50 = 0.02(\text{s})$$
$$\omega = 2\pi f = 2 \times 3.14 \times 50 = 314(\text{rad/s})$$

在一个周期内瞬时值中最大的值称为正弦量的幅值或最大值,也可称为振幅或峰值。幅值是一个不变的量,用带有下标"m"的大写字母表示,如 E_m、U_m 和 I_m。

正弦量的角度 $(\omega t + \psi)$ 称为正弦量的相位角,简称相位,单位是弧度(rad)或度(°),它是时间的函数,反映了正弦量在交变过程中瞬时值的变化进程。在 $t = 0$ 时的相位角 ψ 称为正弦量的初相位角,简称初相位,它决定了正弦量的初始值。如式(3.1-1)所示的正弦电流的初始值

$$i(0) = I_m \sin\psi_i$$

初相位的单位也是弧度(rad)或度(°),通常 $|\psi| \le \pi$。

初相位与计时起点($t = 0$ 的点,即坐标原点)及参考方向的选择有关。在波形图上,如果横轴表示角度 ωt,则 ψ 就等于正弦量由负变正的诸零点中最靠近坐标原点的零点到计时起点之间的角度值。在如图 3.1-3 所示正弦电流波形图中,以点 0 为计时起点时,其初相位 $\psi_i = 0$;以点 0' 为计时起点时,其初相位 $\psi_i = \pi/4$;以点 0'' 为计时起点时,其初相位 $\psi_i = -\pi/3$。可见所定义的这个零点与计时起点重合时,初相位为零;这个零点在计时起点之左时,初相位为正值;这个零点在计时起点之右时,初相位为负值。如果在选定某一参考方向时,$i = I_m \sin(\omega t + \psi_i)$,则当选择其相反方向为参考方向时

$$i' = -i = -I_m \sin(\omega t + \psi_i) = I_m \sin(\omega t + \psi_i \pm \pi) = I_m \sin(\omega t + \psi_i')$$

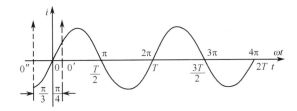

图 3.1-3　正弦电流不同计时起点的表示图

式中 $\psi'_i = \psi_i \pm \pi$，当 $\psi_i > 0$ 时，$\psi'_i = \psi_i - \pi$；当 $\psi_i < 0$ 时，$\psi'_i = \psi_i + \pi$。即在电路中参考方向选择不同，相应的电流相差一个负号，在正弦电路中则具体表现为初相位相差 π（即 $180°$）。

[例 3.1-2] 某正弦电压峰值为 $311\ \text{V}$，$t = 0$ 时，$u(0) = 220\ \text{V}$，经 $0.0025\ \text{s}$ 达到峰值。求初相位 ψ_u、频率 f 及角频率 ω。

解：因为
$$u = U_\text{m} \sin(\omega t + \psi_u)$$
已知 $U_\text{m} = 311\ \text{V}$，则 $t = 0$ 时，有

$$\psi_u = \arcsin \frac{220}{311} = 45° = \frac{\pi}{4}$$

当 $t = 0.0025\ \text{s}$ 时
$$u = 311 \sin\left(2\pi f t + \frac{\pi}{4}\right)\ \text{V} = 311\ \text{V}$$

$$2\pi f \times 0.0025 + \frac{\pi}{4} = \frac{\pi}{2}$$

可得
$$f = 1/0.02 = 50\ \text{Hz}, \quad \omega = 2\pi f = 314\ \text{rad/s}$$

3.1.2　正弦量的相位差

两个同频率的正弦量在相位上的差称为相位差，用 φ 表示。例如，设同频率的正弦电压和正弦电流如下
$$u = U_\text{m} \sin(\omega t + \psi_u)$$
$$i = I_\text{m} \sin(\omega t + \psi_i)$$
如图 3.1-4 所示，按定义图 3.1-4 中所示电压与电流的相位差
$$\varphi = (\omega t + \psi_u) - (\omega t + \psi_i) = \psi_u - \psi_i$$
可见，两个同频率的正弦量的相位差就是它们的初相位之差，与时间、频率无关。初相位因计时起点不同而不同，但相位差却为一恒定值，它与计时起点无关。在正弦交流电路分析中，用相位差来比较两个正弦量的变化进程，看谁先达到正最大值。图 3.1-4 中电压比电流先达到正最大值，此时 $\varphi = \psi_u - \psi_i > 0$，即电压在相位上超前电流 φ 角，也即电流在相位上滞后电压 φ 角。

当 $\psi_u = \psi_i$ 时，$\varphi = 0$ 称为电压与电流同相，即电压与电流的变化进程一致，如图 3.1-5 所示。

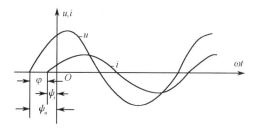

图 3.1-4　电压、电流的相位差

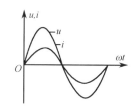

图 3.1-5　电压与电流同相

当 $\varphi = \psi_u - \psi_i = \pm\pi/2$（即 $\pm90°$）时，称为电压与电流正交，$\varphi = 90°$ 的情况如图 3.1-6 所示。

当 $\varphi = \psi_u - \psi_i = \pm\pi$（即 $\pm180°$）时，称为电压与电流反相，$\varphi = 180°$ 的情况如图 3.1-7 所示。

因此，依据相位差可以判别同频率正弦量之间相位超前或滞后的关系，相位差一般用 $|\varphi| \leqslant \pi$ 来表示。不同频率的两个正弦量之间的相位差是随时间改变的，本书不做讨论。

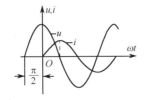
图 3.1-6　电压与电流正交

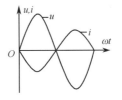
图 3.1-7　电压与电流反相

[例 3.1-3]　现有两个正弦电流 $i_1=10\sin(100\pi t+45°)$ A，$i_2=7\sin(100\pi t-45°)$ A。求其相位差，指出它们之间相位超前或滞后的关系，并画出其正弦波形图。

解：已知 $\psi_1=45°$，$\psi_2=-45°$，所以 $\varphi=\psi_1-\psi_2=90°>0$，表明 i_1 超前 i_2 90° 或 i_2 滞后 i_1 90°。其正弦波形图如图 3.1-8 所示。

注意，比较两个同频率正弦量的相位差时，不仅要使它们的函数表达形式一致，还要使它们函数表达式前的正负号一致。

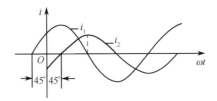
图 3.1-8　例 3.1-3 正弦波形图

[例 3.1-4]　已知两个同频率正弦电压的表达式为

$$u_1(t)=220\sin(314t+30°)\text{ V}$$
$$u_2(t)=-110\cos(314t+60°)\text{ V}$$

求这两个正弦电压的相位差。

解：由于 $u_1(t)$ 和 $u_2(t)$ 的函数表达形式不一致，首先将它们统一为正弦函数表达形式。

$$u_2(t)=-110\cos(314t+60°)=-110\sin(314t+60°+90°)=-110\sin(314t+150°)\text{ V}$$

又由于 $u_1(t)$ 和 $u_2(t)$ 的函数表达式前的正负号不一致，再将 $u_2(t)$ 表达式前的负号转换 $\pm180°$，使得 $u_2(t)$ 新的初相位依然符合 $|\psi_2|\leqslant180°$。

$$u_2(t)=-110\sin(314t+150°)=110\sin(314t+150°-180°)=110\sin(314t-30°)\text{ V}$$

所以 $u_1(t)$ 和 $u_2(t)$ 的相位差为

$$\varphi=30°-(-30°)=60°$$

即 $u_1(t)$ 超前 $u_2(t)$ 的角度为 60°，或者说 $u_2(t)$ 滞后 $u_1(t)$ 的角度为 60°。

3.1.3　有效值

正弦量的大小往往不是用它们的幅值来计量的，常用有效值来计量。有效值是这样定义的：当有一个周期电流（或电压）的平均做功能力与某一直流电的做功能力相等时，这个直流电的数值就称为此周期电流（或电压）的有效值。根据周期电流 i 与直流电流 I 在一个周期时间 T 内分别通过同一电阻元件 R 所消耗的电能相等的关系

$$\int_0^T i^2 R\mathrm{d}t=I^2RT$$

可得周期电流 i 的有效值为

$$I = \sqrt{\frac{1}{T}\int_0^T i^2 \mathrm{d}t} \qquad (3.1\text{-}4)$$

可见周期电流(或电压)的有效值就是它的方均根值。式(3.1-4)所定义的有效值,适用于任何波形的周期性电流或电压。

对于正弦电流而言,其瞬时值表达式为

$$i = I_\mathrm{m}\sin(\omega t + \psi_i)$$

其有效值为

$$I = \sqrt{\frac{1}{T}\int_0^T i^2 \mathrm{d}t} = \sqrt{\frac{1}{T}\int_0^T I_\mathrm{m}^2 \sin^2(\omega t + \psi_i)\mathrm{d}t}$$

$$= \sqrt{\frac{1}{T}\int_0^T I_\mathrm{m}^2 \cdot \frac{1}{2}[1 - \cos 2(\omega t + \psi_i)]\mathrm{d}t}$$

$$= \sqrt{\frac{1}{T}\int_0^T \frac{I_\mathrm{m}^2}{2}\mathrm{d}t - \frac{1}{T}\int_0^T \frac{I_\mathrm{m}^2}{2}\cos 2(\omega t + \psi_i)\mathrm{d}t}$$

$$= I_\mathrm{m}/\sqrt{2} \qquad (3.1\text{-}5)$$

式(3.1-5)表明正弦电流的有效值等于它的幅值除以$\sqrt{2}$,而与频率、时间和初相位无关。同理,正弦电动势的有效值$E = E_\mathrm{m}/\sqrt{2}$,正弦电压的有效值$U = U_\mathrm{m}/\sqrt{2}$。

[例3.1-5] 正弦电流有效值$I = 1\ \mathrm{A}$ 时,其幅值 $I_\mathrm{m} = \sqrt{2}I = 1.414\ \mathrm{A}$。正弦电压幅值 $U_\mathrm{m} = 311\ \mathrm{V}$ 时,其有效值 $U = U_\mathrm{m}/\sqrt{2} = 220\ \mathrm{V}$。

在电工技术中,一般所说的正弦电压、电流的大小都是指有效值。例如,交流电机、电器铭牌上标明的电压、电流额定值及交流电压表、电流表所指示的读数一般都是指有效值。

思考与练习

3.1-1 为什么两个同频率正弦量的相位差就是它们的初相位之差,与时间、频率无关?

3.1-2 若$u_1 = 5\cos(100t + 45°)$ V,$i_1 = 2\sin(100t - 30°)$ A,能说 u_1 和 i_1 的相位差$\varphi = 45° + 30° = 75°$吗? 相位差$\varphi$应为多少?

3.1-3 正弦量的有效值与其频率、初相位无关,只取决于其最大值,这是为什么? 正弦量的有效值与最大值之间是何关系?

3.1-4 某电子元件耐压值为250 V,意指该元件端电压超过250 V时可能瞬时被击穿损坏。能否将该元件应用于有效值为220 V的正弦电源中? 为什么?

3.2 正弦量的相量表示法

正弦量的波形图表示法与三角函数表示法,都清楚地反映了正弦量的三要素,而且同频率正弦量之间的相位关系也很清晰。但用这两种表示法进行分析计算却很烦琐。例如,在图3.2-1(a)所示的并联电路中,支路电流为

$$i_1 = I_\mathrm{m1}\sin(\omega t + \psi_1), \quad i_2 = I_\mathrm{m2}\sin(\omega t + \psi_2)$$

3.2

现求总电流$i = i_1 + i_2$。用瞬时值表达式进行计算,有

$$i = i_1 + i_2 = I_\mathrm{m1}\sin(\omega t + \psi_1) + I_\mathrm{m2}\sin(\omega t + \psi_2)$$

$$= I_\mathrm{m1}\cos\psi_1 \sin\omega t + I_\mathrm{m1}\sin\psi_1 \cos\omega t + I_\mathrm{m2}\cos\psi_2 \sin\omega t + I_\mathrm{m2}\sin\psi_2 \cos\omega t$$

$$= (I_\mathrm{m1}\cos\psi_1 + I_\mathrm{m2}\cos\psi_2)\sin\omega t + (I_\mathrm{m1}\sin\psi_1 + I_\mathrm{m2}\sin\psi_2)\cos\omega t$$

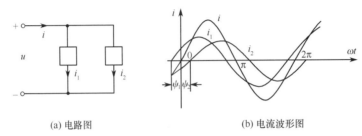

| (a) 电路图 | (b) 电流波形图 |

图 3.2-1　同频率正弦电流相加

由三角函数的运算可知,i 可表示为如下的正弦函数

$$i = I_m \sin(\omega t + \psi)$$

式中

$$I_m = \sqrt{(I_{m1}\cos\psi_1 + I_{m2}\cos\psi_2)^2 + (I_{m1}\sin\psi_1 + I_{m2}\sin\psi_2)^2}$$

$$\psi = \arctan \frac{I_{m1}\sin\psi_1 + I_{m2}\sin\psi_2}{I_{m1}\cos\psi_1 + I_{m2}\cos\psi_2}$$

可见,同频率的正弦量之和仍是同频率的正弦量,只是这种计算过程太烦琐,在电工技术中不宜采用。

若用波形图叠加求和,先将两个正弦电流 i_1 和 i_2 的波形图描绘在同一坐标纸上,再对纵坐标逐点相加,也可得到 i 的波形图,如图 3.2-1(b)所示。图中,电流之间的相位关系清晰,但作图麻烦,读图不方便,精确度不高,只能定性比较,实用意义不大。

在电工技术中,为简便地对正弦交流电路进行分析与计算,将正弦交流电用相量来表示,这样可把正弦时间函数的运算变换为复数形式的代数运算。

3.2.1　复数的表示形式及其运算

在介绍相量法之前,先简要地复习一下复数的运算。

一个复数 A 可以用几种形式表示。用代数形式(直角坐标形式)表示时,有

$$A = a + jb$$

式中,a、b 都是实数,a 称为 A 的实部,b 称为 A 的虚部,$j = \sqrt{-1}$ 称为虚数单位(数学中用 i 表示,电工技术中 i 已用来表示电流,故改用 j 表示)。

用三角函数形式表示时,有

$$A = |A|\cos\psi + j|A|\sin\psi = |A|(\cos\psi + j\sin\psi)$$

式中

$$|A| = \sqrt{a^2 + b^2}, \quad \tan\psi = b/a$$

$|A|$ 称为复数 A 的模;ψ 称为复数 A 的辐角,ψ 所在象限由 a、b 的正负号决定。复数在复平面上可用有向线段表示,如图 3.2-2 所示。图中有向线段 OA 的长度 $|A|$ 就是复数 A 的模,它与实轴正方向间的夹角就是复数 A 的辐角 ψ。它在实轴上的投影就是 A 的实部 a,它在虚轴上的投影就是 A 的虚部 b。

根据欧拉公式有

$$e^{j\psi} = \cos\psi + j\sin\psi \qquad (3.2\text{-}1)$$

可以将复数 A 的三角函数形式变换为指数形式,即

$$A = |A|e^{j\psi}$$

在电工技术中,还常把复数写成如下的极坐标形式

$$A = |A| \underline{/\psi}$$

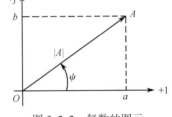

图 3.2-2　复数的图示

它是复数的三角函数形式和指数形式的简略记法。

综上所述,复数可以用代数形式、三角函数形式、指数形式或极坐标形式表示,即

$$A = a + jb = |A|(\cos\psi + j\sin\psi) = |A|e^{j\psi} = |A|\underline{/\psi}$$

复数相加或相减的运算宜采用代数形式。例如,设 $A_1 = a_1 + jb_1, A_2 = a_2 + jb_2$,则

$$A_1 \pm A_2 = (a_1 \pm a_2) + j(b_1 \pm b_2)$$

复数相乘或相除的运算宜采用指数形式或极坐标形式。例如,设

$$A_1 = |A_1|e^{j\psi_1} = |A_1|\underline{/\psi_1}, A_2 = |A_2|e^{j\psi_2} = |A_2|\underline{/\psi_2}$$

则 $$A_1 \cdot A_2 = |A_1|e^{j\psi_1} \cdot |A_2|e^{j\psi_2} = |A_1||A_2|e^{j(\psi_1+\psi_2)}$$

或 $$A_1 \cdot A_2 = |A_1|\underline{/\psi_1} \cdot |A_2|\underline{/\psi_2} = |A_1||A_2|\underline{/\psi_1+\psi_2}$$

$$\frac{A_1}{A_2} = \frac{|A_1|e^{j\psi_1}}{|A_2|e^{j\psi_2}} = \frac{|A_1|}{|A_2|}e^{j(\psi_1-\psi_2)}$$

或 $$\frac{A_1}{A_2} = \frac{|A_1|\underline{/\psi_1}}{|A_2|\underline{/\psi_2}} = \frac{|A_1|}{|A_2|}\underline{/\psi_1-\psi_2}$$

3.2.2 旋转因子

复数 $e^{j\alpha} = 1\underline{/\alpha}$ 是一个模等于 1 且辐角为 α 的复数,任何一个复数 $A = |A|e^{j\psi}$ 乘以 $e^{j\alpha}$(当 $\alpha > 0$ 时)等于把复数 A 逆时针旋转一个 α 角,而 A 的模不变,所以 $e^{j\alpha}$ 称为旋转因子。

当 $\alpha = \pm 90°$ 时,由式(3.2-1)得

$$e^{\pm j90°} = \cos(\pm 90°) + j\sin(\pm 90°) = \pm j$$

因此复数 A 被 j 乘时,A 逆时针旋转 90°;被 $-j$ 乘时,A 顺时针旋转 90°,如图 3.2-3 所示。

当 $\alpha = 180°$ 时,由于 $e^{j180°} = -1$,所以复数 A 被 -1 乘时,A 旋转 180°,如图 3.2-3 所示。$\pm j$ 和 -1 都可以视为旋转因子。

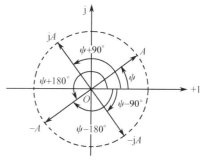

图 3.2-3 复数与旋转因子相乘

3.2.3 复指数函数与正弦函数的关系

根据欧拉公式可把复指数函数和正弦函数联系起来。例如,对于正弦电流

$$i = I_m\sin(\omega t + \psi_i)$$

可设一个复指数函数为

$$I_m e^{j(\omega t + \psi_i)} = I_m\cos(\omega t + \psi_i) + jI_m\sin(\omega t + \psi_i)$$

显然,可得到如下的对应关系

$$i = \text{Im}[I_m e^{j(\omega t + \psi_i)}] = \text{Im}[I_m e^{j\psi_i} \cdot e^{j\omega t}] \tag{3.2-2}$$

式中,Im[ ]是"取复数虚部"的意思,它表明,可以通过数学的方法,把一个实数域的正弦时间函数与一个复数域的复指数函数一一对应起来。

上述复指数函数包含了所对应正弦量的三要素,其复常数部分 $I_m e^{j\psi_i}$ 表示了该正弦量的幅值和初相位,可把它写为

$$\dot{I}_m = I_m e^{j\psi_i} = I_m\underline{/\psi_i}$$

式中,$\dot{I}_m$ 称为该正弦电流的幅值相量。为了区别于普通的复数,在代表该正弦电流的大写字

母的上方加一小圆点。这种相量的命名和标记的方法,是为了强调它与正弦量的联系,但在数学运算中与一般复数并无区别。

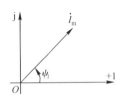

图 3.2-4　正弦电流的
幅值相量图

正弦电流的幅值相量可以表示在复平面上,如图 3.2-4 所示,其中,$\psi_i > 0$。

复指数函数的另一部分 $\mathrm{e}^{\mathrm{j}\omega t}$ 是时间的复函数,它相当于一个模为 1,在复平面上以原点为中心,以不变的角速度 ω 不断地沿逆时针方向旋转的复数,称为旋转角度随时间等速变化的旋转因子。因此,复指数函数为幅值相量 $I_\mathrm{m}\mathrm{e}^{\mathrm{j}\psi_i}$ 与旋转因子 $\mathrm{e}^{\mathrm{j}\omega t}$ 的乘积,所以 $I_\mathrm{m}\mathrm{e}^{\mathrm{j}\psi_i}\cdot\mathrm{e}^{\mathrm{j}\omega t}$ 又称为旋转相量。利用旋转相量的概念,可以说明式(3.2-2)所示对应关系的几何意义,即一个正弦量在任何时刻的瞬时值,等于对应的旋转相量于同一时刻在虚轴上的投影。这一关系可用图 3.2-5 所示正弦电流的旋转相量 $I_\mathrm{m}\mathrm{e}^{\mathrm{j}\psi_i}\cdot\mathrm{e}^{\mathrm{j}\omega t}$ 与正弦电流 i 的波形图之间的对应关系来说明。

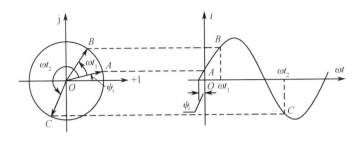

图 3.2-5　正弦电流的相量图示法

在线性电路中,当电源提供的电压或电流是单一频率的正弦量时,电路中其他电压和电流也是同频率的正弦量。在此情况下,要确定这些电压和电流,只要确定它们的幅值和初相位就可以了。也就是说同频率的交流电在进行加减运算时,不必考虑相量在复平面内的旋转问题,即不必考虑 $\mathrm{e}^{\mathrm{j}\omega t}$。

由于在实际问题及电路分析中正弦交流电的有效值用得最多,因此常用有效值相量表示正弦交流电。电流有效值相量(用大写字母 I 上加一小圆点表示)$\dot{I}$ 的模就是电流有效值 I,辐角就是电流的初相位 ψ_i,即

$$\dot{I} = I\mathrm{e}^{\mathrm{j}\psi_i} = I\underline{/\psi_i}$$

电流幅值相量与有效值相量之间的关系是

$$\dot{I} = \dot{I}_\mathrm{m}/\sqrt{2}$$

同理,有

$$\dot{U} = \dot{U}_\mathrm{m}/\sqrt{2}, \quad \dot{E} = \dot{E}_\mathrm{m}/\sqrt{2}$$

3.2.4　相量法和相量图

利用相量表示后,就可以把正弦量的运算变成相应的复数运算。用相量关系分析计算的方法称为相量法。有时为了能得到直观的清晰概念,可以把有效值相量画出来,这种由有效值相量组成的图形称为相量图。

[例 3.2-1]　试写出 $i_1 = 7\sqrt{2}\sin(314t+30°)$ A,$i_2 = 10\sin(314t+90°)$ A,$i_3 = 7.07\sin314t$ A 的有效值相量的极坐标式与代数式,并画出其相量图。

解:用有效值相量表示正弦量,得

$$\dot{I}_1 = 7 \underline{/30°} \text{A} = (6.06+j3.5) \text{ A}$$

$$\dot{I}_2 = \frac{10}{\sqrt{2}} \underline{/90°} \text{ A} = 7.07 \underline{/90°} \text{ A} = j7.07 \text{ A}$$

$$\dot{I}_3 = \frac{7.07}{\sqrt{2}} \underline{/0°} \text{ A} = 5 \underline{/0°} \text{ A} = (5+j0) \text{ A} = 5 \text{ A}$$

相量图如图 3.2-6 所示。

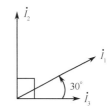

图 3.2-6　例 3.2-1 的相量图

[**例 3.2-2**]　试写出 $\dot{U}_1 = 220e^{j30°}$ V，$\dot{U}_2 = j110$V，$\dot{U}_3 = (-45-j45)$ V，$\dot{U}_4 = (-60.6+j35)$ V 的瞬时值表达式，并画出其相量图。

解:按式(3.2-2)，代入旋转因子并取其虚部得

$$u_1 = \text{Im}[\sqrt{2}\dot{U}_1 e^{j\omega t}] = 220\sqrt{2}\sin(\omega t+30°) \text{ V}$$

同理　　　　$$u_2 = 110\sqrt{2}\sin(\omega t+90°) \text{ V}$$

$$\dot{U}_3 = (-45-j45) \text{ V} = 63.63 \underline{/-135°} \text{ V}$$

$$u_3 = 63.63\sqrt{2}\sin(\omega t-135°) \text{ V}$$

$$\dot{U}_4 = -60.63+j35 = 70 \underline{/150°} \text{ V}$$

$$u_4 = 70\sqrt{2}\sin(\omega t+150°) \text{ V}$$

相量图如图 3.2-7 所示。

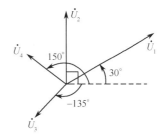

图 3.2-7　例 3.2-2 的相量图

[**例 3.2-3**]　用相量法求 $i_1 = 10\sqrt{2}\sin(\omega t+30°)$ A 与 $i_2 = 8\sqrt{2}\sin(\omega t-60°)$ A 之和，并画出其相量图。

解:用有效值相量表示 i_1 和 i_2。

$$\dot{I}_1 = 10 \underline{/30°} \text{A} = (8.66+j5) \text{ A}$$

$$\dot{I}_2 = 8 \underline{/-60°} \text{ A} = (4-j6.93) \text{ A}$$

$$\dot{I} = \dot{I}_1+\dot{I}_2 = (8.66+j5) \text{ A}+(4-j6.93) \text{ A}$$

$$= (12.66-j1.93) \text{ A} = 12.81 \underline{/-8.7°} \text{ A}$$

相量图如图 3.2-8 所示。

在正弦交流电路的计算中，除加减乘除运算外还有微分运算。

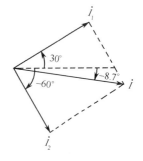

图 3.2-8　例 3.2-3 的相量图

对于正弦电流 $i = I_\text{m}\sin(\omega t+\psi_i)$，其相量为 $\dot{I}_\text{m} = I_\text{m} \underline{/\psi_i}$。若对正弦电流 i 进行微分运算，即

$$\frac{\text{d}i}{\text{d}t} = \frac{\text{d}[I_\text{m}\sin(\omega t+\psi_i)]}{\text{d}t} = \omega I_\text{m}\cos(\omega t+\psi_i) = \omega I_\text{m}\sin(\omega t+\psi_i+90°)$$

用相量表示时　　　　　　$$\omega I_\text{m} \underline{/\psi_i+90°} = j\omega I_\text{m} \underline{/\psi_i} = j\omega \dot{I}_\text{m}$$

可见对正弦量进行微分运算，只需在相对应的相量上乘以"$j\omega$"即可。

但要注意，正弦交流电是时间的正弦函数，它不是相量，更不是旋转相量。用相量表示正弦量，是借助于复数这个数学工具，进行数学变换，比如，将电路的微分、积分方程转换为复数的代数方程，经复数运算之后，再变换回正弦量的瞬时值表达式。用相量的复数形式表示正弦量，使正弦量的运算有规律性，且计算简便精确;而相量图形象直观，相

位关系一目了然,并提供了几何分析方法。在实际使用中,常将两者结合起来应用,使之既有直观的图形,又有精确的结果。所以正弦量的相量表示法,是分析计算正弦交流电路很重要的一种方法。

思考与练习

3.2-1 几个同频率的正弦量相加或相减的结果仍为一个该频率的正弦量;一个角频率为 ω 的正弦量对时间求导或者取积分运算的结果仍为角频率为 ω 的正弦量。这种论断正确吗?

3.2-2 $j\dot{I}$ 和 $-j\dot{I}$ 相当于分别将 $\dot{I}$ 按什么方向旋转了多少度?

3.2-3 若 $\dot{I}=5\angle45°\text{A}$,在复平面中分别画出 $\dot{I}$ 和 $1\angle30°\dot{I}$。

3.2-4 如果某正弦电流的有效值为 1 A,频率为 f,能否写出其时间函数表达式? 如何用相量表示它? $I=1$ A 与 $\dot{I}=1$ A 有何区别?

3.3 正弦交流电路中的电阻元件

电阻、电感和电容元件是正弦交流电路中的三种基本元件。一般电路都含有这三种基本元件,不过就某一电路而言,若只有一种元件起主要作用,而另外两种元件的作用可忽略不计,则这个电路就可视为单一元件的电路。本节讨论只含一个电阻元件的正弦交流电路。

3.3

3.3.1 电阻元件上电压与电流的关系

在交流电路中,流经电阻元件的电流及其两端的电压,都是随时间变化的,但在任一瞬时,电压与电流的瞬时值之间的关系均服从欧姆定律。因此,在电压与电流参考方向关联的条件下,如图 3.3-1(a)所示,有

$$u_R = Ri_R \tag{3.3-1}$$

设流过电阻元件 R 的电流为

$$i_R = I_{Rm}\sin(\omega t+\psi_i), \quad \psi_i>0$$

由式(3.3-1)得 $u_R = Ri_R = RI_{Rm}\sin(\omega t+\psi_i)$
$$= U_{Rm}\sin(\omega t+\psi_u) \tag{3.3-2}$$

式(3.3-2)中 $U_{Rm} = RI_{Rm}$,即 $R = U_{Rm}/I_{Rm}$

或 $U_R = RI_R$, 即 $R = U_R/I_R$

$$\psi_u = \psi_i$$

由此可知,电阻元件中电压与电流是同频率的正弦量,电压与电流同相,它们的幅值之间或有效值之间也服从欧姆定律。电阻元件中电流与电压的波形图如图 3.3-1(b)所示。

若用相量表示,则有

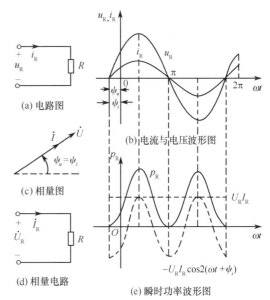

图 3.3-1 电阻元件的正弦交流电路

$$\dot{I}_R = I_R \angle \psi_i, \quad \dot{U}_R = U_R \angle \psi_u = RI_R \angle \psi_i = R\dot{I}_R \tag{3.3-3}$$

式(3.3-3)全面地表达了电阻元件中电压与电流之间的有效值关系和相位关系,它与直流电路中的欧姆定律相似,被称为电阻元件上欧姆定律的相量形式,其相量图如图 3.3-1(c)所示。反映电阻元件中电压与电流关系的相量电路如图 3.3-1(d)所示。

3.3.2 电阻元件的功率

电路中任一瞬时吸收或产生的功率,称为瞬时功率。在电压与电流参考方向关联的条件下,它等于该时刻电压瞬时值 u 与电流瞬时值 i 的乘积,并用小写字母 p 表示,即

$$p = ui$$

电阻元件所吸收的瞬时功率

$$
\begin{aligned}
p_{\mathrm{R}} &= U_{\mathrm{Rm}}I_{\mathrm{Rm}}\sin(\omega t + \psi_u)\sin(\omega t + \psi_i) = U_{\mathrm{Rm}}I_{\mathrm{Rm}}\sin^2(\omega t + \psi_i) \\
&= U_{\mathrm{R}}I_{\mathrm{R}} - U_{\mathrm{R}}I_{\mathrm{R}}\cos 2(\omega t + \psi_i)
\end{aligned} \tag{3.3-4}
$$

由式(3.3-4)可知,电阻元件瞬时功率由两部分组成,一部分是常数 $U_{\mathrm{R}}I_{\mathrm{R}}$,另一部分是幅值为 $U_{\mathrm{R}}I_{\mathrm{R}}$、两倍于电源频率变化的余弦函数 $U_{\mathrm{R}}I_{\mathrm{R}}\cos 2(\omega t + \psi_i)$。瞬时功率的波形图如图 3.3-1(e)所示,由图可见,瞬时功率是随时间而变化的,除零值外,恒为正值,这表明电阻元件总是耗能的,故电阻元件被称为耗能元件。

由于瞬时功率随时间而变化,故实用意义不大,在电工技术中,衡量元件消耗功率的大小,是用瞬时功率在一个周期内的平均值来表示的,此平均值被称为有功功率(或平均功率),用大写字母 P 表示,即

$$P = \frac{1}{T}\int_0^T p\,\mathrm{d}t$$

电阻元件的有功功率为

$$P_{\mathrm{R}} = \frac{1}{T}\int_0^T p_{\mathrm{R}}\,\mathrm{d}t = \frac{1}{T}\int_0^T \left[U_{\mathrm{R}}I_{\mathrm{R}} - U_{\mathrm{R}}I_{\mathrm{R}}\cos 2(\omega t + \psi_i) \right]\mathrm{d}t = U_{\mathrm{R}}I_{\mathrm{R}}$$

或

$$P_{\mathrm{R}} = U_{\mathrm{R}}I_{\mathrm{R}} = I_{\mathrm{R}}^2 R = U_{\mathrm{R}}^2/R$$

可见电压与电流用有效值表示时,其有功功率与直流电路的功率表达式完全一样,单位也是瓦(W)或千瓦(kW)。

经 t 小时在电阻元件上所消耗的电能

$$W_{\mathrm{R}} = P_{\mathrm{R}}t$$

电能的单位是千瓦时(kW·h)或度。

[例 3.3-1] 有一加热用的电阻炉,测得其电阻 $R = 22\,\Omega$,额定电压有效值 $U_{\mathrm{N}} = 220\,\mathrm{V}$,试求其额定电流有效值、有功功率及工作 8 小时所消耗的电能。

解: 因为 $U_{\mathrm{N}} = 220\,\mathrm{V}$,$R = 22\,\Omega$,所以额定电流有效值为

$$I_{\mathrm{N}} = U_{\mathrm{N}}/R = 220/22\,\mathrm{A} = 10\,\mathrm{A}$$

有功功率

$$P_{\mathrm{R}} = I_{\mathrm{N}}^2 R = 2200\,\mathrm{W} = 2.2\,\mathrm{kW}$$

所耗电能

$$W_{\mathrm{R}} = P_{\mathrm{R}}t = (2.2 \times 8)\,\mathrm{kW \cdot h} = 17.6\,\mathrm{kW \cdot h}$$

思考与练习

3.3-1 在正弦电流电路中,有人说电阻两端电压与其电流总是同相的。你同意这种观点吗?说明理由。

3.3-2 在关联参考方向下,下列关于电阻电压与电流的公式哪些是正确的?把不正确的

改为正确的公式。

(1) $i=\dfrac{U}{R}$　(2) $I=\dfrac{U}{R}$　(3) $i=\dfrac{u}{R}$　(4) $i=\dfrac{U_{\mathrm{m}}}{R}$　(5) $\dot I=\dfrac{\dot U}{R}$

3.3-3　在关联参考方向下，下列关于电阻的功率公式哪些是正确的？把不正确的改为正确的公式。

(1) $P_{\mathrm{R}}=U_{\mathrm{R}}I_{\mathrm{R}}$　(2) $P_{\mathrm{R}}=RI_{\mathrm{R}}^{2}$　(3) $P_{\mathrm{R}}=\dfrac{U_{\mathrm{Rm}}I_{\mathrm{Rm}}}{\sqrt2}$　(4) $P_{\mathrm{R}}=\dfrac{RI_{\mathrm{m}}^{2}}{2}$　(5) $P_{\mathrm{R}}=\dfrac{U_{\mathrm{Rm}}^{2}}{2R}$

3.4　正弦交流电路中的电感元件

3.4.1　电感元件

当电流 i_{L} 通过线圈时，将在线圈中产生磁场。设线圈匝数为 N，电流 i_{L} 产生的磁通 $\varPhi$ 全部与线圈相交链，于是磁链

$$\psi_{\mathrm{L}}=N\varPhi$$

3.4

若电流 i_{L} 的参考方向与磁通 $\varPhi$ 的参考方向之间满足右手螺旋定则，如图 3.4-1 所示，则磁链与电流的比值

$$L=\psi_{\mathrm{L}}/i_{\mathrm{L}} \tag{3.4-1}$$

称为电感元件的电感或自感。可见电感元件是表示磁链与电流之间的函数关系的元件。对于线性电感元件而言，L 是常数，它是实际线圈理想化的模型。当磁链单位用韦伯(Wb)、电流单位用安培(A)时，电感单位是亨利(H)，简称亨。L 的常用单位还有毫亨(mH)、微亨(μH)。它们之间的关系是 $1\,\mathrm{mH}=10^{-3}\,\mathrm{H}$，$1\,\mu\mathrm{H}=10^{-6}\,\mathrm{H}$。

直流电路中，通过电感元件的电流不变，产生在其中的磁场也不变，故电感元件两端不会出现因磁场变化而产生的感应电动势所形成的电压，即电感元件两端电压为零，所以电感元件在直流电路中相当于短路。

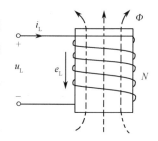

图 3.4-1　电感线圈

通过电感元件的电流 i_{L} 随时间变化时，根据电磁感应定律，将在线圈中产生感应电动势 e_{L}，若 e_{L} 的参考方向与产生它的磁通 $\varPhi$ 的参考方向之间满足右手螺旋定则，则

$$e_{\mathrm{L}}=-N\frac{\mathrm{d}\varPhi}{\mathrm{d}t}=-\frac{\mathrm{d}\psi_{\mathrm{L}}}{\mathrm{d}t} \tag{3.4-2}$$

e_{L} 的大小与磁链的变化率 $\dfrac{\mathrm{d}\psi_{\mathrm{L}}}{\mathrm{d}t}$ 成正比，e_{L} 的实际方向符合楞次定律。例如，在图 3.4-1 所示电感线圈中，当 $\varPhi$ 沿参考方向增加时，$\dfrac{\mathrm{d}\varPhi}{\mathrm{d}t}>0$，$e_{\mathrm{L}}<0$，$e_{\mathrm{L}}$ 的实际方向同参考方向相反，以便产生的感应电流去阻止 $\varPhi$ 的增加；当 $\varPhi$ 沿参考方向减小时，$\dfrac{\mathrm{d}\varPhi}{\mathrm{d}t}<0$，$e_{\mathrm{L}}>0$，$e_{\mathrm{L}}$ 的实际方向同参考方向相同，以便产生的感应电流去阻止 $\varPhi$ 的减小。对于线性电感而言，把式(3.4-1)代入式(3.4-2)得

$$e_{\mathrm{L}}=-L\frac{\mathrm{d}i_{\mathrm{L}}}{\mathrm{d}t}$$

3.4.2 电感元件上电压与电流的关系

在 i_L、u_L、e_L 的参考方向相同的条件下,如图 3.4-2(a) 所示,电感元件上产生的感应电压为

$$u_L = -e_L = L\frac{di_L}{dt}$$

这表明电感元件上电压瞬时值与电流瞬时值的变化率成正比,而与电流的大小无关,说明电感是动态元件。

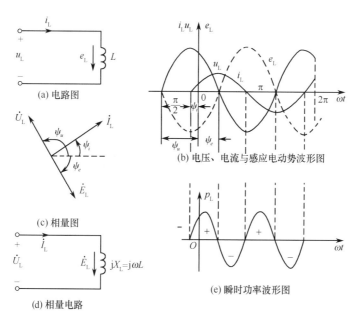

(a) 电路图

(b) 电压、电流与感应电动势波形图

(c) 相量图

(d) 相量电路

(e) 瞬时功率波形图

图 3.4-2　电感元件的正弦交流电路

上式还表明,电感中的电流不可以发生跃变。若要使电感电流发生跃变,就需要外加无穷大的电压,这在实际中是不可能的。

将上式两边积分,得

$$i_L = \frac{1}{L}\int_{-\infty}^{t} u_L d\xi = \frac{1}{L}\int_{-\infty}^{t_0} u_L d\xi + \frac{1}{L}\int_{t_0}^{t} u_L d\xi = i_L(t_0) + \frac{1}{L}\int_{t_0}^{t} u_L d\xi$$

其中 $i_L(t_0)$ 是 $t=t_0$ 时电感中通过的电流,称作电流初始值,t_0 称作初始时刻。该式表明,当前状态下电感元件中的电流,与电路加载到电感上电压的整个历史有关,这说明电感元件是记忆元件。

设流过电感元件 L 的电流为

$$i_L = I_{Lm}\sin(\omega t + \psi_i), \quad \psi_i > 0$$

则有

$$u_L = L\frac{di_L}{dt} = L\frac{d}{dt}[I_{Lm}\sin(\omega t + \psi_i)]$$

$$= \omega L I_{Lm}\cos(\omega t + \psi_i) = X_L I_{Lm}\sin(\omega t + \psi_i + 90°)$$

$$= U_{Lm}\sin(\omega t + \psi_u) \tag{3.4-3}$$

式(3.4-3)中

$$U_{Lm} = \omega L I_{Lm} = X_L I_{Lm}, \quad U_{Lm}/I_{Lm} = \omega L = X_L$$

或

$$U_L = \omega L I_L = X_L I_L, \quad U_L/I_L = \omega L = X_L$$

$$\psi_i = \psi_u - 90° \quad 或 \quad \psi_u = \psi_i + 90°$$

由此可知,电感元件中的电压与电流是同频率的正弦量,但在相位上电压超前电流 90° 或电流滞后电压 90°,它们的幅值之间或有效值之间也服从欧姆定律,其中

$$X_L = \omega L = 2\pi f L$$

起阻碍电流的作用,称为电感电抗,简称感抗,单位为欧姆。感抗 X_L 与电感 L、频率 f 成正比,L 一定时,f 越高,X_L 就越大。X_L 与 f 的关系如图 3.4-3 所示。对于直流电而言,$f=0$,故 $X_L=0$,所以电感元件对直流呈短路状态。电感元件中电流与电压的波形图如图 3.4-2(b) 所示。

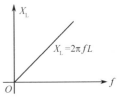

图 3.4-3 X_L 与 f 的关系

若用相量表示,则有

$$\dot{I}_L = I_L \underline{/\psi_i}$$

$$\dot{U}_L = U_L \underline{/\psi_u} = \omega L I_L \underline{/\psi_i + 90°} = j\omega L \dot{I}_L = jX_L \dot{I}_L \qquad (3.4-4)$$

式(3.4-4)全面表达了电感元件中电压与电流之间的有效值关系和相位关系,被称为电感元件上欧姆定律的相量形式,其相量图如图 3.4-2(c) 所示,相应的相量电路如图 3.4-2(d) 所示。

3.4.3 电感元件的功率

在电压与电流参考方向关联的条件下,电感元件的瞬时功率

$$p_L = u_L i_L = U_{Lm} I_{Lm} \cos(\omega t + \psi_i) \sin(\omega t + \psi_i)$$
$$= U_L I_L \sin 2(\omega t + \psi_i) \qquad (3.4-5)$$

由式(3.4-5)可知,电感元件上瞬时功率是幅值为 $U_L I_L$、两倍于电源频率变化的正弦函数。瞬时功率的波形图如图 3.4-2(e) 所示,由图可见,在一个周期之内,第一个和第三个 1/4 周期内瞬时功率为正,第二个和第四个 1/4 周期内瞬时功率为负。功率为正表示电感元件吸收电能并转换为磁场能量储存起来,功率为负表示电感元件内磁场能量转换为电能并送还给外部电路(电源或其他电路元件)。电感元件周期性地进行磁场能量的储存和释放,其过程是可逆的,即电感元件从外部电路取用的能量一定等于它归还给外部电路的能量。

电感元件的有功功率为

$$P_L = \frac{1}{T} \int_0^T p_L \, dt = \frac{1}{T} \int_0^T U_L I_L \sin 2(\omega t + \psi_i) \, dt = 0$$

从电感元件的有功功率为零,也可看出电感元件不消耗电能,电感元件是储能元件。

电感元件虽不消耗电能,但它与外电路之间不断地进行着能量的交换。为了衡量这种能量交换的规模,用电感元件的无功功率 Q_L 来表示。Q_L 等于电感元件瞬时功率的最大值,即

$$Q_L = U_L I_L = I_L^2 X_L = U_L^2 / X_L$$

无功功率的单位是乏(var)或千乏(kvar),它们之间的关系是 1 kvar $= 10^3$ var。

3.4.4 电感元件的能量

若从 0 到 t_1 这段时间内,流过电感元件的电流由 0 增加到 i_L,则电感元件所储存的磁场能量为

$$W_L = \int_0^{t_1} p_L \, dt = \int_0^{t_1} u_L i_L \, dt = \int_0^{t_1} \left(L \frac{di_L}{dt} \right) i_L \, dt = \int_0^{i_L} L i_L \, di_L = \frac{1}{2} L i_L^2 \qquad (3.4-6)$$

式中,当 i_L 的单位为安培(A)、L 的单位为亨利(H)时,能量的单位为焦耳(J)。

式(3.4-6)表明某瞬时电感元件储存的磁场能量只与该瞬时通过它的电流的平方成正比。通过电感元件的电流 i_L 为幅值 I_{Lm} 时,它储存的磁场能量最大,即

$$W_{Lmax} = \frac{1}{2}LI_{Lm}^2 = LI_L^2$$

[例3.4-1]　一个0.7 H的电感元件,接到工频且电压有效值为220 V的正弦电源上,求电路中电流、无功功率和磁场储能的最大值,并写出电流瞬时值表达式。

解:
$$X_L = 2\pi fL = (2 \times 3.14 \times 50 \times 0.7)\ \Omega = 220\ \Omega$$
$$I_L = U_L/X_L = 220/220\ A = 1\ A$$
$$Q_L = U_L^2/X_L = 220^2/220\ var = 220\ var$$
$$W_{Lmax} = \frac{1}{2}LI_{Lm}^2 = \left[\frac{1}{2} \times 0.7 \times (\sqrt{2})^2\right]\ J = 0.7\ J$$

取电压 u_L 为参考正弦量(初相位为零的正弦量),即 $u_L = 220\sqrt{2}\sin 314t$ V,在 u_L 与 i_L 为关联参考方向时,电流瞬时值表达式为

$$i_L = \sqrt{2}\sin(314t - 90°)\ A$$

思考与练习

3.4-1　在关联参考方向下,下列关于电感 L 的电压 u 与电流 i 的公式哪些是正确的? 把不正确的改为正确的公式。

(1) $i = L\dfrac{dU}{dt}$　　(2) $i = \dfrac{u}{\omega L}$　　(3) $I = \dfrac{U}{\omega L}$　　(4) $I = \dfrac{U}{j\omega L}$

(5) $\dot{I} = \dfrac{\dot{U}}{\omega L}$　　(6) $\dot{I} = \dfrac{\dot{U}}{j\omega L}$　　(7) $\dot{I} = j\dfrac{\dot{U}}{\omega L}$

3.4-2　电感元件的平均功率为什么等于0?

3.5　正弦交流电路中的电容元件

3.5.1　电容元件

两块导电金属极板之间,隔以绝缘介质,就构成一个电容器,如图 3.5-1 所示。在两极板上施加电压 u_C,就在极板上分别充以等量异号的电荷 q。极板上电荷与极板之间电压的比值

$$C = q/u_C \tag{3.5-1}$$

称为电容元件的电容量,简称电容。可见电容元件是表示电荷与电压之间的函数关系的元件。对于线性电容元件而言,C 是常数,它是实际电容器理想化的模型。当电荷单位为库仑(C),电压单位为伏特(V)时,电容单位是法拉(F)。实用上法拉太大,常用微法（μF）或皮法（pF）。它们之间的关系是 $1\ \mu F = 10^{-6}\ F$,$1\ pF = 10^{-12}\ F$。

在直流电路中,电容元件两端电压不变,产生在极板与介质内的电场也不变,因而导线中没有电荷移动,即连接电容元件的导线中电流为零,所以电容元件在直流电路中相当于开路。

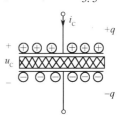

3.5

图 3.5-1　两极板电容器

电容元件两端电压 u_C 随时间变化时,对电容元件不断地充电和放电,将在连接电容元件的导线中产生电流 i_C。在图 3.5-1 所示的参考方向下,i_C 的大小与通过导线的电荷的变化率成正比,即

$$i_C = \mathrm{d}q/\mathrm{d}t \tag{3.5-2}$$

3.5.2 电容元件上电压与电流的关系

在 i_C 与 u_C 参考方向关联的条件下,如图 3.5-2(a)所示。对电容元件而言,把式(3.5-1)代入式(3.5-2)得

$$i_C = C\frac{\mathrm{d}u_C}{\mathrm{d}t}$$

上式表明连接电容元件的导线中电流瞬时值与电压瞬时值的变化率成正比,而与电压的大小无关,说明电容也是动态元件。

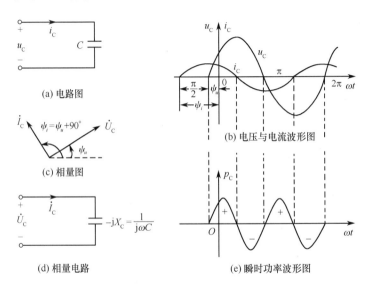

(a) 电路图

(c) 相量图

(d) 相量电路

(b) 电压与电流波形图

(e) 瞬时功率波形图

图 3.5-2 电容元件的正弦交流电路

上式还表明,电容的端电压不可以发生跃变。若要使电容电压发生跃变,就需要电路提供无穷大的充电电流,这在实际中是不可能的。

将上式两边积分,得

$$u_C = \frac{1}{C}\int_{-\infty}^{t} i_C \mathrm{d}\xi = \frac{1}{C}\int_{-\infty}^{t_0} i_C \mathrm{d}\xi + \frac{1}{C}\int_{t_0}^{t} i_C \mathrm{d}\xi = u_C(t_0) + \frac{1}{C}\int_{t_0}^{t} i_C \mathrm{d}\xi$$

其中 $u_C(t_0)$ 是 $t=t_0$ 时电容两端的电压,称作电压初始值,t_0 称作初始时刻。该式表明,当前状态下电容元件的电压,与电路对电容充电的整个历史有关,这说明电容元件是记忆元件。

设电容元件 C 的端电压

$$u_C = U_{Cm}\sin(\omega t + \psi_u), \quad \psi_u > 0$$

则有

$$i_C = C\frac{\mathrm{d}u_C}{\mathrm{d}t} = C\frac{\mathrm{d}}{\mathrm{d}t}\left[U_{Cm}\sin(\omega t + \psi_u)\right]$$

$$= \omega C U_{Cm} \cos(\omega t + \psi_u) = \frac{U_{Cm}}{X_C} \sin(\omega t + \psi_u + 90°)$$

$$= I_{Cm} \sin(\omega t + \psi_i) \tag{3.5-3}$$

式(3.5-3)中
$$I_{Cm} = \omega C U_{Cm} = \frac{U_{Cm}}{X_C}, \qquad \frac{U_{Cm}}{I_{Cm}} = \frac{1}{\omega C} = X_C$$

或
$$I_C = \omega C U_C = \frac{U_C}{X_C}, \qquad \frac{U_C}{I_C} = \frac{1}{\omega C} = X_C$$

$$\psi_u = \psi_i - 90° \quad 或 \quad \psi_i = \psi_u + 90°$$

由此可知,电容元件的电流与电压是同频率的正弦量,但在相位上电流超前电压90°,或电压滞后电流90°,它们的幅值之间或有效值之间也服从欧姆定律,其中

$$X_C = \frac{1}{\omega C} = \frac{1}{2\pi f C}$$

起阻碍电流的作用,称为电容电抗,简称容抗,单位为欧姆。容抗 X_C 与电容 C、频率 f 成反比,C 一定时,f 越高,X_C 就越小。X_C 与 f 的关系如图 3.5-3 所示。对于直流电而言,$f=0$,故 $X_C = \infty$,所以电容元件对直流电呈开路状态,起隔直流的作用。电容元件中电流与电压的波形图如图 3.5-2(b)所示。

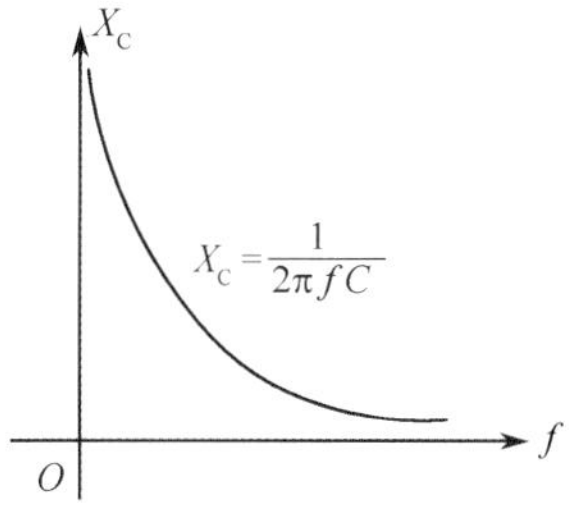

若用相量表示,则有

$$\dot{U}_C = U_C \underline{/\psi_u}$$

$$\dot{I}_C = I_C \underline{/\psi_i} = \omega C U_C \underline{/\psi_u + 90°} = j\omega C \dot{U}_C$$

得
$$\dot{U}_C = \frac{\dot{I}_C}{j\omega C} = -jX_C \dot{I}_C \tag{3.5-4}$$

图 3.5-3 X_C 与 f 的关系

式(3.5-4)全面表达了电容元件中电压与电流之间的有效值关系和相位关系,被称为电容元件上欧姆定律的相量形式,其相量图如图 3.5-2(c)所示,相应的相量电路如图 3.5-2(d)所示。

3.5.3 电容元件的功率

在电压与电流参考方向关联的条件下,电容元件的瞬时功率

$$p_C = u_C i_C = U_{Cm} I_{Cm} \sin(\omega t + \psi_u) \cos(\omega t + \psi_u)$$

$$= U_C I_C \sin 2(\omega t + \psi_u) \tag{3.5-5}$$

由式(3.5-5)可知,电容元件上瞬时功率是幅值为 $U_C I_C$、两倍于电源频率变化的正弦函数。瞬时功率的波形图如图 3.5-2(e)所示,由图可见,在第一个和第三个 1/4 周期内瞬时功率为正,第二个和第四个 1/4 周期内瞬时功率为负。功率为正表示电容元件吸收电能转换为电场能量储存起来,功率为负表示电容元件将电场能量转换为电能送还给外部电路(电源或其他电路元件)。电容元件周期性地进行电场能量的储存和释放,其过程是可逆的,即电容元件从外部电路取用的能量一定等于它归还给外部电路的能量。

电容元件的有功功率为

$$P_C = \frac{1}{T}\int_0^T p_C \mathrm{d}t = \frac{1}{T}\int_0^T U_C I_C \sin 2(\omega t + \psi_u)\mathrm{d}t = 0$$

从电容元件的有功功率为零,也可看出电容元件不消耗电能,电容元件是储能元件。

电容元件虽不消耗电能,但它与外电路之间不断地进行着能量的交换。这种能量交换的

规模,用电容元件的无功功率 Q_C 来衡量。Q_C 等于电容元件瞬时功率的负的最大值,即

$$Q_C = -U_C I_C = -I_C^2 X_C = -U_C^2/X_C$$

其单位也是乏(var)或千乏(kvar)。

3.5.4　电容元件的能量

设 0 到 t_1 这段时间内,加在电容元件上的电压由 0 增加到 u_C,则电容元件所储存的电场能量为

$$W_C = \int_o^{t_1} p_C \mathrm{d}t = \int_0^{t_1} u_C i_C \mathrm{d}t = \int_0^{t_1} u_C \left(C \frac{\mathrm{d}u_C}{\mathrm{d}t} \right) \mathrm{d}t = \int_0^{u_C} Cu_C \mathrm{d}u_C = \frac{1}{2}Cu_C^2 \qquad (3.5\text{-}6)$$

式中,当 u_C 的单位为伏特(V),C 的单位为法拉(F)时,能量的单位为焦耳(J)。

式(3.5-6)表明某瞬时电容元件储存的电场能量只与该瞬时电容电压的平方成正比。加在电容元件上的电压 u_C 为幅值 U_{Cm} 时,它储存的电场能量最大,即

$$W_{Cmax} = \frac{1}{2}CU_{Cm}^2 = CU_C^2$$

[例 3.5-1]　一个 29 μF 的电容元件接到 $u = 220\sqrt{2}\sin(314t+30°)$ V 的正弦电源上,求电路中的电流有效值、无功功率和电场储能的最大值,并写出电流瞬时值表达式。

解:

$$X_C = \frac{1}{\omega C} = \left(\frac{1}{314 \times 29 \times 10^{-6}} \right) \Omega \approx 110\ \Omega$$

$$I_C = U_C/X_C = 220/110 A = 2\ A$$

$$Q_C = -U_C^2/X_C = -220^2/110\ \text{var} = -440\ \text{var}$$

$$W_{Cmax} = \frac{1}{2}CU_{Cm}^2 = \left[\frac{1}{2} \times 29 \times 10^{-6} \times (220\sqrt{2})^2 \right] J = 1.4\ J$$

电流瞬时值表达式　　$i_C = \sqrt{2}I_C \sin(314t+30°+90°)$ A $= 2\sqrt{2}\sin(314t+120°)$ A

以上分析了正弦交流电路中三种基本元件的特性,它是分析后述电路问题的基础,应很好地掌握。

思考与练习

3.5-1　在关联参考方向下,下列关于电容 C 的电压 u 与电流 i 的公式哪些是正确的?把不正确的改为正确的公式。

(1) $i = \dfrac{u}{\omega C}$　(2) $I = \dfrac{U}{\omega C}$　(3) $I = \omega CU$　(4) $\dot{I} = \mathrm{j}\omega C\dot{U}$

(5) $\dot{I} = \dfrac{\dot{U}}{\mathrm{j}\dfrac{1}{\omega C}}$　(6) $i = \dfrac{u}{\mathrm{j}\dfrac{1}{\omega C}}$　(7) $i = \dfrac{\dot{U}}{-\mathrm{j}\dfrac{1}{\omega C}}$

3.5-2　电容元件的平均功率为什么等于 0?

3.6　基尔霍夫定律的相量形式

前面三节讨论了电路无源元件伏安关系的相量形式,得到了它们的相量电路。现在讨论电路连接方式约束——基尔霍夫定律的相量形式。

在同一频率激励作用下的正弦稳态线性电路中,各支路的电流和电压都是同频率的正弦量:

$$i_k(t) = I_{km}\sin(\omega t + \psi_{ik})$$
$$u_k(t) = U_{km}\sin(\omega t + \psi_{uk}) \quad k = 1,2,3,\cdots$$

写出电路的 KCL 和 KVL 方程:

$$\sum i_k(t) = \sum I_{km}\sin(\omega t + \psi_{ik}) = 0$$

$$\sum u_k(t) = \sum U_{km}\sin(\omega t + \psi_{uk}) = 0$$

3.6

由 3.2 节可知,同频率正弦量的加减法可以转换为其对应相量的加减法运算,因此基尔霍夫定律的相量形式可表示为

$$\sum \dot{I}_{km} = 0 \quad 或 \quad \sum \dot{I}_k = 0 \tag{3.6-1}$$

$$\sum \dot{U}_{km} = 0 \quad 或 \quad \sum \dot{U}_k = 0 \tag{3.6-2}$$

必须强调指出,上面两式所表示的是相量的代数和恒等于零,并非是有效值的代数和恒等于零。

[例 3.6-1] 图 3.6-1 所示为电路中的一个节点,已知

$$i_1(t) = 10\sqrt{2}\sin(\omega t + 30°) \text{ A}$$
$$i_2(t) = 5\sqrt{2}\cos(\omega t - 30°) \text{ A}$$

求 $i_3(t)$ 及 I_3。

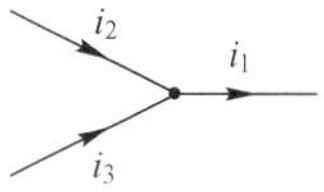

图 3.6-1

解: 为了使用式(3.6-1),首先要写出已知电流 i_1 和 i_2 对应的相量,注意此时要将 i_1 和 i_2 的瞬时值表达式统一为正弦函数表达后再写出对应相量,即

$$i_2(t) = 5\sqrt{2}\sin(\omega t - 30° + 90°) = 5\sqrt{2}\sin(\omega t + 60°) \text{ A}$$

所以

$$\dot{I}_1 = 10\ \underline{/30°} \text{ A}, \quad \dot{I}_2 = 5\ \underline{/60°} \text{ A}$$

设未知电流 i_3 对应的相量为 $\dot{I}_3$,则由式(3.6-1)得

$$\dot{I}_1 - \dot{I}_2 - \dot{I}_3 = 0$$

注意,在运用式(3.6-1)时,各相量前的正、负号仍然根据对应的正弦电流参考方向而定。流出节点取正,流入节点取负,由此可得

$$\dot{I}_3 = \dot{I}_1 - \dot{I}_2 = 10\ \underline{/30°} - 5\ \underline{/60°} = 8.66 + j5 - 2.5 - j4.33$$
$$= 6.16 + j0.67 = 6.20\ \underline{/6.2°} \text{ A}$$

根据所得的相量 $\dot{I}_3$ 即可写出相对应的正弦电流 i_3

$$i_3(t) = 6.2\sqrt{2}\sin(\omega t + 6.2°) \text{ A}$$
$$I_3 = 6.2 \text{ A} \quad I_3 \neq I_1 - I_2$$

思考与练习

3.6-1 为什么不能将 KCL 和 KVL 的相量形式 $\sum \dot{I} = 0$ 和 $\sum \dot{U} = 0$ 写成 $\sum I = 0$ 和 $\sum U = 0$?

3.6-2 设正弦电流 i_1 和 i_2 同频率,其有效值分别为 I_1 和 I_2,$i_1 + i_2$ 的有效值为 I,问下列关系在什么条件下成立?

(1) $I_1 + I_2 = I$　　(2) $I_1 - I_2 = I$　　(3) $I_2 - I_1 = I$

(4) $I_1^2 + I_2^2 = I^2$　　(5) $I_1 + I_2 = 0$　　(6) $I_1 - I_2 = 0$

3.7 阻抗和导纳

3.7.1 阻抗和导纳的定义

欧姆定律是用来表示线性电阻元件上电流、电压关系的,对于线性电感和线性电容元件上的电流、电压瞬时值而言,不存在类似于线性电阻元件欧姆定律的关系。在电压、电流为正弦量的情况下,R、L、C 元件伏安关系的相量形式如式(3.3-3)、式(3.4-4)、式(3.5-4)所示。

$$\dot{U}_R = R\dot{I}_R$$

$$\dot{U}_L = j\omega L\dot{I}_L = jX_L\dot{I}_L$$

$$\dot{U}_C = -j\frac{1}{\omega C}\dot{I}_C = -jX_C\dot{I}_C$$

可见,这三种元件伏安关系的相量形式可统一表示为

$$\dot{U} = Z\dot{I}$$

此式称为欧姆定律的相量形式,式中

$$Z = \dot{U}/\dot{I} \tag{3.7-1}$$

将元件两端的电压相量与流过元件的电流相量之比 Z 定义为元件的复阻抗,简称阻抗,单位为 Ω。根据阻抗的定义,R、L、C 元件的阻抗分别为

$$Z_R = R, \quad Z_L = j\omega L = jX_L, \quad Z_C = \frac{1}{j\omega C} = -j\frac{1}{\omega C} = -jX_C$$

式(3.7-1)可以推广到不含独立源的正弦稳态无源二端网络。图 3.7-1(a)所示为一个不含独立源的正弦稳态无源二端网络,当端口的电压相量与电流相量的参考方向向内关联时,它们的比值定义为该正弦稳态无源二端网络的阻抗 Z。

设正弦稳态无源二端网络端口处的电压相量和电流相量分别为

$$\dot{U} = U\underline{/\psi_u}, \quad \dot{I} = I\underline{/\psi_i}$$

则
$$Z = \frac{\dot{U}}{\dot{I}} = \frac{U\underline{/\psi_u}}{I\underline{/\psi_i}} = \frac{U}{I}\underline{/\psi_u-\psi_i} = |Z|\underline{/\varphi_Z}$$

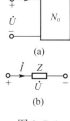

图 3.7-1

$|Z|$ 称为阻抗的模,它等于电压和电流的有效值之比,单位为 Ω(欧姆);φ_Z 称为阻抗角,它等于电压与电流的初相之差。阻抗 Z 的相量电路如图 3.7-1(b)所示。阻抗 Z 是一个计算用的复数,并不代表正弦量,即它不是相量,而是仅与电路元件参数和电源频率有关的复数,所以书写时用不加"·"的大写字母 Z 表示。

阻抗 Z 用代数形式表示为

$$Z = R + jX$$

实部 $\mathrm{Re}[Z] = R = |Z|\cos\varphi_Z$,称为阻抗 Z 的电阻分量;虚部 $\mathrm{Im}[Z] = X = |Z|\sin\varphi_Z$,称为阻抗 Z 的电抗分量。它们的单位均为 Ω(欧姆)。阻抗 Z 的实部 R、虚部 X 和阻抗模 $|Z|$ 之间的关系可以用一个直角三角形表示,如图 3.7-2 所示,这个三角形称为阻抗三角形。可见

阻抗模
$$|Z| = \sqrt{R^2 + X^2}$$

阻抗角
$$\varphi_Z = \arctan \frac{X}{R}$$

当 $X>0$ 时，阻抗角 $\varphi_Z>0$，电压 $\dot{U}$ 超前电流 $\dot{I}$，阻抗 Z 呈感性；当 $X<0$ 时，阻抗角 $\varphi_Z<0$，电压 $\dot{U}$ 滞后电流 $\dot{I}$，阻抗 Z 呈容性；当 $X=0$ 时，阻抗角 $\varphi_Z=0$，电压 $\dot{U}$ 与电流 $\dot{I}$ 同相，阻抗 Z 呈阻性。

图 3.7-2 阻抗三角形

如同电阻电路中，电阻 R 的伏安关系可以用它的倒数即电导 G 来表示一样，在正弦稳态电路中电路无源元件伏安关系相量形式也可以用阻抗 Z 的倒数来表示。阻抗 Z 的倒数称为复导纳，简称导纳，用符号 Y 表示，单位为 S(西门子)。则 $\dot{U}=Z\dot{I}$ 可表示为

$$\dot{I} = \frac{1}{Z}\dot{U} = Y\dot{U} \tag{3.7-2}$$

此式称为欧姆定律的另一种相量形式，式中

$$Y = \dot{I} / \dot{U}$$

根据导纳的定义，R、L、C 的导纳分别为

$$Y_R = \frac{1}{R} = G, \quad Y_L = \frac{1}{j\omega L} = -j\frac{1}{\omega L} = -jB_L, \quad Y_C = j\omega C = jB_C$$

对于图 3.7-1(a)所示正弦稳态无源二端网络，有

$$Y = \frac{\dot{I}}{\dot{U}} = \frac{I\underline{/\psi_i}}{U\underline{/\psi_u}} = \frac{I}{U}\underline{/\psi_i - \psi_u} = |Y|\underline{/\varphi_Y}$$

$|Y|$ 称为导纳的模，它等于电流和电压的有效值之比，单位为 S(西门子)；φ_Y 称为导纳角，它等于电流与电压的初相之差。导纳 Y 的相量电路与阻抗 Z 的相量电路相似。

导纳 Y 用代数形式表示为

$$Y = G + jB$$

实部 $\mathrm{Re}[Y] = G = |Y|\cos\varphi_Y$ 称为导纳 Y 的电导分量；其虚部 $\mathrm{Im}[Y] = B = |Y|\sin\varphi_Y$ 称为导纳 Y 的电纳分量。它们的单位均为 S(西门子)。导纳 Y 的实部 G、虚部 B 和导纳模 $|Y|$ 之间的关系也可以用一个直角三角形表示，如图 3.7-3 所示，这个三角形称为导纳三角形。可见

导纳模
$$|Y| = \sqrt{G^2 + B^2}$$

导纳角
$$\varphi_Y = \arctan \frac{B}{G}$$

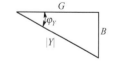

图 3.7-3 导纳三角形

当 $B<0$ 时，$\varphi_Y<0$，电流 $\dot{I}$ 滞后电压 $\dot{U}$，导纳 Y 呈感性；当 $B>0$ 时，$\varphi_Y>0$，电流 $\dot{I}$ 超前电压 $\dot{U}$，导纳 Y 呈容性；当 $B=0$ 时，$\varphi_Y=0$，电流 $\dot{I}$ 与电压 $\dot{U}$ 同相，导纳 Y 呈阻性。

3.7.2 阻抗、导纳的串联和并联

阻抗的串联、并联电路，在形式上与电阻的串联、并联电路相类似。对于几个阻抗串联的电路，其等效阻抗为

$$Z = Z_1 + Z_2 + \cdots + Z_n = \sum_{k=1}^{n} Z_k \tag{3.7-3}$$

3.7

各串联阻抗流过同一个电流相量,串联支路的总电压相量等于各串联阻抗的电压相量之和,各阻抗上电压相量的分压公式为

$$\dot{U}_k = Z_k \dot{I} = \frac{Z_k}{Z} \dot{U} \quad k=1,2,\cdots,n \tag{3.7-4}$$

式(3.7-4)中 $\dot{U}$ 为串联阻抗的总电压;$\dot{U}_k$ 为第 k 个阻抗 Z_k 的电压。

下面分析如图 3.7-4(a)所示的 RLC 串联的正弦交流电路。这是一个典型电路,因为单一元件电路、RL 串联电路、RC 串联电路及 LC 串联电路,均可视为它的特例。画出图 3.7-4(a)所示电路的相量电路如图 3.7-4(b)所示,其中元件用阻抗标称,物理量用相量表示。

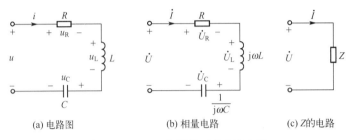

(a) 电路图　　　　　　(b) 相量电路　　　　(c) Z的电路

图 3.7-4　RLC 串联的正弦交流电路

由基尔霍夫电压定律和各元件的伏安关系相量形式,有

$$\dot{U} = \dot{U}_R + \dot{U}_L + \dot{U}_C = R\dot{I} + j\omega L \dot{I} + \frac{1}{j\omega C}\dot{I} = \left(R + j\omega L + \frac{1}{j\omega C}\right)\dot{I}$$

电路的等效阻抗

$$Z = \frac{\dot{U}}{\dot{I}} = Z_R + Z_L + Z_C = R + j\omega L + \frac{1}{j\omega C}$$

$$= R + j\left(\omega L - \frac{1}{\omega C}\right) = R + j(X_L - X_C) = R + jX = |Z| \underline{/\varphi_Z}$$

其等效电路如图 3.7-4(c)所示。阻抗 Z 的模 $|Z| = \sqrt{R^2 + X^2} = \sqrt{R^2 + (X_L - X_C)^2}$,阻抗 Z 的阻抗角 $\varphi_Z = \arctan \dfrac{X}{R} = \arctan \dfrac{X_L - X_C}{R}$。

当 $X_L > X_C$ 时,$\varphi_Z > 0$,电路呈感性;当 $X_L < X_C$ 时,$\varphi_Z < 0$,电路呈容性。

如果给定图 3.7-4(a)中的电源电压 u 和各元件参数,可以求出

$$\dot{I} = \frac{\dot{U}}{Z} = \frac{U}{|Z|} \underline{/\psi_u - \varphi_Z}$$

$$I = \frac{U}{|Z|} = \frac{U}{\sqrt{R^2 + (X_L - X_C)^2}}$$

$$\psi_i = \psi_u - \varphi_Z = \psi_u - \arctan \frac{X_L - X_C}{R}$$

于是可得各元件上的电压相量:

$$\dot{U}_R = R\dot{I} = RI \underline{/\psi_i} \quad \dot{U}_L = jX_L \dot{I} = X_L I \underline{/\psi_i + 90°} \quad \dot{U}_C = -jX_C \dot{I} = X_C I \underline{/\psi_i - 90°}$$

在正弦交流电路的分析和计算中,往往需要画出一能反映电路中电压、电流关系的几何图形,这种图形就称为电路的相量图。与反映电路中电压、电流相量关系的电路方程相比较,

相量图能直观地显示各相量之间的关系,特别是各相量的相位关系,它是分析和计算正弦交流电路的重要手段。在画相量图时,可以选择电路中某一相量作为参考相量,其他有关相量就可以根据它来确定。参考相量的初相可任意假定,可取为零,也可取其他值,因为初相的不同只会使各相量的初相改变同一数值,而不会影响各相量之间的相位关系。所以,通常选参考相量的初相为零。在画串联电路的相量图时,一般取电流相量为参考相量,各元件的电压相量即可按元件上电压与电流的大小关系和相位关系画出。在画并联电路的相量图时,一般取电压相量为参考相量,各元件的电流相量可按元件上电流与电压的大小关系和相位关系画出。

图 3.7-4(b)相量电路的相量图如图 3.7-5 所示。当 $X_L>X_C$ 时,为感性电路,其相量图如图 3.7-5(a)所示。当 $X_L<X_C$ 时,为容性电路,其相量图如图 3.7-5(b)所示。首先画参考相量 $\dot{I}$,令其初相为零,然后依据各元件上电压相量与电流相量的关系,画出各元件的电压相量:$\dot{U}_R$ 与 $\dot{I}$ 同相,$\dot{U}_L$ 超前 $\dot{I}$ 的角度为 90°,$\dot{U}_C$ 滞后 $\dot{I}$ 的角度为 90°,它们的长度之比为 $U_R:U_L:U_C = R:X_L:X_C$,最后,根据 KVL 将各元件的电压相量相加,即为总电压相量 $\dot{U}$。

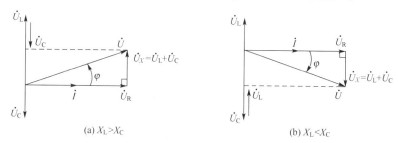

(a) $X_L>X_C$ (b) $X_L<X_C$

图 3.7-5 RLC 串联电路的相量图

根据相量图所揭示的几何关系可以看出,总电压相量 $\dot{U}$、电阻电压相量 $\dot{U}_R$ 与电抗电压相量 $\dot{U}_X$ 构成一个直角三角形,称为电压三角形。利用这个三角形,可方便地求出总电压的有效值,即

$$U = \sqrt{U_R^2 + U_X^2} = \sqrt{U_R^2 + (U_L - U_C)^2}$$

同理对于 n 个导纳并联的电路,其等效导纳

$$Y = Y_1 + Y_2 + \cdots + Y_n = \sum_{k=1}^{n} Y_k \tag{3.7-5}$$

各并联导纳承受同一个电压相量,并联电路的总电流相量等于各并联导纳的电流相量之和,各导纳上电流相量的分流公式为

$$\dot{I}_k = Y_k \dot{U} = \frac{Y_k}{Y}\dot{I}, \quad k = 1, 2, \cdots, n \tag{3.7-6}$$

式(3.7-6)中 $\dot{I}$ 为并联导纳的总电流;$\dot{I}_k$ 为第 k 个导纳 Y_k 的电流。

对于如图 3.7-6(a)所示的 RLC 并联的正弦交流电路,其相量电路如图 3.7-6(b)所示。

由基尔霍夫电流定律和各元件的伏安关系相量形式,有

$$\dot{I} = \dot{I}_R + \dot{I}_L + \dot{I}_C = \frac{1}{R}\dot{U} + \frac{1}{j\omega L}\dot{U} + j\omega C\,\dot{U} = \left(\frac{1}{R} + \frac{1}{j\omega L} + j\omega C\right)\dot{U}$$

电路的等效导纳

$$Y = \frac{\dot{I}}{\dot{U}} = Y_R + Y_L + Y_C = \frac{1}{R} + \frac{1}{j\omega L} + j\omega C$$

$$= G+j\left(\omega C-\frac{1}{\omega L}\right)=G+j(B_C-B_L)=G+jB=|Y|\underline{/\varphi_Y}$$

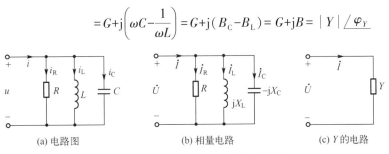

| (a) 电路图 | (b) 相量电路 | (c) Y 的电路 |

图 3.7-6 RLC 并联的正弦交流电路

其等效电路如图 3.7-6(c)所示。导纳 Y 的模 $|Y|=\sqrt{G^2+B^2}=\sqrt{G^2+(B_C-B_L)^2}$,导纳 Y 的导纳角 $\varphi_Y=\arctan\dfrac{B}{G}=\arctan\dfrac{B_C-B_L}{G}$。当 $B_C>B_L$ 时,$\varphi_Y>0$,电路呈容性;当 $B_C<B_L$ 时,$\varphi_Y<0$,电路呈感性。

如果给定图 3.7-6(a)中的电源电流 i 和各元件的参数,可以求出

$$\dot{U}=\frac{\dot{I}}{Y}=\frac{I}{|Y|}\underline{/\psi_i-\varphi_Y}$$

$$U=\frac{I}{|Y|}=\frac{I}{\sqrt{G^2+(B_C-B_L)^2}}$$

$$\psi_u=\psi_i-\varphi_Y=\psi_i-\arctan\frac{B_C-B_L}{G}$$

于是可得各元件上的电流相量为

$$\dot{I}_R=G\dot{U}=GU\underline{/\psi_u}$$

$$\dot{I}_L=-jB_L\dot{U}=B_LU\underline{/\psi_u-90°}$$

$$\dot{I}_C=jB_C\dot{U}=B_CU\underline{/\psi_u+90°}$$

图 3.7-6(b)所示 RLC 并联相量电路的相量图如图 3.7-7 所示。当 $B_C>B_L$ 时,为容性电路,其相量图如图 3.7-7(a)所示。当 $B_C<B_L$ 时,为感性电路,其相量图如图 3.7-7(b)所示。首先画电压相量 $\dot{U}$,令其初相为零,然后依据各元件上电流相量与电压相量的关系,画出各元件的电流相量:$\dot{I}_R$ 与 $\dot{U}$ 同相,$\dot{I}_L$ 滞后 $\dot{U}$ 90°,$\dot{I}_C$ 超前 $\dot{U}$ 90°,它们的长度之比为 $I_R:I_L:I_C=G:B_L:B_C$,最后,根据 KCL 将各元件的电流相量相加,即为总电流相量 $\dot{I}$。

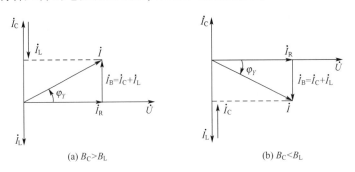

(a) $B_C>B_L$ (b) $B_C<B_L$

图 3.7-7 RLC 并联相量电路的相量图

根据相量图所揭示的几何关系可以看出,总电流相量 $\dot{I}$、电阻电流相量 $\dot{I}_R$ 与电纳电流相量 $\dot{I}_B$ 构成一个直角三角形,称为电流三角形,利用这个三角形,可方便地求出总电流的有效值,即

$$I=\sqrt{I_R^2+I_B^2}=\sqrt{I_R^2+(I_C-I_L)^2}$$

对于两个阻抗 Z_1 和 Z_2 的并联电路如图 3.7-8 所示,其等效阻抗

$$Z=\frac{Z_1Z_2}{Z_1+Z_2}$$

并联支路的分流公式

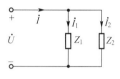

图 3.7-8　两阻抗并联电路

$$\dot{I}_1=\frac{Z_2}{Z_1+Z_2}\dot{I}\qquad \dot{I}_2=\frac{Z_1}{Z_1+Z_2}\dot{I}$$

[例 3.7-1] 设图 3.7-4(a) 电路中正弦电压 $u(t)=100\sqrt{2}\sin10^3 t\text{V}$,$R=50\ \Omega$,$L=50\ \text{mH}$,$C=10\ \mu\text{F}$。试求此 RLC 串联电路的等效阻抗 Z、电流和各元件的电压,并画相量图。

解: 采用相量法,电路的相量电路如图 3.7-4(b) 所示。

电路的等效阻抗为

$$Z=Z_R+Z_L+Z_C=R+\text{j}\left(\omega L-\frac{1}{\omega C}\right)$$

$$=\left[50+\text{j}\left(10^3\times50\times10^{-3}-\frac{1}{10^3\times10\times10^{-6}}\right)\right]\Omega$$

$$=(50-\text{j}50)\ \Omega=50\sqrt{2}\underline{/\!-45°}\ \Omega$$

电路的电压相量取 $\dot{U}=100\underline{/0°}$ V,则电流相量为

$$\dot{I}=\frac{\dot{U}}{Z}=\frac{100\underline{/0°}}{50\sqrt{2}\underline{/\!-45°}}\text{A}=\sqrt{2}\underline{/45°}\ \text{A}$$

电流为
$$i=2\sin(10^3 t+45°)\ \text{A}$$

各元件的电压相量分别为

$$\dot{U}_R=R\dot{I}=50\sqrt{2}\underline{/45°}\ \text{V}$$

$$\dot{U}_L=\text{j}\omega L\dot{I}=50\sqrt{2}\underline{/135°}\ \text{V}$$

$$\dot{U}_C=-\text{j}\frac{1}{\omega L}\dot{I}=100\sqrt{2}\underline{/\!-45°}\ \text{V}$$

则各元件的电压瞬时值分别为

$$u_R=100\sin(10^3 t+45°)\ \text{V}$$

$$u_L=100\sin(10^3 t+135°)\ \text{V}$$

$$u_C=200\sin(10^3 t-45°)\ \text{V}$$

电路的相量图如图 3.7-9 所示。

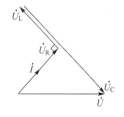

图 3.7-9　例 3.7-1 相量图

[例 3.7-2] 如图 3.7-10 所示电路中电压 $U=100$ V,电流 $I=5$ A,且端电压超前端电流 $53.13°$,试确定电阻 R 与电感 X_L 的值。

解:解法一 令 $\dot{I}=5\underline{/0°}$ A,则 $\dot{U}=100\underline{/53.13°}$ V

根据阻抗的定义,该并联正弦交流电路的等效阻抗

$$Z = \frac{\dot{U}}{\dot{I}} = \frac{100\underline{/53.13°}}{5\underline{/0°}}\Omega = 20\underline{/53.13°}\,\Omega = (12+j16)\,\Omega$$

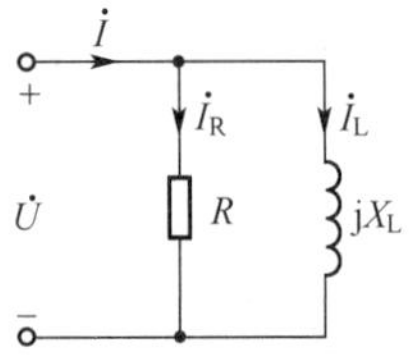

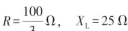

图 3.7-10 例 3.7-2 的电路

另一方面,该并联电路的等效阻抗为

$$Z = \frac{R \cdot jX_L}{R+jX_L} = \frac{RX_L^2}{R^2+X_L^2} + j\frac{R^2X_L}{R^2+X_L^2}$$

因此 $\dfrac{RX_L^2}{R^2+X_L^2}=12$, $\dfrac{R^2X_L}{R^2+X_L^2}=16$

联立求解该方程组,得

$$R = \frac{100}{3}\,\Omega,\quad X_L = 25\,\Omega$$

解法二   令 $\dot{U}=100\underline{/0°}$ V,则 $\dot{I}=5\underline{/-53.13°}$ A $=(3-j4)$ A

由于电阻支路的阻抗为一个纯实数,则 $\dot{I}_R=\dot{U}/R$ 为一个纯实数;电感支路的阻抗为一个纯虚数,则 $\dot{I}_L=\dot{U}/jX_L$ 将为一个纯虚数。根据 KCL 有 $\dot{I}=\dot{I}_R+\dot{I}_L$,所以

$$\dot{I}_R=\mathrm{Re}[\dot{I}]=3\text{ A} \qquad \dot{I}_L=\mathrm{Im}[\dot{I}]=-j4\text{ A}$$

由此可得 $R=\dfrac{\dot{U}}{\dot{I}_R}=\dfrac{100\underline{/0°}}{3}\Omega=\dfrac{100}{3}\Omega$

$$jX_L=\frac{\dot{U}}{\dot{I}_L}=\frac{100\underline{/0°}}{-j4}\Omega=j25\,\Omega,\quad 即 X_L=25\,\Omega$$

[例 3.7-3]   电路如图 3.7-11 所示,已知 $R_1=10\,\Omega$,$R_2=15\,\Omega$,$X_L=15\,\Omega$,$X_C=30\,\Omega$,$u=220\sqrt{2}\sin\omega t$ V,求总阻抗与电流 i_1、i_2、i_3。

解: $Z_2=R_2+jX_L=(15+j15)\,\Omega=15\sqrt{2}\underline{/45°}\,\Omega$

$$Z_3=-jX_C=30\underline{/-90°}\,\Omega$$

$$Z=Z_1+\frac{Z_2Z_3}{Z_2+Z_3}=\left(10+\frac{15\sqrt{2}\underline{/45°}\cdot30\underline{/-90°}}{15+j15-j30}\right)\Omega$$

$$=(10+30)\,\Omega=40\,\Omega$$

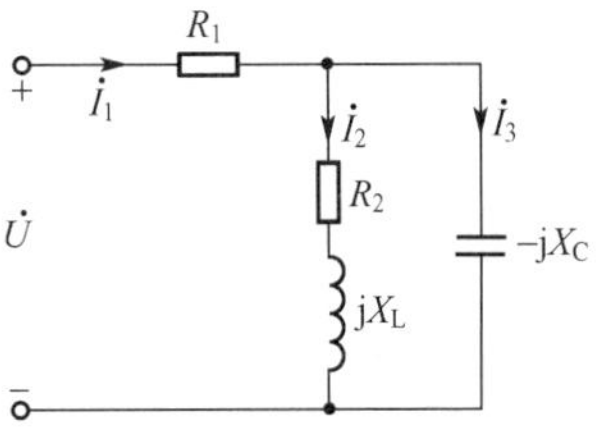

$$\dot{U}=220\underline{/0°}\text{ V}$$

图 3.7-11 例 3.7-3 的电路

$$\dot{I}_1=\frac{\dot{U}}{Z}=\frac{220}{40}\text{ A}=5.5\text{ A}$$

$$\dot{I}_2=\dot{I}_1\frac{Z_3}{Z_2+Z_3}=\left(5.5\times\frac{-j30}{15+j15-j30}\right)\text{ A}=\left(\frac{165\underline{/-90°}}{15\sqrt{2}\underline{/-45°}}\right)\text{ A}=5.5\sqrt{2}\underline{/-45°}\text{ A}$$

$$\dot{I}_3=\dot{I}_1\frac{Z_2}{Z_2+Z_3}=\left(5.5\times\frac{15\sqrt{2}\underline{/45°}}{15\sqrt{2}\underline{/-45°}}\right)\text{ A}=5.5\underline{/90°}\text{ A}$$

则 $i_1=5.5\sqrt{2}\sin\omega t$ A, $i_2=11\sin(\omega t-45°)$ A, $i_3=5.5\sqrt{2}\sin(\omega t+90°)$ A

[例 3.7-4]   电路如图 3.7-12 所示,已知 $I_R=\sqrt{2}$ A,$I_C=2$ A,$X_L=100\,\Omega$,且电压 $\dot{U}$ 与电流 $\dot{I}_C$

同相。试求电压值 U。

解:相量图是正弦交流分析和计算的有力辅助手段,对混联电路的相量图,可以从离端口处最远的支路开始,选取合适的参考相量,根据各元件伏安关系的相量形式及基尔霍夫定律的相量形式,依次做出各支路电流、支路电压的相量图,最终得到端口处电压相量与电流相量之间的定性关系。

对于图 3.7-12 的电路,选电压 $\dot{U}_R$ 作为参考相量,令其初相为零。做 $\dot{I}_R$ 与 $\dot{U}_R$ 同相,$\dot{I}_L$ 滞后 $\dot{U}_R$ 90°,根据 KCL 知 $\dot{I}_C = \dot{I}_R + \dot{I}_L$,由此得到 $\dot{I}_C$;然后做 $\dot{U}_C$ 滞后 $\dot{I}_C$ 90°,根据 KVL 知 $\dot{U} = \dot{U}_R + \dot{U}_C$,结合已知条件 $\dot{U}$ 与 $\dot{I}_C$ 同相,得到 $\dot{U}$。图 3.7-12 电路的相量图如图 3.7-13 所示。

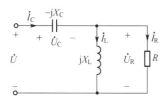

图 3.7-12 例 3.7-4 的电路

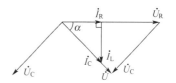

图 3.7-13 例 3.7-4 电路的相量图

由相量图可得
$$I_L = \sqrt{I_C^2 - I_R^2} = \sqrt{4-2}\ \text{A} = \sqrt{2}\ \text{A}$$

$$U_R = X_L I_L = 100 \times \sqrt{2}\ \text{V} = 100\sqrt{2}\ \text{V}$$

又
$$\alpha = \arctan \frac{I_L}{I_R} = \arctan 1 = 45°$$

所以
$$U = U_R \cos\alpha = 100\sqrt{2} \times \frac{1}{\sqrt{2}}\ \text{V} = 100\ \text{V}$$

通过以上几节的分析,可以清楚地看到,电路中的对偶性在正弦交流电路中也是普遍存在的,电流与电压、电感与电容、电阻与电导、感抗与容纳、容抗与感纳、电抗与电纳、阻抗与导纳、串联与并联等都是对偶的双方。认识这些对偶关系,有助于我们掌握电路的规律,理解它们的性质,达到举一反三的目的。

思考与练习

3.7-1 在正弦电流电路中,对于同一个部分电路而言,设其阻抗角大于零,为什么导纳角却小于零?

3.7-2 判断下列式子的正确性,如不正确,试改正。

(1)$Y = \frac{1}{|Z|} \angle -\varphi_Z$ (2)$Z = \frac{1}{Y} \angle -\varphi_Y$

3.7-3 计算阻抗与导纳的下列公式中哪些不正确?试改正。

(1)对于 RL 串联电路:$Z = R + j\omega L$,$Y = \frac{1}{R} - j\frac{1}{\omega L}$

(2)对于 RL 并联电路:$Z = R + j\omega L$,$Y = \frac{1}{R} + j\frac{1}{\omega L}$

(3)对于 RLC 串联电路:

$$Z = Z_R + Z_L + Z_C = R + j\omega L - j\frac{1}{\omega C} \qquad Y = \frac{1}{Z_R} + \frac{1}{Z_L} + \frac{1}{Z_C} = \frac{1}{R} - j\frac{1}{\omega L} + j\omega C$$

（4）对于 RLC 并联电路：

$$Z = \frac{1}{\dfrac{1}{Y_R}+\dfrac{1}{Y_L}+\dfrac{1}{Y_C}} = \frac{1}{R}+j\omega L - j\frac{1}{\omega C} \qquad Y = Y_R + Y_L + Y_C = \frac{1}{R} - j\frac{1}{\omega L} + j\omega C$$

3.8　复杂正弦稳态电路的分析与计算

3.8

对复杂正弦交流电路的分析与计算,仍以欧姆定律和基尔霍夫定律为依据。由于正弦交流电路中欧姆定律和基尔霍夫定律的相量形式与直流电路中的对应公式在形式上完全相同,所以在第 2 章中分析计算电路的各种方法、电路变换的基本公式和电路定理,都可用于正弦交流电路的计算。通过将直流电路的定律、定理和公式中的电阻或电导分别用复数阻抗或复数导纳代替,将直流电动势、电压、电流分别用电动势相量、电压相量和电流相量代替,就得到了正弦交流电路的定律、定理和公式。下面通过一些具体例子来说明。

[例 3.8-1]　电路如图 3.8-1 所示,已知 $R_1 = 1\ \Omega$, $R_2 = 2\ \Omega$, $R_3 = 3\ \Omega$, $X_L = 5\ \Omega$, $X_C = 2\ \Omega$, $\dot{U}_S = 100\underline{/0°}$ V, $\dot{I}_S = 10\underline{/90°}$ A。试求各支路电流 $\dot{I}_1$、$\dot{I}_2$、$\dot{I}_3$ 及电流源上电压 $\dot{U}_i$。

解:（1）用支路电流法

对节点 a,根据 KCL 有

$$\dot{I}_1 - \dot{I}_2 + \dot{I}_3 = 0$$

根据 KVL,对左网孔

$$(R_1 + jX_L)\dot{I}_1 + (R_2 - jX_C)\dot{I}_2 = \dot{U}_S$$

对右网孔　　　$$(R_2 - jX_C)\dot{I}_2 + R_3\dot{I}_3 = \dot{U}_i$$

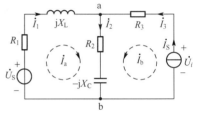

图 3.8-1　例 3.8-1 的电路

$$\dot{I}_3 = \dot{I}_S = 10\underline{/90°}\ \text{A}$$

$$\dot{I}_1 - \dot{I}_2 = -10\underline{/90°}\ \text{A} \tag{3.8-1}$$

代入数值后得　　　$$(1+j5)\dot{I}_1 + (2-j2)\dot{I}_2 = 100\underline{/0°}\ \text{V} \tag{3.8-2}$$

$$(2-j2)\dot{I}_2 - \dot{U}_i = -30\underline{/90°}\ \text{V} \tag{3.8-3}$$

联立求解式(3.8-1)、式(3.8-2)、式(3.8-3),用行列式法得

$$\dot{I} = \frac{\begin{vmatrix} -10\underline{/90°} & -1 & 0 \\ 100 & 2-j2 & 0 \\ -30\underline{/90°} & 2-j2 & -1 \end{vmatrix}}{\begin{vmatrix} 1 & -1 & 0 \\ 1+j5 & 2-j2 & 0 \\ 0 & 2-j2 & -1 \end{vmatrix}}\ \text{A} = \frac{j10(2-j2)-100}{-(2-j2)-(1+j5)}\ \text{A}$$

$$= \frac{-80+j20}{-3-j3}\ \text{A} = \frac{82.46\underline{/165.96°}}{3\sqrt{2}\underline{/-135°}}\ \text{A} = 19.44\underline{/-59.04°}\ \text{A}$$

将 $\dot{I}_1$ 代入式(3.8-1)得

$$\dot{I}_2 = (\dot{I}_1 + 10\underline{/90°})\ \text{A} = (19.44\underline{/-59.04°}+j10)\ \text{A}$$

$$= (10-j16.67+j10)\ \text{A} = (10-j6.67)\ \text{A} = 12.02\underline{/-33.7°}\ \text{A}$$

将 $\dot{I}_2$ 代入式(3.8-3)得

$$\dot{U}_i = (2-j2)\dot{I}_2 + j30 = (6.66+j33.34+j30)\text{ V}$$
$$= (6.66-j3.34)\text{ V} = 7.45\underline{/-26.6°}\text{ V}$$

（2）用网孔电流法

设网孔电流为 $\dot{I}_a$、$\dot{I}_b$，因为 $\dot{I}_3 = \dot{I}_b = \dot{I}_S = 10\underline{/90°}$ A，只需用 KVL 对左网孔列网孔电流方程即可。

自阻抗 $Z_{11} = (R_1+R_2) + j(X_L-X_C) = (3+j3)\ \Omega = 3\sqrt{2}\underline{/45°}\ \Omega$

互阻抗 $Z_{12} = R_2 - jX_C = (2-j2)\ \Omega = 2\sqrt{2}\underline{/-45°}\ \Omega$

$$Z_{11}\dot{I}_a + Z_{12}\dot{I}_b = \dot{U}_S$$

$$\dot{I}_a = \frac{\dot{U}_S - Z_{12}\dot{I}_b}{Z_{11}} = \frac{100 - 2\sqrt{2}\underline{/-45°} \times 10\underline{/90°}}{3\sqrt{2}\underline{/45°}}\text{ A}$$

$$= \left(\frac{100}{3\sqrt{2}}\underline{/-45°} - \frac{20}{3}\right)\text{ A} = \left(\frac{50}{3} - j\frac{50}{3} - \frac{20}{3}\right)\text{ A}$$

$$= (10-j16.67)\text{ A} = 19.44\underline{/-59.04°}\text{ A}$$

$$\dot{I}_1 = \dot{I}_a = 19.44\underline{/-59.04°}\text{ A}$$

$$\dot{I}_2 = \dot{I}_a + \dot{I}_b = (10-j16.67+j10)\text{ A}$$
$$= (10-j6.67)\text{ A} = 12.02\underline{/-33.7°}\text{ A}$$

$$\dot{U}_i = R_3\dot{I}_3 + (R_2-jX_C)\dot{I}_2$$
$$= [3\times j10 + (2-j2)\times 12.02\underline{/-33.7°}]\text{ V}$$
$$= (j30 + 34\underline{/-78.7°})\text{ V} = (j30 + 6.66 - j33.34)\text{ V}$$
$$= (6.66-j3.34)\text{ V} = 7.45\underline{/-26.6°}\text{ V}$$

[例 3.8-2] 写出如图 3.8-2 所示电路的节点电压方程组。

解：选节点 c 为参考节点，即

$$\dot{U}_c = 0$$

$$\dot{U}_a\left(\frac{1}{R_1} + \frac{1}{R_3+jX_L} + \frac{1}{R_4-jX_C}\right) - \dot{U}_b\frac{1}{R_3+jX_L} = \frac{\dot{U}_{S1}}{R_1}$$

$$-\dot{U}_a\frac{1}{R_3+jX_L} + \dot{U}_b\left(\frac{1}{R_2} + \frac{1}{R_3+jX_L} + \frac{1}{R_5}\right) = \frac{\dot{U}_{S2}}{R_2}$$

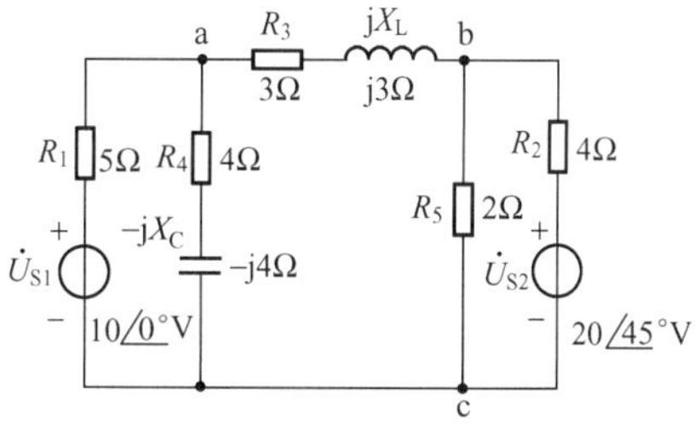

代入已知数，得

图 3.8-2 例 3.8-2 的电路

$$\dot{U}_a\left(\frac{1}{5} + \frac{1}{3+j3} + \frac{1}{4-j4}\right) - \dot{U}_b\frac{1}{3+j3} = \frac{10\underline{/0°}}{5}$$

$$-\dot{U}_a\frac{1}{3+j3} + \dot{U}_b\left(\frac{1}{4} + \frac{1}{3+j3} + \frac{1}{2}\right) = \frac{20\underline{/45°}}{4}$$

[例 3.8-3] 应用等效电源定理，求图 3.8-3(a)所示电路的负载 Z_L 支路中的电流 $\dot{I}$。已知 $\dot{U}_{S1} = 140\underline{/0°}$ V，$\dot{U}_{S2} = 90\underline{/45°}$ V，$Z_1 = Z_2 = (3+j4)\ \Omega$，$Z_L = (5+j5)\ \Omega$。

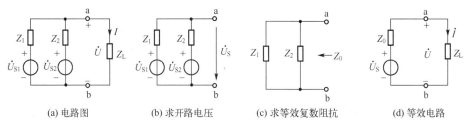

| (a) 电路图 | (b) 求开路电压 | (c) 求等效复数阻抗 | (d) 等效电路 |

图 3.8-3　例 3.8-3 的电路

解:先求图 3.8-3(a)所示电路 a、b 端以左的有源二端网络的戴维南等效电路。如图 3.8-3(b)所示,a、b 端开路电压为

$$\dot{U}_{S} = \frac{\dot{U}_{S1}-\dot{U}_{S2}}{Z_1+Z_2}Z_2 + \dot{U}_{S2} = \left(\frac{140-90\underline{/45°}}{2(3+j4)}\times(3+j4)+90\underline{/45°}\right)V$$

$$= (70+45\underline{/45°})V = (70+31.82+j31.82)V$$

$$= (101.82+j31.82)V = 106.68\underline{/17.3°}\ V$$

如图 3.8-3(c)所示,a、b 端等效复数阻抗

$$Z_0 = \frac{Z_1 Z_2}{Z_1+Z_2} = \frac{(3+j4)(3+j4)}{2(3+j4)}\Omega = 2.5\ \underline{/53.1°}\ \Omega$$

得到图 3.8-3(a)所示电路的等效电路,如图 3.8-3(d)所示。由此得

$$\dot{I} = \frac{\dot{U}_{S}}{Z_0+Z_L} = \left(\frac{106.68\ \underline{/17.3°}}{1.5+j2+5+j5}\right)A = \left(\frac{106.68\ \underline{/17.3°}}{9.55\ \underline{/47.1°}}\right)A = 11.17\ \underline{/-29.8°}\ A$$

思考与练习

3.8-1　指出下面求解过程的错误,并改正。

电阻 $R=10\ \Omega$ 与电容 $C=0.01$ F 并联,其端电压 $u=220\sqrt{2}\cos10^3 t$ V,则输入端总电流为

$$i = Yu = \left(\frac{1}{R}+j\frac{1}{\omega C}\right)\dot{U}\angle 0°\ A$$

$$= \left(\frac{1}{10}+j\frac{1}{10^3\times0.01}\right)\times220\angle 0°A$$

$$= 0.1\sqrt{2}\ \angle 45°\times220\angle 0°\ A = 22\sqrt{2}\ \angle 45°\ A$$

$$= 44\cos(10^3 t+45°)\ A$$

3.8-2　对于 RLC 串联的正弦电流电路,下列有关其端电压和元件端电压的关系式中哪些是错误的?试改正

(1)　$U = U_R + U_L + U_C$　　　(2)　$U = \sqrt{U_R^2+U_L^2+U_C^2}$　　　(3)　$U = \sqrt{U_R^2+(U_L+U_C)^2}$

(4)　$U = U_R+(U_L-U_C)$　　　(5)　$\dot{U} = \dot{U}_R+\dot{U}_L+\dot{U}_C$　　　(6)　$\dot{U} = \dot{U}_R+(\dot{U}_L-\dot{U}_C)$

3.9　正弦交流电路的功率及功率因数的提高

3.9.1　正弦交流电路的功率

在图 3.9-1(a)所示二端网络中,设电流 i 为参考正弦量,$i = I_m\sin\omega t$,则 $u = U_m\sin(\omega t+\varphi)$,

在 u、i 的参考方向关联的条件下,电路的瞬时功率为

$$p = ui = U_m I_m \sin(\omega t + \varphi)\sin\omega t = UI[\cos\varphi - \cos(2\omega t + \varphi)] \quad (3.9\text{-}1)$$

可见,瞬时功率由两部分组成:一部分是常数 $UI\cos\varphi$,另一部分是以 UI 为幅值的二倍频的余弦函数。

3.9

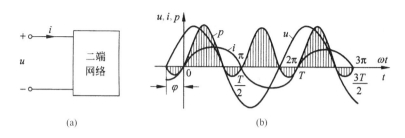

图 3.9-1　瞬时功率波形图

图 3.9-1(b)所示为 $\varphi>0$ 时电压、电流及瞬时功率随时间变化的波形图,从图中可以看出瞬时功率 p 有时为正,有时为负。正值表示电路从外部电路吸收功率,负值表示电路将功率送还给外部电路。从图中还可以看出在一个周期内,功率正、负两部分面积不相等,所以总的来看,电路还是消耗了电源的电能。

将式(3.9-1)进一步展开为

$$p = UI\cos\varphi(1-\cos2\omega t) + UI\sin\varphi\sin\omega t \quad (3.9\text{-}2)$$

式中,第一项是非负的,它是输入二端网络的瞬时功率中的不可逆部分,反映了二端网络实际消耗的功率;第二项是正弦分量,它是输入二端网络的瞬时功率中的可逆部分,反映了二端网络内部与外部周期性地交换能量。

由于瞬时功率的实用意义不大,为了充分反映正弦交流电路中能量转换的情况,下面将介绍一些相关的功率概念。

(1)平均功率

平均功率为瞬时功率在一个周期内的平均值。由于式(3.9-1)所示的瞬时功率为周期量,故该二端网络的平均功率

$$P = \frac{1}{T}\int_0^T p\,\mathrm{d}t = \frac{1}{T}\int_0^T UI[\cos\varphi - \cos(2\omega t + \varphi)]\,\mathrm{d}t = UI\cos\varphi \quad (3.9\text{-}3)$$

平均功率又称有功功率,其单位为 W,代表二端网络实际消耗的功率。由式(3.9-3)可见平均功率就是式(3.9-1)中的恒定分量,它不仅与二端网络端子处的电压、电流的有效值大小有关,而且还和它们的相位差有关。式(3.9-3)中 $\lambda = \cos\varphi$ 称为该二端网络的功率因数,$\varphi = \psi_u - \psi_i = \varphi_Z$ 称为功率因数角,对于无源二端网络 $|\varphi| \leq 90°$,所以 $0 \leq \lambda \leq 1$。对于纯电阻网络,电压与电流同相,$\cos\varphi = 1$,$P_R = U_R I_R$;对于纯电感或纯电容网络,电压和电流的相位差为 $\pm\pi/2$,$\cos\varphi = 0$,$P = 0$,即电感和电容元件不消耗能量,这与前面分析的一致。对于仅含 R、L、C 元件的正弦交流二端网络,可以证明,该二端网络吸收的平均功率等于该网络内各电阻所吸收的平均功率之和,即

$$P = \sum_{k=1}^m R_k I_k^2 \quad (3.9\text{-}4)$$

(2)无功功率

为了描述正弦交流二端网络内部与外部进行能量交换的规模,引入无功功率的概念。正弦交流二端网络与外部能量交换的最大速率(即瞬时功率可逆部分的振幅)定义为无功功率 Q

$$Q = UI\sin\varphi \qquad (3.9\text{-}5)$$

无功功率的量纲与平均功率的量纲相同,但它不表示实际吸收(或发出)的功率,为区别起见,它的单位称为无功伏安或乏(var)。由式(3.9-5)可见,正弦交流二端网络吸收的无功功率不仅与二端网络端口处的电压、电流有效值的大小有关,而且也和它们的相位差有关。

当 $\sin\varphi > 0$ 时,即 $Q > 0$,认为该二端网络"吸收"无功功率;当 $\sin\varphi < 0$ 时,即 $Q < 0$,认为该二端网络"发出"无功功率 $|Q|$。对于纯电阻网络,电压与电流同相,$\sin\varphi = 0$,$Q_R = 0$,说明电阻网络与外部无能量交换;对于纯电感网络,电压与电流的相位差 $\varphi = \psi_u - \psi_i = 90°$,$Q_L = U_L I_L > 0$(吸收);对于纯电容网络,电压与电流的相位差 $\varphi = \psi_u - \psi_i = -90°$,$Q_C = -U_C I_C < 0$(发出),这与前面分析的一致。对于仅含 R、L、C 元件的正弦交流二端网络,可以证明,该二端网络吸收的无功功率等于该网络内各电感和电容吸收的无功功率之和,即

$$Q = \sum_{k=1}^{m} (Q_{Lk} + Q_{Ck}) = \sum_{k=1}^{m} (X_{Lk} - X_{Ck}) I_k^2 \qquad (3.9\text{-}6)$$

(3)视在功率

在电工技术中,将正弦交流二端网络端口处电压有效值和电流有效值的乘积定义为视在功率。视在功率又称表观功率,用大写字母 S 表示,即

$$S = UI \qquad (3.9\text{-}7)$$

视在功率具有功率的量纲,为了使它与平均功率和无功功率有区别,视在功率的单位为伏安(VA)。在工程上,视在功率用于表示电源设备(发电机、变压器等)的容量,它由电源设备的输出额定电压有效值和额定电流有效值的乘积所确定。视在功率也表示电源设备在安全运行下可能输出的最大平均功率。

由式(3.9-3)、式(3.9-5)和式(3.9-7)可知,P、Q、S 之间满足关系

$$S^2 = P^2 + Q^2 \qquad (3.9\text{-}8)$$

即有

$$S = \sqrt{P^2 + Q^2}, \quad \tan\varphi = Q/P$$

此关系也可用图 3.9-2 所示直角三角形表示,该三角形称为功率三角形。

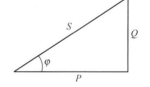

图 3.9-2 功率三角形

[例 3.9-1] 用电压表、电流表和功率表去测量一个电感线圈的参数 R、L(工程上称这种测量方法为三表法),测量电路如图 3.9-3 所示。三个表的读数分别为 $U = 100\,\text{V}$,$I = 5\,\text{A}$,$P = 400\,\text{W}$,电源频率 $f = 50\,\text{Hz}$。求参数 R 和 L。

解: 因为电感 L 吸收的平均功率为零,则电路消耗的平均功率 $P = RI^2$,所以

$$R = P/I^2 = 400/25\,\Omega = 16\,\Omega$$

电感线圈阻抗的模

$$|Z| = U/I = 100/5\,\Omega = 20\,\Omega$$

由图 3.7-2 所示的阻抗三角形知

$$X_L = \sqrt{|Z|^2 - R^2} = 12\,\Omega$$

所以

$$L = \frac{X_L}{\omega} = \frac{X_L}{2\pi f} = \frac{12}{314}\,\text{H} = 38.22\,\text{mH}$$

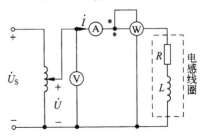

图 3.9-3 例 3.9-1 的电路

3.9.2 功率因数的提高

正弦交流电源的额定容量 S_N 是其额定电压的有效值 U_N 与额定电流的有效值 I_N 之积,即 $S_N = U_N I_N$,而电源实际所输出的有功功率 P 等于输出电压有效值 U 和电流有效值 I 及负载功率因数 $\cos\varphi$ 的乘积,即 $P = UI\cos\varphi$。所以同容量的电源,能够输送多少有功功率给负载,与负载的 $\cos\varphi$ 的大小直接相关。若负

3.10

载为电阻性的,$\cos\varphi = 1$,则 $P = S_N$,这种情况下,电源设备的利用率最高。若负载的 $\cos\varphi = 0.5$,则电源输出的有功功率 $P = 0.5S_N$,这就意味着只有一半的电源设备的容量得到利用,而另一半要用在电源与负载之间的能量交换上。又由 $P = UI\cos\varphi$ 可知,在额定电压下,电源供给负载的有功功率一定时,负载功率因数越低,电源需要供出的电流就越大。电流的增大,使供电线路上的电能损耗与电压降增加。可见负载功率因数低,一方面电源设备得不到充分利用,另一方面又使电能的损耗与电压降增加。所以提高负载的功率因数具有重要的经济意义。

在工农业生产及日常生活中的用电设备大多是感性的,而感性负载本身需要一定的无功功率。要使负载正常工作,电源既要供给负载有功功率 P,又要提供与负载相互转换的无功功率 Q,这就是电路功率因数低的根本原因。因此提高功率因数,就是设法减少电源所负担的无功功率。

由前面的讨论可以知道电感元件和电容元件都具有吸收和放出无功功率的特性,但它们的吸放时间是彼此错开的,它们之间可以相互交换无功功率,所以通常对感性负载并联适当的电容元件,用电容元件的无功功率 Q_C 去补偿感性负载所需要的无功功率 Q_L,从而减少了电源供给感性负载的无功功率,使电源供出的无功功率

$$Q = Q_L + Q_C$$

这样就提高了电源端的负载功率因数,电源就能够输出更多的有功功率。

如图 3.9-4(a)所示,感性负载并联适当的电容元件,既可以不影响负载原有的性能,使负载的端电压、电流和功率保持不变,又可以提高电源端的负载功率因数,其原理可用图 3.9-4(b)的相量图来说明。

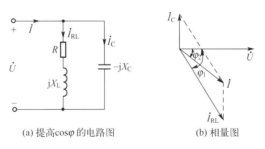

(a) 提高$\cos\varphi$的电路图   (b) 相量图

图 3.9-4　感性负载并联电容元件的电路与相量图

在未并入电容元件 C 之前,总电流 $\dot{I} = \dot{I}_{RL}$,电压与电流之间的相位差为 φ_1,电源端的负载功率因数为 $\cos\varphi_1$;并入电容元件 C 之后,总电流 $\dot{I} = \dot{I}_{RL} + \dot{I}_C$,电压与电流之间的相位差为 φ_2,电源端的负载功率因数为 $\cos\varphi_2$。所以选择适当的 C 值,使 $0 < \varphi_2 < \varphi_1$,就可得到

$$\cos\varphi_2 > \cos\varphi_1$$

$$I < I_{RL}$$

从上面分析可知,上述提高功率因数的方法,并没有改变原感性负载本身的电压、电流及功率因数等,而是用电容元件的容性无功功率去补偿负载所需的感性无功功率,减少了电源供出的无功功率及电流,从而改善了整个供电线路的功率因数。

[例 3.9-2] 有一个 $U = 220\,\text{V}$, $f = 50\,\text{Hz}$, $P = 1\,\text{kW}$, $\cos\varphi_1 = 0.6$ 的感性负载。

(1) 求负载电流有效值;

(2) 若并接上一个电容元件后,$\cos\varphi_2 = 0.9$,求此时总电流有效值;

(3) 求该电容元件的电容值。

解:(1)
$$P = UI_{\text{RL}}\cos\varphi_1$$
$$I_{\text{RL}} = \frac{1\,000}{220 \times 0.6}\,\text{A} = 7.58\,\text{A}$$

(2)
$$P = UI\cos\varphi_2$$
$$I = \frac{1\,000}{220 \times 0.9} = 5.05\,\text{A}$$

(3) 当 $\cos\varphi_1 = 0.6$ 时,$\varphi_1 = 53.1°$;当 $\cos\varphi_2 = 0.9$ 时,$\varphi_2 = \pm25.8°$。

$$I_{\text{C}} = I_{\text{RL}}\sin\varphi_1 - I\sin\varphi_2 = [7.58\sin53.1° - 5.05\sin(\pm25.8°)]\,\text{A} = 3.86\,\text{A}\ \text{或}\ 8.26\,\text{A}$$

由于
$$I_{\text{C}} = \omega CU$$
$$C = \frac{I_{\text{C}}}{\omega U} = 55.9\,\mu\text{F}\ \text{或}\ 119.6\,\mu\text{F}$$

其中 C 值较大的电容并在感性负载上将使电路变为容性,为节省投资,应选 C 值较小的电容。

又
$$I_{\text{C}} = I_{\text{RL}}\sin\varphi_1 - I\sin\varphi_2 = \frac{P}{U\cos\varphi_1}\sin\varphi_1 - \frac{P}{U\cos\varphi_2}\sin\varphi_2 = \frac{P}{U}(\tan\varphi_1 - \tan\varphi_2) = \omega CU$$

则
$$C = \frac{P}{\omega U^2}(\tan\varphi_1 - \tan\varphi_2) = \frac{1\,000}{314 \times 220^2}[\tan53.1° - \tan(\pm25.8°)] = 55.9\,\mu\text{F}\ \text{或}\ 119.6\,\mu\text{F}$$

故取 $C = 55.9\,\mu\text{F}$

思考与练习

3.9-1 对于 RLC 串联的正弦电流电路,可以采用哪些方法计算其有功功率 P 和无功功率 Q? 若用 $P = \dfrac{U^2}{R}$ 和 $Q = \dfrac{U^2}{X}$ 进行计算,试说明公式中 U 和 X 表示什么电压和什么电抗?

3.9-2 阻感性电路串联电容能否提高电路的功率因数? 为什么在电力系统总不采用这种方法来提高阻感性负载的功率因数?

3.10 应用实例

RC、RL 和 RLC 电路可以应用于交流电路中,如耦合电路、移相电路、滤波器、振荡电路等,这里讨论 RC 移相电路的实例。

移相电路通常用于校正电路中不必要的相移或用于产生某种特定的效果,采用 RC 电路即可达到这一目的,因为该电路中的电容会使得电路电流超前于激励电压。两种常用的 RC 电路如图 3.10-1 所示。(RL 电路或任意电抗性电路也可以用作移相电路)。

在图 3.10-1(a) 所示电路中,电流 i 超前于激励电压 u_i 相位角 θ,$0 < \theta < 90°$,θ 的大小取决于

R 和 C 的值。如果 $X_C = 1/\omega C$,则电路的总阻抗为 $Z = R - jX_C$,其相移为:

$$\theta = \arctan \frac{X_C}{R} \tag{3.10-1}$$

上式表明,相移的大小取决于 R 和 C 的值以及工作频率。由于电阻两端的输出电压 u_o 与电流同相,所以 u_o 超前于 u_i(正相移),如图 3.10-1(a) 所示。

在图 3.10-1(b) 所示电路中,输出为电容两端电压 u_o,电流 i 超前于输入电压 u_i 相位角 θ,但是 u_o 滞后于 u_i(负相移)。

注意,图 3.10-1 所示的简单 RC 电路也可以用作分压电路,因此,当 θ 趋近于 90°时,u_o 也趋近于 0。基于上述原因,仅在所需的相移量很小时才使用这类简单的 RC 电路。如果要求相移量大

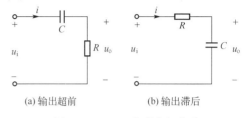

(a) 输出超前　　　(b) 输出滞后

图 3.10-1　RC 串联移相电路

于 60°,则可以将简单的 RC 电路级联起来,从而使得级联后的总相移量等于各个相移量之和。实际上,除非采用运算放大器将前后级隔离开,否则由于后级作为前级的负载,会导致各级的相移并不相等。

[例 3.10-1]　设计一个可以提供 90°超前相位的 RC 电路。

解:如果在某特定频率处,使得电路元件具有相等的欧姆值,例如 $R = X_C = 20\ \Omega$,则由式(3.10-1)可知,相移量正好为 45°。将图 3.10-1(a) 所示的两个 RC 电路级联起来,就得到图 3.10-2 所示的电路,该电路提供了 90°的超前相移或正相移。

证明:利用串-并联合并方法,可以得到图 3.10-2 所示电路的阻抗为

$$Z = \frac{20 \times (20 - j20)}{20 + 20 - j20} = (12 - j4)\ \Omega$$

由分压公式得

$$\dot{U}_1 = \frac{Z}{Z - j20}\dot{U}_i = \frac{12 - j4}{12 - j24}\dot{U}_i = \frac{\sqrt{2}}{3}\angle 45°\ \dot{U}_i \quad (3.10\text{-}2)$$

且

$$\dot{U}_o = \frac{20}{20 - j20}\dot{U}_1 = \frac{\sqrt{2}}{2}\angle 45°\ \dot{U}_i \quad (3.10\text{-}3)$$

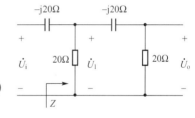

图 3.10-2　例 3.10-1 的电路图

将式(3.10-2)代入式(3.10-3)得

$$\dot{U}_o = \left(\frac{\sqrt{2}}{2}\angle 45°\right) \times \left(\frac{\sqrt{2}}{3}\angle 45°\ \dot{U}_i\right) = \frac{1}{3}\angle 90°\ \dot{U}_i$$

因此,输出超前输入 90°,但其幅度只是输入的 33%。

[例 3.10-2]　电路如图 3.10-3 所示,欲使 $\dot{I}$ 与 $\dot{U}_S$ 的相位差为 135°,则电源角频率 ω 应为何值?

解:

$$\dot{I} = \frac{\dot{U}_S}{\dfrac{j30\omega}{100 + j0.3\omega} + j0.1\omega} \times \frac{100}{100 + j0.3\omega}$$

$$= \frac{100}{-0.03\omega^2 + j40\omega}\dot{U}_S$$

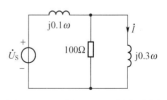

图 3.10-3　例 3.10-2 的电路图

故当 $\dot{I}$ 与 $\dot{U}_S$ 的相位差 135°时, $0.03\omega^2 = 40\omega$, 则 $\omega = \dfrac{4000}{3}$ rad/s。

[**例 3.10-3**]　电路如图 3.10-4 所示, 已知 $Z_1 = 200 + j1000\ \Omega$, $Z_2 = 500 + j1500\ \Omega$, 要求 $\dot{I}_2$ 与 $\dot{U}$ 相差 90°, 求 R。

解: 此为移相电路, 由图可得:

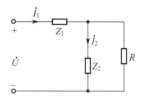

图 3.10-4　例 3.10-3 的电路图

$$\dot{I}_2 = \frac{R}{Z_2 + R} \cdot \frac{\dot{U}}{Z_1 + \dfrac{Z_2 R}{Z_2 + R}} = \frac{R\dot{U}}{Z_2 Z_1 + RZ_1 + Z_2 R}$$

则

$$\frac{\dot{U}}{\dot{I}_2} = \frac{Z_2 Z_1 + RZ_1 + RZ_2}{R}$$

令: $\mathrm{Re}[\dot{U}/\dot{I}_2] = 0$, $\dot{I}_2$ 与 $\dot{U}$ 相差 90°时, 令其虚部 = 0, 得 $R = 2\ \mathrm{k\Omega}$。

同理: 当 $\dot{I}_2$ 与 $\dot{U}$ 相差 45°时, $\mathrm{Re}[\dot{U}/\dot{I}_2] = \mathrm{Im}[\dot{U}/\dot{I}_2]$。当 $\dot{I}_2$ 与 $\dot{U}$ 同相或反相时, $\mathrm{Im}[\dot{U}/\dot{I}_2] = 0$。

[**例 3.10-4**]　图 3.10-5 所示电路称为交流电桥, 常用来测量交流电路中不含独立源的元件的参数。当电桥平衡时, 检流计 G 指零, 即 $\dot{U}_{cd} = 0$。求电桥平衡时, 各阻抗之间应满足的关系。

解: 应用直流电阻电桥平衡条件, 用阻抗替代电阻, 就可以直接得出交流电桥的平衡条件, 即:

$$Z_1 Z_4 = Z_2 Z_3 \qquad (3.10-4)$$

该平衡条件是一个复数等式, 用指数形式表示复数时, 得交流电桥的两个平衡条件, 即:

$$|Z_1||Z_4| = |Z_2||Z_3|$$
$$\varphi_1 + \varphi_4 = \varphi_2 + \varphi_3$$

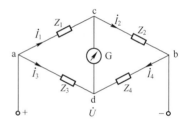

图 3.10-5　例 3.10-4 的电路

式中, $|Z_i|$ 和 φ_i 为阻抗 $Z_i\ (i=1,2,3,4)$ 的模和辐角。当用代数形式表示复数时, 得交流电桥的两个平衡条件:

$$R_1 R_4 - X_1 X_4 = R_2 R_3 - X_2 X_3$$
$$R_1 X_4 + R_4 X_1 = R_2 X_3 + R_3 X_2$$

式中 R_i 和 X_i 为阻抗 $Z_i\ (i=1,2,3,4)$ 的实部和虚部。所以, 在调节交流电桥使其平衡时, 必须调节两个参数, 在测量技术中, 可以根据测量中的不同要求, 针对待测阻抗的性质, 利用上述平衡条件, 设计出多种类型的交流电桥。图 3.10-6 为交流电桥的实例。图 3.10-6(a) 为串联电容电桥, 可以用它来测量待测电容器的电容值 C_x 和电阻值 R_x, 由式(3.10-4)可知, 电桥平衡时有:

$$\left(R_N - j\frac{1}{\omega C_N}\right) R_A = \left(R_x - j\frac{1}{\omega C_x}\right) R_B$$

式中, R_A、R_B、R_N 和 C_N 为标准电阻和标准电容的值。

由平衡条件得:

$$R_x = R_N \frac{R_A}{R_B}, \quad C_x = C_N \frac{R_B}{R_A}$$

图 3.10-6(b) 为电感电容电桥, 可以用它来测量待测电感线圈的电感值 L_x 和电阻值 R_x。由式(3.10-4)可知, 电桥平衡时有:

$$R_A R_B = (R_x + j\omega L_x) \frac{R_N \cdot \dfrac{1}{j\omega C_N}}{R_N + \dfrac{1}{j\omega C_N}} = (R_x + j\omega L_x) \frac{R_N}{1 + j\omega R_N C_N}$$

式中 R_A、R_B、R_N 和 C_N 为标准电阻和标准电容的值。

由平衡条件得

$$\begin{cases} R_A R_B = R_N R_x \\ \omega C_N R_N R_A R_B = \omega L_x R_N \end{cases}$$

则

$$\begin{cases} R_x = \dfrac{R_A R_B}{R_N} \\ L_x = C_N R_A R_B \end{cases}$$

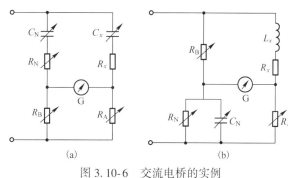

图 3.10-6　交流电桥的实例

本 章 小 结

1. 正弦量表达式 $f(t) = F_m \sin(\omega t + \psi)$ 中最大值 F_m、角频率 ω、初相 ψ 称为正弦量的三要素。正弦量的有效值 $F = F_m/\sqrt{2} = 0.707F_m$；角频率 $\omega = 2\pi/T = 2\pi f$。所以 $F_m(F)$、$\omega(T,f)$、$\psi(-\pi < \psi \leqslant +\pi)$ 统称为正弦量的三要素。

2. 两个同频率正弦量 $f_1(t)$、$f_2(t)$ 的相位差 φ 为这两个正弦量的初相之差，即 $\varphi = \psi_1 - \psi_2 (-\pi < \varphi \leqslant +\pi)$。当 $\varphi > 0$ 时，说明 $f_1(t)$ 超前 $f_2(t)$，或 $f_2(t)$ 滞后 $f_1(t)$；当 $\varphi < 0$ 时，说明 $f_1(t)$ 滞后 $f_2(t)$，或 $f_2(t)$ 超前 $f_1(t)$。注意：计算两个同频率正弦量的相位差时，要求两个函数表达式的形式要统一；两个函数表达式前的正、负号要一致。

3. 线性电路在单一频率正弦交流电源作用下，所有支路上的电压、电流均为同频率正弦量。为此，正弦量可以用相量表示。相量是可以表示正弦量的复值常数。例如 $f(t) = F_m \sin(\omega t + \psi) = \sqrt{2} F \sin(\omega t + \psi)$，可以用最大值相量 $\dot{F}_m = F_m \underline{/\psi}$ 或有效值相量 $\dot{F} = F \underline{/\psi}$ 表示，且 $\dot{F}_m = \sqrt{2} \dot{F}$。注意：正弦量与相量一一对应，互相表示，不可以用等号连接。

4. 在单一频率正弦量交流电源作用下，线性电阻元件 R 在关联参考方向下的伏安关系的时域形式为：$u_R(t) = Ri_R(t)$，其中 $U_{Rm} = RI_{Rm}$ 或 $U_R = RI_R$；$\psi_u = \psi_i$，或 $\varphi = \psi_u - \psi_i = 0$，即 $u_R(t)$ 与 $i_R(t)$ 同相。伏安关系的相量形式为：$\dot{U}_{Rm} = R\dot{I}_{Rm}$ 或 $\dot{U}_R = R\dot{I}_R$；$\dot{U}_R$ 与 $\dot{I}_R$ 的相量图为同一方向的有向线段。

5. 若一个二端元件的磁链与电流之间的关系可以通过 i-ψ 平面上一条过原点的直线描述，则称为线性电感元件。在关联参考方向下其伏安关系为 $u_L(t) = L\dfrac{di_L(t)}{dt}$，故将电感元件称为动态元件；或 $i_L(t) = i_L(t_0) + \dfrac{1}{L}\int_{t_0}^{t} u_L(\xi)d\xi$，故将电感元件称为记忆元件。线性电感元件的储能公式为 $W_L(t) = \dfrac{L}{2}i_L^2(t)$，故将电感元件称为储能元件。注意：当 $u_L(t)$ 为有限值时，$i_L(t)$ 是不可以发生跃变的。

6. 在单一频率正弦交流电源作用下，线性电感元件 L 在关联参考方向下的伏安关系的时

域形式为 $u_{\mathrm{L}}(t) = U_{\mathrm{Lm}}\sin(\omega t + \psi_u) = \omega L I_{\mathrm{Lm}}\sin(\omega t + \psi_i + 90°)$，其中 $U_{\mathrm{Lm}} = \omega L I_{\mathrm{Lm}}$ 或 $U_{\mathrm{L}} = \omega L I_{\mathrm{L}}$；$\psi_u = \psi_i + 90°$ 或 $\varphi = \psi_u - \psi_i = 90°$，即 $u_{\mathrm{L}}(t)$ 超前 $i_{\mathrm{L}}(t)$ 90°。伏安关系的相量形式为：$\dot{U}_{\mathrm{Lm}} = j\omega L\dot{I}_{\mathrm{Lm}}$ 或 $\dot{U}_{\mathrm{L}} = j\omega L\dot{I}_{\mathrm{L}}$；$\dot{U}_{\mathrm{L}}$ 的相量图超前 $\dot{I}_{\mathrm{L}}$ 的相量图 90°，即由 $\dot{I}_{\mathrm{L}}$ 的相量图逆时针转过 90°。

7. 若一个二端元件的电荷与电压之间的关系可以通过 $u\text{-}q$ 平面上一条过原点的直线描述，则称为线性电容元件。在关联参考方向下其伏安关系为 $i_{\mathrm{C}}(t) = C\dfrac{\mathrm{d}u_{\mathrm{C}}(t)}{\mathrm{d}t}$，故将电容元件称为动态元件；或：$u_{\mathrm{C}}(t) = u_{\mathrm{C}}(t_0) + \dfrac{1}{C}\displaystyle\int_{t_0}^{t} i_{\mathrm{C}}(\xi)\mathrm{d}\xi$，故将电容元件称为记忆元件。线性电容元件的储能公式为 $W_{\mathrm{C}}(t) = \dfrac{C}{2}u_{\mathrm{C}}^2(t)$，故将电容元件称为储能元件。注意：当 $i_{\mathrm{C}}(t)$ 为有限值时，$u_{\mathrm{C}}(t)$ 是不可以发生跃变的。

8. 在单一频率正弦交流电源作用下，线性电容元件 C 在关联参考方向下其伏安关系的时域形式为 $i_{\mathrm{C}}(t) = I_{\mathrm{Cm}}\sin(\omega t + \psi_i) = \omega C U_{\mathrm{Cm}}\sin(\omega t + \psi_u + 90°)$，其中 $I_{\mathrm{Cm}} = \omega C U_{\mathrm{Cm}}$ 或 $U_{\mathrm{Cm}} = \dfrac{1}{\omega C}I_{\mathrm{Cm}}$ $\left(U_{\mathrm{C}} = \dfrac{1}{\omega C}I_{\mathrm{C}}\right)$；$\psi_i = \psi_u + 90°$ 或 $\varphi = \psi_u - \psi_i = -90°$，即 $u_{\mathrm{C}}(t)$ 滞后 $i_{\mathrm{C}}(t)$ 90°。伏安关系的相量形式为：$\dot{I}_{\mathrm{Cm}} = j\omega C\dot{U}_{\mathrm{Cm}}$ 或 $\dot{U}_{\mathrm{Cm}} = \dfrac{1}{j\omega C}\dot{I}_{\mathrm{Cm}} = -j\dfrac{1}{\omega C}\dot{I}_{\mathrm{Cm}}$ $\left(\text{或 } \dot{U}_{\mathrm{C}} = -j\dfrac{1}{\omega C}\dot{I}_{\mathrm{C}}\right)$；$\dot{U}_{\mathrm{C}}$ 的相量图滞后 $\dot{I}_{\mathrm{C}}$ 的相量图 90°，即由 $\dot{I}_{\mathrm{C}}$ 的相量图顺时针转过 90°。

9. 基尔霍夫定律的相量形式分别为：$\sum \dot{U}_k = 0$，$\sum \dot{I}_k = 0$。注意：表达式中是指相量的代数和恒等于零，而不是有效值代数和为零，所以正弦交流电表的读数不可以直接进行加减运算。

10. 正弦稳态无源二端网络端钮处电压、电流相量的参考方向向内关联时，则定义阻抗 $Z = \dot{U}/\dot{I}$，其中 $|Z| = U/I(\Omega)$ 称为阻抗值；$\varphi_Z = \psi_u - \psi_i$ 称为阻抗角；$R = \mathrm{Re}[Z] = |Z|\cos\varphi_Z(\Omega)$ 称为阻抗的电阻部分；$X = \mathrm{Im}[Z] = |Z|\sin\varphi_Z(\Omega)$ 称为阻抗的电抗部分；且 $|Z| = \sqrt{R^2 + X^2}$，$\varphi_Z = \arctan\dfrac{X}{R}$，则 R、X、$|Z|$ 三者可构成阻抗三角形以辅助电路计算。根据阻抗定义：$Z_{\mathrm{R}} = R$，$Z_{\mathrm{L}} = j\omega L = jX_{\mathrm{L}}$（$X_{\mathrm{L}} = \omega L$ 称为感抗），$Z_{\mathrm{C}} = \dfrac{1}{j\omega C} = -j\dfrac{1}{\omega C} = -jX_{\mathrm{C}}$（$X_{\mathrm{C}} = \dfrac{1}{\omega C}$ 称为容抗）。若阻抗中 $R > 0$，$X > 0$，则 $0° < \varphi_Z < 90°$，称为阻感性阻抗；$R > 0$，$X < 0$，则 $-90° < \varphi_Z < 0°$，称为阻容性阻抗。阻抗串联时，等效阻抗 $Z_{\mathrm{eq}} = \sum Z_k$；分压公式为 $\dot{U}_k = \dfrac{Z_k}{Z_{\mathrm{eq}}}\dot{U}$（$\dot{U}_k$ 的参考方向与 $\dot{U}$ 的参考方向一致）。两个阻抗并联时，等效阻抗 $Z_{\mathrm{eq}} = \dfrac{Z_1 Z_2}{Z_1 + Z_2}$；分流公式：$\dot{I}_1 = \dfrac{Z_2}{Z_1 + Z_2}\dot{I}$，$\dot{I}_2 = \dfrac{Z_1}{Z_1 + Z_2}\dot{I}$（其中 $\dot{I}_1$ 为流过 Z_1 支路的电流，$\dot{I}_2$ 为流过 Z_2 支路的电流，且 $\dot{I} = \dot{I}_1 + \dot{I}_2$）。

11. 正弦稳态无源二端网络端钮处电压、电流相量的参考方向向内关联时，则定义导纳 $Y = \dot{I}/\dot{U}$，其中 $|Y| = I/U(\mathrm{S})$ 称为导纳值；$\varphi_Y = \psi_i - \psi_u$ 称为导纳角；$G = \mathrm{Re}[Y] = |Y|\cos\varphi_Y(\mathrm{S})$ 称为导纳的电导部分；$B = \mathrm{Im}[Y] = |Y|\sin\varphi_Y(\mathrm{S})$ 称为导纳的电纳部分；且 $|Y| = \sqrt{G^2 + B^2}$，$\varphi_Y = \arctan\dfrac{B}{G}$，

则 G、B、$|Y|$ 三者可构成导纳三角形以辅助电路计算。根据导纳定义：$Y_R = 1/R$，$Y_C = j\omega C = jB_C$（$B_C = \omega C$ 称为容纳），$Y_L = \dfrac{1}{j\omega L} = -j\dfrac{1}{\omega L} = -jB_L$（$B_L = \dfrac{1}{\omega L}$ 称为感纳）。若导纳中 $G>0$，$B>0$，则 $0°<\varphi_Y<90°$，称为阻容性导纳；$G>0$，$B<0$，则 $-90°<\varphi_Y<0°$，称为阻感性导纳。导纳并联时，等效导纳 $Y_{eq} = \sum Y_k$；分流公式为 $\dot{I}_k = \dfrac{Y_k}{Y_{eq}}\dot{I}$（$\dot{I}_k$ 的参考方向为流出导纳并联的节点，而 $\dot{I}$ 的参考方向为流入对应的导纳并联的节点）。

12. 相量图是辅助正弦稳态电路分析的强有力工具。其基础是建立在三个基本元件的电压相量与电流相量之间的关系上，并利用多边形法则画出 KCL、KVL 的和相量，由此找出隐含的已知条件，简化烦琐的复数计算。

13. 直流电阻电路中的网孔法、节点法、戴维南定理等系统的分析方法，均可迁移到正弦稳态电路中，其中自阻抗、互阻抗及等效电压源相量之和的确定方法与直流电阻电路中的网孔法相仿；自导纳、互导纳及等效电流源相量之和的确定方法与直流电阻电路中的节点法相仿；开路电压相量 $\dot{U}_{oc}$ 及戴维南等效阻抗 Z_{eq} 的确定方法与直流电阻电路中戴维南等效电路的确定方法相仿。

14. 正弦稳态无源二端网络端钮处电压、电流相量的参考方向向内关联时，其吸收的平均功率（有功功率）$P = UI\cos(\psi_u - \psi_i) = UI\cos\varphi_Z$，单位为瓦特（W）；其吸收的无功功率 $Q = UI\sin(\psi_u - \psi_i) = UI\sin\varphi_Z$，单位为乏（var）；其视在功率 $S = UI = \sqrt{P^2+Q^2}$，单位为伏安（VA）；且 P、Q、S 三者可以构成功率三角形，$\varphi_Z = \arctan\dfrac{Q}{P}$，可以用于辅助电路计算。

15. 消耗平均功率的无源二端网络，其消耗的平均功率与视在功率的比值，定义为该二端网络的功率因数 λ，即 $\lambda = P/S = \cos\varphi_Z$。通过提高负载的功率因数，可以使机电设备的容量得到充分发挥；也可以在 P 与 U 不变的前提下，减小线路电流 I。针对阻感性负载，可以并联电容器组提高其功率因数，其中 $C = \dfrac{P}{\omega U^2}(\tan\varphi_1 - \tan\varphi)$，式中 φ_1 为功率因数提高前的阻抗角，φ 为功率因数提高后的阻抗角，且取 $\varphi>0$。

3.11

3.12

习　　题

3.1 节的习题

3-1　正弦电压 $u = 220\sin\left(\omega t + \dfrac{\pi}{3}\right)$ V，$f = 50$ Hz。分别求该电压在 $t = 0.015$ s，$\omega t = 0.25\pi$ 弧度与 $t = T/4$ 时的瞬时值。

3.2 节的习题

3-2　已知 $u_1 = 141\sin(\omega t + 45°)$ V，$u_2 = 310\sin(\omega t - 45°)$ V。（1）求 u_1 与 u_2 的相位差，指出其超前、滞后关系；（2）画出 u_1、u_2 的波形图与相量图；（3）求 u_1 与 u_2 的有效值及 $u_1 + u_2$ 的有效值。

3-3　已知 $\dot{I}_1 = (5-j5)$ A，$\dot{I}_2 = (-5+j5)$ A。写出它们的瞬时值表达式，并画出它们的波形图与相量图。

3-4　在题图 3-1 所示电路中，已知 $i_1 = 7\sqrt{2}\sin(314t - 30°)$ A，$i_2 = 10\sin(314t + 60°)$ A，求 i_3 与各电流表的读数（注：电流表 A_1、A_2、A_3 读数均为有效值）。

3-5 若 $u = 141\sin\left(t + \dfrac{2}{3}\pi\right)$ V, $i = 0.7\sqrt{2}\sin\left(t - \dfrac{\pi}{3}\right)$ A, 写出它们的有效值相量,并画出它们的波形图与相量图。它们之间的相位差是多少?

3.3 节的习题

3-6 一只 $110\,\Omega$ 的电阻元件接到 $U = 220$ V 的正弦电源上,求电阻元件中的电流有效值及所消耗的功率。若该元件的功率为 40 W,则它所能承受的电压有效值是多少伏?

3.4 节的习题

3-7 电压 $u = 220\sqrt{2}\sin\left(314t + \dfrac{\pi}{3}\right)$ V 的电源接于 0.1 H 的电感元件上。(1)求电感元件中电流有效值 I_L;(2)写出电流瞬时值表达式;(3)画出电流、电压与感应电动势的波形图;(4)当频率上升时,电流有效值如何变化?

3-8 在题图 3-2 所示电路中,已知 $L = 2$ H, $i_1 = 2\mathrm{e}^{-2t}$ A, $i_2 = 4\sin t$ A。(1)求 L 两端电压 u_3;(2)求 $t = 5$ s 时,L 中电流、电压、感应电动势的瞬时值。

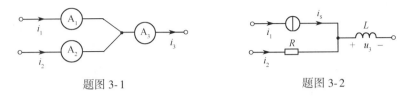

题图 3-1   题图 3-2

3.5 节的习题

3-9 将 $C = 100\,\mu\text{F}$ 的电容元件接到 $f = 50$ Hz, $u = 220\sqrt{2}\sin\omega t$ V 的电源上。求电路中的电流有效值,写出其瞬时值表达式与电容元件的最大电场储能。

3.7 节的习题

3-10 写出题图 3-3 所示各电路的等效阻抗 Z_{ab} 与等效导纳 Y_{ab}。

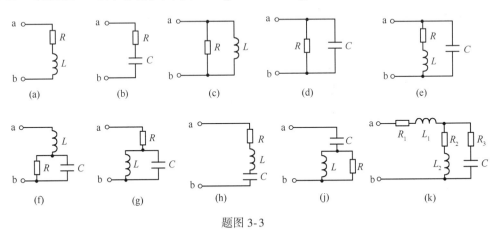

(a)   (b)   (c)   (d)   (e)

(f)   (g)   (h)   (j)   (k)

题图 3-3

3-11 两个单一参数元件串联的电路中,已知总电压 $u = 220\sqrt{2}\sin(314t + 45°)$ V,电流 $i = 5\sqrt{2}\sin(314t - 15°)$ A,电压、电流都取关联参考方向。求此两元件的参数值,并写出这两个元件上电压的瞬时值表达式。

3-12 一个 RC 串联电路接到 $u = 311\sin 100\pi t$ V 的电源上,若 $R = 10$ kΩ,在电压、电流参考方向关联的条件下, u_R 超前 u $45°$。求电容 C 之值,写出电路中电流和电容元件上的电压的瞬时值表达式。

3-13 在题图 3-4 所示电路中,已知电流表 A_1 读数为 3.6 A, A_3 读数为 6 A,若 u 超前 i_1 $60°$,求 $\dot{I}_2$;若 u 滞后 i_1 $60°$,再求 $\dot{I}_2$(设 u 为参考正弦量)。

3-14 在题图 3-5 所示电路中,已知 $u_{s1} = 110\sqrt{2}\sin\omega t$ V, $u_{s2} = 110\sqrt{2}\sin(\omega t-90°)$ V, $R = 5\ \Omega$, $\omega L = 5\ \Omega$, $\dfrac{1}{\omega C} = 10\ \Omega$。求各支路电流有效值。

3-15 在题图 3-6 所示电路中,已知 $i_s = 2\sqrt{2}\sin(314t+30°)$ A, $R_1 = 60\ \Omega$, $L = 0.19$ H, $R_2 = 100\ \Omega$, $C = 64\ \mu$F。写出各支路电流 i_1、i_2、i_3 与电压 u 的瞬时值表达式,并画出其相量图。

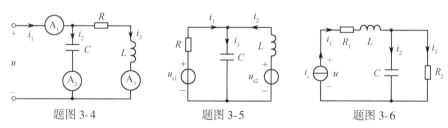

题图 3-4   题图 3-5   题图 3-6

3-16 在题图 3-7 所示电路中,已知 $u = 220\sqrt{2}\sin 314t$ V, $R = 40\ \Omega$, $\omega L = 40\ \Omega$,电容可调。(1)求 C 未并入时的 i;(2)求 C 并入后,保持 i 的有效值不变条件下的 C 值;(3)求 C 并入后,i 的有效值最小时的 C 值。

3-17 在题图 3-8 所示电路中,已知 $\dot{U} = 220$ V, $Z_1 = (60+j92)\ \Omega$, $Z_2 = (20-j51)\ \Omega$。求各支路电流相量 $\dot{I}$、$\dot{I}_1$、$\dot{I}_2$。

3-18 在题图 3-9 所示电路中,已知 $u = 220\sqrt{2}\sin 314t$ V,求各支路电流相量,并画出相量图。

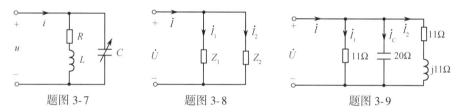

题图 3-7   题图 3-8   题图 3-9

3-19 有一台工频 40W 的单相交流电动机,其额定电压为 110V,额定电流为 0.5A,今欲串联一个电感元件后接到工频且电压有效值为 220V 的电源上,求此电感元件的电感 L。

3-20 在题图 3-10 所示电路中,已知 $Z_1 = (4+j3)\ \Omega$, $Z_2 = (2+j4)$, $Z_3 = -j5\ \Omega$, $\dot{U}_1 = 100\ \underline{/\ 0°}$ V。求各支路电流 $\dot{I}_1$、$\dot{I}_2$、$\dot{I}_3$ 及总电压 $\dot{U}$。

3-21 在题图 3-11 所示电路中,已知 $u = 110\sqrt{2}\sin(\omega t-30°)$ V。写出各元件中电流与电压的瞬时值表达式。

3-22 在题图 3-12 所示电路中, $U_{ab} = 220$ V,求 U_{cd}。

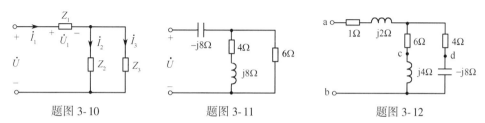

题图 3-10   题图 3-11   题图 3-12

3-23 题图 3-13 所示是一个移相电路,调节变阻器 R 可改变控制电压 $\dot{U}_{ab}$ 与电源电压 $\dot{U}$ 之间的相位差,但 U_{ab} 恒定不变,求 R 改变时 $\dot{U}_{ab}$ 与 $\dot{U}$ 之间相位差变化的范围。

3-24 题图 3-14 所示为桥式移相电路,当正弦电源角频率 ω、电阻 R 与电容 C 三者满足 $\omega CR = 1$ 时,电压 $\dot{U}_1$ 与 $\dot{U}_2$ 的有效值相等,相位上相差 90°,试证明之。

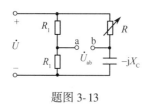

题图 3-13

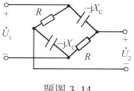

题图 3-14

3-25　电路如题图 3-15 图所示,试求 $U_{cd} = U_{ab}$ 时的 L 值。

3-26　正弦稳态电路如题图 3-16 所示,$\omega = 400\,\text{rad/s}$,已知电流 $I_2 = 3\,\text{A}$,滑动触点 c 使电压表读数为最小。试求此时最小读数与表示触点位置的 K 值。

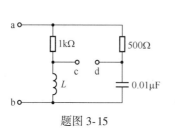

题图 3-15

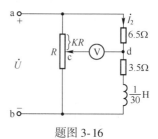

题图 3-16

3.8 节的习题

3-27　试求题图 3-17 所示电路中电压 $\dot{U}_{ab}$。

3-28　试求题图 3-18 所示电路中电流 $\dot{I}$。

3-29　试求题图 3-19 所示电路中 a、b 支路的电流 $\dot{I}$。

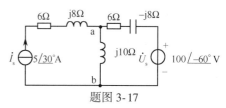

题图 3-17

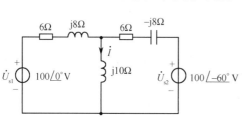

题图 3-18

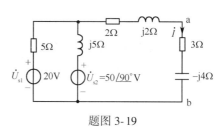

题图 3-19

3-30　试求题图 3-20 所示电路中 a、b 支路的电流 $\dot{I}$ 及电压 $\dot{U}$。

3-31　题图 3-21 所示为日光灯的原理电路,镇流器相当于 RL 串联,灯管相当于一个电阻,已知 $u = 220\sqrt{2}\sin314t\,\text{V}$,$R_1 = 74\,\Omega$,$L = 1.96\,\text{H}$,$R_2 = 182\,\Omega$。求电流 I、电压 U_1 及 U_2。

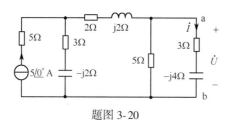

题图 3-20

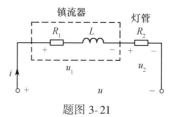

题图 3-21

3-32　题图 3-21 中,已知 $u = 220\sqrt{2}\sin314t\,\text{V}$,测得 $I = 0.35\,\text{A}$,$U_1 = 190\,\text{V}$,$U_2 = 65\,\text{V}$,求各参数 R_1、L、R_2 之值(提示:先画出相量图,再求各元件上的电压)。

3.9 节的习题

3-33 RLC 串联电路中,已知 $R=8\,\Omega$, $L=255\,\mathrm{mH}$, $C=53.5\,\mu\mathrm{F}$,所接电源电压 $u=220\sqrt{2}\sin314t\,\mathrm{V}$。(1)电压、电流都取关联参考方向时,求电路中电流及各元件上电压的瞬时值表达式;(2)求电路的功率 P、Q、S。

3-34 有一感性负载 Z 的有功功率 $P=10\,\mathrm{kW}$, $\cos\varphi=0.6$,电压 $U=220\,\mathrm{V}$, $f=50\,\mathrm{Hz}$,若要将功率因数提高到 0.85,应并联多大的电容 C?

3-35 在题图 3-22 所示电路中,已知 $I_1=22\,\mathrm{A}$, $I_2=10\,\mathrm{A}$, $I=30\,\mathrm{A}$, $R_1=10\,\Omega$, $f=50\,\mathrm{Hz}$。求 R_2、L 与电路的 $\cos\varphi$、P、Q、S。

3-36 在题图 3-23 所示电路中,已知 $u=220\sqrt{2}\sin(314t-30°)\,\mathrm{V}$。求电路的 $\cos\varphi$、P、Q、S 与电压 $\dot{U}_{\mathrm{ab}}$。

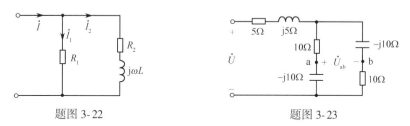

题图 3-22　　　　　　　　　　题图 3-23

3-37 有一台变压器供给三个感性负载:第 1 个负载的 $P_1=20\,\mathrm{kW}$, $\cos\varphi_1=0.5$;第 2 个负载的 $P_2=15\,\mathrm{kW}$, $\cos\varphi_2=0.6$;第 3 个负载的 $P_3=10\,\mathrm{kW}$, $\cos\varphi_3=0.8$。若将总功率因数提高到 0.85,则此变压器可节省出多少容量?

第4章　三相交流电路

三相交流电路是一种结构特殊的正弦交流电路。目前电力系统中电能的产生、输电与配电,几乎全是三相交流电路。与单相交流电路相比,三相交流电路具有如下优越性:

(1) 同容量的三相发电机比单相发电机体积小;

(2) 输送相同的功率,三相输电比单相输电节省材料;

(3) 三相电动机结构简单,工作可靠,价格便宜,维护和使用方便;三相电动机能产生恒定的转矩。

本章主要讨论三相交流电路的特点与分析方法,确定三相交流电路中电压、电流的关系及功率等,最后介绍安全用电知识。

4.1　三相交流电源

三相交流电是由三相发电机产生的,图4.1-1(a)所示是三相发电机的示意图。在定子槽内放置着三个结构相同的定子绕组(线圈)AX、BY、CZ,如图4.1-1(b)所示,其中 A、B、C 称为绕组的始端,X、Y、Z 称为绕组的末端,它们在空间互隔120°。转子磁场在空间按正弦规律分布,当转子由原动机带动以角速度 ω 等速地顺时针方向旋转时,在三个定子绕组中就产生频率相同、幅值相等、相位上互差120°的三个正弦电动势。这样的三个电动势称为对称三相电动势。

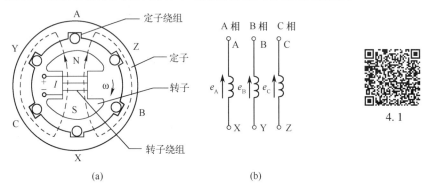

图 4.1-1　三相发电机的示意图

若以 A 相电动势为参考正弦量,则三相电动势瞬时值表达式为

$$\left.\begin{aligned}
e_A &= E_m \sin\omega t \\
e_B &= E_m \sin(\omega t - 120°) \\
e_C &= E_m \sin(\omega t - 240°) = E_m \sin(\omega t + 120°)
\end{aligned}\right\} \tag{4.1-1}$$

相量表达式为

$$\left.\begin{aligned}
\dot{E}_A &= E\underline{/0°} = E \\
\dot{E}_B &= E\underline{/-120°} = E\left(-\frac{1}{2} - j\frac{\sqrt{3}}{2}\right) \\
\dot{E}_C &= E\underline{/120°} = E\left(-\frac{1}{2} + j\frac{\sqrt{3}}{2}\right)
\end{aligned}\right\} \tag{4.1-2}$$

上述三个正弦电动势按一定要求连接起来,就构成三相对称电源。对称三相电动势的波形图与相量图如图 4.1-2 所示。

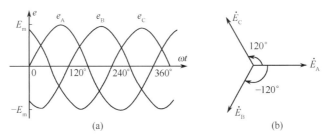

图 4.1-2　三相电动势的波形图与相量图

无论从式(4.1-1)或式(4.1-2),还是从图 4.1-2,都能得到

$$e_A + e_B + e_C = 0$$

用相量表示时

$$\dot{E}_A + \dot{E}_B + \dot{E}_C = 0$$

这是对称三相电动势最显著的特点。

对称三相电动势按其到达幅值的先后次序称为相序。图 4.1-2 所示的三相电动势到达幅值的次序是 A 相、B 相再 C 相,称其相序为 A→B→C,这种相序称为正序或顺序。如相序为 A→C→B,则称为负序或逆序。如无特别说明,三相电动势的相序均指正序。

（1）星形连接

对称三相电动势的连接如图 4.1-3 所示时,称为三相电源的星形连接。这种接法,就是把三相绕组的末端连接在一起形成一个节点,称为电源的中点或零点。从中点引出的线称为中线或零线,用字母 N 表示,并用黑色标记。由三相绕组的始端引出的三根线称为端线或相线,习惯上称为火线,分别用字母 A、B、C 表示,并分别用黄、绿、红色标记。

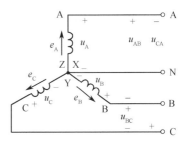

图 4.1-3　三相电源的星形连接

（2）线电压与相电压的关系

星形连接的三相电源,端线与中线之间的电压 u_A、u_B、u_C 称为相电压瞬时值,相电压有效值用 U_P 表示。端线之间的电压 u_{AB}、u_{BC}、u_{CA} 称为线电压瞬时值,线电压有效值用 U_l 表示。按图 4.1-3 所示电动势与电压的参考方向,可写出

$$u_A = e_A = U_m\sin\omega t, \quad u_B = e_B = U_m\sin(\omega t - 120°), \quad u_C = e_C = U_m\sin(\omega t + 120°)$$

式中,$U_m = E_m$。用相量表示时

$$\dot{U}_A = U_P\underline{/0°}, \quad \dot{U}_B = U_P\underline{/-120°}, \quad \dot{U}_C = U_P\underline{/120°}$$

式中,$U_P = U_m/\sqrt{2}$。因为 e_A、e_B、e_C 对称,所以 u_A、u_B、u_C 也对称,其特点为

$$u_A + u_B + u_C = 0$$

用相量表示时

$$\dot{U}_A + \dot{U}_B + \dot{U}_C = 0$$

由图 4.1-3 所示电路中相电压与线电压的参考方向,可得线电压与相电压之间的瞬时值关系式为

$$u_{AB} = u_A - u_B, \quad u_{BC} = u_B - u_C, \quad u_{CA} = u_C - u_A$$

用相量表示时

$$\left.\begin{aligned}\dot{U}_{AB} &= \dot{U}_A - \dot{U}_B = \sqrt{3}\ \underline{/30°}\ \dot{U}_A \\ \dot{U}_{BC} &= \dot{U}_B - \dot{U}_C = \sqrt{3}\ \underline{/30°}\ \dot{U}_B \\ \dot{U}_{CA} &= \dot{U}_C - \dot{U}_A = \sqrt{3}\ \underline{/30°}\ \dot{U}_C\end{aligned}\right\} \tag{4.1-3}$$

由式(4.1-3)可得出线电压与相电压的大小、相位关系。当相电压对称时,线电压也是对称的。线电压有效值是相电压有效值的$\sqrt{3}$倍,即

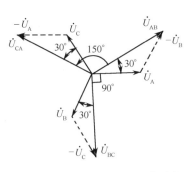

图 4.1-4　三相电源星形连接时线电压、相电压的相量图

$$U_1 = \sqrt{3}\ U_P \tag{4.1-4}$$

线电压在相位上超前相应的相电压30°,如$\dot{U}_{AB}$、$\dot{U}_{BC}$、$\dot{U}_{CA}$分别超前$\dot{U}_A$、$\dot{U}_B$、$\dot{U}_C$ 30°。这些结果也可由图4.1-4所示的相量图上各电压之间几何关系得出。

一般讲三相电源,都是指对称三相电源,并满足式(4.1-4)的关系。我国三相供电系统中相电压有效值是220 V,线电压有效值为$220\sqrt{3}$ V(380 V)。通常说三相电压是指三相线电压,如输电电压11 kV、500 kV等,分别为三相线电压有效值11 kV、500 kV等。三相设备(如三相电动机)的额定电压也是指三相额定线电压。

思考与练习

4.1-1　正序对称三相电源接成星形连接时,线电压与相电压之间有什么关系?如果三相电源为负序,则线电压与相电压之间有什么关系?

4.1-2　设三相电源为正序,且$\dot{U}_A = 220\angle 0°$ V,如果三相电源为星形连接,但将 C 相电源首末端错误倒接,会造成什么后果?试画出线(相)电压相量图加以说明。

4.1-3　已知某三相电路的相电压$\dot{U}_A = 220\angle -10°$ V,$\dot{U}_B = 220\angle -130°$ V,$\dot{U}_C = 220\angle 110°$ V,问当$t = 10\,\mathrm{s}$时,三个相电压之和等于多少?

4.2　三相负载的连接

三相负载的连接形式,有星形(Y)和三角形(△)两种。采用哪种接法,要根据每相负载额定电压与电源线电压之间的关系来定,当每相负载额定电压等于电源线电压的$1/\sqrt{3}$时,负载应接成星形;当每相负载额定电压等于电源线电压时,负载应接成三角形。

4.2.1　三相负载的星形连接

三相负载Z_A、Z_B、Z_C为星形连接时,将每相负载的一端接在一起作为 N′点,每相负载的另一端分别接到电源 A、B、C 的三根端线上,N′与 N 相接,使电路成为三相四线制电路,如图4.2-1所示。

图 4.2-1 中标出了各电压、电流的参考方向。流经每相负载中的电流$\dot{I}_A'$、$\dot{I}_B'$及$\dot{I}_C'$称为相电流,其有效值用I_P表示,每根端线中的电流$\dot{I}_A$、$\dot{I}_B$及$\dot{I}_C$称为线电流,其有效值用I_1表示。显然三相负载星形连接时,线电流等于相应的相电流,其有效值关系为

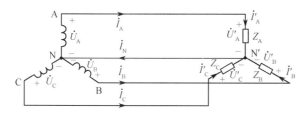

4.2

图 4.2-1　星形连接有中线的三相电路

$$I_1 = I_P$$

流经中线 N′N 中的电流 $\dot{I}_N$ 称为中线电流。根据基尔霍夫电流定律,可得

$$\dot{I}_N = \dot{I}_A + \dot{I}_B + \dot{I}_C \tag{4.2-1}$$

在三相四线制电路中,因为有中线,所以负载相电压等于电源相电压,则

$$\dot{I}_A = \dot{I}_A' = \frac{\dot{U}_A'}{Z_A} = \frac{\dot{U}_A}{Z_A}, \quad \dot{I}_B = \dot{I}_B' = \frac{\dot{U}_B'}{Z_B} = \frac{\dot{U}_B}{Z_B}, \quad \dot{I}_C = \dot{I}_C' = \frac{\dot{U}_C'}{Z_C} = \frac{\dot{U}_C}{Z_C} \tag{4.2-2}$$

当 $Z_A = R_A + jX_A$,$Z_B = R_B + jX_B$,$Z_C = R_C + jX_C$ 时,各相上相电压与相电流之间的相位差为

$$\varphi_A = \arctan\frac{X_A}{R_A}, \quad \varphi_B = \arctan\frac{X_B}{R_B}, \quad \varphi_C = \arctan\frac{X_C}{R_C} \tag{4.2-3}$$

若三个阻抗 Z_A、Z_B、Z_C 相等,即阻抗模 $|Z_A| = |Z_B| = |Z_C| = |Z|$,辐角 $\varphi_A = \varphi_B = \varphi_C = \varphi$,则此三相负载称为对称三相负载。对称三相负载星形连接时的相电压与相电流的相量图如图 4.2-2 所示,其中 $\varphi > 0$,负载为感性。可见,对称负载时,三相相(线)电流对称,其有效值相等,即 $I_A = I_B = I_C$,相位上互差 120°,因为三相相(线)电流都滞后相应的相电压一个相同的角度 φ。三相相(线)电流对称的特点是

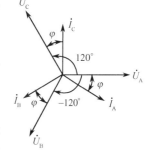

图 4.2-2　相量图

$$\dot{I}_A + \dot{I}_B + \dot{I}_C = 0 \tag{4.2-4}$$

由于对称三相负载中三相相(线)电流对称,只需计算一相,其余两相可根据对称关系得出。三相负载对称时,三相线电流也对称,比较式(4.2-1)与式(4.2-4),得 $\dot{I}_N = 0$,中线中没有电流通过,所以对于对称三相负载,如三相异步电动机、三相电炉等都可以不接中线。

4.2.2　三相负载的三角形连接

三相负载 Z_{AB}、Z_{BC}、Z_{CA} 依次相连,然后将三个端点与电源三根端线相接,这种连接形式称为三角形连接,如图 4.2-3 所示。

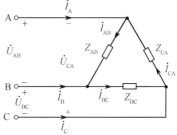

图 4.2-3 中标出了各电压、电流的参考方向。三角形连接时,负载相电压就等于相应的电源线电压,其有效值关系为

$$U_P = U_1$$

负载相电流为　$\dot{I}_{AB} = \frac{\dot{U}_{AB}}{Z_{AB}}, \quad \dot{I}_{BC} = \frac{\dot{U}_{BC}}{Z_{BC}}, \quad \dot{I}_{CA} = \frac{\dot{U}_{CA}}{Z_{CA}} \tag{4.2-5}$

当　$Z_{AB} = R_{AB} + jX_{AB}$,$Z_{BC} = R_{BC} + jX_{BC}$,$Z_{CA} = R_{CA} + jX_{CA}$

图 4.2-3　负载三角形连接
的三相电路

时,各相上相电压与相电流之间的相位差为

$$\varphi_{AB} = \arctan \frac{X_{AB}}{R_{AB}}, \quad \varphi_{BC} = \arctan \frac{X_{BC}}{R_{BC}}, \quad \varphi_{CA} = \arctan \frac{X_{CA}}{R_{CA}} \quad (4.2\text{-}6)$$

由基尔霍夫电流定律,可求出各线电流与相电流的关系为

$$\dot{I}_A = \dot{I}_{AB} - \dot{I}_{CA}, \quad \dot{I}_B = \dot{I}_{BC} - \dot{I}_{AB}, \quad \dot{I}_C = \dot{I}_{CA} - \dot{I}_{BC} \quad (4.2\text{-}7)$$

当三相负载对称时 $\quad |Z_{AB}| = |Z_{BC}| = |Z_{CA}| = |Z|, \quad \varphi_{AB} = \varphi_{BC} = \varphi_{CA} = \varphi$

对称三相负载三角形连接时的相电压、相电流和线电流的相量图如图 4.2-4 所示,其中,$\varphi > 0$,负载为感性。可见,负载对称时,三相相电流对称,其有效值相等,$I_{AB} = I_{BC} = I_{CA} = I_P$,相位上互差 120°,因为各相电流都滞后相应的相电压一个相同的角度 φ;三相线电流也对称,其有效值 $I_A = I_B = I_C = I_1 = \sqrt{3} I_P$,相位上互差 120°,因为各线电流都滞后相应的相电流 30°,即

$$\dot{I}_A = \sqrt{3} \underline{/-30°}\ \dot{I}_{AB}, \quad \dot{I}_B = \sqrt{3} \underline{/-30°}\ \dot{I}_{BC}, \quad \dot{I}_C = \sqrt{3} \underline{/-30°}\ \dot{I}_{CA}$$

其特点为 $\qquad\qquad\qquad\qquad\qquad \dot{I}_A + \dot{I}_B + \dot{I}_C = 0 \qquad\qquad\qquad (4.2\text{-}8)$

所以对称负载进行三角形连接时,也只需计算一相,其余两相可根据对称关系得出。若负载不对称,则应按式(4.2-5)、式(4.2-6)、式(4.2-7)分别计算。但式(4.2-8)的特点仍然存在。

[例 4.2-1] 有一个三角形连接的对称三相负载,每相阻抗 $Z = (6 + j8)\ \Omega$,接在线电压为 380 V 的三相电源上。试求相电流和线电流,并画出相量图。

解:因负载对称,故只需计算一相。按图 4.2-3 所示的电压、电流参考方向,设 $\dot{U}_{AB} = 380 \underline{/0°}$ V,则

$$\dot{I}_{AB} = \frac{\dot{U}_{AB}}{Z} = \frac{380 \underline{/0°}}{6 + j8}\ A = 38 \underline{/-53.1°}\ A$$

$$\dot{I}_A = \sqrt{3} \underline{/-30°}\ \dot{I}_{AB}\ A = 65.82 \underline{/-83.1°}\ A$$

由对称关系知 $\qquad\qquad \dot{I}_{BC} = 38 \underline{/-173.1°}\ A, \quad \dot{I}_{CA} = 38 \underline{/66.9°}\ A$

$$\dot{I}_B = 65.82 \underline{/156.9°}\ A, \quad \dot{I}_C = 65.82 \underline{/36.9°}\ A$$

有 $\qquad\qquad I_{AB} = I_{BC} = I_{CA} = 38\ A, \quad I_A = I_B = I_C = 65.82\ A$

其相量图如图 4.2-5 所示。

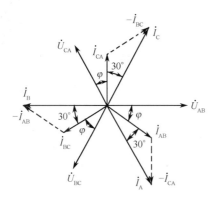

图 4.2-4 感性对称负载三角形连接时
电压、电流相量图

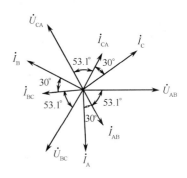

图 4.2-5 例 4.2-1 的相量图

4.2.3 不对称三相负载电路分析

在三相四线制电路中,三相负载不对称时,仍可按式(4.2-2)与式(4.2-3)分别计算各相电流及相电压与相电流之间的相位差,此时中线电流 $\dot{I}_N \neq 0$。注意,负载不对称时,中线不可断开,否则将造成某相电压高于该相负载的额定电压而使该相负载被损坏。在照明、动力混合供电的三相四线制电路中,中线上不允许安装保险丝(熔断器)和开关。

[例4.2-2] 有一台星形连接的三相异步电动机,每相阻抗 $Z = 22 \underline{/30°}\ \Omega$,接到线电压为 380 V 的三相电源上,试求各相电压与相电流,并画出各相电压与相电流的相量图。

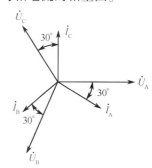

解: 因三相异步电动机是对称负载,故只需计算一相。

因为 $U_P = \dfrac{380}{\sqrt{3}}$ V = 220 V,设 $\dot{U}_A = 220 \underline{/0°}$ V,则

$$\dot{I}_A = \frac{\dot{U}_A}{Z_A} = \frac{220 \underline{/0°}}{22 \underline{/30°}}\ A = 10 \underline{/-30°}\ A$$

由对称关系,得 $\dot{U}_B = 220 \underline{/-120°}$ V, $\dot{U}_C = 220 \underline{/120°}$ V

$$\dot{I}_B = 10 \underline{/-150°}\ A, \quad \dot{I}_C = 10 \underline{/90°}\ A$$

其相量图如图 4.2-6 所示。

图 4.2-6 例 4.2-2 的相量图

[例4.2-3] 三相照明电路如图 4.2-7(a)所示,额定电压 U_N 为 220 V 的灯泡星形连接于线电压为 380 V 的三相电源上,设 A 相灯泡额定功率为 200 W,B 相灯泡额定功率为 500 W,C 相灯泡额定功率为 1000 W。试求:

(1) 有中线时的各相电流和中线电流,并画出相量图;

(2) 中线断开而 A 相未开灯(即断路)时其他两相的电流和电压。

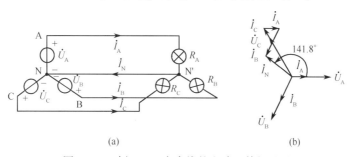

(a) (b)

图 4.2-7 例 4.2-3 有中线的电路及其相量图

解:(1) 因有中线,故可按三个单相电路进行计算。灯泡为电阻性负载,各相电阻为

$$R_A = \frac{U_N^2}{P_A} = \frac{220^2}{200}\ \Omega = 242\ \Omega, \quad R_B = \frac{U_N^2}{P_B} = \frac{220^2}{500}\ \Omega = 96.8\ \Omega, \quad R_C = \frac{U_N^2}{P_C} = \frac{220^2}{1000}\ \Omega = 48.4\ \Omega$$

设 $\dot{U}_A = 220 \underline{/0°}$ V,则

$$\dot{I}_A = \frac{\dot{U}_A}{R_A} = \frac{220 \underline{/0°}}{242}\ A = 0.91 \underline{/0°}\ A$$

$$\dot{I}_B = \frac{\dot{U}_B}{R_B} = \frac{220 \underline{/-120°}}{96.8}\ A = 2.27 \underline{/-120°}\ A$$

$$\dot{I}_C=\frac{\dot{U}_C}{R_C}=\frac{220\angle 120^\circ}{48.4}\text{ A}=4.55\angle 120^\circ\text{ A}$$

$$\begin{aligned}\dot{I}_N&=\dot{I}_A+\dot{I}_B+\dot{I}_C=(0.91+2.27\angle -120^\circ+4.55\angle 120^\circ)\text{ A}\\&=[(0.91-1.135-2.275)+\mathrm{j}(-1.135\sqrt{3}+2.275\sqrt{3})]\text{ A}\\&=3.18\angle 141.8^\circ\text{ A}\end{aligned}$$

其相量图如图 4.2-7(b)所示。

(2) 中线断开而 A 相未开灯(即断路)时的电路如图 4.2-8 所示。此时,B、C 两相负载串联后接在端线 B、C 之间,实际上它们已成为承受线电压 $\dot{U}_{BC}$ 的单相电路了,故可按单相电路计算。

图 4.2-8　例 4.2-3 无中线的电路图

因 A 相断开,故有

$$\dot{I}_A=0,\quad \dot{I}_B=\frac{\dot{U}_{BC}}{R_B+R_C}=\frac{380\angle -90^\circ}{96.8+48.4}\text{ A}=2.62\angle -90^\circ\text{ A},\quad \dot{I}_C=-\dot{I}_B=2.62\angle 90^\circ\text{ A}$$

B 相负载电压　$\dot{U}'_B=\dot{I}_BR_B=(2.62\angle -90^\circ\times 96.8)\text{ V}=253.62\angle -90^\circ\text{ V}$

$U'_B=253.62\text{ V}$

C 相负载电压　$\dot{U}'_C=\dot{I}_CR_C=(2.62\angle 90^\circ\times 48.4)\text{ V}=126.81\angle 90^\circ\text{ V}$

$U'_C=126.81\text{ V}$

由上述结果可以看出,B 相负载上电压超过其额定电压,而 C 相负载上电压又低于其额定电压,以致负载不能正常工作。

[例 4.2-4]　三相电源对称,其线电压 $U_1=220\text{ V}$,负载是额定电压 U_N 为 220 V 的灯泡,每个灯泡额定功率是 100 W,所连接成的电路如图 4.2-9 所示。试求各相电流和线电流,并画出相量图。

解:各相电阻为

$$R_{AB}=\frac{U_N^2}{P_{AB}}=\frac{220^2}{200}\ \Omega=242\ \Omega$$

$$R_{BC}=\frac{U_N^2}{P_{BC}}=\frac{220^2}{100}\ \Omega=484\ \Omega$$

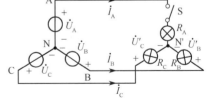

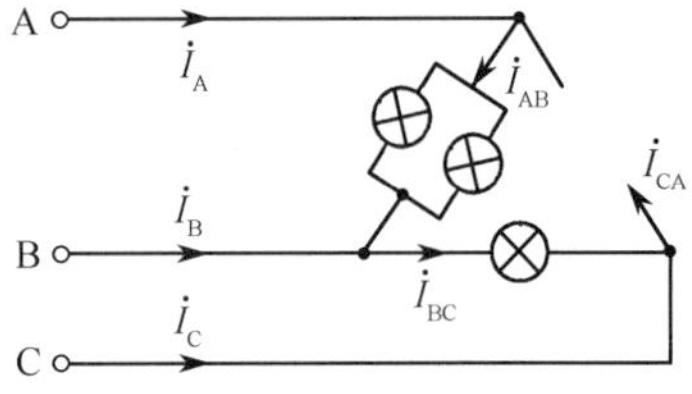

图 4.2-9　例 4.2-4 的电路

设　$\dot{U}_{AB}=220\angle 0^\circ\text{ V}$

则　$\dot{I}_{AB}=\frac{\dot{U}_{AB}}{R_{AB}}=\frac{220\angle 0^\circ}{242}\text{ A}=0.91\angle 0^\circ\text{ A}$

$$\dot{I}_{BC}=\frac{\dot{U}_{BC}}{R_{BC}}=\frac{220\angle -120^\circ}{484}\text{ A}=0.45\angle -120^\circ\text{ A}$$

$$\dot{I}_{CA}=0$$

显然　$\dot{I}_A=\dot{I}_{AB}=0.91\angle 0^\circ\text{ A}$

$\dot{I}_C=-\dot{I}_{BC}=0.45\angle 60^\circ\text{ A}$

$$\begin{aligned}\dot{I}_B&=\dot{I}_{BC}-\dot{I}_{AB}=(0.45\angle -120^\circ-0.91)\text{ A}\\&=1.20\angle -161.1^\circ\text{ A}\end{aligned}$$

图 4.2-10　例 4.2-4 的相量图

其相量图如图 4.2-10 所示。

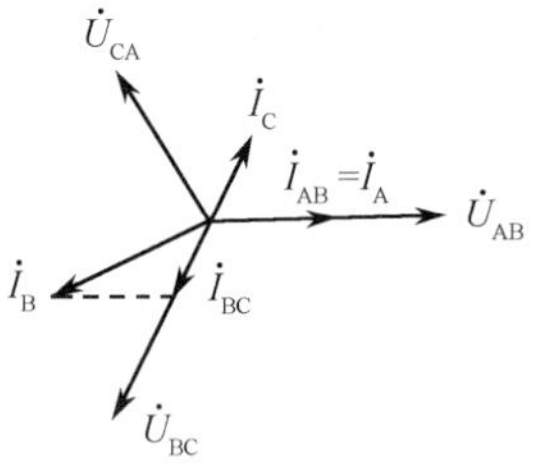

4.2-1　对称三相电源接成星形连接时,线电压与相电压之间有什么关系?如果三相电源为逆序,则线电压与相电压之间有什么关系?

4.2-2　三相电源为三角形连接时,如果连接错误会在电源内部产生很大的环行电流,有烧毁电源的危险。有哪种简单方法可用来判断连接是否正确?试说明理由。

4.2-3　若将三角形对称负载变换为星形对称负载连接,其他条件不变,则线电流是否发生变化?

4.2-4　为何低压供电系统大多采用三相四线制?在此供电制下,线电流、相电流一定对称吗?中线电流一定为零吗?试举例说明。

4.3　三相电路的功率

三相电路的瞬时功率 p 应该等于各相瞬时功率之和,即

$$p = p_A + p_B + p_C = u_A i_A + u_B i_B + u_C i_C \tag{4.3-1}$$

当负载对称时,设 A 相电压和电流瞬时值分别为

$$u_A = \sqrt{2}\, U_P \sin\omega t, \quad i_A = \sqrt{2}\, I_P \sin(\omega t - \varphi)$$

则 B 相电压和电流瞬时值为

$$u_B = \sqrt{2}\, U_P \sin(\omega t - 120°), \quad i_B = \sqrt{2}\, I_P \sin(\omega t - \varphi - 120°)$$

4.4

C 相电压和电流瞬时值为

$$u_C = \sqrt{2}\, U_P \sin(\omega t + 120°), \quad i_C = \sqrt{2}\, I_P \sin(\omega t - \varphi + 120°)$$

以上各式中,U_P 为相电压有效值,I_P 为相电流有效值,φ 为各相的功率因数角。将各相上相电压和相电流瞬时值代入式(4.3-1),得

$$
\begin{aligned}
p &= \sqrt{2}\, U_P \sin\omega t \cdot \sqrt{2}\, I_P \sin(\omega t - \varphi) + \sqrt{2}\, U_P \sin(\omega t - 120°) \cdot \sqrt{2}\, I_P \sin(\omega t - \varphi - 120°) + \\
&\quad \sqrt{2}\, U_P \sin(\omega t + 120°) \cdot \sqrt{2}\, I_P \sin(\omega t - \varphi + 120°) \\
&= U_P I_P [\cos\varphi - \cos(2\omega t - \varphi) + \cos\varphi - \\
&\quad \cos(2\omega t - 240° - \varphi) + \cos\varphi - \cos(2\omega t - 120° - \varphi)] \\
&= 3 U_P I_P \cos\varphi
\end{aligned}
$$

上式结果表明,对称三相电路的三相瞬时功率为一个常量,这是对称三相制的优点之一。例如,在三相异步电动机的运行中,由于三相瞬时功率为一个常量,因而作用在转轴上的力矩也是一个常量,这就有效地减少了振动和噪声,使得三相异步电动机的运行比单相异步电动机稳定。

对称三相电路的瞬时功率为一个常量,根据有功功率的定义可得对称三相负载的三相有功功率 P 应等于这个常量,即

$$P = 3 U_P I_P \cos\varphi$$

在三相电路中,测量线电压、线电流比较方便,所以三相有功功率通常不用相电压与相电流表示,而用线电压与线电流表示。若三相对称负载为星形连接,则有 $U_l = \sqrt{3}\, U_P$, $I_l = I_P$。若三相对称负载为三角形连接,则有 $U_l = U_P$, $I_l = \sqrt{3}\, I_P$。故不论对称负载是星形还是三角形连接,三相有功功率均可写为

$$P = \sqrt{3}\, U_1 I_1 \cos\varphi$$

应注意上式中 φ 仍是每相相电压与相电流之间的相位差角,同时 φ 等于每相阻抗的阻抗角。

对称三相负载的三相无功功率为

$$Q = 3 U_{\mathrm{P}} I_{\mathrm{P}} \sin\varphi = \sqrt{3}\, U_1 I_1 \sin\varphi$$

对称三相负载的三相视在功率为

$$S = 3 U_{\mathrm{P}} I_{\mathrm{P}} = \sqrt{3}\, U_1 I_1$$

当负载不对称时,应分别计算各相负载的有功功率和无功功率,再将各功率相加得三相有功功率和三相无功功率,即

$$P = P_{\mathrm{A}} + P_{\mathrm{B}} + P_{\mathrm{C}}, \qquad Q = Q_{\mathrm{A}} + Q_{\mathrm{B}} + Q_{\mathrm{C}}, \qquad S = \sqrt{P^2 + Q^2}$$

注意,一般 $S \neq S_{\mathrm{A}} + S_{\mathrm{B}} + S_{\mathrm{C}}$。

[例 4.3-1] 有一台三相异步电动机,其输出功率 $P_2 = 20\,\mathrm{kW}$,额定相电压 $U_{\mathrm{P}} = 220\,\mathrm{V}$,$\cos\varphi = 0.8$,效率 $\eta = 0.85$,现接到线电压为 $380\,\mathrm{V}$ 的三相电源上,求 I_1、I_{P} 及电源供给它的 P_1、Q_1、S_1。

解: 因为效率 $\eta = P_2/P_1$,式中,P_1、P_2 分别为三相异步电动机的输入有功功率 $\sqrt{3}\, U_1 I_1 \cos\varphi$ 与输出的机械功率。

由 $P_2 = \sqrt{3}\, U_1 I_1 \eta \cos\varphi$,可得

$$I_1 = \frac{P_2}{\sqrt{3}\, U_1 \eta \cos\varphi} = \frac{20000}{\sqrt{3} \times 380 \times 0.85 \times 0.8}\,\mathrm{A} = 44.69\,\mathrm{A}$$

由于三相异步电动机的相电压为电源线电压的 $1/\sqrt{3}$,所以三相异步电动机采用星形连接,于是

$$I_{\mathrm{P}} = I_1 = 44.69\,\mathrm{A}$$

$$P_1 = \sqrt{3}\, U_1 I_1 \cos\varphi = \sqrt{3} \times 380 \times 44.69 \times 0.8 = 23.54\,\mathrm{kW}$$

$$Q_1 = \sqrt{3}\, U_1 I_1 \sin\varphi = \sqrt{3} \times 380 \times 44.69 \times 0.6 = 17.65\,\mathrm{kvar}$$

$$S_1 = \sqrt{3}\, U_1 I_1 = \sqrt{3} \times 380 \times 44.69 = 29.42\,\mathrm{kVA}$$

[例 4.3-2] 如图 4.3-1(a) 所示,已知顺序对称三相电源线电压 $\dot{U}_{\mathrm{AB}} = 380\underline{/60°}\,\mathrm{V}$,阻抗 $Z = 40 + \mathrm{j}30\,\Omega$,$Z_1 = 20 - \mathrm{j}10\,\Omega$。

求:(1) 开关 S 断开时的线电流 $\dot{I}_{\mathrm{A}}$、$\dot{I}_{\mathrm{B}}$、$\dot{I}_{\mathrm{C}}$ 及电路消耗的总平均功率 P。

(2) 开关 S 闭合时的线电流 $\dot{I}_{\mathrm{Z1}}$ 及负载 Z_1 消耗的平均功率。

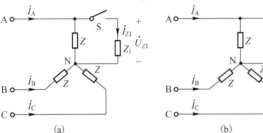 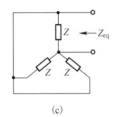

图 4.3-1 例 4.3-2 的图

解：（1）S断开时，三相负载为三相三线制对称星形连接，分析方法与三相四线制对称星形连接相同，故

$$\dot{U}_{AN} = \frac{\dot{U}_{AB}}{\sqrt{3}\,/30°} = 220\,\underline{/30°}\ \text{V}$$

则

$$\dot{I}_A = \dot{U}_{AN}/Z = 4.4\,\underline{/-6.9°}\ \text{A}$$

由对称关系可得 $\quad \dot{I}_B = \dot{I}_A\,\underline{/-120°} = 4.4\,\underline{/-126.9°}\ \text{A}, \quad \dot{I}_C = \dot{I}_A\,\underline{/120°} = 4.4\,\underline{/113.1°}\ \text{A}$

总的平均功率 $\quad P = 3I_A^2 \text{Re}[Z] = 3\times(4.4)^2\times40 = 2323.2\,\text{W}$

（2）S闭合后，三相星形负载不对称，$\dot{U}_{Z1} \neq \dot{U}_A$，无法直接得到 $\dot{U}_{Z1}$，则可根据戴维南定理，将 Z_1 断开，如图4.3-1(b)所示。

$$\dot{U}_{OC} = \frac{\dot{U}_{AB}}{\sqrt{3}\,/30°} = 220\,\underline{/30°}\ \text{V}$$

由图4.3-1(c)可得 $\quad Z_{eq} = Z/3$

故

$$\dot{I}_{Z1} = \frac{\dot{U}_{OC}}{Z_{eq}+Z_1} = \frac{3\,\dot{U}_{OC}}{Z+3Z_1} = \frac{660\,\underline{/30°}}{100} = 6.6\,\underline{/30°}\ \text{A}$$

Z_1 消耗的平均功率 $\quad P = I_{Z1}^2\text{Re}[Z] = (6.6)^2\times20 = 871.2\,\text{W}$

思考与练习

4.3-1　试分析"对称三相电路的有功功率 $P = \sqrt{3}\,U_l I_l \cos\varphi$ 中的功率因数角，对于星形连接负载而言是指相电压和相电流的相位差，对于三角形连接的负载而言是指线电压和线电流的相位差。"这句话是否正确，并说明理由。

4.3-2　两台三相电动机并联运行，第一台电动机为星形连接，功率为 10 kW，功率因数为 0.6；第二台电动机为三角形连接，功率为 20 kW，功率因数为 0.8。试问，在额定运行条件下，总的有功功率是否为 30 kW？总的电路线电流是否等于两台电动机线电流有效值之和？

4.4　安　全　用　电

电能给人们带来了现代化生产和现代文明，但由于使用不当，也给人类造成了不少灾害与事故。因此应十分重视安全用电问题并具备一定的安全用电知识。

4.4.1　触电

触电分为电击与电伤两种。人体因触及带电体而承受过高电压，这时将有电流通过人体，使体内器官或神经系统受到损伤，造成局部受伤或停止呼吸，甚至死亡，这种触电称为电击。另一种是电对人体外部的损伤，如电弧或熔丝熔断时飞溅的金属粉末对人体的灼伤，称为电伤。后者虽不如前者危害大，但也不容忽视。

触电时危害人体的是电流，经验证明，通过人体的电流在 50 mA（工频交流有效值，下同）以上时，就有生命危险。流过人体电流的大小，取决于触电时的电压和人体的电阻。人体各处电阻大小不一，皮肤表层电阻最大，肌肉和血液的电阻较小。在干燥环境中，皮肤保持干燥的情况下，其电阻约为 $10^4 \sim 10^5\ \Omega$。但在潮湿环境中或表皮角质层有破损时，

其电阻可降到 800~1000 Ω。此外皮肤的潮湿程度、接触面积的大小、触电时间的长短、电压的高低等对人体电阻也有影响。若人体电阻按 800 Ω 计,流过人体电流以 50 mA 为限,则所需的电压为 0.05 mA×800 Ω = 40 V。所以国家规定,在一般情况下,36 V 为安全电压,即使在干燥环境中,保持皮肤干燥,也不得超过 65 V,而在特别潮湿的环境中,安全电压定为 24 V 或 12 V。

　　触电形式很多,就电气线路而言,有双线触电与单线触电两种。双线触电是人体同时触及电源的两根端线,如图 4.4-1(a)所示,人的两手之间承受线电压,而且大部分电流通过心脏,这种触电最危险。单线触电是站在地上的人,一只手触及一根端线,对此有两种情况:一种单线触电是在电源中点 N 接地的电路中,此时人的一只手与脚之间承受相电压,电流经人体、大地、接地体与一相电源形成回路,如图 4.4-1(b)所示,这种触电也是危险的;另外一种单线触电是在电源中点 N 不接地的电路中,此时电流经人体、大地、另外两根端线的对地电容 C_A、C_B 和绝缘电阻 R_A、R_B 与三相电源形成回路,如图 4.4-1(c)所示,若两端线绝缘不好时也有危险。所以在进行电作业时,应避免人体触及电源的端线。

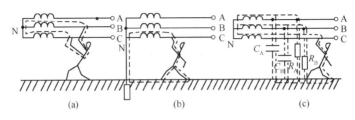

图 4.4-1　触电情况

　　人体触及带电部分,会发生触电事故。但实际上大多数触电事故,是由于人体触及电气设备的不应带电的部分(例如电动机、变压器、电子仪器及家用电器等电气设备的金属外壳)发生的。这些部分在正常运行情况下是不带电的,可以触及,但绝缘损坏、漏电会造成这些部分带电,触及时就会造成触电事故。这种触电与单线触电相同。触电事故发生后,首先应使触电者尽快脱离带电部分,例如把距离最近的电源开关断开,或用有绝缘手柄的工具或干燥的木棒把带电部分割断或推开。当触电者尚未脱离带电部分时,施救人员切不可和触电者的肌体接触,以免同陷触电危险。触电者脱离带电部分后,若已失去知觉,则必须打开窗户,或抬至空气畅通处,解开衣领,让触电者平直仰卧,并用衣物垫在他的背下,使他的头比肩稍低,以免妨碍呼吸,同时立即派人找医生或电工进行急救,实施人工呼吸。

4.4.2　预防触电的措施

　　为了避免触电事故的发生,对电气设备可采取保护接地与保护接零的措施。

　　保护接地适用于 1000 V 以下电源中点不接地的三相三线制电路,如图 4.4-2 所示。

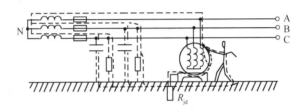

图 4.4-2　保护接地

保护接地就是将电气设备的金属外壳用导线接到接地装置上,通过接地装置与大地可靠连接起来。所谓接地装置,就是埋入地下且连接为一体的金属结构架。金属结构架与周围土壤之间有一定的泄漏电阻,称为接地电阻 R_{jd},按规定 $R_{jd} < 4\ \Omega$。当电气设备某相(例如 A 相)的绝缘损坏后与金属外壳相碰时,电气设备的金属外壳带电,如图 4.4-2 所示。因为 R_{jd} 远小于端线对地电容和绝缘电阻并联的阻抗值,所以机壳对地电压低,人体触及电气设备金属外壳时,A 相电流分为两路,即通过接地装置与人体入地,经 B、C 两相的对地电容和绝缘电阻回到电源而形成短路回路。由于人体电阻 R_r 与 R_{jd} 并联,而 $R_{jd} \ll R_r$,根据并联电阻的分流作用,绝大部分电流经接地装置入地,流过人体电流很小,从而保护了人身安全,避免了触电危险。

需要指出的是,电源中点已接地的三相电路中,不允许采用如图 4.4-3 所示的保护接地。这是因为当电气设备的某相(例如 A 相)绝缘损坏与金属外壳相碰,在相电压作用下,A 相电流通过金属外壳、R_{jd}、大地、电源中点接地电阻 R_0 回到电源而形成短路回路,对于 380/220 V 的三相系统而言,相电压 $U_P = 220V$,R_0 与 R_{jd} 均约为 4 Ω,若不计大地、导线与绕组阻抗,则此时 A 相电流

$$I_{jd} = \frac{U_P}{R_{jd} + R_0}\ A = \frac{220}{4+4} = 27.5\ A$$

此电流不一定能熔断容量较大的电气设备的熔断器,因而金属外壳对地将长期存在约110 V的电压。它的存在是会危及人身安全的,所以中点接地的三相电路中,采用保护接地是不安全的。

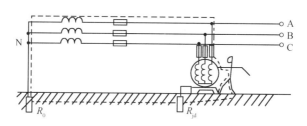

图 4.4-3　不正确的保护接地

保护接零(又叫保护接中线),一般应用在 1000 V 以下电源中点接地的三相四线制电路中。

保护接零,就是将电气设备正常运行情况下不带电的金属外壳,用导线与电源的中线连接,当电气设备的某相(例如 A 相)绝缘损坏与金属外壳相碰后使之带电时,如图 4.4-4 所示,A 相电流将经外壳、中线回到电源而形成短路回路。由于短路电流很大,使该相熔断器迅速熔断而被切除,从而避免触电危险。为了使中线不断开,中线上是不允许安装开关和熔断器的。

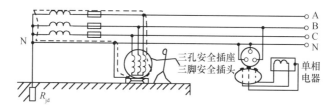

图 4.4-4　保护接零

对常用的单相电器,应采取保护接零措施,即采用三脚安全插头与三孔安全插座,其接线如图 4.4-4 右端所示。

采用保护接地和保护接零等预防措施之后,可以避免和预防触电事故的发生,但仍需按安全规程进行操作,不可疏忽大意。

4.4.3 静电

静电是一种常见的物理现象。例如脱下毛晴衣服或尼龙工作服,或用塑料梳子梳头发等,有时会听到响声,在黑暗中还能见到火花,这就是静电放电现象。静电一般是由两种物体相互摩擦产生的,当两个物体摩擦时,它们带有极性相反的电荷,彼此之间产生了电位差。如果电荷积累到一定数量,其电位差达到一定数值时,就会发生放电现象,出现响声和火花。

静电现象同其他事物一样,也具有两重性。在生产和生活中,静电已得到广泛的应用,例如静电喷涂、静电植绒、静电除尘、静电复印及静电分离、选种、选矿等。随着科学技术的发展,静电技术的应用越来越被人们重视。但在不少场合中,静电又给人们带来麻烦与危害,例如在印刷过程中,纸张带有静电会吸收空气中尘埃使印刷质量下降;在合成纤维的生产过程中,也会因带有静电而吸引空气中尘埃影响其合格率;一些高精度、高灵敏度的仪表因静电的存在而无法正常工作;在有易燃易爆等危险品的场所中,静电火花往往是发生爆炸和火灾的原因。

通常两种绝缘体相互接触分离后,它们的表面就带有束缚电荷,但数量微弱,而且一般物质总会有一些导电性能,哪怕是极微弱的导电性能也会使它所带电荷泄漏消失,这种情况是无关紧要的。但是如果两种绝缘体相互摩擦,或者具有静电电荷的积累,就有可能造成危害。

在生产和生活中,摩擦现象是不可避免的,因此也就免不了会发生静电现象。人们经过长期实践认识到如塑料、橡胶等类型的非导电固体物质,在碾碎、搅拌、挤压、摩擦等操作生产过程中,容易产生静电。若周围空气干燥,设备又没有很好地接地,则静电电荷就会积累,形成高电位。还有在管道中流动的易燃液体,如石油产品、乙醚、苯及液化天然气或石油气等,它们与管壁相互摩擦,也会产生静电。这些带电液体注入储运容器中时,因为其绝缘性能好,使其所带电荷不易消失,所以随着液体的灌注,液体中的电荷就会越积越多,而且这些液体中的电荷存在趋表现象,当液体表面电荷积累到一定数量时,就可能产生放电火花,引起液体的蒸气燃烧爆炸,其中,尤以从管道口流出或从管道裂缝处外喷及液化气体的放空等出口部位,更容易产生高电位。此外,带有大量粉尘的气体在通风管道中高速流动,或粉尘很高的生产场所,如麻纺、棉纺、毛纺、面粉等生产车间,粉尘之间相互摩擦也会产生静电,而且可能出现很高的电位,使得电位差可达上千伏甚至上万伏。例如有用汽油擦洗尼龙工作服引起火灾的;有在解剖手术中引起乙醚爆炸的;有在搬运乙苯过程中引起火灾的。分析其原因,都是由于静电放电造成的。

综上所述,产生静电危害的原因有以下几方面:一是由于生产中所使用的原料或产品是易燃的非导电物质。二是加工中有摩擦、冲击、高速流动等工艺过程。三是有积累静电电荷的条件。要防止静电危害,就应尽量减少静电电荷的产生,设法消除静电电荷的积累。

常用的防静电措施有:①导除静电,将产生静电的设备,如管道、管道口、容器等进行良好的接地。在不导电的物质中,在许可的情况下掺入导电物质,如在橡胶中掺入炭黑、石墨等,以消除或减少静电电荷的积累。②采用等电位法,用导线将设备各部分或设备之间可靠连接在一起,防止设备之间存在电位差,以消除静电放电。③使输送管道内壁光滑,限制液体的流速,可以减少静电电荷的产生。尤其在倾倒、灌注易燃液体时,应防止飞溅冲击,要用导管从液面下接近容器底部放出液体。④在可能产生易燃、易爆气体的场所,要经常清扫积尘,加强通风,降低空气中粉尘的浓度。在粉尘浓度很高的场所,在条件允许时,尽可能加大空气湿度。这些场所应采用导电良好的水泥地面,在这里的工作人员,不能穿像尼龙之类的工作服,要穿能防静电电荷的工作服与布底鞋。

4.5 应 用 实 例

[例4.5-1] 如图4.5-1(a)所示为测定对称三相电源相序的相序指示器电路。如果灯泡电阻 $R(=1/G)=1/\omega C$,并假设灯泡电阻不随所加电压大小而变化,试证明:如果电容 C 接在 A 相上,则接在 B 相上的灯泡较亮。

解: 将原电路画为如图4.5-1(b)所示的相电压对称而负载不对称的三相电路。由节点电压法,得:

$$\dot{U}_{N'N} = \frac{\dot{U}_A j\omega C + \dot{U}_B G + \dot{U}_C G}{j\omega C + 2G}$$

令 $\dot{U}_A = U\underline{/0°}$,代入给定参数,经计算得:

$$\dot{U}_{N'N} = 0.63U\underline{/108.43°}$$

应用 KVL,得 B 相和 C 相电压

$$\dot{U}_{BN'} = \dot{U}_B - \dot{U}_{N'N} = U\underline{/-120°} - (-0.2 + j0.6)U = 1.5U\underline{/101.53°}$$

所以
$$U_{BN'} = 1.5U$$

$$\dot{U}_{CN'} = \dot{U}_C - \dot{U}_{N'N} = U\underline{/120°} - (-0.2 + j0.6)U = 0.4U\underline{/138.44°}$$

$$U_{CN'} = 0.4U$$

计算结果 $U_{BN'} > U_{CN'}$。可见如果电容 C 接在 A 相上,则接在 B 相上的灯泡较亮,C 相上的较暗。电路中各相电压和中性点间电压的相量图如图4.5-2所示。由相量图也可判定 $U_{BN'} > U_{CN'}$。

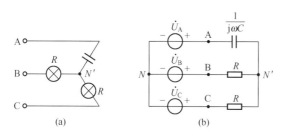

图 4.5-1 例 4.5-1 的电路图

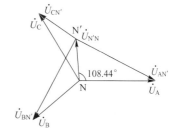

图 4.5-2 例 4.5-1 的相量图

本 章 小 结

1. 三相电压是指三个最大值(有效值)相等,角频率相同,而初相不同的正弦电压。若三相电压的初相互差 120°时,则称为对称三相电压。

2. 三相电路中的相序是指三相电压到达幅值的先后次序。若按 A→B→C→A→…的次序分别到达幅值，称为顺序；若按 A→C→B→A→…的次序到达幅值，称为逆序。在三相电路分析中，相序是一个很重要的概念。相序不同，所得到的规律性结论也不同。约定：如果不强调为逆序相序时，均按顺序相序予以分析。

3. 对称三相电路星形连接时，相电压对称，线电压也对称；线电压有效值为相电压有效值的 $\sqrt{3}$ 倍，即 $U_1 = \sqrt{3}\, U_p$；线电压超前对应的相电压 $30°$，即 $\dot{U}_{AB} = \sqrt{3}\ \underline{/30°}\,\dot{U}_A$，$\dot{U}_{BC} = \sqrt{3}\ \underline{/30°}\,\dot{U}_B$，$\dot{U}_{CA} = \sqrt{3}\ \underline{/30°}\,\dot{U}_C$，但一定不可以写成 $\dot{U}_1 = \sqrt{3}\ \underline{/30°}\,\dot{U}_p$。

4. 对称三相电路星形连接时，线电流与对应的相电流相等，如 $\dot{I}_A = \dot{I}_{A'N'}$，但一定不可以写成 $\dot{I}_1 = \dot{I}_p$。

5. 对称三相电路三角形连接时，线电压与对应的相电压相等，如 $\dot{U}_{AB} = \dot{U}_A$，但一定不可以写成 $\dot{U}_1 = \dot{U}_p$。

6. 对称三相电路三角形连接时，相电流对称，线电流也对称；线电流有效值为相电流有效值的 $\sqrt{3}$ 倍，即 $I_1 = \sqrt{3}\, I_p$；线电流滞后对应的相电流 $30°$，即 $\dot{I}_A = \sqrt{3}\ \underline{/-30°}\,\dot{I}_{AB}$，$\dot{I}_B = \sqrt{3}\ \underline{/-30°}\,\dot{I}_{BC}$，$\dot{I}_C = \sqrt{3}\ \underline{/-30°}\,\dot{I}_{CA}$，但一定不可以写成 $\dot{I}_1 = \sqrt{3}\ \underline{/-30°}\,\dot{I}_p$。

7. 对称三相电路的计算方法为：抽取一相（A 相）进行单独计算；其余两相利用对称关系得到；线、相之间利用对应关系得到。注意：相序概念不可出错。

8. 不对称三相电路为三相四线制的星形连接方式，且不考虑中线阻抗时，各相独立计算，对称关系不再成立；为三相三线制的星形连接方式时，需计算 $\dot{U}_{N'N}$，再求出 $\dot{U}_{A'N'}$（$\dot{U}_{A'N'} = \dot{U}_{AN} - \dot{U}_{N'N}$）、$\dot{U}_{B'N'}$、$\dot{U}_{C'N'}$，最终求出 $\dot{I}_A$（$\dot{I}_A = \dot{U}_{A'N'}/Z_A$）、$\dot{I}_B$、$\dot{I}_C$。

9. 不对称三相电路为三角形连接时，各相相电流独立计算，如 $\dot{I}_{AB} = \dot{U}_{AB}/Z_A$ 等；各线电流则利用 KCL 计算

$$\dot{I}_A = \dot{I}_{AB} - \dot{I}_{CA}, \quad \dot{I}_B = \dot{I}_{BC} - \dot{I}_{AB}, \quad \dot{I}_C = \dot{I}_{CA} - \dot{I}_{BC}$$

10. 对称三相电路的平均功率为

$$P = 3U_p I_p \cos\varphi = \sqrt{3}\, U_1 I_1 \cos\varphi = 3I_p^2 \mathrm{Re}[Z]$$

对称三相电路的无功功率为

$$Q = 3U_p I_p \sin\varphi = \sqrt{3}\, U_1 I_1 \sin\varphi = 3I_p^2 \mathrm{Im}[Z]$$

对称三相电路的视在功率为

$$S = 3U_p I_p = \sqrt{3}\, U_1 I_1 = \sqrt{P^2 + Q^2}$$

注意：公式中 φ 为每相电压与相电流相位差角，也为每相阻抗的阻抗角，不可以用线电压与线电流的相位差代替。

11. 不对称三相电路的平均功率 P 和无功功率 Q 可以通过功率守恒的方法求取，$P = P_A + P_B + P_C$，$Q = Q_A + Q_B + Q_C$，而视在功率 $S = \sqrt{P^2 + Q^2}$。

4.5   4.6

习　题

4.2 节的习题

4-1　对称星形连接的三相负载,各相负载阻抗 $Z=(4+j3)\ \Omega$,接于线电压 $U_1=380\ V$ 的三相电源上。求各相电流、相电压,并画出各相电流、相电压的相量图。

4-2　三相四线制电路中,电源的线电压 $U_1=380\ V$,负载连接如题图 4-1 所示。各相负载阻抗为:$Z_A=(3+j4)\ \Omega$,$Z_B=8\ \Omega$,$Z_C=20\ \Omega$。求各相电流、线电流与中线电流。

4-3　对称三角形连接的三相负载,各相阻抗 $Z=(12+j9)\ \Omega$,接于线电压 $U_1=380\ V$ 的三相电源上。求各相电流、线电流,并画出各电流、电压的相量图。

4-4　三角形连接的三相负载:$Z_{AB}=220\ \Omega$,$Z_{BC}=(60-j80)\ \Omega$,$Z_{CA}=(90-j90)\ \Omega$,接于线电压 $U_1=380\ V$ 的三相电源上。(1)求各相电流、线电流;(2)若 Z_{CA} 断开,再求各相电流、线电流。

4-5　在题图 4-1 中:(1)当中线与端线 A 都断开时,求各相负载的相电压与相电流;(2)当中线断开而 A 相负载又短路时,求各相负载的相电压与各线电流。

4-6　在题图 4-2 所示电路中,负载 $Z=22\ \underline{/30°}\ \Omega$,$R=22\ \Omega$,接于线电压 $U_1=380\ V$ 的三相电源上。求各线电流。

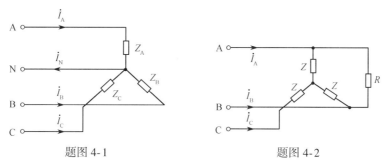

题图 4-1　　　　　　　　　　　　题图 4-2

4.3 节的习题

4-7　三相对称负载阻抗 $Z=(3+j4)\ \Omega$,接到线电压 $U_1=380\ V$ 的三相电源上。(1)求负载进行星形连接时的线电流与三相负载所消耗的有功功率 P;(2)当负载进行三角形连接时,再求(1)中的各项。

4-8　在题图 4-3 所示电路中,由线电压 $U_1=380\ V$ 的三相电源供电,其负载 $Z_1=Z_2=22\ \underline{/30°}\ \Omega$,求端线 A 中线电流及各负载的三相功率 P、Q、S 及总的三相功率 P、Q、S。

4-9　有一台输出功率 $P_N=2.8\ kW$、相电压 $U_N=220\ V$ 的三相异步电动机,满载时的额定功率因数 $\cos\varphi_N=0.85$,效率 $\eta_N=0.85$,接到线电压 $U_1=380\ V$ 的三相电源上。求电动机额定运行时的线电流。

4-10　有一台额定输出功率 $P_N=10\ kW$、相电压 $U_N=380\ V$、频率 $f=50\ Hz$、额定运行时 $\cos\varphi_N=0.6$、$\eta_N=0.8$ 的三相异步电动机,接到线电压为 380 V 的三相电源上。为了改善线路的功率因数,并联接入一组三角形连接的电容器,每相电容 $C=50\ \mu F$。(1)求未接入电容器时的额定线电流、相电流;(2)求并联接入电容器后的线电流、相电流与线路的功率因数。

4-11　在题图 4-4 所示电路中,负载 $Z=22\underline{/60°}\ \Omega$,$Z_1=19\underline{/30°}\ \Omega$,接于线电压 $U_1=380\ V$ 的三相电源上。求各线电流及电路所消耗的有功功率 P。

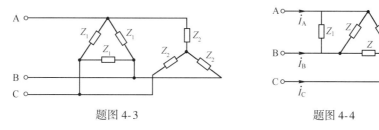

题图 4-3　　　　　　　　　　　　题图 4-4

本章综合习题

4-12 三相电路如题图 4-12 所示,已知顺序对称三相电源线电压 $\dot{U}_{AB}=380\angle 0°$ V,阻抗 $Z=22\angle 30°\Omega$,$Z_1=22\angle -90°\Omega$。求:

(1) 开关 S 断开时各线电流 $\dot{I}_A$、$\dot{I}_B$、$\dot{I}_C$ 及电路消耗的总平均功率 P。

(2) 开关 S 闭合时各线电流 $\dot{I}_A$、$\dot{I}_B$、$\dot{I}_C$ 及电路消耗的总平均功率 P。

4-13 三相电路如题图 4-13 所示,已知顺序对称三相电源线电压 $\dot{U}_{AB}=380\angle 60°$ V,阻抗 $Z=22\sqrt{3}+j22\Omega$。试求:

(1) 开关 S 闭合时的线电流 $\dot{I}_A$、$\dot{I}_B$、$\dot{I}_C$ 及电路消耗的平均功率 P_1;

(2) 开关 S 断开时,开关 S 的端电压 $\dot{U}_{Am}$ 和线电流 $\dot{I}_B$。

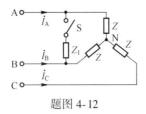
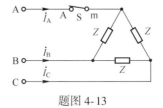

题图 4-12   题图 4-13

第 5 章　电路的频率特性

电路中频率的变化会引起阻抗或导纳的变化,若保持正弦电压(流)源的电压(流)有效值不变,而改变它的频率,则电路中的响应(如电流、电压的大小和相位)会随频率的变化而变化,这种特性称为电路的频率响应特性,简称频率特性。

在第 3 章和第 4 章中,电路的激励和响应都是时间的正弦函数,对它们的分析是以时间为变量的,所以常称为时域分析。本章以频率为变量对电路进行分析,这种分析称为频域分析。在电力系统中,频率一般是固定的,但在电子技术和控制系统中,经常要研究在不同频率下电路的工作情况,所以有必要对电路进行频域分析。

在电子技术和控制系统中,还会遇到各种形式的非正弦周期信号。由于一个非正弦周期信号可以分解为一系列的不同频率的正弦信号之和,所以电路在非正弦周期信号激励下工作情况的分析,就相当于研究一系列不同频率的正弦信号作用下电路的频率特性。

本章中,引入了网络函数的概念来描述电路的频率特性,结合几种典型电路,如低通电路、高通电路与带通电路进行分析。

5.1　非正弦周期电流电路

5.1.1　非正弦周期信号

前面讨论的正弦稳态响应都是单一频率的正弦信号。但是在实际电路中,特别是在电子、计算机及测量技术等领域,经常遇到各种形式的非正弦周期信号。例如图 5.1-1 所示的信号,这些信号的变化规律虽然都是周期性的,但都不是正弦信号。

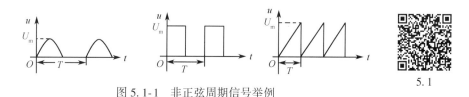

图 5.1-1　非正弦周期信号举例

5.1.2　非正弦周期信号分解为傅里叶级数

在高等数学中已经明确地指出:凡满足狄里赫利条件(即在一个周期内只含有限个第一类不连续点和有限个极大值与极小值)的一切周期性函数,都可以分解为傅里叶级数。在电工技术中所遇到的非正弦周期信号,一般都能满足狄里赫利条件。

设任一非正弦周期函数为 $f(t)$,其角频率为 ω,则 $f(t)$ 可以分解为下列傅里叶级数形式:

$$f(t) = A_0 + A_{1m}\sin(\omega t + \psi_1) + A_{2m}\sin(2\omega t + \psi_2) + \cdots$$

$$= A_0 + \sum_{k=1}^{\infty} A_{km}\sin(k\omega t + \psi_k) \tag{5.1-1}$$

式中,A_0为常数,称为直流分量;$A_{1m}\sin(\omega t+\psi_1)$是与原周期函数同频率的正弦波,称为基波或一次谐波;其余各项的频率为原周期函数的整数倍,称为高次谐波,例如$k=2,3,4,\cdots$的各项,分别称为二次谐波、三次谐波等。由于傅里叶级数的收敛性质,一般来说,谐波次数越高,其幅值越小(个别项可能例外),因此,次数很高的谐波可以忽略。

将式(5.1-1)展开,傅里叶级数可写为

$$f(t)=A_0+A_{1m}\cos\psi_1\sin\omega t+A_{1m}\sin\psi_1\cos\omega t+A_{2m}\cos\psi_2\sin2\omega t+A_{2m}\sin\psi_2\cos2\omega t+\cdots$$

$$=A_0+\sum_{k=1}^{\infty}(A_{km}\cos\psi_k)\sin k\omega t+\sum_{k=1}^{\infty}(A_{km}\sin\psi_k)\cos k\omega t$$

$$=A_0+\sum_{k=1}^{\infty}B_{km}\sin k\omega t+\sum_{k=1}^{\infty}C_{km}\cos k\omega t \qquad (5.1-2)$$

根据高等数学中的证明,式(5.1-2)中的系数A_0、B_{km}与C_{km}可以由下式求得

$$\left.\begin{array}{l} A_0=\dfrac{1}{T}\displaystyle\int_0^T f(t)\,\mathrm{d}t=\dfrac{1}{2\pi}\displaystyle\int_0^{2\pi} f(\omega t)\,\mathrm{d}(\omega t) \\[3mm] B_{km}=\dfrac{2}{T}\displaystyle\int_0^T f(t)\sin k\omega t\,\mathrm{d}t=\dfrac{1}{\pi}\displaystyle\int_0^{2\pi} f(\omega t)\sin k\omega t\,\mathrm{d}(\omega t) \\[3mm] C_{km}=\dfrac{2}{T}\displaystyle\int_0^T f(t)\cos k\omega t\,\mathrm{d}t=\dfrac{1}{\pi}\displaystyle\int_0^{2\pi} f(\omega t)\cos k\omega t\,\mathrm{d}(\omega t) \end{array}\right\} \qquad (5.1-3)$$

又
$$A_{km}=\sqrt{B_{km}^2+C_{km}^2},\quad \psi_k=\arctan\dfrac{C_{km}}{B_{km}}$$

在表5.1-1中列出了一些常见的非正弦周期信号的傅里叶级数展开式。

表5.1-1　常见的非正弦周期信号的傅里叶级数展开式

序号	波 形 图	傅里叶级数展开式
1		$f(t)=\dfrac{A_m}{\pi}\left(1+\dfrac{\pi}{2}\sin\omega t-\dfrac{2}{3}\cos2\omega t-\dfrac{2}{15}\cos4\omega t-\cdots\right)$
2		$f(t)=\dfrac{2}{\pi}A_m\left(1-\dfrac{2}{3}\cos2\omega t-\dfrac{2}{15}\cos4\omega t-\dfrac{2}{35}\cos6\omega t-\cdots\right)$
3		$f(t)=\dfrac{A_m}{\pi}-\dfrac{4A_m}{\pi^2}\left(\cos\omega t+\dfrac{1}{3^2}\cos3\omega t+\dfrac{1}{5^2}\cos5\omega t+\cdots\right)$
4		$f(t)=\dfrac{4}{\pi}A_m\left(\cos\omega t-\dfrac{1}{3}\cos3\omega t+\dfrac{1}{5}\cos5\omega t-\cdots\right)$

序号	波 形 图	傅里叶级数展开式
5	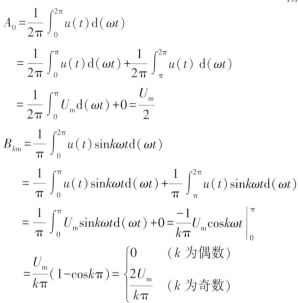	$f(t)=\dfrac{2}{\pi}A_{\mathrm{m}}\left(\sin\omega t-\dfrac{1}{2}\sin2\omega t+\dfrac{1}{3}\sin3\omega t-\cdots\right)$
6		$f(t)=A_{\mathrm{m}}\left[\dfrac{1}{2}-\dfrac{1}{\pi}\left(\sin\omega t+\dfrac{1}{2}\sin2\omega t+\dfrac{1}{3}\sin3\omega t+\cdots\right)\right]$
7		$f(t)=\dfrac{8}{\pi^2}A_{\mathrm{m}}\left(\sin\omega t-\dfrac{1}{9}\sin3\omega t+\dfrac{1}{25}\sin5\omega t-\cdots\right)$
8		$f(t)=\dfrac{4}{\alpha\pi}A_{\mathrm{m}}\left(\sin\alpha\sin\omega t+\dfrac{1}{9}\sin3\alpha\sin3\omega t+\dfrac{1}{25}\sin5\alpha\sin5\omega t+\cdots\right)$

[**例 5.1-1**]　求图 5.1-2 所示方波信号的傅里叶级数展开式。

解：图 5.1-2 所示的方波在一个周期内的表达式为

$$u(t)=\begin{cases}U_{\mathrm{m}}, & 0\leqslant\omega t\leqslant\pi\\ 0, & \pi<\omega t\leqslant2\pi\end{cases}$$

由式(5.1-3)求各系数,有

图 5.1-2　方波信号

$$A_0=\frac{1}{2\pi}\int_0^{2\pi}u(t)\mathrm{d}(\omega t)$$

$$=\frac{1}{2\pi}\int_0^{\pi}u(t)\mathrm{d}(\omega t)+\frac{1}{2\pi}\int_{\pi}^{2\pi}u(t)\ \mathrm{d}(\omega t)$$

$$=\frac{1}{2\pi}\int_0^{\pi}U_{\mathrm{m}}\mathrm{d}(\omega t)+0=\frac{U_{\mathrm{m}}}{2}$$

$$B_{k\mathrm{m}}=\frac{1}{\pi}\int_0^{2\pi}u(t)\sin k\omega t\mathrm{d}(\omega t)$$

$$=\frac{1}{\pi}\int_0^{\pi}u(t)\sin k\omega t\mathrm{d}(\omega t)+\frac{1}{\pi}\int_{\pi}^{2\pi}u(t)\sin k\omega t\mathrm{d}(\omega t)$$

$$=\frac{1}{\pi}\int_0^{\pi}U_{\mathrm{m}}\sin k\omega t\mathrm{d}(\omega t)+0=\frac{-1}{k\pi}U_{\mathrm{m}}\cos k\omega t\bigg|_0^{\pi}$$

$$=\frac{U_{\mathrm{m}}}{k\pi}(1-\cos k\pi)=\begin{cases}0 & (k\text{ 为偶数})\\ \dfrac{2U_{\mathrm{m}}}{k\pi} & (k\text{ 为奇数})\end{cases}$$

$$C_{km} = \frac{1}{\pi} \int_0^{2\pi} u(t) \cos k\omega t\, \mathrm{d}(\omega t)$$

$$= \frac{1}{\pi} \int_0^{\pi} u(t) \cos k\omega t\, \mathrm{d}(\omega t) + \frac{1}{\pi} \int_{\pi}^{2\pi} u(t) \cos k\omega t\, \mathrm{d}(\omega t)$$

$$= \frac{1}{\pi} \int_0^{\pi} U_{\mathrm{m}} \cos k\omega t\, \mathrm{d}(\omega t) + 0 = \left. \frac{U_{\mathrm{m}}}{k\pi} \sin k\omega t \right|_0^{\pi}$$

$$= \frac{U_{\mathrm{m}}}{k\pi}(\sin k\pi - 0) = 0 \qquad (k = 1, 2, 3, \cdots)$$

因此可得

$$u(t) = \frac{U_{\mathrm{m}}}{2} + \frac{2U_{\mathrm{m}}}{\pi}\left(\sin\omega t + \frac{1}{3}\sin 3\omega t + \frac{1}{5}\sin 5\omega t + \cdots\right)$$

5.1.3　非正弦周期信号的幅值、平均值与有效值

非正弦周期信号除了可分解为傅里叶级数形式,还可以用幅值、平均值与有效值来说明它的特性。幅值即峰值,平均值即恒定分量 A_0,计算公式见式(5.1-3)。有效值(方均根值)在3.1 节中已有定义,即

$$I = \sqrt{\frac{1}{T}\int_0^T i^2(t)\,\mathrm{d}t}, \quad U = \sqrt{\frac{1}{T}\int_0^T u^2(t)\,\mathrm{d}t} \qquad (5.1\text{-}4)$$

5.2

由式(5.1-1)可得非正弦周期电流 $i(t)$ 的傅里叶级数展开式

$$i(t) = I_0 + \sum_{k=1}^{\infty} I_{km}\sin(k\omega t + \psi_k)$$

将上式代入式(5.1-4),得

$$I = \sqrt{\frac{1}{T}\int_0^T \left[I_0 + \sum_{k=1}^{\infty} I_{km}\sin(k\omega t + \psi_k) \right]^2 \mathrm{d}t}$$

将上式根号内积分展开,可得到下列四项,即

$$\frac{1}{T}\int_0^T I_0^2\,\mathrm{d}t = I_0^2$$

$$\frac{1}{T}\int_0^T I_{km}^2\sin^2(k\omega t + \psi_k)\,\mathrm{d}t = \frac{1}{T}\int_0^T \frac{1}{2}I_{km}^2\left[1 - \cos 2(k\omega t + \psi_k)\right]\mathrm{d}t = \frac{I_{km}^2}{2} = I_k^2$$

$$\frac{1}{T}\int_0^T 2I_0 I_{km}\sin(k\omega t + \psi_k)\,\mathrm{d}t = 0$$

$$\frac{1}{T}\int_0^T 2I_{km}\sin(k\omega t + \psi_k)\cdot I_{qm}\sin(q\omega t + \psi_q)\,\mathrm{d}t$$

$$= \frac{1}{T}\int_0^T I_{km}I_{qm}\{\cos[(k-q)\omega t + \psi_k - \psi_q] - \cos[(k+q)\omega t + \psi_k + \psi_q]\}\mathrm{d}t = 0\,(\text{当 } k \neq q \text{ 时})$$

因此,非正弦周期电流 $i(t)$ 的有效值为

$$I = \sqrt{I_0^2 + I_1^2 + I_2^2 + I_3^2 + \cdots} \qquad (5.1\text{-}5)$$

同理,可得非正弦周期电压 $u(t)$ 的有效值为

$$U = \sqrt{U_0^2 + U_1^2 + U_2^2 + U_3^2 + \cdots} \qquad (5.1\text{-}6)$$

以上两式说明,非正弦周期量的有效值等于其恒定分量平方与各次谐波分量有效值平方之和的平方根。

[例 5.1-2]　试求表 5.1-1 所示第一项的单相半波整流电压 $u(t)$ 的平均值 U_0 与有效值 U。

解：对于单相半波整流电压

$$u(t) = \begin{cases} U_{\mathrm{m}}\sin\omega t, & 0 \leqslant t \leqslant T/2 \\ 0, & T/2 < t \leqslant T \end{cases}$$

根据式(5.1-3)，$u(t)$ 的平均值为

$$U_0 = \frac{1}{T}\int_0^T u(t)\,\mathrm{d}t = \frac{1}{T}\left[\int_0^{T/2} U_{\mathrm{m}}\sin\omega t\,\mathrm{d}t + \int_{T/2}^T 0\,\mathrm{d}t\right] = \frac{1}{T}\frac{U_{\mathrm{m}}}{\omega}(-\cos\omega t)\Big|_0^{T/2}$$

$$= \frac{U_{\mathrm{m}}}{2\pi}\left(-\cos\frac{\omega T}{2} + \cos 0°\right) = \frac{U_{\mathrm{m}}}{\pi}$$

根据式(5.1-4)，$u(t)$ 的有效值为

$$U = \sqrt{\frac{1}{T}\int_0^T u^2(t)\,\mathrm{d}t} = \sqrt{\frac{1}{T}\left[\int_0^{T/2} U_{\mathrm{m}}^2\sin^2\omega t\,\mathrm{d}t + \int_{T/2}^T 0\,\mathrm{d}t\right]}$$

$$= \sqrt{\frac{1}{T}\int_0^{T/2} U_{\mathrm{m}}^2\frac{1-\cos 2\omega t}{2}\,\mathrm{d}t} = \frac{U_{\mathrm{m}}}{2}$$

[例 5.1-3]　已知非正弦周期电压为

$$u(t) = 40 + 180\sin\omega t + 60\sin(3\omega t + 45°) + 20\sin(5\omega t + 18°)\ \mathrm{V}$$

试求它的有效值。

解：根据式(5.1-6)，$u(t)$ 的有效值为

$$U = \sqrt{40^2 + \left(\frac{180}{\sqrt{2}}\right)^2 + \left(\frac{60}{\sqrt{2}}\right)^2 + \left(\frac{20}{\sqrt{2}}\right)^2} = 141\ \mathrm{V}$$

5.1.4　非正弦周期电流电路的计算

线性非正弦周期电流电路的计算，可以根据叠加定理，把一个非正弦周期电压（流）源的作用看作该电源的恒定分量与各次谐波分量单独作用的叠加。恒定分量与各次谐波分量单独作用时，电路的计算可分别用前面学过的直流电路与正弦交流电路的基本定律和分析计算方法。非正弦周期电流电路的这种分析方法被称为谐波分析法。具体计算步骤如下：

① 把给定的非正弦周期信号分解成傅里叶级数形式，分解式的高次谐波取到哪一项为止，要根据所要求的精确度而定。

② 分别计算电源恒定分量及各次谐波分量单独作用时在电路中所产生的电流或电压。计算时要注意：频率不同时，感抗和容抗的数值也不同，感抗 $X_{Lk} = k\omega L$ 随谐波次数 k 的增加而增大，容抗 $X_{Ck} = \dfrac{1}{k\omega C}$ 随谐波次数 k 的增加而减小。对恒定分量而言，电感元件视为短路，电容元件视为开路。

③ 应用叠加定理，把电源恒定分量与各次谐波分量在电路中所产生的电流或电压分量叠加起来。但要注意：因频率不同各次谐波在电路中产生的电流或电压分量必须化为瞬时值后方能叠加，不能直接用相量叠加。

[例 5.1-4]　在图 5.1-3（a）所示电路中，已知信号源电流 $i_{\mathrm{s}} = 2 + 2\sin 2\pi ft$ mA，$f =$

$100\,\text{kHz}, R_1 = 9\,\text{k}\Omega, R_2 = 1\,\text{k}\Omega, C = 10\,\mu\text{F}$。试求信号源的端电压 u_1 和输出端电压 u_2。

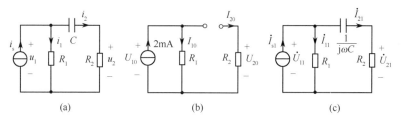

图 5.1-3　例 5.1-4 的电路

解：已知信号源的傅里叶级数展开式，可分别计算恒定分量和基波分量单独作用于电路时的响应。

对于恒定分量，其电路如图 5.1-3(b) 所示。

$$X_{C0} = \infty$$

$I_{20} = 0$，$U_{20} = R_2 I_{20} = 0$；$I_{10} = 2\,\text{mA}$，$U_{10} = R_1 I_{10} = 9 \times 10^3 \times 2 \times 10^{-3}\,\text{V} = 18\,\text{V}$

对于基波分量，其电路如图 5.1-3(c) 所示。

$$\dot{I}_{s1} = \sqrt{2}\;\underline{/0°}\;\text{mA}$$

$$X_C = \frac{1}{2\pi f C} = \frac{1}{2 \times 3.14 \times 10^5 \times 10 \times 10^{-6}} \approx 0.159\,\Omega$$

$$Z_2 = R_2 - jX_C \approx R_2 = 1\,000\,\Omega$$

$$\dot{I}_{21} = \frac{R_1}{R_1 + Z_2}\dot{I}_{s1} = \frac{9}{9+1} \times \sqrt{2}\;\underline{/0°}\;\text{mA} = 0.9\sqrt{2}\;\underline{/0°}\;\text{mA}$$

$$\dot{I}_{11} = \dot{I}_{s1} - \dot{I}_{21} = (\sqrt{2}\;\underline{/0°} - 0.9\sqrt{2}\;\underline{/0°})\;\text{mA} = 0.1\sqrt{2}\;\underline{/0°}\;\text{mA}$$

$$\dot{U}_{21} = R_2 \dot{I}_{21} = 10^3 \times 0.9\sqrt{2} \times 10^{-3}\;\underline{/0°}\;\text{V} = 0.9\sqrt{2}\;\underline{/0°}\;\text{V}$$

$$u_{21} = 1.8\sin 2\pi f t\;\text{V}$$

$$\dot{U}_{11} = R_1 \dot{I}_{11} = 9 \times 10^3 \times 0.1\sqrt{2} \times 10^{-3}\;\underline{/0°}\;\text{V} = 0.9\sqrt{2}\;\underline{/0°}\;\text{V}$$

$$u_{11} = 1.8\sin 2\pi f t\;\text{V}$$

根据叠加定理，可求得

$$u_1 = U_{10} + u_{11} = (18 + 1.8\sin 2\pi f t)\;\text{V}$$

$$u_2 = U_{20} + u_{21} = 1.8\sin 2\pi f t\;\text{V}$$

从本例计算结果可知，由于电容 C 与负载电阻 R_2 串联，能阻断信号源电流 i_s 中的恒定分量，起到隔直流的作用；另一方面，本例中 $X_C \ll R_2$，电容 C 对于交流分量不产生有影响的电压降，可使信号源中的交流分量顺利到达输出端。

思考与练习

5.1-1　试分析"在线性电路中，只要电源是正弦函数，则电路中各部分的电压和电流均为正弦函数。"这句话是否正确，并说明理由。

5.1-2　下列各电压中____属于非正弦周期电压。

（1）$u = (10\sin\omega t + 4\cos\omega t)\,\text{V}$　　（2）$u = (10\sin\omega t + 4\sin 3\omega t)\,\text{V}$

5.1-3　判断下列函数是否为周期函数，并说明理由；若是周期函数，其周期等于多少？

（1）$f(t) = 2\sqrt{2} + \sqrt{2}\cos 5t$　　（2）$f(t) = 100 + 20\sin\sqrt{2}\pi t + 8\sqrt{2}\sin(20\pi t + 30°)$

5.1-4 若非正弦周期电流 i 分解为各种不同频率成分：$i = I_0 + i_1 + i_2 + i_3 + \cdots$ 试判断下列哪些式子是正确的。

（1）有效值 $I = I_0 + I_1 + I_2 + I_3 + \cdots$　　　（2）有效值相量 $\dot{I} = \dot{I}_0 + \dot{I}_1 + \dot{I}_2 + \dot{I}_3 + \cdots$

（3）最大值相量 $\dot{I}_m = \dot{I}_{0m} + \dot{I}_{1m} + \dot{I}_{2m} + \dot{I}_{3m} + \cdots$　　（4）有效值 $I = \sqrt{\left(\dfrac{I_0}{\sqrt{2}}\right)^2 + \left(\dfrac{I_{1m}}{\sqrt{2}}\right)^2 + \left(\dfrac{I_{2m}}{\sqrt{2}}\right)^2 + \cdots}$

（5）有效值 $I = \sqrt{I_0^2 + I_1^2 + I_2^2 + I_3^2 + \cdots}$

5.1-5 感抗 $\omega L = 2\ \Omega$ 的端电压 $u = [10\cos(\omega t + 30°) + 6\cos(3\omega t + 60°)]$ V，电压与电流参考方向关联，则 $i = \underline{\quad}$ A。

（1）$5\cos(\omega t + 30°) + 3\cos(3\omega t + 60°)$　　（2）$5\cos(\omega t + 60°) + 3\cos(3\omega t - 30°)$

（3）$5\cos(\omega t - 60°) + \cos(3\omega t - 210°)$　　（4）$5\cos(\omega t - 60°) + \cos(3\omega t - 30°)$

5.1-6 感抗 $\omega L = 3\ \Omega$ 与容抗 $1/(\omega C) = 27\ \Omega$ 串联后接到 $i = [3\sin\omega t - 2\cos3\omega t]$ A 的电流源上，若电压与电流参考方向关联，则感抗和容抗串联后两端的电压 $u = \underline{\quad}$ V。

（1）$72\sin\omega t - 48\cos3\omega t$　　　　　　（2）$-72\sin\omega t$

（3）$-72\cos\omega t$　　　　　　　　　　　（4）$-72\sin\omega t - 48\sin3\omega t$

5.2 RC 串联电路的频率特性

5.2.1 RC 低通电路

图 5.2-1 所示为 RC 低通电路。$\dot{U}_1$ 是输入（激励）电压相量，$\dot{U}_2$ 是输出（响应）电压相量。由图 5.2-1 可知，电路的输出电压相量为

$$\dot{U}_2 = \dot{I}\,\frac{1}{j\omega C} = \frac{\dot{U}_1}{R + \dfrac{1}{j\omega C}} \cdot \frac{1}{j\omega C} = \frac{\dot{U}_1}{1 + j\omega RC}$$

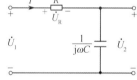

图 5.2-1　RC 低通电路

通常把电路的响应相量与激励相量之比定义为网络函数，用 $N(j\omega)$ 表示，即

$$N(j\omega) = \frac{响应相量}{激励相量} = |N(j\omega)|\underline{/\varphi(\omega)}$$

对于图 5.2-1 所示的电路有

$$N(j\omega) = \frac{\dot{U}_2}{\dot{U}_1} = \frac{1}{1 + j\omega RC} = \frac{1}{\sqrt{1 + (\omega RC)^2}}\underline{/-\arctan\omega RC} = |N(j\omega)|\underline{/\varphi(\omega)}$$

式中
$$|N(j\omega)| = \frac{U_2}{U_1} = \frac{1}{\sqrt{1 + (\omega RC)^2}} \tag{5.2-1}$$

是响应电压与激励电压的有效值之比，为网络函数的模，它随角频率 ω 的变化而变化的规律称为该网络函数的幅频特性。而
$$\varphi(\omega) = -\arctan\omega RC \tag{5.2-2}$$

是响应电压与激励电压之间的相位差角，为网络函数的辐角，它随角频率 ω 的变化而变化的规律称为该网络函数的相频特性。

幅频特性和相频特性合称为频率响应特性,简称频率特性。若将它们用曲线表示,则如图 5.2-2 所示。

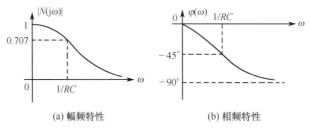

(a) 幅频特性 (b) 相频特性

图 5.2-2 RC 低通电路的频率特性曲线

由式(5.2-1)、式(5.2-2)与图 5.2-2 可见:当 $\omega = 0$,即直流电压激励时,电容相当于开路,电路中的电流为零,电容上响应电压与激励电压相等,使网络函数的模值为 1,其辐角为零。随着 ω 增大,网络函数的模值下降,其辐角为负值并随之减小。当 $\omega \to \infty$ 时,电容相当于短路,电容上的电压趋近于零,使网络函数的模值趋近于零,其辐角趋近于$-90°$。

当 $\omega = \dfrac{1}{RC}$ 时, $|N(j\omega)| = \dfrac{1}{\sqrt{2}} = 0.707$, $\varphi(\omega) = -45°$,即当响应电压下降到激励电压的 70.7% 时,网络函数的模值为 0.707,其辐角为$-45°$。在工程实际中,为了保证电路响应电压与激励电压之间不至于产生太大的出入,把

$$\omega_{C} = \frac{1}{RC} \tag{5.2-3}$$

称为临界角频率或截止角频率。显然,当信号频率高于 ω_{C} 时,响应电压将小于 $0.707U_1$,认为它不能通过这个 RC 电路;而信号频率低于 ω_{C} 时,响应电压比 $0.707U_1$ 大,认为它能够通过这个 RC 电路。这就表明,图 5.2-1 所示 RC 电路具有使低频信号通过而抑制较高频率信号的作用,因而称为低通电路,又称为低通滤波器。

在电子设备中经常用到各种不同电压的直流稳压电源,它先将正弦交流电压经整流电路得到脉动电压,此脉动电压由直流分量与各次谐波分量组成。为了得到恒定的直流电压,在整流电路和负载之间设置低通滤波器,阻止了各高次谐波分量通过,从而在输出端口得到较平滑的直流电压。所以低通滤波器是直流稳压电路中必不可少的一个部件。

5.2.2 RC 高通电路

将图 5.2-1 中的 R 与 C 位置对换,便得图 5.2-3 所示的 RC 高通电路。此电路的网络函数为

$$N(j\omega) = \frac{\dot{U}_2}{\dot{U}_1} = \frac{\dot{I}R}{\dot{I}\left(R + \dfrac{1}{j\omega C}\right)} = \frac{j\omega RC}{1 + j\omega RC} = |N(j\omega)| \angle \varphi(\omega)$$

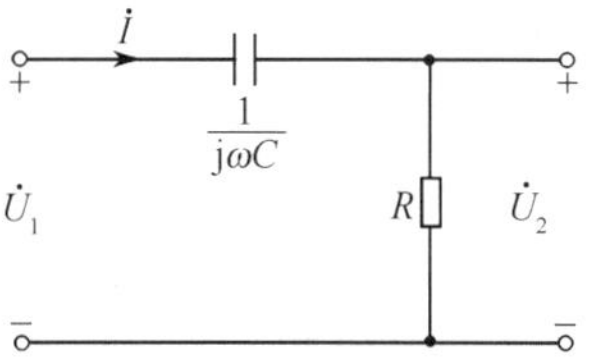

图 5.2-3 RC 高通电路

式中

$$|N(j\omega)| = \frac{U_2}{U_1} = \frac{\omega RC}{\sqrt{1 + (\omega RC)^2}} \tag{5.2-4}$$

$$\varphi(\omega) = 90° - \arctan \omega RC \tag{5.2-5}$$

由式(5.2-4)与式(5.2-5)可知:当 $\omega = 0$,即直流电压激励时,电容相当于开路,电路中

电流为零,电阻上响应电压为零,使网络函数的模值为零,其辐角为 90°。随着 ω 增大网络函数的模值亦随之增加,其辐角却减小。当 ω→∞ 时,电容相当于短路,电阻上的响应电压和激励电压接近相等,使网络函数的模值趋近于 1,其辐角趋近于零。表明电路对高频信号容易通过。这从直观上也易理解,因为容抗对高频信号可视为短路,故称此电路为高通电路,又称为高通滤波器。

图 5.2-4 所示为 RC 高通电路的频率特性曲线,其中 $\omega_C = \dfrac{1}{RC}$ 也称为临界角频率或截止角频率。当信号频率低于 ω_C 时,响应电压将小于 $0.707U_1$,认为它不能通过这个电路;而信号频率高于 ω_C 时,响应电压比 $0.707U_1$ 大,认为它能通过这个电路。可见,高通电路是允许截止频率以上的高频信号通过的网络,它常用于从许多信号中获取所需要的高频信号。

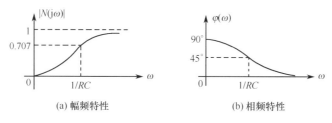

(a) 幅频特性　　　　　　　(b) 相频特性

图 5.2-4　RC 高通电路的频率特性曲线

[例 5.2-1]　在图 5.2-1 所示的 RC 低通电路中,已知输入信号电压为 0.85 V,$R = 4.43\ \mathrm{k\Omega}$,$C = 2\ \mathrm{\mu F}$。试求此电路的截止频率 f_C 及当输入信号频率为 f_C 时的输出电压值。

解:根据式(5.2-3)可得电路的截止角频率为

$$\omega_C = \frac{1}{RC} = \frac{1}{4.43 \times 10^3 \times 2 \times 10^{-6}} = 113\ \mathrm{rad/s}$$

由此可求出截止频率为
$$f_C = \frac{\omega_C}{2\pi} = 18\ \mathrm{Hz}$$

输入信号频率为 f_C 时的输出电压为
$$U_2 = 0.707U_1 = 0.707 \times 0.85\ \mathrm{V} = 0.6\ \mathrm{V}$$

思考与练习

5.2-1　电路如图 5.2-5 所示,若 $R = 5\ \Omega$,$C = 10\ \mathrm{\mu F}$,试画出其幅频特性曲线和相频特性曲线。

5.2-2　电阻和电感是否也能构成低通滤波器? 如果能,请通过网络函数进行分析。

5.2-3　电路如图 5.2-6 所示,若 $R = 10\ \Omega$,$C = 15\ \mathrm{\mu F}$,试画出其幅频特性曲线和相频特性曲线。

5.2-4　电阻和电感是否也能构成高通滤波器? 如果能,请通过网络函数进行分析。

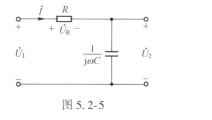

图 5.2-5

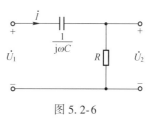

图 5.2-6

5.3 RC 串/并联电路的频率特性

在电子仪器中,常常用 RC 串/并联来构成电路,使电路只能通过某种频率的信号,这样的电路有时称为选频网络。下面讨论图 5.3-1 所示 RC 串/并联电路的频率特性。

上述电路的网络函数为

$$N(j\omega) = \dot{U}_2/\dot{U}_1$$

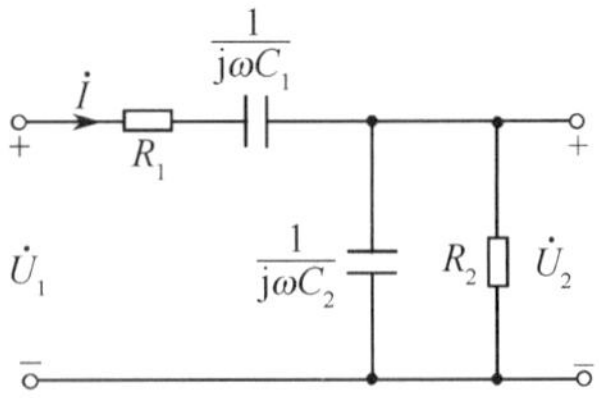

图 5.3-1 RC 串/并联电路

式中
$$\dot{U}_1 = \dot{I}\left(R_1 + \frac{1}{j\omega C_1} + \frac{\frac{R_2}{j\omega C_2}}{R_2 + \frac{1}{j\omega C_2}}\right), \quad \dot{U}_2 = \dot{I}\frac{\frac{R_2}{j\omega C_2}}{R_2 + \frac{1}{j\omega C_2}}$$

则
$$N(j\omega) = \frac{\frac{R_2}{1+j\omega C_2 R_2}}{R_1 + \frac{1}{j\omega C_1} + \frac{R_2}{1+j\omega C_2 R_2}} = \frac{1}{\left(1 + \frac{R_1}{R_2} + \frac{C_2}{C_1}\right) + j\left(\omega C_2 R_1 - \frac{1}{\omega C_1 R_2}\right)} \tag{5.3-1}$$

在实际使用中为了调节方便,常常取 $R_1 = R_2 = R$,$C_1 = C_2 = C$,则式(5.3-1)可写成

$$N(j\omega) = \frac{1}{3 + j\left(\omega RC - \frac{1}{\omega RC}\right)} = \frac{1}{\sqrt{9 + \left(\omega RC - \frac{1}{\omega RC}\right)^2}} \underline{/-\arctan\frac{\omega RC - \frac{1}{\omega RC}}{3}}$$

$$= |N(j\omega)| \underline{/\varphi(\omega)}$$

式中
$$|N(j\omega)| = \frac{1}{\sqrt{9 + \left(\omega RC - \frac{1}{\omega RC}\right)^2}}, \quad \varphi(\omega) = -\arctan\frac{\omega RC - \frac{1}{\omega RC}}{3}$$

当 $\omega = 0$ 时,$|N(j\omega)| = 0$,$\varphi(\omega) = 90°$,$N(j\omega) = 0 \underline{/90°}$;

当 $\omega \to \infty$ 时,$|N(j\omega)| = 0$,$\varphi(\omega) = -90°$,$N(j\omega) = 0 \underline{/-90°}$;

当 $\omega = \omega_0 = \frac{1}{RC}$时,$|N(j\omega)| = \frac{1}{3}$,$\varphi(\omega) = 0$,$N(j\omega) = \frac{1}{3} \underline{/0°}$。

由此可见输出电压 U_2 随频率 ω 的变化而变化。在输入信号的角频率 $\omega = \omega_0 = \frac{1}{RC}$时,输出电压 U_2 达最大值,输出电压与输入电压之比为 1/3,而且同相位。

图 5.3-2 所示为图 5.3-1 的 RC 串/并联电路的频率特性曲线。

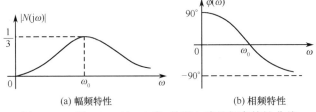

(a) 幅频特性   (b) 相频特性

图 5.3-2 图 5.3-1 的 RC 串/并联电路的频率特性曲线

[**例5.3-1**] 在图5.3-1所示电路中，已知 $\dot{U}_1 = 12 \angle 30°$ V，$R_1 = R_2 = 16\,\mathrm{k\Omega}$，$C_1 = C_2 = 0.01\,\mathrm{\mu F}$，试求输出电压 U_2 为最大值时的频率 f_0 及 $\dot{U}_2$。

解： 由输入信号角频率 $\omega_0 = \dfrac{1}{RC}$ 时 U_2 为最大值，可得

$$f_0 = \frac{1}{2\pi RC} = \frac{1}{2 \times 3.14 \times 16 \times 10^3 \times 0.01 \times 10^{-6}}\ \mathrm{Hz} \approx 1\,000\ \mathrm{Hz}$$

由 $N(\mathrm{j}\omega) = \dot{U}_2 / \dot{U}_1$ 可得

$$\dot{U}_2 = N(\mathrm{j}\omega)\dot{U}_1 = \frac{1}{3} \times 12 \angle 30°\ \mathrm{V} = 4 \angle 30°\ \mathrm{V}$$

思考与练习

5.3-1　选频网络的作用是什么？

5.4　RLC 串联电路的频率特性与串联谐振

5.4.1　RLC 串联电路的频率特性

图5.4-1所示为 RLC 串联电路。在外加电压有效值 U_i 不变而频率可变的激励下，电路的电流及阻抗模、感抗、容抗、阻抗角都随频率的变化而变化。下面先讨论其频率特性。

图5.4-1所示电路的阻抗为

$$Z = R + \mathrm{j}\left(\omega L - \frac{1}{\omega C}\right) = |Z| \angle \varphi$$

式中

$$|Z| = \sqrt{R^2 + \left(\omega L - \frac{1}{\omega C}\right)^2},\quad \varphi = \arctan \frac{\omega L - \dfrac{1}{\omega C}}{R}$$

5.4

当 $\omega = 0$ 时，$|Z| \to \infty$，$\varphi = -90°$；$\omega \to \infty$ 时，$|Z| \to \infty$，$\varphi = 90°$；$\omega = \omega_0 = \dfrac{1}{\sqrt{LC}}$ 时，$|Z| = R$，$\varphi = 0°$。不同的 ω，阻抗模 $|Z|$、感抗 ωL、容抗 $\dfrac{1}{\omega C}$ 和阻抗角 φ 将有不同的值，它们的变化规律如图5.4-2所示。从图中也可以看到，当 $\omega = \omega_0$ 时，阻抗模最小，电路呈电阻性。

在 U_i 不变的情况下，此电路的响应电流 $\dot{I}$ 为

$$\dot{I} = \frac{\dot{U}_i}{Z} = \frac{\dot{U}_i}{R + \mathrm{j}\left(\omega L - \dfrac{1}{\omega C}\right)} = \frac{U_i}{\sqrt{R^2 + \left(\omega L - \dfrac{1}{\omega C}\right)^2}} \angle -\arctan \frac{\omega L - \dfrac{1}{\omega C}}{R} \tag{5.4-1}$$

由于阻抗随频率变化，因此电路的响应电流不仅有效值大小在变化，而且激励电压与它之间的相位差角 φ 也随之改变。图5.4-3给出了 RLC 串联电路电流的频率特性曲线。

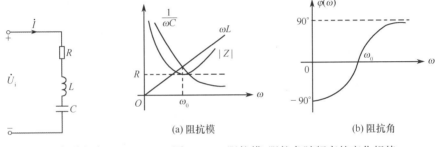

图 5.4-1 RLC 串联电路 　　图 5.4-2 阻抗模、阻抗角随频率的变化规律

(a) 阻抗模 　　　　　　　　　(b) 阻抗角

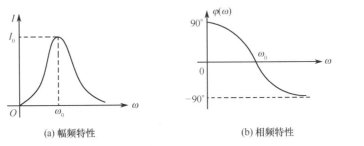

(a) 幅频特性 　　　　　　　　　(b) 相频特性

图 5.4-3 RLC 串联电路电流的频率特性曲线

5.4.2 RLC 串联电路的谐振

由式(5.4-1)及图 5.4-3 可以看到,当 $\omega=\omega_0$ 时,RLC 串联电路中的电流有效值最大,而且与激励电压同相位,整个电路呈电阻性,这种现象称为串联谐振。发生谐振现象时的角频率或频率称为谐振角频率或谐振频率,记为 ω_0 或 f_0。由 $\omega_0 L-\dfrac{1}{\omega_0 C}=0$,可求得

5.5

$$\omega_0=\frac{1}{\sqrt{LC}}\quad\text{或}\quad f_0=\frac{1}{2\pi\sqrt{LC}}$$

显然,f_0 仅取决于电路参数 L 和 C。当电路参数确定后,该电路的 f_0 就唯一确定了。若要使电路发生谐振,可以调节激励的频率,使它等于 f_0;如果激励频率一定,也可以通过改变 L 和 C 来改变 f_0,使它等于激励频率,这两种方法都能使电路谐振。

RLC 串联电路在谐振条件下具有下列特点:

(1) 电路谐振时的阻抗模 $|Z|=\sqrt{R^2+\left(\omega_0 L-\dfrac{1}{\omega_0 C}\right)^2}=R$ 为最小,阻抗角 $\varphi=\arctan\dfrac{\omega_0 L-\dfrac{1}{\omega_0 C}}{R}=0$,电路呈电阻性。

(2) 电路谐振时的电流 $I_0=U_i/R$ 为最大,且 $\dot{I}$ 与 $\dot{U}_i$ 同相。

(3) 由于 $\omega_0 L=\dfrac{1}{\omega_0 C}$,所以电路谐振时,电容电压和电感电压大小相等、相位相反,相互抵消。U_R 等于激励电压 U_i。其相量图如图 5.4-4 所示。当 $\omega_0 L=\dfrac{1}{\omega_0 C}>R$ 时,U_L 与 U_C 可能超过激励电

图 5.4-4 串联谐振的相量图

· 136 ·

压的许多倍,所以串联谐振又称为电压谐振。

串联谐振时电感电压或电容电压大于激励电压的现象,在无线电通信技术领域获得广泛的应用。例如当无线电广播或电视接收机调谐在某个频率或频带上时,就可使该频率或频带内的信号特别增强,而把其他频率或频带内的信号滤去,这种性能称为谐振电路的选择性。但在电力系统中,却要避免谐振或接近谐振状态的发生,因为过高的电压会使元件的绝缘击穿而造成损害。

(4) 由于谐振电路具有电阻的性质,所以电路中的总无功功率为零。这就是说,电感 L 的瞬时功率与电容 C 的瞬时功率在任何瞬时数值相等而符号相反,所以在任何一段时间内,电感中所需的磁场能量恰好由电容释放的电场能量来提供;或者相反,电容充电所需的电场能量恰好由电感释放的磁场能量来提供,它们之间的能量相互补偿。激励只向电路提供电阻消耗的电能,电路与激励之间没有能量的交换。

谐振电路的质量通常用品质因数 Q 表示。串联谐振时电感电压或电容电压的有效值与激励电压有效值之比称为谐振电路的品质因数,即

$$Q=\frac{U_{\mathrm{L}}}{U_{\mathrm{i}}}=\frac{U_{\mathrm{C}}}{U_{\mathrm{i}}}=\frac{\omega_0 L}{R}=\frac{1}{\omega_0 CR}$$

Q 值是一个无量纲的参数,其值可高达几百。它对频率特性曲线的形状影响很大。

由式(5.4-1)可知

$$\dot{I}=\frac{\dot{U}_{\mathrm{i}}}{R+\mathrm{j}\left(\omega L-\frac{1}{\omega C}\right)}=\frac{\dot{U}_{\mathrm{i}}}{R\left[1+\mathrm{j}\left(\frac{\omega L}{R}-\frac{1}{R\omega C}\right)\right]}$$

$$=\frac{\dot{I}_0}{1+\mathrm{j}\frac{\omega_0 L}{R}\left(\frac{\omega}{\omega_0}-\frac{\omega_0}{\omega}\right)}=\frac{\dot{I}_0}{1+\mathrm{j}Q\left(\frac{\omega}{\omega_0}-\frac{\omega_0}{\omega}\right)}$$

$$\frac{\dot{I}}{\dot{I}_0}=\frac{1}{1+\mathrm{j}Q\left(\frac{\omega}{\omega_0}-\frac{\omega_0}{\omega}\right)}$$

即

$$\frac{I}{I_0}=\frac{1}{\sqrt{1+Q^2\left(\frac{\omega}{\omega_0}-\frac{\omega_0}{\omega}\right)^2}} \qquad (5.4\text{-}2)$$

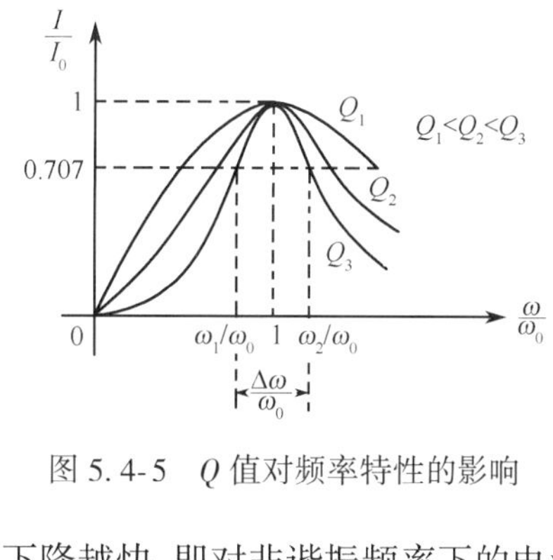

图 5.4-5 Q 值对频率特性的影响

以 I/I_0 为纵坐标、ω/ω_0 为横坐标画出表示式(5.4-2)关系的曲线,如图 5.4-5 所示。可以看出,当 Q 值越高时,曲线越尖锐,靠近谐振频率附近电流越大,失谐时电流下降越快,即对非谐振频率下的电流抑制作用越大。这说明 Q 值越高,选择性越好。

高 Q 值的谐振电路选择性好,它有利于从多种频率信号中选择出所需要的频率信号,而抑制其他不需要的频率信号。但是实际上信号中有用的成分不是单一频率的,而是占有一定的频带宽度。电路的 Q 值过高,曲线过于尖锐,势必使部分应该传送的频率成分被抑制,引起严重失真。为了定量地衡量电路对不同频率的选择能力,通常把曲线上 $I/I_0=1/\sqrt{2}=0.707$ 所对应的频率范围定义为电路的通频带,即

$$\Delta\omega=\omega_2-\omega_1 \quad 或 \quad \Delta f=f_2-f_1 \qquad (5.4\text{-}3)$$

式(5.4-3)中,ω_2 称为电路的上截止频率;ω_1 称为电路的下截止频率。令式(5.4-2)中 $I/I_0=1/\sqrt{2}$,则有

$$Q^2\left(\frac{\omega}{\omega_0}-\frac{\omega_0}{\omega}\right)^2=1, \quad 即 \quad \frac{\omega}{\omega_0}-\frac{\omega_0}{\omega}=\pm\frac{1}{Q}$$

取 $\dfrac{\omega}{\omega_0}-\dfrac{\omega_0}{\omega}=\dfrac{1}{Q}$,可解得 $\qquad\qquad \dfrac{\omega_2}{\omega_0}=\dfrac{1+\sqrt{1+4Q^2}}{2Q}$

取 $\dfrac{\omega}{\omega_0}-\dfrac{\omega_0}{\omega}=-\dfrac{1}{Q}$,可解得 $\qquad \dfrac{\omega_1}{\omega_0}=\dfrac{-1+\sqrt{1+4Q^2}}{2Q}$

从而 $\qquad\qquad\qquad\qquad\qquad\qquad \dfrac{\omega_2}{\omega_0}-\dfrac{\omega_1}{\omega_0}=\dfrac{1}{Q}$

即 $\qquad\qquad\qquad\qquad\qquad\qquad \Delta\omega=\omega_2-\omega_1=\omega_0/Q$

或 $\qquad\qquad\qquad\qquad\qquad\qquad \Delta f=f_2-f_1=f_0/Q$

在谐振频率的两侧,可以近似地认为曲线是对称的。于是上、下截止频率分别为

$$\omega_2=\omega_0+\frac{\Delta\omega}{2}=\omega_0\left(1+\frac{1}{2Q}\right) \qquad \omega_1=\omega_0-\frac{\Delta\omega}{2}=\omega_0\left(1-\frac{1}{2Q}\right)$$

由以上的分析可知:RLC 串联电路对某一通频带范围内的信号,其响应的有效值较大。而在通频带范围以外的信号,其响应的有效值显著减小。因此这种电路又称为带通电路或带通滤波器。

[例5.4-1] 在图5.4-1所示的电路中,已知 $R=1\,\text{k}\Omega,L=100\,\text{mH},C=10\,\text{pF}$。试求:(1)谐振频率 f_0;(2)Q 值;(3)通频带与上、下截止频率。

解:(1)谐振频率为

$$f_0=\frac{1}{2\pi\sqrt{LC}}=\frac{1}{2\pi\sqrt{100\times10^{-3}\times10\times10^{-12}}}=159.2\,\text{kHz}$$

(2)电路的品质因数为

$$Q=\frac{\omega_0 L}{R}=\frac{2\times3.14\times159.2\times10^3\times100\times10^{-3}}{10^3}=100$$

(3)通频带与上、下截止频率为

$$\Delta f=\frac{f_0}{Q}=\frac{159.2\times10^3}{100}=1592\,\text{Hz}$$

$$f_2=f_0\left(1+\frac{1}{2Q}\right)=159.2\times10^3\left(1+\frac{1}{2\times100}\right)=160\,\text{kHz}$$

$$f_1=f_0\left(1-\frac{1}{2Q}\right)=159.2\times10^3\left(1-\frac{1}{2\times100}\right)=158.4\,\text{kHz}$$

[例5.4-2] 半导体收音机的磁性天线电路,如图5.4-6(a)所示。天线线圈绕在磁棒上,它的交流等效电阻 $R=16\Omega$,等效电感 $L=0.3\,\text{mH}$,两端接一个可变电容 C。它的等效电路是一个接到电压源 u 上的 RLC 串联电路,如图5.4-6(b)所示。今欲收听1008 kHz南京人民广播电台的广播,应将 C 调到多少皮法?电路的 Q 值是多少?

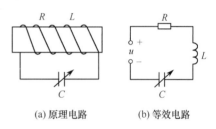

(a)原理电路 (b)等效电路

图5.4-6 例5.4-2的电路

解：由 $f_0 = \dfrac{1}{2\pi\sqrt{LC}}$，得

$$C = \frac{1}{(2\pi f_0)^2 L} = \frac{1}{(2\times3.14\times1008\times10^3)^2\times0.3\times10^{-3}}\,\text{F} = 83\,\text{pF}$$

$$Q = \frac{2\pi f_0 L}{R} = \frac{2\times3.14\times1008\times10^3\times0.3\times10^{-3}}{16} = 118.7$$

思考与练习

5.4-1　电路如图 5.4-7 所示，当电路对外呈电阻性时，此时若加大或减小电源的频率，电路对外分别为哪种性质？

5.4-2　对于 RLC 串联的正弦电流电路，当其处于谐振状态时，如果增大或减小 R 是否会影响电路谐振状态？说明理由。

5.4-3　对于 RLC 串联的正弦电流电路，当其处于谐振状态时，如果分别改变 L 和 C（增大或减小），对电路性质有何影响？

5.4-4　对于电阻、电感、电容串联的谐振电路，如果保持谐振频率 f_0 不变，要求扩展通频带，应该在电路中加接什么元件？试说明理由。

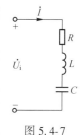

图 5.4-7

5.5　并联电路的频率特性

5.5.1　并联电路的谐振频率

由实际的电感线圈和电容器组成的并联电路中，若考虑电感线圈的等效电阻，则电路如图 5.5-1(a) 所示。

由图 5.5-1(a) 可知，两条并联支路的电流分别为

$$\dot{I}_{RL} = \frac{\dot{U}_i}{R+\mathrm{j}\omega L} = \left(\frac{R}{R^2+(\omega L)^2} - \mathrm{j}\,\frac{\omega L}{R^2+(\omega L)^2}\right)\dot{U}_i$$

$$\dot{I}_C = \mathrm{j}\omega C\dot{U}_i$$

总电流为

$$\dot{I} = \dot{I}_{RL}+\dot{I}_C = \left[\frac{R}{R^2+(\omega L)^2} - \mathrm{j}\left(\frac{\omega L}{R^2+(\omega L)^2} - \omega C\right)\right]\dot{U}_i \qquad (5.5\text{-}1)$$

当 $\dot{I}$ 与激励电压 $\dot{U}_i$ 同相时，称此电路发生并联谐振。因此，并联谐振时，式 (5.5-1) 中的虚部应为零，即

$$\frac{\omega_0 L}{R^2+(\omega_0 L)^2} - \omega_0 C = 0$$

从而可得谐振角频率

$$\omega_0 = \sqrt{\frac{1}{LC} - \frac{R^2}{L^2}} = \frac{1}{\sqrt{LC}}\sqrt{1-\frac{C}{L}R^2} \qquad (5.5\text{-}2)$$

5.6

5.7

(a) 电路图　　　　(b) 相量图

图 5.5-1　电感线圈与电容并联的电路

上式说明 RL 串联再与 C 并联的电路谐振角频率 ω_0 不仅与 L、C 有关，而且与 R 有关。在实用

上,电感线圈的品质因数 $Q = \dfrac{\omega_0 L}{R} \gg 1$,即 $\omega_0 L \gg R$ 或 $\dfrac{1}{LC} \gg \dfrac{R^2}{L^2}$,因此式(5.5-2)可简化为

$$\omega_0 \approx \frac{1}{\sqrt{LC}}$$

$$f_0 \approx \frac{1}{2\pi\sqrt{LC}}$$

5.5.2 并联电路的谐振特点

并联谐振时,电路具有下列特点:

(1)由式(5.5-1)得电路的导纳为

$$Y = \frac{R}{R^2 + (\omega L)^2} - j\left(\frac{\omega L}{R^2 + (\omega L)^2} - \omega C\right)$$

谐振时,上式的虚部为零。所以在并联谐振时,电路的导纳模最小即电路的阻抗模最大,且呈电阻性,其表达式为

$$|Z_0| = \frac{R^2 + (\omega_0 L)^2}{R} = \frac{L}{RC}$$

上式还可写为
$$|Z_0| = \frac{L}{RC} = \frac{\omega_0 L}{R} \cdot \frac{1}{\omega_0 C} = \frac{Q}{\omega_0 C} = Q\omega_0 L \tag{5.5-3}$$

式(5.5-3)表明,谐振时阻抗模的值等于支路电抗的 Q 倍。一般情况下,Q 值为数十到数百,所以并联谐振时,电路相当于一个大电阻。

(2)谐振时,电路的总电流最小,即 $|I_0| = U_i/|Z_0|$。

并联谐振时的相量图如图 5.5-1(b)所示。各支路电流分别为

$$I_C = \omega_0 C U_i = \omega_0 C |Z_0| I_0 = Q I_0$$

$$I_{RL} = \frac{U_i}{\sqrt{R^2 + (\omega_0 L)^2}} \approx \frac{U_i}{\omega_0 L} = \frac{|Z_0|}{\omega_0 L} I_0 = Q I_0$$

这就是说,并联谐振时电路的支路电流接近相等,并且是总电流 I_0 的 Q 倍,所以并联谐振又称为电流谐振。

$|Z|$ 与 I 的谐振曲线如图 5.5-2 所示。

(3)由于并联谐振时电路具有电阻的性质,所以电源只对并联谐振电路提供有功功率,谐振电路中的无功功率只在电感 L 和电容 C 之间进行相互交换。

并联谐振在无线电工程和工业电子技术领域应用广泛。例如可利用并联谐振时阻抗高的特点来选择信号或消除干扰。图 5.5-3(a)所示电路中,有不同频率的信号 $u(f_0)$、$u_1(f_1)$、$u_2(f_2)$ 同时作用,R_s 是除谐振电路之外其余部分的等效电阻,那么,谐振时电路两端输出电压 u_0 的值,应由 R_s 和谐振阻抗 $|Z_0| = \dfrac{L}{RC}$ 构成的分压器来决定。若希望从中选出某一频率 f_0 的信号,只要调节谐振电路的参数,使电路在频率为 f_0 的信号激励下发生谐振,此时谐振电路相当于一个很大的电阻,使信号电压主要分配在该电阻上,并从 a、b 端引出,从而得到频率为 f_0 的较大的输出电压。这就是并联谐振电路的选频作用,其谐振时等效电路如图 5.5-3(b)所示。

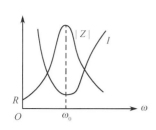

图 5.5-2 |Z|和 I 的谐振曲线

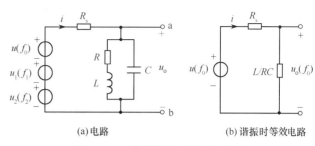

(a)电路　　　　(b)谐振时等效电路

图 5.5-3　并联谐振时的选频作用

[例 5.5-1]　在图 5.5-1(a)所示电路中,已知 $L=0.25\,\text{mH}$, $R=25\,\Omega$, $C=85\,\text{pF}$。试求谐振频率 f_0、品质因数 Q 和谐振时电路的阻抗模 $|Z_0|$。

解: 由式(5.5-2)得

$$\omega_0 = \sqrt{\frac{1}{LC} - \frac{R^2}{L^2}} = \sqrt{\frac{1}{0.25\times10^{-3}\times85\times10^{-12}} - \frac{25^2}{(0.25\times10^{-3})^2}}\ \text{rad/s}$$

$$= \sqrt{4.7\times10^{13} - 10^{10}}\ \text{rad/s} = 6.86\times10^6\ \text{rad/s}$$

$$f_0 = \frac{\omega_0}{2\pi} = 1092\,\text{kHz},\quad Q = \frac{\omega_0 L}{R} = 68.6$$

由式(5.5-3)得
$$|Z_0| = \frac{L}{RC} = 117.6\,\text{k}\Omega$$

思考与练习

5.5-1　对于具有电阻的线圈与电容并联的谐振电路,如果保持谐振频率 f_0 不变,要求扩宽通频带,应该在电路中加接什么元件? 试说明理由。

5.6　应用实例

[例 5.6-1]　图 5.6-1(a)所示为 RC 双 T 形选频网络,电路参数已知。求当 $\dot{U}_2=0$ 时所对应的电压 $\dot{U}_1$ 的频率。

解: 当 $\dot{U}_2=0$ 时,相当于电路右端开路电压 $\dot{U}_{\text{OC}}=0$,由戴维南等效电路可得电路右端短路电流 $\dot{I}_{\text{SC}}=0$,由 KCL 可得: $\dot{I}_1 + \dot{I}_2 = 0$。

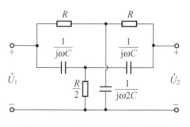

图 5.6-1　例 5.6-1 的电路图

由图 5.6-2(b)得 $\quad \dot{I}_1 = \dfrac{\dot{U}_1}{R + \dfrac{R\times\dfrac{1}{j\omega 2C}}{R + \dfrac{1}{j\omega 2C}}} \times \dfrac{\dfrac{1}{j\omega 2C}}{R + \dfrac{1}{j\omega 2C}}$

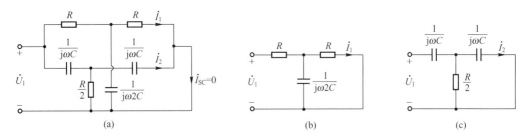

图 5.6-2　例 5.6-1 的电路图

图 5.6-2(c)得
$$\dot{I}_2 = \frac{\dot{U}_1}{\dfrac{1}{j\omega C} + \dfrac{\dfrac{R}{2} \times \dfrac{1}{j\omega C}}{\dfrac{R}{2} + \dfrac{1}{j\omega C}}} \times \dfrac{\dfrac{R}{2}}{\dfrac{R}{2} + \dfrac{1}{j\omega C}}$$

由 KVL 得
$$\dot{I}_{SC} = \dot{I}_1 + \dot{I}_2 = 0$$

整理可得
$$\frac{\dfrac{\dot{U}_1}{j\omega 2C}}{R^2 + \dfrac{R}{j\omega 2C} + \dfrac{R}{j\omega 2C}} + \frac{\dot{U}_1 \times \dfrac{R}{2}}{\dfrac{1}{j\omega C}\left(\dfrac{R}{2} + \dfrac{1}{j\omega C}\right) + \dfrac{R}{2} \times \dfrac{1}{j\omega C}} = 0$$

$$\dot{U}_1 \times \frac{\dfrac{1}{j\omega 2RC} + \dfrac{j\omega CR}{2}}{R + \dfrac{1}{j\omega 2C}} = 0$$

得 $\omega = \dfrac{1}{RC}$，故 $\dot{U}_2 = 0$ 时所对应的电压 $\dot{U}_1$ 的频率为 $f = \dfrac{1}{2\pi RC}$。

本 章 小 结

1. 线性非正弦周期电流电路的分析方法称为谐波分析法。该方法是利用叠加定理,将非正弦周期电源的作用分解成该电源的恒定分量与各次谐波分量单独作用的叠加。当恒定分量作用时采用直流稳态方法,电容——断路,电感——短路。当各次谐波分量作用时采用相量法,但要注意电感的感抗与谐波次数成正比,即 $X_{Lk} = k\omega L$;电容的容抗与谐波次数成反比,即 $X_{Ck} = \dfrac{1}{k\omega C}$。各响应分量叠加时必须以瞬时值方式进行叠加。

2. 非正弦周期电流、电压的有效值计算公式分别为
$$I = \sqrt{I_0^2 + \sum_{k=1}^{\infty} I_k^2}, \quad U = \sqrt{U_0^2 + \sum_{k=1}^{\infty} U_k^2}$$
其中 I_0、U_0 为恒定分量;I_k、U_k 为 k 次谐波有效值。公式一定要准确使用。

3. 网络函数定义为响应相量与激励相量的比值,即
$$H(j\omega) = \frac{响应相量}{激励相量} = |H(j\omega)| \underline{/\varphi(\omega)}$$

其中 $|H(j\omega)|-\omega$ 的关系称为网络函数的幅频特性;$\varphi(\omega)-\omega$ 的关系称为网络函数的相频特性。网络函数的幅频特性与相频特性合称为网络函数的频率特性。

4. RC 串联电路,由电容两端输出时称为低通电路;由电阻两端输出时称为高通电路。它们的截止角频率 $\omega_c = \dfrac{1}{RC}$,即 RC 低通电路中,$\omega > \omega_c$ 时,$|H(j\omega)| < 1/\sqrt{2}$;RC 高通电路中,$\omega < \omega_c$ 时,$|H(j\omega)| < 1/\sqrt{2}$。由于 RC 低通电路中,$-90° < \varphi(\omega) < 0°$,故称低通电路为滞后网络,即响应相量始终滞后激励相量;RC 高通电路中,$0° < \varphi(\omega) < 90°$,故称高通电路为超前网络,即响应相量始终超前激励相量。

5. 含有 RLC 的正弦稳态无源二端网络,当端钮处出现电压与电流同相的现象时,称电路发生谐振。RLC 串联电路的谐振角频率 $\omega_0 = \dfrac{1}{\sqrt{LC}}$,仅由 L、C 确定,与 R、外加电压有效值 U 的大小无关。电路谐振时,$|Z(j\omega_0)| = R = |Z(j\omega)|_{\min}$,即谐振时电路的阻抗值最小;$\dot{I}_0 = \dot{U}/R$,$I_0 = U/R = I_{\max}$,即谐振时电流的有效值最大,且 $P_0 = RI_0^2 = P_{\max}$,电路消耗平均功率最大;$\dot{U}_{L0} = jQ\dot{U}$,$\dot{U}_{C0} = -jQ\dot{U}$,$Q = \dfrac{\omega_0 L}{R} = \dfrac{1}{\omega_0 CR}$,称为电路的品质因数,则 $\dot{U}_{X0} = \dot{U}_{L0} + \dot{U}_{C0} = 0$,即谐振时电感与电容上的电压大小相等,方向相反,互相抵消,对外电路而言,LC 串联部分相当于短路。

6. RLC 串联电路的电流抑制比与品质因数密切相关,即 $\dfrac{I(\omega)}{I_0} = \dfrac{1}{\sqrt{1 + Q^2 \left(\dfrac{\omega}{\omega_0} - \dfrac{\omega_0}{\omega} \right)}}$,$Q$ 值越高,曲线形状越陡,电路的选择性能越好,但电路的通频带与品质因数成反比,即 $\Delta\omega = \omega_2 - \omega_1 = \omega_0/Q$。因此,电路性能的好坏必须综合考虑。

7. 电感线圈与电容并联时,其谐振角频率 $\omega_0 = \dfrac{1}{\sqrt{LC}} \sqrt{1 - \dfrac{CR^2}{L}} \left(R < \sqrt{\dfrac{L}{C}} \right)$,即仅当电路参数符合该不等式时,电路方可发生谐振。若 $R \ll \sqrt{\dfrac{L}{C}}$,则电路的谐振角频率 $\omega_0 \approx \dfrac{1}{\sqrt{LC}}$,$Z(j\omega_0) \approx \dfrac{L}{RC}$,电感线圈的品质因数近似看作电路的品质因数,即 $Q = \dfrac{\omega_0 L}{R}$。

5.8

5.9

5.10

习　题

5.1 节的习题

5-1　将电阻 $R = 200\,\Omega$ 接在

$$u(t) = [240\sqrt{2}\sin\omega t + 160\sqrt{2}\sin(3\omega t + 30°) + 30\sqrt{2}\sin(5\omega t + 75°) + 20\sqrt{2}\sin(7\omega t + 49°)]\ \text{V}$$

的非正弦周期电压源上。(1)求通过电阻的电流 i 的瞬时值表达式;(2)求电流有效值 I。

5-2 在题图 5-1(a)所示电路中,输入电压波形如题图 5-2(b)所示。已知 $f = 50\,\text{Hz}$,$U_{\text{im}} = 10\,\text{V}$。求输出电压 $u_{\text{o}}(t)$ 的直流分量和基波分量,并求基波分量最大值与直流分量的比值。

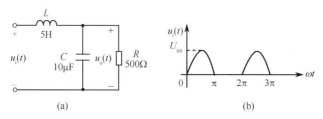

题图 5-1

5-3 在题图 5-2 所示电路中,已知 $u_{\text{s}}(t) = [2 + 10\sin5t]\,\text{V}$,$i_{\text{s}}(t) = 4\sin4t\,\text{A}$,求电路中的电流 $i_{\text{L}}(t)$。

5-4 在题图 5-3 所示电路中,已知输入电压 $u(t) = [90\sin\omega t + 30\sin3\omega t + 20\sin(5\omega t + 18°)]\,\text{V}$,频率 $f = 50\,\text{Hz}$,求电路中的电流 $i(t)$ 和有效值 I。

5-5 在题图 5-4 所示电路中,既有直流电源,又有正弦交流电源。试应用叠加定理画出直流和交流电源分别作用时的电路图(电容对交流可视为短路),并说明直流电源中是否通过交流电流,交流电源中是否通过直流电流?

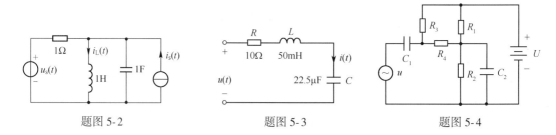

题图 5-2   题图 5-3   题图 5-4

5.2 节的习题

5-6 在题图 5-5 所示的虚线框内的部分,是电子线路中应用较多的 RC 滤波器。已知电阻 $R = 100\,\Omega$,电容 $C = 500\,\mu\text{F}$,输入电压 $u_{\text{i}} = \left[42 + 66\sin\left(\omega t + \dfrac{\pi}{2}\right) + 28\sin\left(2\omega t + \dfrac{\pi}{2}\right)\right]\,\text{V}$,$f = 50\,\text{Hz}$。求负载电阻 $R_{\text{L}} = 2000\,\Omega$ 的端电压 u_{o} 与流过它的电流的有效值 I。

5-7 在电子放大器中,常用题图 5-6 所示的 RC 串联电路实现耦合,并要求传递信号在电容 C 上产生较小的电压降。已知 $R = 1\,\text{k}\Omega$,$C = 2\,\mu\text{F}$,正弦输入电压有效值 $U_{\text{i}} = 5\,\text{mV}$,频率变化范围为 $200 \sim 2000\,\text{Hz}$,试分别计算频率下限(200 Hz)和上限(2000 Hz)时电路中的电流有效值 I 与输出电压有效值 U_{o}。

5-8 定性说明题图 5-7 所示电路是高通电路还是低通电路。

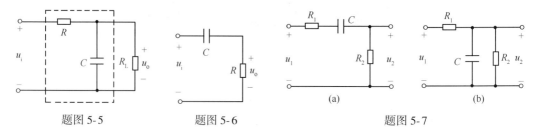

题图 5-5   题图 5-6   题图 5-7

5.3 节的习题

5-9 题图 5-8 所示电路为一个选频网络,试求它的网络函数 $N(\text{j}\omega) = \dot{U}_2 / \dot{U}_1$,并计算当电源频率为何值时,可使 $\dot{U}_2$ 与 $\dot{U}_1$ 同相。

5.4 节的习题

5-10 某收音机输入电路的电感约为 0.3 mH,可变电容器的调节范围为 25~360 pF,问能否满足收听中波段 535~1605 kHz 的要求?

5-11 有一台半导体收音机的输入电路由 R、L 和 C 串联组成。已知 $L=280\,\mu H$,在收听江苏人民广播电台 700 kHz 时,$R=8\,\Omega$。(1)求电容 C 为多少时电路发生谐振?(2)求电路的 Q 值;(3)谐振时若输入电压为 1 mV,求电容上电压与电路中的电流。

5-12 在题图 5-9 所示电路中,已知 $R=10\,\Omega$,$L=1\,H$,$C=1\,\mu F$,输入正弦电源电压 u 的有效值一直保持为 1 V,但频率是可变的。求电路的谐振频率、Q 值与谐振时电路中的电流有效值,并计算电容至少要有多大的耐压值。

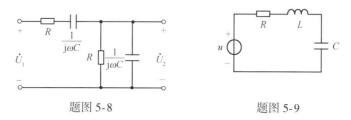

题图 5-8   题图 5-9

5.5 节的习题

5-13 题图 5-10 所示电路的输入电压 $u_s(t)$ 为一个非正弦周期信号,其中含有 $\omega=3\,rad/s$ 及 $7\,rad/s$ 的谐波分量。要求输出电压 $u_o(t)$ 中不含有这两个谐波分量,问 L 和 C 应为多少?

5-14 试求题图 5-11 所示电路的谐振频率。

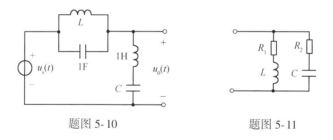

题图 5-10   题图 5-11

5-15 有一个电感线圈($R=3\,\Omega$,$L=117\,\mu H$)与电容器($C=1000\,pF$)组成并联谐振电路,试求电路的谐振频率、Q 值与电路谐振时的阻抗模。

本章综合习题

5-16 非正弦周期电流电路如题图 5-12 所示,已知 $u(t)=[60+40\sqrt{2}\cos\omega t+20\sqrt{2}\cos2\omega t]\,V$,$R=40\,\Omega$,$\omega L_1=100\,\Omega$,$\omega L_2=100\,\Omega$,$1/\omega C_1=400\,\Omega$,$1/\omega C_2=100\,\Omega$,求电流 $i_1(t)$、$i_2(t)$ 与电压 $u_C(t)$ 及它们的有效值。

5-17 电路如题图 5-13 所示,电压 $u(t)$ 含有基波和三次谐波分量,已知基波角频率 $\omega=10^4\,rad/s$。若要求电容电压 $u_C(t)$ 中不含基波,仅含与 $u(t)$ 完全相同的三次谐波分量,且知 $R=1\,k\Omega$,$L=1\,mH$,求 C_1 和 C_2。

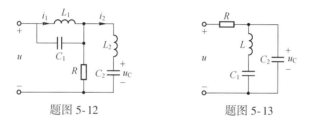

题图 5-12   题图 5-13

第 6 章　电路的暂态分析

线性动态电路的暂态分析是电路分析的重要组成部分。本章介绍用经典积分法分析计算线性电路中的瞬变过程,以应用较广的 RC 一阶电路为重点,对 RL 一阶电路的瞬变过程也做了必要的分析。通过对这些电路的分析,阐明经典积分法的分析思路和解的物理意义,并提出时间常数的重要概念。由于具有单一储能元件(电容或电感)的一阶电路接到直流电源时的瞬变过程最为常见,并有很简单的规律,可从经典积分法归纳出十分简便的三要素法,以满足实践中迅速分析的需要。作为 RC 电路的一些常见的应用,本章讨论了微分电路和积分电路的基本原理。本章还简要讨论了电容 C 对 RL 电路放电过程的影响。

6.1　换路定则与电压和电流初始值的确定

6.1

前面几章分析的是电路的稳定状态,简称稳态。所谓稳定状态是指电路中的各物理量(电流、电压等)达到了给定条件下的稳态值。对于直流电而言,它的数值稳定不变;对于正弦交流电而言,它的振幅、频率和变化规律稳定不变。但是电路中的各物理量从接通电源前的零值,至达到接通电源后的稳态值,其间有一个变化过程。另外,在已达到稳态的电路中,若电源的电压、电流或电路的某些参数有了改变,则电路中的各物理量也要有一个变化过程,才能达到另一稳态值。电路中这种从一种稳态变化到另一种稳态的过程,称为瞬变过程或过渡过程。处于这个变化过程的工作状态,称为瞬变状态或过渡状态,简称暂态。

在前面分析直流电路和正弦交流电路时,着眼点只放在电路的稳态上,而没有涉及暂态,因此是时域响应的一段特定区间。实际上,电路的时域响应是一个含义更广的概念,它既包括稳态,又包括暂态。本章就是研究这种意义下的时域响应。

若电路中只含有电阻元件,则此电路的瞬变过程就具有瞬时改变的形式,不存在一个随时间逐渐变化的过程。但实际电路中有电容和电感这样的储能元件,要将能量储存起来,或者将储存的能量释放出去,都需要一定的时间。尽管这段时间可能很短,只有几秒,甚至几微秒或更短。但是在某种情况下,它的作用和影响却是不容忽视的,有时甚至成为电路设计中应该考虑的主要问题。例如在电子技术中,利用电容器的充电与放电的快慢程度构成延时电路,脉冲技术中利用瞬变过程来改善波形及产生特定的波形。有的电路在瞬变过程中可能会产生过电压、过电流的现象,从而使电气设备或器件遭受损坏,也是值得注意的问题。

因此,讨论瞬变过程的目的就是:认识和掌握这种客观存在的物理现象的规律,一方面在于利用瞬变过程的特性,另一方面还必须预防它所产生的危害。

瞬变过程的产生是由于物质所具有的能量不能跃变所造成的。电路中含有储能元件 C 或 L 时,电路的接通、切断、短路、电源变化或元件参数变化等,都统称为换路。换路使电路中的能量发生变化,但这种变化是不能跃变的,必须有一个量变的时间过程,如图 6.1-1 所示。能量从 W_1 变化为 W_2,在能源(电源、C 或 L)中

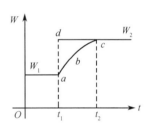

图 6.1-1　能量变化示意图

产生的电流或电压为有限值时,这个能量的变化 $\Delta W = W_2 - W_1$,必须沿着曲线 abc 从换路时间 t_1 到 t_2 才能完成。不可能在换路时刻 t_1 从 W_1 值沿 ad 线跃变为 W_2 值。若瞬时能量可以跃变,则意味着能量变化率,即瞬时功率 $p = \dfrac{dW}{dt} \to \infty$,为无限大。这就要求电路中有储存或放出无限大功率的元件。在能源产生的电流或电压为有限值时,这是不可能的。

一个电容元件 C 的端电压为 u_C,其中储存的电场能量为

$$W_C = \frac{1}{2} C u_C^2$$

其能量的变化率,即瞬时功率

$$p_C = \frac{dW_C}{dt} = C u_C \frac{du_C}{dt}$$

由于 W_C 不能跃变,$\dfrac{dW_C}{dt}$ 必为有限值,则 $\dfrac{du_C}{dt}$ 也必为有限值,即 u_C 随时间的变化必须是连续的。也就是说,u_C 不能跃变。若把换路发生的时间定为 $t = 0$,换路前瞬时用 $t = 0_-$ 表示,换路后瞬时用 $t = 0_+$ 表示,0_- 和 0_+ 在数值上都等于零,则换路后瞬时电容 C 上的电压 $u_C(0_+)$ 等于换路前瞬时电容 C 上的电压 $u_C(0_-)$,即

$$u_C(0_+) = u_C(0_-) \tag{6.1-1}$$

式(6.1-1)就是电容的换路定则。

同理,一个电感元件 L 中通过的电流为 i_L,其中储存的磁场能量为

$$W_L = \frac{1}{2} L i_L^2$$

其能量的变化率,即瞬时功率

$$p_L = \frac{dW_L}{dt} = L i_L \frac{di_L}{dt}$$

由于 W_L 不能跃变,$\dfrac{dW_L}{dt}$ 必为有限值,则 $\dfrac{di_L}{dt}$ 也必为有限值,即 i_L 随时间的变化必须是连续的。也就是说,i_L 不能跃变。这意味着换路后瞬时电感 L 中的电流 $i_L(0_+)$ 等于换路前瞬时电感 L 中的电流 $i_L(0_-)$,即

$$i_L(0_+) = i_L(0_-) \tag{6.1-2}$$

式(6.1-2)就是电感的换路定则。

换路定则只适用于换路瞬时,可以用来确定瞬变过程的初始值,即换路后瞬时各物理量的初始值。

电阻元件是一个消耗能量,变电能为热能或其他不可逆能量的元件,所以电阻元件两端的电压和通过其中的电流在换路时是可以跃变的。同样,电容元件的电流与电感元件的电压由电路的其余部分确定,它们在换路时也是可以跃变的。

确定各个电压和电流的初始值时,应先求出 $t = 0_-$ 时的 $u_C(0_-)$、$i_L(0_-)$。而后由换路定则画出 $t = 0_+$ 时的等效电路。根据 $t = 0_+$ 的等效电路可求出各物理量的初始值。

在直流激励下,换路前,如果电路已处于稳态,则 $i_C = C \left. \dfrac{du_C}{dt} \right|_{0_-} = 0$,$u_L = L \left. \dfrac{di_L}{dt} \right|_{0_-} = 0$,所以电容元件可视为开路,电感元件可视为短路。由此可求得 $u_C(0_-)$ 和 $i_L(0_-)$。

在 $t=0_+$ 时,由换路定则 $u_C(0_+)=u_C(0_-)$,电容可用电压值为 $u_C(0_+)$ 的电压源来替代(在 $u_C(0_+)=0$ 时电容可视为短路);由换路定则 $i_L(0_+)=i_L(0_-)$,电感可用电流值为 $i_L(0_+)$ 的电流源来替代(在 $i_L(0_+)=0$ 时电感可视为开路),其余元件保留,由此可得到 $t=0_+$ 时的等效电路。

根据 $t=0_+$ 时的等效电路,利用电阻电路的分析方法便可求出各物理量的初始值。

[例 6.1-1]　在图 6.1-2(a)所示电路中,开关 S 闭合前,电容 C 上的电压为零,电感 L 中的电流为零。在 $t=0$ 时,开关 S 闭合,求各支路电流和电感 L 上电压的初始值。

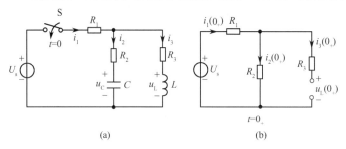

图 6.1-2　例 6.1-1 的电路

解:根据换路定则得
$$u_C(0_+)=u_C(0_-)=0,\ i_L(0_+)=i_L(0_-)=0$$
于是可画出 $t=0_+$ 的等效电路如图 6.1-2(b)所示,利用电阻电路计算方法得到初始值
$$i_1(0_+)=i_2(0_+)=\frac{U_s}{R_1+R_2},\quad i_3(0_+)=0$$
$$u_L(0_+)=R_2i_2(0_+)=\frac{R_2}{R_1+R_2}U_s$$

[例 6.1-2]　已知图 6.1-3(a)所示电路已处于稳态,且 $u_{C1}(0_-)=0$。在 $t=0$ 时,开关 S 闭合,求各支路电流及各元件上的电压初始值。

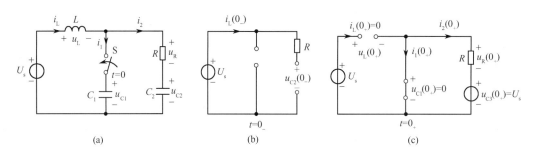

图 6.1-3　例 6.1-2 的电路

解:由于电路已处于稳态,故 $t=0_-$ 时的等效电路如图 6.1-3(b)所示,于是求得
$$u_{C2}(0_-)=U_s,\ i_L(0_-)=0$$
根据换路定则得
$$u_{C1}(0_+)=u_{C1}(0_-)=0,\ u_{C2}(0_+)=u_{C2}(0_-)=U_s,\ i_L(0_+)=i_L(0_-)=0$$
于是可画出 $t=0_+$ 时的等效电路如图 6.1-3(c)所示,利用电阻电路的计算方法得到初始值
$$i_2(0_+)=-u_{C2}(0_+)/R=-U_s/R,\quad i_1(0_+)=i_L(0_+)-i_2(0_+)=U_s/R$$
$$u_R(0_+)=Ri_2(0_+)=-U_s,\quad u_L(0_+)=U_s-u_{C1}(0_+)=U_s$$

从上面的例题可见,虽然电感元件中的电流 i_L 是不能跃变的,但其上的电压 u_L 是可以跃变的;电容元件上的电压 u_C 是不能跃变的,但其中的电流 i_C 是可以跃变的。至于电阻元件中的电流与两端的电压都是可以跃变的。

思考与练习

6.1-1 电路产生换路的条件是什么?为什么要确定暂态过程中电压和电流的初始值?

6.1-2 电容元件的储能与其两端电压有关,是否也与其电流有关?电感元件的储能与其电流有关,是否也与其两端电压有关?

6.1-3 电路如图 6.1-4 所示,开关 S 闭合前电路已稳定。在 $t=0$ 时将开关 S 闭合,求各支路电流和各元件上电压的初始值。

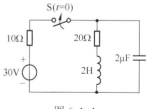

图 6.1-4

6.2 RC 电路的放电过程

6.2

图 6.2-1 所示是 RC 串联电路。开关 S 在位置 1 时,电容元件 C 已充电完毕,电容电压 $u_C(0_-)=U$。当 $t=0$ 时,开关 S 从位置 1 扳到位置 2 后,RC 串联电路被短接,电容元件 C 便通过电阻元件 R 进行放电。

根据基尔霍夫电压定律,列出图 6.2-1 所示电路换路后的方程为

$$u_R+u_C=0, \quad t>0$$

又

$$u_R=Ri$$

$$i=C\frac{\mathrm{d}u_C}{\mathrm{d}t}$$

得

$$RC\frac{\mathrm{d}u_C}{\mathrm{d}t}+u_C=0, \quad t>0 \tag{6.2-1}$$

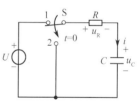

图 6.2-1 RC 串联电路

式(6.2-1)是一个一阶常系数齐次线性微分方程,从高等数学知道其通解为

$$u_C=Ae^{St}$$

将上式代入式(6.2-1)中,并消去公因子 Ae^{St},得出微分方程的特征方程为

$$RCS+1=0$$

特征根为

$$S=-\frac{1}{RC}$$

于是,式(6.2-1)的通解为

$$u_C=Ae^{-\frac{t}{RC}} \tag{6.2-2}$$

式(6.2-2)中 A 为积分常数,需要根据初始条件确定。根据换路定则,在换路时刻($t=0$ 时)

$$u_C(0_+)=u_C(0_-)=U$$

代入式(6.2-2)中得 $A=U$,因此,放电时电容电压为

$$u_C=Ue^{-\frac{t}{RC}}, \quad t>0 \tag{6.2-3}$$

根据电容元件的伏安关系,放电电流为

$$i=C\frac{\mathrm{d}u_C}{\mathrm{d}t}=-\frac{U}{R}e^{-\frac{t}{RC}}, \quad t>0 \tag{6.2-4}$$

式中,负号表示实际放电电流方向与参考方向相反。电阻电压为

$$u_R = Ri = -Ue^{-\frac{t}{RC}}, \quad t>0 \qquad (6.2\text{-}5)$$

电容电压 u_C、放电电流 i 和电阻电压 u_R 随时间变化的曲线如图 6.2-2 所示。

从以上分析中可见：

① 电容元件 C 在放电过程中，电容电压 u_C 由它的初始值 U 开始，随时间按指数规律衰减到零。

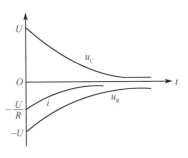

② 开关 S 由 1 扳到 2 时，换路后瞬时，放电电流 i 由零跃变到 $-U/R$，然后也随时间按指数规律变化到零。又由于 $u_R = Ri$，所以 u_R 的变化规律与电流 i 相似。

图 6.2-2　u_C、i、u_R 随时间的变化曲线

③ 电容放电过程是电容释放其所储存电场能量的过程，也是电阻消耗能量的过程，直到电容储存的能量全部释放出来，并被电阻消耗完为止，此时电容放电才完毕。

从式(6.2-3)、式(6.2-4)和式(6.2-5)可见，瞬变过程的快慢与电路的参数 R 和 C 有关。在 RC 串联电路中，R 和 C 的乘积是一个常数，通常用 τ 来表示，即

$$\tau = RC \qquad (6.2\text{-}6)$$

于是，式(6.2-3)、式(6.2-4)和式(6.2-5)可写为

$$u_C = Ue^{-\frac{t}{\tau}}, t>0; \quad i = -\frac{U}{R}e^{-\frac{t}{\tau}}, t>0; \quad u_R = -Ue^{-\frac{t}{\tau}}, t>0 \qquad (6.2\text{-}7)$$

常数 τ 具有时间的量纲，因为 R 的单位为 Ω，C 的单位为 $F(A \cdot s/V)$，所以 τ 的单位是 $\Omega \cdot F = \Omega \cdot A \cdot s/V = s$。因此把 τ 称为时间常数。

时间常数的物理意义，可按式(6.2-7)来进一步说明。当 $t=\tau$ 时有

$$u_C = Ue^{-1} = U/2.718 = 36.8\%U$$

可见 τ 等于 u_C 衰减到初始值 U 的 36.8% 时所需要的时间，如图 6.2-3 所示。

时间常数的含义还可以这样来看，由数学定理可以证明，指数曲线上任意一点的次切距的长度都等于 τ。所以，以初始值点为例(在图 6.2-3 中)

$$\left. \frac{du_C}{dt} \right|_{t=0} = -\frac{U}{\tau} \qquad (6.2\text{-}8)$$

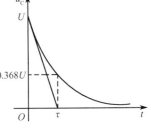

图 6.2-3　u_C 的放电曲线

即过初始值点的切线与横轴相交于 τ。也可以说，τ 等于 u_C 以不变的初始速度 $\left. \dfrac{du_C}{dt} \right|_{t=0}$，由初始值 U 衰减到零所需的时间。

时间常数 τ 决定了瞬变过程中电压和电流变化的快慢，τ 值越大，瞬变过程就越长。因此，改变 R 或 C 的数值，也就是改变电路的时间常数，就可以改变电容放电过程的快慢。图 6.2-4 表示对应不同的时间常数 τ 的电容电压放电曲线。

从理论上讲，电路要经过 $t=\infty$ 的时间才完全达到新的稳态。在工程计算中，一般经过 $t=(3 \sim 5)\tau$ 时，就可以认为达到稳态了。表 6.2-1 中列出 $t=0, \tau, 2\tau, 3\tau, 4\tau, 5\tau$ 时 u_C 和 i 的值。

进一步讨论式(6.2-7)可见，在 RC 串联放电电路中，所有物理量的变化模式相同，即由各物理量的初值($u_C(0_+)$，$i(0_+)$，$u_R(0_+)$)开始，按同一指数规律向零变化，最终趋于零。于是，在 RC 串联放电电路中，物理量的变化规律可以统一表达为

$$f(t) = f(0_+)e^{-\frac{t}{\tau}}, \quad t>0 \qquad (6.2\text{-}9)$$

式中,$f(0_+)$为所求物理量的初始值;τ为电路的时间常数,由式(6.2-6)确定。

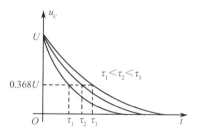

图 6.2-4 不同时间常数 τ 的电容电压放电曲线

表 6.2-1 对应不同 t 值的 u_C 和 i 值

t	$\mathrm{e}^{-\frac{t}{\tau}}$	u_C	i
0	$\mathrm{e}^0=1$	U	$-U/R$
τ	$\mathrm{e}^{-1}=0.368$	$0.368U$	$-0.368U/R$
2τ	$\mathrm{e}^{-2}=0.135$	$0.135U$	$-0.135U/R$
3τ	$\mathrm{e}^{-3}=0.050$	$0.050U$	$-0.050U/R$
4τ	$\mathrm{e}^{-4}=0.018$	$0.018U$	$-0.018U/R$
5τ	$\mathrm{e}^{-5}=0.007$	$0.007U$	$-0.007U/R$

事实上,式(6.2-9)适用于任意 RC 放电电路。其中 $f(0_+)$ 可以由 $t=0_+$ 的等效电路确定;时间常数中的 R 应该理解为由电容元件 C 两端看进去的等效电阻。

[例 6.2-1] 图 6.2-5 所示电路已处于稳态。求 $t=0$ 时,开关 S 断开后的电压 u_C 与电流 i_C。

解:电路已处于稳态,即

$$i_C(0_-)=0, \quad u_C(0_-)=\left(\frac{12}{4+8}\times 8\right) \text{V}=8 \text{ V}$$

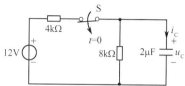

图 6.2-5 例 6.2-1 的电路

在 $t=0$ 时,开关 S 断开,成为一个 RC 放电电路。根据换路定则 $u_C(0_+)=u_C(0_-)=8 \text{ V}$。

时间常数为

$$\tau=RC=8\times 10^3\times 2\times 10^{-6} \text{ s}=16 \text{ ms}$$

由式(6.2-7)得

$$u_C=8\mathrm{e}^{-\frac{t}{16\times 10^{-3}}} \text{V}=8\mathrm{e}^{-62.5t} \text{ V}, \quad t>0$$

则

$$i_C=C\frac{\mathrm{d}u_C}{\mathrm{d}t}=-2\times 10^{-6}\times 8\times 62.5\mathrm{e}^{-62.5t} \text{ A}=-\mathrm{e}^{-62.5t} \text{ mA}, \quad t>0$$

[例 6.2-2] 图 6.2-6 所示电路中,$C=0.25 \text{ μF}$,$R_1=2 \text{ k}\Omega$,$R_2=6 \text{ k}\Omega$,$R_3=3 \text{ k}\Omega$,$R_4=4 \text{ k}\Omega$,$U_s=10 \text{ V}$。当开关 S 处于位置 1 时,电路已处于稳态。$t=0$ 时,开关 S 由 1 扳到 2,求 $t>0$ 时电压 u_C 与电流 i 的表达式,并画出变化曲线。

解:$t<0$ 时,电路已处于稳态,电容 C 可视为开路,故有

$$u_C(0_-)=u_{R2}(0_-)=\frac{R_2}{R_2+R_4}U_s=6 \text{ V}$$

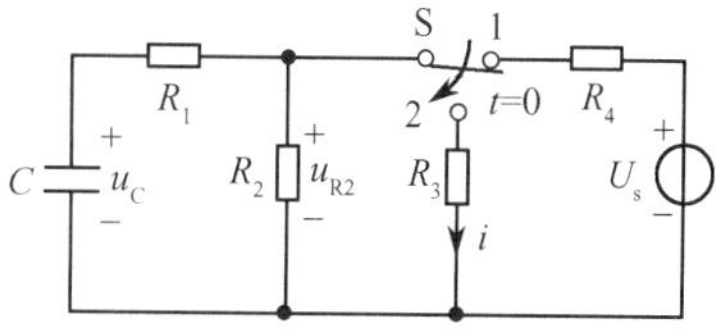

$t=0$ 时,开关 S 由 1 扳到 2 后,构成了一个 RC 放电电路。根据换路定则有

$$u_C(0_+)=u_C(0_-)=6 \text{ V}$$

而

$$i(0_+)=u_{R2}(0_+)/R_3$$

图 6.2-6 例 6.2-2 的电路

式中

$$u_{R2}(0_+)=\frac{\dfrac{R_2R_3}{R_2+R_3}}{R_1+\dfrac{R_2R_3}{R_2+R_3}}u_C(0_+)=\frac{2}{2+2}\times 6=3 \text{ V}$$

故有

$$i(0_+)=3/3=1 \text{ mA}$$

$$\tau = RC = \left(R_1 + \frac{R_2 R_3}{R_2 + R_3}\right)C$$

$$= \left[(2+2)\times 10^3 \times 0.25\times 10^{-6}\right] \text{s}$$

$$= 1 \text{ ms}$$

由式（6.2-9）得 $\qquad u_C = 6e^{-\frac{t}{10^{-3}}} = 6e^{-1000t} \text{ V}, \qquad t>0$

$$i = e^{-\frac{t}{10^{-3}}} = e^{-1000t} \text{ mA}, \qquad t>0$$

u_C 和 i 的变化曲线如图 6.2-7 所示。

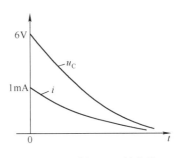

图 6.2-7　例 6.2-2 的曲线

思考与练习

6.2-1　RC 电路的放电过程中,电容的瞬时功率是如何变化的? 如果按照与电压和电流类似的指数衰减表示方式,等效的时间常数与电压、电流的时间常数是否一致?

6.2-2　电路如图 6.2-8 所示,$t<0$ 时开关在 a 处,电路已稳定。在 $t=0$ 时,开关 S 由 a 合向 b。求 $t>0$ 时,电容两端的电压和流过的电流。

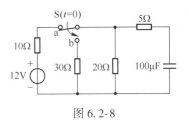

图 6.2-8

6.3　RC 电路的充电过程

图 6.3-1 所示的 RC 串联电路,在 $t=0$ 时开关 S 闭合,使电路接通电源,开始了充电过程。

根据基尔霍夫电压定律,列出图 6.3-1 所示电路换路后的方程为

$$u_R + u_C = U, \qquad t>0$$

又

$$u_R = Ri$$

$$i = C\frac{\mathrm{d}u_C}{\mathrm{d}t}$$

于是可得 $\qquad RC\frac{\mathrm{d}u_C}{\mathrm{d}t} + u_C = U, \qquad t>0 \qquad (6.3\text{-}1)$

6.4

式(6.3-1)是一个一阶常系数非齐次线性微分方程,从高等数学知道,它的完全解 u_C 由该方程的特解 u_C' 与对应的齐次微分方程的通解 u_C'' 两部分组成。即

$$u_C = u_C' + u_C''$$

式中,u_C'' 是式(6.3-1)所对应的齐次微分方程

$$RC\frac{\mathrm{d}u_C''}{\mathrm{d}t} + u_C'' = 0$$

图 6.3-1　RC 串联电路接通直流电压源

的通解,因此有 $\qquad u_C'' = Ae^{-\frac{t}{RC}} = Ae^{-\frac{t}{\tau}}$

式中,τ 的意义与前节相同;A 仍为积分常数,决定于初始条件;由于 u_C'' 是随时间变化的,所以又称为暂态解或自由分量。

满足非齐次微分方程的任一解都可以作为特解。在电路中,瞬变过程最终总会进入新的稳定状态。因此,可取电路到达新的稳定状态时,电容上的电压值作为特解。所以特解又称为稳态解或强制分量。图 6.3-1 所示电路达到新的稳态,即 $t\to\infty$ 时,电容电压新的稳

态解为

$$u_C(\infty) = U$$

即

$$u_C' = U$$

这样,电容电压的完全解为

$$u_C = u_C' + u_C'' = U + Ae^{-\frac{t}{\tau}} \tag{6.3-2}$$

由于初始条件的不同,式(6.3-2)可分下列两种情况来分析。

1. 零状态的情况

在换路前瞬时,电路中所有储能元件均未储有能量,这就是电路的零状态,即初始状态为零。得 $u_C(0_+) = u_C(0_-) = 0$,代入式(6.3-2)得 $u_C(0) = U + A = 0$,即 $A = -U$。因此,式(6.3-2) 为

$$u_C = U - Ue^{-\frac{t}{RC}} = U(1 - e^{-\frac{t}{RC}}) = U(1 - e^{-\frac{t}{\tau}}), \quad t > 0 \tag{6.3-3}$$

零状态下 u_C 随时间的变化曲线如图6.3-2所示。

当 $t = \tau$ 时

$$u_C = U(1 - e^{-1}) = U\left(1 - \frac{1}{2.718}\right) = 63.2\% U$$

可见,在此情况下,时间常数 τ 等于从零上升到稳定值的63.2%所需要的时间。

由电容电压的变化规律,可求出

$$i = C\frac{du_C}{dt} = \frac{U}{R}e^{-\frac{t}{\tau}}, \quad t > 0 \tag{6.3-4}$$

$$u_R = Ri = Ue^{-\frac{t}{\tau}}, \quad t > 0 \tag{6.3-5}$$

零状态下 u_C、u_R、i 随时间的变化曲线如图6.3-3所示。

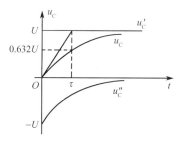
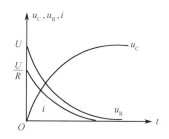

图6.3-2 零状态下 u_C 随时间的变化曲线　　　　图6.3-3 零状态下 u_C、u_R、i 随时间的变化曲线

[**例6.3-1**] 在图6.3-4所示的 RC 充电电路中,电源电压 $U_s = 50$ V,$U_C(0_-) = 0$,$C = 20$ μF。当 $t = 0$ 时,开关 S 闭合。14 ms 后,电容电压由零上升到 25 V,问电阻 R 应为多少?

解:此题为零状态下电容的充电过程,根据式(6.3-3)有

$$u_C = U_s(1 - e^{-\frac{t}{RC}})$$

则

$$e^{-\frac{t}{RC}} = \frac{U_s - u_C}{U_s}$$

即

$$RC = \frac{t}{\ln\dfrac{U_s}{U_s - u_C}} = \frac{14 \times 10^{-3}}{\ln\dfrac{50}{50-25}} \text{ s} = \frac{14 \times 10^{-3}}{\ln 2} \text{ s}$$

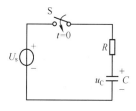

图6.3-4 例6.3-1的电路

$$R=\frac{14\times10^{-3}}{\ln2\times20\times10^{-6}}\Omega=1\ \text{k}\Omega$$

进一步讨论式(6.3-3)可见,在零状态的 RC 充电电路中,电容电压的变化模式固定,即由初始值 $u_C(0)=0$ 开始,按指数规律增长,最终趋于充电的稳态值。于是式(6.3-3)可以表示为

$$u_C=U(1-e^{-\frac{t}{\tau}})=u_C(\infty)(1-e^{-\frac{t}{\tau}}),\quad t>0 \qquad (6.3\text{-}6)$$

可见,只要求得电容充电达到的稳态值和电路的时间常数,便可以很快确定电容电压的变化规律,其他物理量可以通过 u_C 过渡,利用 KCL、KVL 以及元件特性直接求出。

[**例 6.3-2**] 在图 6.3-5(a)所示电路中,已知 $R_1=2\ \text{k}\Omega$,$R_2=6\ \text{k}\Omega$,$C=2\ \mu\text{F}$,$U_s=12\ \text{V}$,$u_C(0_-)=0$。$t=0$ 时,开关 S 闭合。求 $t>0$ 时的电容电压 u_C 及电流 i,并定性画出它们的变化曲线。

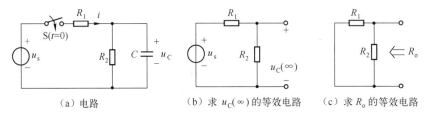

(a)电路   (b)求 $u_C(\infty)$ 的等效电路   (c)求 R_0 的等效电路

图 6.3-5 例 6.3-2 的电路

解: 此电路为零状态下的 RC 充电电路。根据式(6.3-6),可以通过求电容电压充电达到的稳态值 $u_C(\infty)$ 及电路的时间常数 τ 来确定 u_C。

当 $t\to\infty$ 时,电路达到直流稳态,电容 C 视为开路,求 $u_C(\infty)$ 的等效电路如图 6.3-5(b)所示,则

$$u_C(\infty)=\frac{R_2}{R_1+R_2}U_s=\frac{6}{2+6}\times12\text{V}=9\text{V}$$

求时间常数时,首先需要求出从电容两端看进去的戴维南等效电阻 R_0,再利用式(6.2-6)便可求出 τ。求 R_0 的等效电路如图 6.3-5(c)所示,则

$$R_0=\frac{R_1R_2}{R_1+R_2}=\frac{2\times6}{2+6}\text{k}\Omega=1.5\text{k}\Omega$$

$$\tau=R_0C=1.5\times10^3\times2\times10^{-6}\text{s}=3\times10^{-3}\text{s}$$

根据式(6.3-6)求得 $u_C=9\times(1-e^{-\frac{t}{3\times10^{-3}}})\text{V}=9\times(1-e^{-333.3t})\text{V},\quad t>0$

当确定电流 i 时,可以利用 KVL 及 R_1 的伏安关系通过 u_C 过渡求取,即

$$i=\frac{U_s-u_C}{R_1}=\frac{12-9(1-e^{-333.3t})}{2\times10^3}\text{A}=(1.5+4.5e^{-333.3t})\text{mA},\quad t>0$$

u_C 及 i 的变化曲线如图 6.3-6(a)和(b)所示。

2. 非零状态的情况

在换路前瞬时,电路中的储能元件已储有能量,这就是电路的非零状态。若图 6.3-1 所示电路处于非零状态,令 $u_C(0_-)=U_0$,这样,换路后得 $u_C(0_+)=u_C(0_-)=U_0$,代入式(6.3-2)得

$u_C(0_+) = U+A = U_0$，即 $A = U_0-U$，因此，式(6.3-2)为

$$u_C = U+(U_0-U)e^{-\frac{t}{\tau}}, \quad t>0 \tag{6.3-7}$$

6.6

非零状态下 u_C 随时间的变化曲线如图 6.3-7(a)与(b)所示。

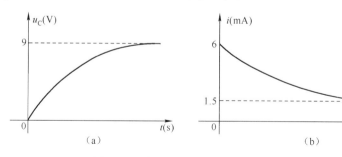

图 6.3-6　例 6.3-2 的 u_C 及 i 的变化曲线

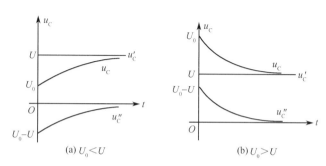

图 6.3-7　非零状态下 u_C 随时间的变化曲线

由图 6.3-7 可见 u_C 的变化曲线有两种情况。图 6.3-7(a)所示是 $U_0<U$ 时，u_C 由初始值 U_0 增长到稳态值 U，电容 C 处于继续充电状态；图 6.3-7(b)所示是 $U_0>U$ 时，u_C 由初始值 U_0 衰减到稳态值 U，电容 C 处于放电状态。

电路中的电流 $\qquad i = C\dfrac{\mathrm{d}u_C}{\mathrm{d}t} = \dfrac{U-U_0}{R}e^{-\frac{t}{\tau}}, \quad t>0 \tag{6.3-8}$

电阻电压 $\qquad u_R = Ri = (U-U_0)e^{-\frac{t}{\tau}}, \quad t>0 \tag{6.3-9}$

从以上分析，可见：

① 电容 C 在充电过程中，电容电压 u_C 由它的初始值(零或 U_0)开始，随时间按指数规律变化达到一个新的稳态值。

② 在开关 S 闭合换路后瞬时，充电电流 i 由零跃变到 $\dfrac{U}{R}$(零状态)或 $\dfrac{U-U_0}{R}$(非零状态)，然后随时间按指数规律变化到零。

③ 电容充电过程是电容从电源吸收电能转换为储存的电场能量及电阻消耗电能的过程。在零状态下，可以证明，电阻所消耗的电能等于最终电容所储存的电场能量，即

$$W_C(\infty) = \frac{1}{2}Cu_C^2(\infty)$$

$$W_R(t)\Big|_0^\infty = \int_0^\infty Ri^2\mathrm{d}t = \int_0^\infty R\left(\frac{U}{R}e^{-\frac{t}{RC}}\right)^2\mathrm{d}t = \frac{C}{2}u_C^2(\infty) = W_C(\infty)$$

于是,充电效率仅为 50%。

④ 电容充电过程的快慢与放电过程一样,取决于 R 和 C 的值,也即与时间常数 $\tau = RC$ 有关。充电过程和放电过程一样,达到新的稳态所需时间,理论上 $t = \infty$,在工程计算中,$t = (3\sim5)\tau$。

[例 6.3-3] 在图 6.3-8(a)所示电路中,开关 S 长期接通于位置 1 上,若在 $t = 0$ 时,将开关 S 扳到位置 2 上,求 $t > 0$ 时的电压 u_C 与电流 i_C。已知 $R_1 = 1\ \mathrm{k\Omega}$,$R_2 = 2\ \mathrm{k\Omega}$,$C = 0.5\ \mathrm{\mu F}$,$U_{s1} = 12\ \mathrm{V}$,$U_{s2} = 15\ \mathrm{V}$。

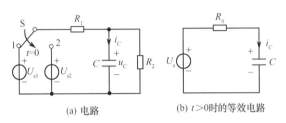

(a) 电路   (b) $t > 0$ 时的等效电路

图 6.3-8 例 6.3-3 的电路

解:$t = 0_-$ 时,电容电压为

$$u_C(0_-) = \frac{R_2}{R_1 + R_2} U_{s1} = \frac{2}{1+2} \times 12\ \mathrm{V} = 8\ \mathrm{V}$$

根据换路定则 $u_C(0_+) = u_C(0_-) = 8\ \mathrm{V}$。

$t > 0$ 时,电路可等效变换为图 6.3-8(b)所示的等效电路。其中戴维南等效电路的等效电源电压为

$$U_s = \frac{R_2}{R_1 + R_2} U_{s2} = \frac{2}{1+2} \times 15\ \mathrm{V} = 10\ \mathrm{V}$$

其等效电阻

$$R_o = \frac{R_1 R_2}{R_1 + R_2} = \frac{1 \times 2}{1+2}\ \mathrm{k\Omega} = \frac{2}{3}\ \mathrm{k\Omega}$$

电路的时间常数

$$\tau = R_o C = \frac{2}{3} \times 10^3 \times 0.5 \times 10^{-6}\ \mathrm{s} = \frac{1}{3} \times 10^{-3}\ \mathrm{s}$$

此电路处于非零状态的充电过程,根据式(6.3-7)得

$$u_C = U_s + [u_C(0_+) - U_s] e^{-\frac{t}{\tau}} = [10 + (8-10) e^{-\frac{t}{\frac{1}{3} \times 10^{-3}}}]\ \mathrm{V} = 10 - 2e^{-3000t}\ \mathrm{V}, \quad t > 0$$

$$i_C = C \frac{\mathrm{d}u_C}{\mathrm{d}t} = [0.5 \times 10^{-6} \times (-2) \times (-3000) e^{-3000t}]\ \mathrm{A} = 3e^{-3000t}\ \mathrm{mA}, \quad t > 0$$

思考与练习

6.3-1 在 RC 电路的充电过程中,电源发出的能量完全由电容储存起来,这种说法对吗? 如果不对,电源发出的能量有多少被电容储存起来? 剩余的部分去哪里了?

6.3-2 试用叠加定理解释 RC 电路的非零状态充电过程可分解为放电过程和零状态充电过程的线性叠加。

6.3-3 电路如图 6.3-9 所示,$t < 0$ 时开关 S 在 a 处,电路已稳定。在 $t = 0$ 时,开关 S 由 a 合向 b。求 $t > 0$ 时,电容两端的电压和流过的电流。

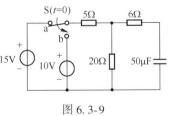

图 6.3-9

6.4 一阶直流、线性电路瞬变过程的一般求解方法——三要素法

从上述 RC 电路充放电过程的分析中可以发现,一阶直流线性电路瞬变过程中的电流、电压由强制分量(包括零值)和自由分量两部分叠加而成。若写成一般表达式,则

$$f(t)=f'(t)+f''(t)=f(\infty)+Ae^{-\frac{t}{\tau}}, \qquad t>0$$

式中,$f(t)$ 为电压 u 或电流 i;$f(\infty)$ 为强制分量或稳态解;$Ae^{-\frac{t}{\tau}}$ 为自由分量或暂态解。

6.7

若初始值为 $f(0_+)$,则得

$$A=f(0_+)-f(\infty)$$

于是有

$$f(t)=f(\infty)+[f(0_+)-f(\infty)]e^{-\frac{t}{\tau}}, \quad t>0 \tag{6.4-1}$$

此式为一阶直流、线性电路瞬变过程的解的一般形式。此式说明,不论组成一电路的元件和结构形式如何,只要确定了电路的初始值 $f(0_+)$、稳态值 $f(\infty)$ 和时间常数 τ,就可以用式(6.4-1)简洁地写出瞬变过程中电压或电流的解。$f(0_+)$、$f(\infty)$ 与 τ 称为一阶电路的三要素。直接求出这三要素,从而写出瞬变过程中电压与电流随时间变化表达式的方法,称为三要素法。

应当强调的是,三要素法只适用于求解只含一个(或可等效成只有一个)储能元件的线性电路,在直流电源或无独立源作用下的瞬变过程。

三要素的求取方法:对于初始值 $f(0_+)$ 的计算,已在 6.1 节中介绍过,它由换路后 $t=0_+$ 瞬时的电路来求得。此电路中的电容电压 $u_C(0_+)$ 和电感电流 $i_L(0_+)$ 按换路定则来确定。稳态值 $f(\infty)$ 可以应用已换路后的直流稳态电路的计算方法来求得。电路的时间常数为 τ,它标志着衰减的自由分量持续时间的长短,而自由分量是由电路中储能元件储存或释放能量引起的,它的变化规律与独立源存在与否无关,只取决于电路的结构和参数。所以,只要在换路后的一阶电路中令独立源为零值,求出由储能元件(C 或 L)两端看进去的等效电阻 R,就可求得时间常数 τ。在同一电路中,各个电流和电压的时间常数是相同的。

[例 6.4-1]　在图 6.4-1(a)所示电路中,$t<0$ 时开关 S 合于 1 侧,电路已处于稳态。$t=0$ 时开关 S 由 1 侧扳到 2 侧。求 $t>0$ 时的电容电压 u_C 及电流 i,并定性画出它们随时间的变化曲线。

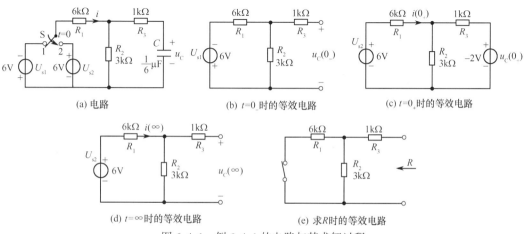

图 6.4-1　例 6.4-1 的电路与其求解过程

解:用三要素法求解。

（1）求 $u_C(0_-)$。由于 $t<0$ 时电路已处于稳态，则 $t=0_-$ 时的等效电路如图 6.4-1（b）所示。由此可求得

$$u_C(0_-)=\frac{R_2}{R_1+R_2}(-U_{s1})=\left[\frac{3}{6+3}\times(-6)\right]V=-2\ V$$

（2）求初始值 $u_C(0_+)$ 及 $i(0_+)$。根据换路定则，有 $u_C(0_+)=u_C(0_-)=-2\ V$，画出 $t=0_+$ 时的等效电路如图 6.4-1（c）所示。由此可求得

$$i(0_+)=\frac{U_{s2}}{R_1+\dfrac{R_2R_3}{R_2+R_3}}-\frac{u_C(0_+)}{R_3+\dfrac{R_1R_2}{R_1+R_2}}\cdot\frac{R_2}{R_1+R_2}=\left(\frac{6}{6+\dfrac{3}{4}}-\frac{-2}{1+\dfrac{18}{9}}\times\frac{3}{9}\right)mA=\frac{10}{9}\ mA$$

（3）求稳态值 $u_C(\infty)$ 和 $i(\infty)$。画出 $t=\infty$ 时的等效电路如图 6.4-1（d）所示。由此可求得

$$u_C(\infty)=\frac{R_2}{R_1+R_2}U_{s2}=\left(\frac{3}{6+3}\times6\right)V=2\ V$$

$$i(\infty)=\frac{U_{s2}}{R_1+R_2}=\frac{6}{6+3}\ mA=\frac{2}{3}\ mA$$

（4）求电路的时间常数 τ。求等效电阻 R 的等效电路如图 6.4-1（e）所示。由此可求得

$$R=R_3+\frac{R_1R_2}{R_1+R_2}=\left(1+\frac{6\times3}{6+3}\right)k\Omega=3\ k\Omega$$

$$\tau=RC=\left(3\times10^3\times\frac{1}{6}\times10^{-6}\right)s=0.5\times10^{-3}\ s$$

（5）求 $t>0$ 时的电容电压 u_C 和电流 i。

$$\begin{aligned}u_C&=u_C(\infty)+[u_C(0_+)-u_C(\infty)]e^{-\frac{t}{\tau}}\\&=[2+(-2-2)e^{-\frac{t}{0.5\times10^{-3}}}]\ V\\&=2-4e^{-2000t}\ V,\quad t>0\end{aligned}$$

$$\begin{aligned}i&=i(\infty)+[i(0_+)-i(\infty)]e^{-\frac{t}{\tau}}\\&=\left[\frac{2}{3}+\left(\frac{10}{9}-\frac{2}{3}\right)e^{-\frac{t}{0.5\times10^{-3}}}\right]mA\\&=\left(\frac{2}{3}+\frac{4}{9}e^{-2000t}\right)mA,\quad t>0\end{aligned}$$

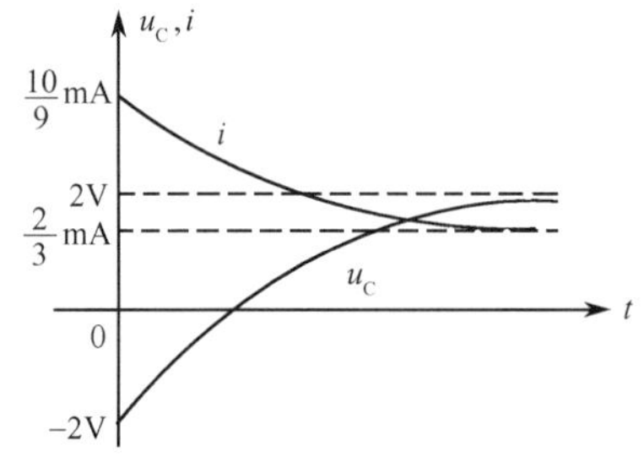

图 6.4-2　例 6.4-1 中 u_C 和 i 随时间的变化曲线

u_C 和 i 随时间的变化曲线如图 6.4-2 所示。

思考与练习

6.4-1　简述三要素法的适用条件。当电路中存在一个非线性电阻时，三要素法是否适用？当电路中存在一个电容和一个电感两个储能元件时，三要素法是否适用？

6.4-2　电路如图 6.4-3 所示，$t<0$ 时开关 S 闭合，电路已稳定，$t=0$ 时开关 S 断开。求 $t>0$ 时的电容电压 $u_C(t)$。

6.4.3　电路如图 6.4-4 所示，$t<0$ 时开关在 a 处，电路已稳定，$t=0$ 时，开关 S 由 a 合向 b。求 $t>0$ 时的电容电压 $u_C(t)$ 和电流 $i_C(t)$。

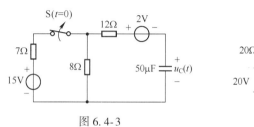

图 6.4-3

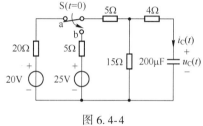

图 6.4-4

6.5　RL 电路的瞬变过程

RL 电路的瞬变过程与 RC 电路的瞬变过程相类似,也可以分为与独立源接通的充磁过程和短接的放磁过程。

如图 6.5-1 所示的 RL 电路,开关 S 闭合前,i_L 为零。当 $t = 0$ 时,开关 S 闭合,接通电压为 U 的直流电压源。通过电感的电流不能跃变,电路中的电流 i_L 是随时间逐渐增长的。现将其瞬变过程分析如下。

6.5

根据 KVL,可得 $t>0$ 时的电路方程为

$$u_R + u_L = U, \quad t>0$$

又

$$u_R = Ri_L, \quad u_L = L\frac{\mathrm{d}i_L}{\mathrm{d}t}$$

$$Ri_L + L\frac{\mathrm{d}i_L}{\mathrm{d}t} = U, \quad t>0$$

或

$$\frac{L}{R}\frac{\mathrm{d}i_L}{\mathrm{d}t} + i_L = \frac{U}{R}, \quad t>0 \qquad (6.5\text{-}1)$$

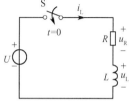

图 6.5-1　RL 电路接通直流电压源

式(6.5-1)是一个一阶常系数非齐次线性微分方程,它的完全解 i_L 由该方程的特解 i'_L 与对应的齐次微分方程的通解 i''_L 两部分组成。即

$$i_L = i'_L + i''_L$$

非齐次微分方程的特解,即强制分量为

$$i'_L = i_L(\infty) = U/R$$

对应的齐次微分方程的通解,即自由分量为

$$i''_L = Ae^{St} = Ae^{-\frac{t}{\tau}}$$

式中,A 是积分常数;S 是特征方程的根;τ 是时间常数,也是特征方程特征根的负倒数。

式(6.5-1)对应的齐次微分方程的特征方程为

$$\frac{L}{R}S + 1 = 0$$

则

$$S = -\frac{1}{L/R} = -\frac{1}{\tau}, \quad \tau = L/R \qquad (6.5\text{-}2)$$

于是,式(6.5-1)的解为

$$i_L = i'_L + i''_L = \frac{U}{R} + Ae^{-\frac{R}{L}t}, \quad t>0 \qquad (6.5\text{-}3)$$

式中,积分常数可由初始条件与换路定则求得。

由于 $i_L(0_-) = 0$，根据换路定则可得 $i_L(0_+) = i_L(0_-) = 0$，代入式(6.5-3)得

$$i(0_+) = \frac{U}{R} + A = 0, \quad \text{即} \quad A = -\frac{U}{R}$$

因此，式(6.5-3)为
$$i_L = \frac{U}{R}(1 - e^{-\frac{R}{L}t}) = \frac{U}{R}(1 - e^{-\frac{t}{\tau}}), \quad t > 0 \tag{6.5-4}$$

根据电感元件和电阻元件的伏安关系，可以求出瞬变过程中电感电压 u_L 和电阻电压 u_R 分别为

$$u_L = L\frac{di_L}{dt} = Ue^{-\frac{R}{L}t} = Ue^{-\frac{t}{\tau}}, \quad t > 0 \tag{6.5-5}$$

$$u_R = Ri_L = U(1 - e^{-\frac{R}{L}t}) = U(1 - e^{-\frac{t}{\tau}}), \quad t > 0 \tag{6.5-6}$$

图 6.5-2 给出了 RL 电路与直流电压源接通后的 i_L、u_L、u_R 随时间的变化曲线。可以看出，RL 电路瞬变过程中的电压和电流都是随时间按指数规律变化的。

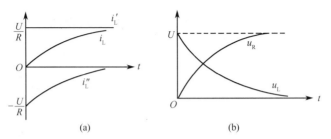

图 6.5-2　RL 电路中 i_L、u_L、u_R 随时间的变化曲线

同理，若 $i_L(0_-) = I_0$，为非零状态，则根据换路定则有 $i_L(0_+) = i_L(0_-) = I_0$，代入式(6.5-3)，得

$$i_L(0_+) = \frac{U}{R} + A = I_0, \quad \text{即} \quad A = I_0 - \frac{U}{R}$$

因此，式(6.5-3)为
$$i_L(t) = \frac{U}{R} + \left(I_0 - \frac{U}{R}\right)e^{-\frac{R}{L}t} = \frac{U}{R} + \left(I_0 - \frac{U}{R}\right)e^{-\frac{t}{\tau}}$$

$$= i_L(\infty) + [i_L(0_+) - i_L(\infty)]e^{-\frac{t}{\tau}}, \quad t > 0 \tag{6.5-7}$$

由式(6.5-7)可见，也可以利用三要素法来确定 RL 电路中的物理量。

非零状态下 $i_L(t)$ 随时间的变化曲线如图 6.5-3(a)、(b)所示。

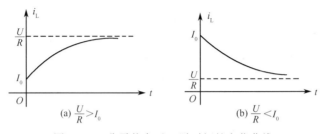

图 6.5-3　非零状态下 i_L 随时间的变化曲线

[例 6.5-1]　在图 6.5-4(a)所示电路中，$t < 0$ 时开关 S 断开，且电路已处于稳态。当 $t = 0$ 时合上开关 S，试求 $t > 0$ 时的 $i_L(t)$ 及 $i(t)$，并定性画出它们随时间的变化曲线。已知 $R_1 = R_2 = 5\ \Omega$，$R_3 = 10\ \Omega$，$L = 10\ \text{mH}$，$I_s = 10\ \text{mA}$，$U_s = 50\ \text{mV}$。

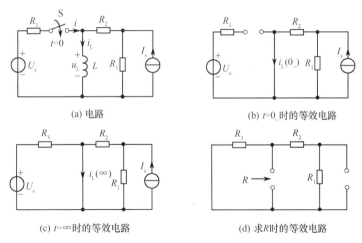

(a) 电路   (b) $t=0_-$时的等效电路

(c) $t=\infty$ 时的等效电路   (d) 求R时的等效电路

图 6.5-4　例 6.5-1 的电路与其求解过程

解: 利用三要素法求 $i_L(t)$，而 $i(t)$ 则可以通过下列关系式确定，即

$$i(t)=\frac{U_s-u_L(t)}{R_3}$$

（1）求 $i_L(0_-)$。由于 $t<0$ 时电路已处于稳态，则 $t=0_-$ 时的等效电路如图 6.5-4(b)所示。由此可求得

$$i_L(0_-)=\frac{R_1}{R_1+R_2}I_s=\frac{5}{5+5}\times10\ \text{mA}=5\ \text{mA}$$

（2）求初始值 $i_L(0_+)$。根据换路定则 $i_L(0_+)=i_L(0_-)=5\ \text{mA}$。

（3）求稳态值 $i_L(\infty)$。画出 $t=\infty$ 时的等效电路如图 6.5-4(c)所示。由此可求得

$$i_L(\infty)=\frac{U_s}{R_3}+\frac{R_1}{R_1+R_2}I_s=\left(\frac{50}{10}+\frac{5}{5+5}\times10\right)\ \text{mA}=10\ \text{mA}$$

（4）求电路的时间常数 τ。求等效电阻 R 的等效电路如图 6.5-4(d)所示。由此可求得

$$R=\frac{(R_1+R_2)R_3}{(R_1+R_2)+R_3}=\frac{(5+5)\times10}{5+5+10}=5\ \Omega$$

$$\tau=\frac{L}{R}=\left(\frac{10\times10^{-3}}{5}\right)\ \text{s}=2\times10^{-3}\ \text{s}$$

（5）求 $t>0$ 时的 $i_L(t)$。

$$i_L(t)=i_L(\infty)+[i_L(0_+)-i_L(\infty)]\text{e}^{-\frac{t}{\tau}}$$

$$=\left[10+(5-10)\text{e}^{-\frac{t}{2\times10^{-3}}}\right]\ \text{mA}$$

$$=10-5\text{e}^{-500t}\ \text{mA},\quad t>0$$

于是，根据图 6.5-4(a)所示的 $u_L(t)$ 的参考方向，可求得

$$u_L(t)=L\frac{\text{d}i_L}{\text{d}t}=[10\times10^{-3}\times(-5)\times(-500)\text{e}^{-500t}]\ \text{mV}=25\text{e}^{-500t}\ \text{mV},\quad t>0$$

则
$$i(t)=\frac{U_s-u_L(t)}{R_3}=\left(\frac{50-25\text{e}^{-500t}}{10}\right)\ \text{mA}=(5-2.5\text{e}^{-500t})\ \text{mA},\quad t>0$$

$i_L(t)$ 与 $i(t)$ 随时间变化的曲线如图 6.5-5 所示。

下面讨论 RL 电路的短接放磁过程。

在图 6.5-6 所示电路中,开关 S 接在位置 1 已稳定。当 $t=0$ 时,将开关 S 从位置 1 立即扳到位置 2 后,RL 电路被短接,根据 KVL,可得出 $t>0$ 时的电路方程为

$$Ri_L + L\frac{di_L}{dt} = 0, \quad t>0$$

上式电流的解包括电流的强制分量 $i'_L = 0$ 与电流的自由分量 $i''_L = Ae^{-\frac{R}{L}t}$,所以

$$i_L = i'_L + i''_L = Ae^{-\frac{R}{L}t}, \qquad t>0 \qquad (6.5\text{-}8)$$

由于初始值 $i_L(0_+) = i_L(0_-) = U/R$

代入式(6.5-8)得 $A = U/R$,所以

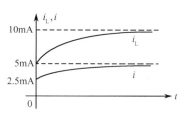

图 6.5-5 例 6.5-1 中 i_L 与 i 随时间变化曲线

$$i_L = \frac{U}{R}e^{-\frac{R}{L}t} = \frac{U}{R}e^{-\frac{t}{\tau}}, \quad t>0 \qquad\qquad (6.5\text{-}9)$$

$$u_R = Ri_L = Ue^{-\frac{R}{L}t} = Ue^{-\frac{t}{\tau}}, \quad t>0 \qquad\qquad (6.5\text{-}10)$$

$$u_L = L\frac{di_L}{dt} = -Ue^{-\frac{R}{L}t} = -Ue^{-\frac{t}{\tau}}, \quad t>0 \qquad\qquad (6.5\text{-}11)$$

i_L、u_R、u_L 随时间变化的曲线如图 6.5-7 所示。

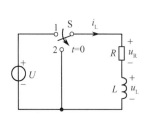

图 6.5-6 RL 电路的短接

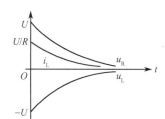

图 6.5-7 i_L、u_R、u_L 随时间的变化曲线

如果在图 6.5-6 中,用开关将线圈从电源断开未加以短接,由于此时电流变化率趋近于无限大,则线圈两端将感应高电压,$u_L = L\frac{di_L}{dt} \rightarrow \infty$。开关 S 断开时,空气隙将被击穿而产生电弧,使开关的触头受到损伤。若线圈并联有电压表,如图 6.5-8 所示。断开开关 S 瞬时,线圈中电流 i_L 不能跃变,而将流过电压表构成的闭合电路。由于电压表内阻很大,会在电压表两端产生高电压,使电压表损坏。同时线圈上感应出高电压时,线圈本身绝缘也将受到破坏。

为了防止上述危害,除了采用能够灭弧的开关和正确使用电压表(在开关断开前,先去掉电压表),还可以从电路上采取某些措施。例如在线圈两端并联反向二极管(见图 6.5-9),二极管具有单向导电性,它不影响电路的正常工作,而在切断电源时,给线圈电流提供了一个通路,使磁场储能消耗于电阻中,从而可以避免出现高电压。

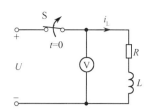

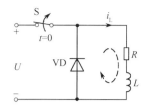

图 6.5-8　线圈断开时在并联的电压　　　　图 6.5-9　防止 RL 电路断开时
　　　　　表上引起高电压　　　　　　　　　　　　　产生电弧的措施

思考与练习

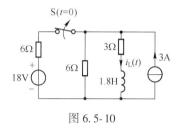

6.5-1　根据 RC 电路中时间常数的定义,试从物理概念的角度解释:RL 电路的时间常数 τ 与 L 成正比,与 R 成反比。

6.5-2　对比 RC 电路和 RL 电路,试分析 RL 电路在放磁和充磁过程中电感功率的特点。

6.5-3　电路如图 6.5-10 所示,$t<0$ 时开关 S 闭合,电路已稳定,$t=0$ 时开关 S 断开。求 $t>0$ 时的电感电流 $i_L(t)$。

图 6.5-10

6.6　RLC 串联电路的放电过程

图 6.6-1 所示为 RLC 串联电路,在开关 S 未闭合前,电路中电流为零,而电容 C 上已充有电压 U_0。当 $t=0$ 时,开关 S 闭合后,电容上的电压 U_0 便通过 R 与 L 放电。现在来分析电容上电压 u_C 和回路中电流 i 的变化规律。

在 $t>0$ 时,根据 KVL 可得电路方程为

$$u_L+u_R+u_C=0$$

由于

$$u_R=Ri,\quad i=C\frac{\mathrm{d}u_C}{\mathrm{d}t},\quad u_L=L\frac{\mathrm{d}i}{\mathrm{d}t}$$

则

$$LC\frac{\mathrm{d}^2u_C}{\mathrm{d}t^2}+RC\frac{\mathrm{d}u_C}{\mathrm{d}t}+u_C=0,\quad t>0 \qquad (6.6\text{-}1)$$

图 6.6-1　RLC 串联电路

式(6.6-1)是一个二阶常系数齐次线性微分方程,其特征方程为

$$LCS^2+RCS+1=0$$

特征根为

$$S_{1,2}=-\frac{R}{2L}\pm\sqrt{\left(\frac{R}{2L}\right)^2-\frac{1}{LC}}=-\delta\pm\sqrt{\delta^2-\omega_0^2} \qquad (6.6\text{-}2)$$

式中

$$\delta=\frac{R}{2L},\quad \omega_0=\frac{1}{\sqrt{LC}}$$

可见电路的瞬变过程与 δ 和 ω_0 有关。而 δ 和 ω_0 又与电路参数 R,L,C 有关。

从式(6.6-2)可见,特征方程的根可能出现下列三种情况:

① 若 $\delta>\omega_0$,即 $R>2\sqrt{L/C}$,则 S_1、S_2 为两个不相等的负实数;

② 若 $\delta=\omega_0$,即 $R=2\sqrt{L/C}$,则 S_1、S_2 为两个相等的负实数;

③ 若 $\delta<\omega_0$,即 $R<2\sqrt{L/C}$,则 S_1、S_2 为一对共轭复数。

现在只分析 $\delta<\omega_0$,即 $R<2\sqrt{L/C}$ 这一情况。当 $\delta<\omega_0$ 时,S_1 与 S_2 为

$$S_{1,2} = -\delta \pm \sqrt{\delta^2 - \omega_0^2} = -\delta \pm j\sqrt{\omega_0^2 - \delta^2} = -\delta \pm j\omega \qquad (6.6\text{-}3)$$

式（6.6-1）的通解为

$$u_C = A_1 e^{S_1 t} + A_2 e^{S_2 t} = e^{-\delta t}(A_1 e^{j\omega t} + A_2 e^{-j\omega t})$$

$$= e^{-\delta t}\left[(A_1 + A_2)\cos\omega t + j(A_1 - A_2)\sin\omega t\right] \qquad (6.6\text{-}4)$$

式中，积分常数 A_1 和 A_2 可由下列两式利用初始条件确定

$$\begin{cases} u_C = A_1 e^{S_1 t} + A_2 e^{S_2 t} \\ i = C\dfrac{\mathrm{d}u_C}{\mathrm{d}t} = CA_1 S_1 e^{S_1 t} + CA_2 S_2 e^{S_2 t} \end{cases}$$

由于 $u_C(0_-) = U_0, i(0_-) = 0$，根据换路定则得 $u_C(0_+) = U_0, i(0_+) = 0$，代入上述方程组得

$$\begin{cases} A_1 + A_2 = U_0 \\ A_1 S_1 + A_2 S_2 = 0 \end{cases}$$

解得

$$A_1 = \frac{S_2}{S_2 - S_1} U_0, \quad A_2 = -\frac{S_1}{S_2 - S_1} U_0$$

将 A_1 和 A_2 代入式（6.6-4），并将其中的 S_1 和 S_2 用式（6.6-3）代入，经整理后得

$$u_C = U_0 e^{-\delta t}\left(\frac{S_2 - S_1}{S_2 - S_1}\cos\omega t + j\frac{S_2 + S_1}{S_2 - S_1}\sin\omega t\right)$$

$$= U_0 e^{-\delta t}\left(\cos\omega t + \frac{\delta}{\omega}\sin\omega t\right) = \frac{\omega_0}{\omega} U_0 e^{-\delta t}\left(\frac{\omega}{\omega_0}\cos\omega t + \frac{\delta}{\omega_0}\sin\omega t\right)$$

又 $\omega = \sqrt{\omega_0^2 - \delta^2}$，$\omega_0$、$\omega$ 与 δ 三者的关系可用图 6.6-2 所示的直角三角形

表示，由图可得 $\sin\psi = \dfrac{\omega}{\omega_0}, \cos\psi = \dfrac{\delta}{\omega_0}$，代入上式，得

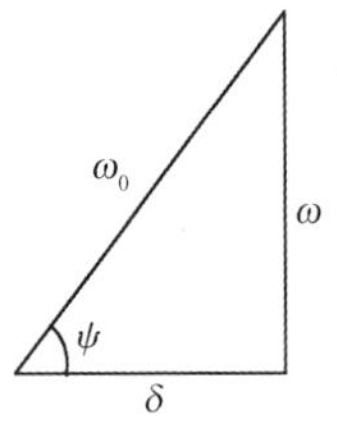

$$u_C = \frac{\omega_0}{\omega} U_0 e^{-\delta t}(\sin\psi\cos\omega t + \cos\psi\sin\omega t)$$

$$= \frac{U_0}{\omega\sqrt{LC}} e^{-\delta t}\sin(\omega t + \psi), \quad t > 0 \qquad (6.6\text{-}5)$$

图 6.6-2　ω_0、ω 与 δ 的关系

又

$$i = C\frac{\mathrm{d}u_C}{\mathrm{d}t} = \frac{U_0 C}{\omega\sqrt{LC}} e^{-\delta t}\left[-\delta\sin(\omega t + \psi) + \omega\cos(\omega t + \psi)\right]$$

$$= -\frac{U_0 C}{\omega\sqrt{LC}} e^{-\delta t}\left[\omega_0\cos\psi\sin(\omega t + \psi) - \omega_0\sin\psi\cos(\omega t + \psi)\right]$$

$$= -\frac{U_0}{\omega L} e^{-\delta t}\sin\omega t, \quad t > 0 \qquad (6.6\text{-}6)$$

u_C 和 i 都是衰减的正弦量，它们随时间的变化曲线表示在图 6.6-3 中。由图可见，电路中电流的方向呈周期性变化，说明电容做振荡性放电。在此电路中，虽无独立源，但电容初始瞬时具有一定的电场能量，仍能发生能量的反复转换。也就是电容反复地放电与充电，电感反复地充磁与放磁，使电容两端电压 u_C 和电路中电流 i 发生周期性交变，这种现象称为电磁振荡。在振荡过程中，由于电阻不断消耗能量，因此在电场与磁场能量互相转换时，使两者之和不能保持恒值，而是逐渐减小，这反映为电压 u_C 和电流 i 的振幅逐渐减小。直到全部能量都消耗在电阻上时，振荡便结束。这种振荡称为减幅振荡。图 6.6-3 便是减幅振荡波形。其中振荡角频率为

$$\omega = \sqrt{\omega_0^2 - \delta^2} = \sqrt{\frac{1}{LC} - \left(\frac{R}{2L}\right)^2} \qquad (6.6\text{-}7)$$

振荡频率为
$$f = \frac{\omega}{2\pi} = \frac{1}{2\pi}\sqrt{\frac{1}{LC} - \left(\frac{R}{2L}\right)^2} \qquad (6.6\text{-}8)$$

它仅与电路参数 R、L、C 有关,所以有时把这种振荡称为自由振荡。

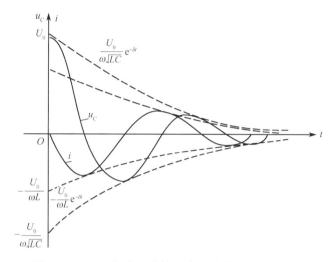

图 6.6-3　RLC 振荡回路的 u_C 与 i 随时间的变化曲线

　　振荡的振幅衰减的快慢取决于 $\delta = \dfrac{R}{2L}$,δ 称为衰减系数。δ 的倒数 $\tau = \dfrac{1}{\delta} = \dfrac{2L}{R}$ 称为衰减时间常数。可见,振荡的振幅衰减的快慢只与电路参数有关。显然,R 越大,衰减越快;反之,R 越小,衰减越慢。

　　在 $R=0$ 的理想情况下,式(6.6-5)与式(6.6-6)可分别写为
$$u_C = U_0 \sin(\omega_0 t + 90°), \quad t > 0 \qquad (6.6\text{-}9)$$
$$i = -\frac{U_0}{\omega_0 L}\sin\omega_0 t, \quad t > 0 \qquad (6.6\text{-}10)$$

　　由于衰减系数 $\delta = 0$,所以 u_C 和 i 都是不衰减的正弦量,如图 6.6-4 所示。这种情况的振荡称为等幅振荡。

　　等幅振荡的振荡角频率为
$$\omega_0 = \frac{1}{\sqrt{LC}} \qquad (6.6\text{-}11)$$

振荡频率为
$$f_0 = \frac{\omega_0}{2\pi} = \frac{1}{2\pi\sqrt{LC}} \qquad (6.6\text{-}12)$$

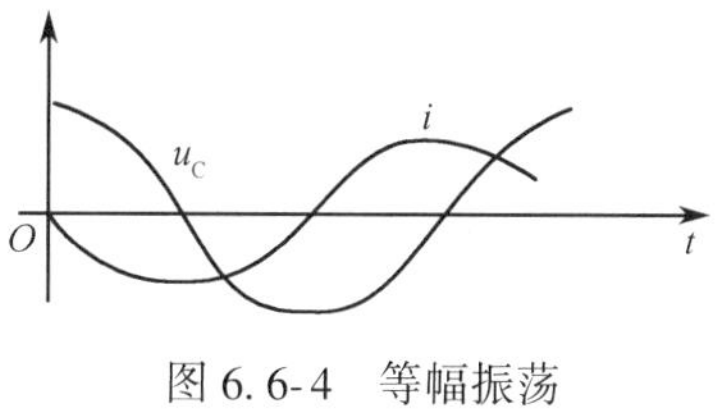

图 6.6-4　等幅振荡

　　电路中发生的这种电磁振荡,类似于单摆的机械振荡。实际上,电路中电阻总是存在的,振荡一定是减幅的,最后振荡也必停止。正如同单摆受到阻力,振荡也是减幅的,最后振荡也停止。

　　应该指出,产生振荡的必要条件是 $R < 2\sqrt{L/C}$。如果 $R \geqslant 2\sqrt{L/C}$,由于电阻较大,电容元件放电一次过程中,电场能量就会被电阻全部消耗掉,因此就不能产生振荡性放电,而成为非周

期性的衰减放电了。

RLC 电路的这种振荡性放电的现象,在电子技术中常用来产生各种频率的正弦波信号。为了获得等幅的正弦波,在振荡过程中要不断从外部补充能量,以维持等幅振荡。

思考与练习

6.6-1　对于一个 RLC 串联电路,如果 $C=4\ \mu F$,$R=3000\ \Omega$,$L=4\ H$,电路的暂态响应处于振荡还是非振荡状态?

6.6-2　对于一个 RLC 串联电路,如果 $C=20\ \mu F$,$R=100\ \Omega$,$L=5\ H$,电路的暂态响应是否处于振荡状态? 如果振荡,其振荡频率和衰减系数分别为多少?

6.7　应 用 实 例

在电子技术中,常用 RC 电路组成微分电路和积分电路,以实现脉冲波形的变换。RC 微分电路与积分电路都是利用电容充放电的瞬变过程,使输出电压波形与输入电压波形之间存在近似微分或积分的关系。

[例 6.7-1]　微分电路

在图 6.7-1 所示的 RC 电路中,输入一个如图 6.7-2(a)所示的脉宽为 t_p 的矩形脉冲周期信号 u_1。在 $t=0_+$ 时,输入脉冲信号电压从 0 跃到 U,相当于输入一个正值的直流电压,即 $u_1=U$,$0<t<t_1$,作用在 RC 电路上,此时电容 C 上的电压 u_C 将随时间按指数规律变化。根据换路定则,在 $t=0_+$ 时,电容 C 无初始储能,则 $u_C(0_+)=u_C(0_-)=0$。而后,由于电容 C 的充电,u_C 随时间按指数规律增长。在 $t=0_+$ 时,电阻 R 两端的输出电压

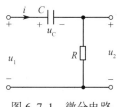

图 6.7-1　微分电路

$$u_2(0_+)=u_1(0_+)-u_C(0_+)=u_1(0_+)=U$$

即输出电压 u_2 在 $t=0_+$ 时,从 0 跃变到 U。而后,由于充电电流 i 随时间按指数规律衰减,因此,u_2 也将随时间按指数规律衰减。

若电路的时间常数 $\tau\ll t_p$,则 u_2 的波形即成为一个正尖脉冲波,其脉宽 t_p' 远较 t_p 为窄,其波形如图 6.7-2(c)所示。

在 $t=t_1$ 时,输入矩形脉冲周期信号电压从 U 跃变到 0,相当于输入端短路,$u_1(t_{1+})=0$,于是电容 C 经电阻 R 开始放电,u_C 按指数规律衰减。根据换路定则,在电容 C 开始放电瞬时($t=t_{1+}$)

$$u_C(t_{1+})=u_C(t_{1-})=U$$

这个电压全部加在电阻 R 上,即

$$u_2(t_{1+})=u_1(t_{1+})-u_C(t_{1+})=0-U=-U$$

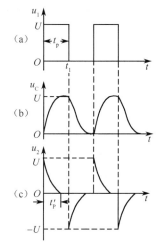

图 6.7-2　微分电路的波形

式中,负号表示 $u_2(t_{1+})$ 的实际方向与图 6.7-1 所示的参考方向相反。这样,在 $t=t_{1+}$ 时,在电阻 R 两端的输出电压 $u_2(t_{1+})$ 从 0 跃变到 $-U$。而后,由于电容 C 的放电,u_2 将按图 6.7-2(c)所示波形变化到零。从图可见,电阻 R 上输出了一个负尖脉冲电压。

综上所述可见,当 RC 微分电路由矩形脉冲周期信号电压作用时,将输出正、负相间的周期尖脉冲电压。在正矩形脉冲电压的前沿输出正尖脉冲电压,在其后沿输出负尖脉冲电压。因此,电阻 R 上输出脉冲电压,实际上反映了输入矩形脉冲周期信号电压的跃变部分的特性。

我们用解析的方法来说明输出与输入的关系。根据 KVL,图 6.7-1 所示电路的电压方程为

$$u_1 = u_C + u_2$$

由于在 RC 微分电路中总是选择适当的 R、C,使得 $RC \ll t_p$,电容 C 充放电进行得很快,因此 u_2 仅在矩形脉冲电压的前沿及后沿才存在。而脉冲电压作用的其余大部分时间里,u_2 几乎已衰减为零,$u_2 \ll u_C$,输入电压主要加在电容 C 上,即 $u_C \approx u_1$,所以电阻 R 上的输出电压为

$$u_2 = Ri = RC \frac{du_C}{dt} \approx RC \frac{du_1}{dt} \qquad (6.7\text{-}1)$$

上式表明,输出电压 u_2 近似地为输入电压 u_1 的微分,所以这种电路称为微分电路。

应当注意,RC 微分电路必须从电阻两端取输出电压,同时 R 和 C 的值必须很小,使 $\tau \ll t_p$(一般 $\tau < 0.2 t_p$)。

如果 $\tau \gg t_p$ 时,电容 C 充电很缓慢,且 u_C 的值很小,输入信号电压主要加在电阻 R 上,即 $u_2 \approx u_1$。这时输出和输入电压的波形相近似,电路就成为一般的阻容耦合电路了,阻容耦合电路和微分电路的元件连接形式一样,但两者的时间常数相差很大,因此,各自的功能就不同。

RC 微分电路在电子技术中,常用来将矩形脉冲信号变换为尖脉冲信号,作为触发信号之用。

[例 6.7-2] 积分电路

若将图 6.7-1 所示微分电路中 R 和 C 的位置互换,并且电路的时间常数 $\tau = RC \gg t_p$(矩形脉冲宽度),则该电路就成为积分电路,如图 6.7-3(a)所示。

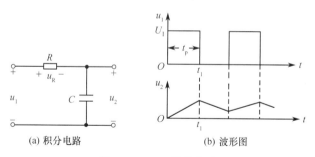

(a) 积分电路　　　　　　(b) 波形图

图 6.7-3　RC 积分电路

当积分电路输入一个矩形脉冲电压 u_1,如图 6.7-3(b)所示。在 $t = 0_+$ 时,u_1 从 0 跃变到 U;电容 C 开始充电,输出电压 u_2 随时间按指数规律增长。但是,由于时间常数 τ 较大,电容 C 充电缓慢,u_2 增长也缓慢。在 0 到 t_1 的短暂时间内,u_2 的上升曲线部分只是指数曲线起始部分的一小段,可以认为近似于一条直线,即输出电压 u_2 近似线性增长。

在 $t = t_1$ 瞬时,u_1 从 U 跃变到 0,电容 C 放电,使 u_2 随时间按指数规律衰减,由于放电速度同样很缓慢,u_2 将近似线性下降。

这样,积分电路在 u_1 作用下,其输出电压 u_2 的波形是一个锯齿波,如图 6.7-3(b)所示。根据 KVL,电路的电压方程为

$$u_1 = u_R + u_2$$

由于 $\tau \gg t_p$,在整个脉冲过程中,u_2 增长与衰减都很慢,所以 u_2 很小,使 $u_2 \ll u_R$。输入电压主要加在电阻 R 上。即

$$u_1 \approx u_R = Ri \quad \text{或} \quad i \approx u_1/R$$

所以电容 C 的输出电压

$$u_2 = \frac{1}{C} \int_{-\infty}^{t} i(\xi)\,\mathrm{d}\xi \approx \frac{1}{RC} \int_{-\infty}^{t} u_1(\xi)\,\mathrm{d}\xi \qquad (6.7\text{-}2)$$

上式表明,输出电压 u_2 近似地为输入电压 u_1 的积分,所以这种电路称为积分电路。

应注意,RC 积分电路必须从电容两端取输出电压,同时 R 和 C 必须很大,使 $\tau \gg t_p$。

RC 积分电路在电子技术中,常用来将矩形脉冲信号变换为锯齿波信号。

[例 6.7-3] 电子闪光灯电路

一个基本的照相机闪光灯电路由三个主要部分构成。一是用作电源的小电池;二是实际产生闪光的气体放电管;三是用于连接电源和放电管的电路,该电路由多个电子元器件组成,其作用是将作为电源的直流低电压转换成直流高电压。图 6.7-4 所示为一个简化的电路,它由一个高电压的直流电源 U_s、限流高电阻 R_1、放电管低电阻 R_2 及电容 C 组成。

电子闪光灯电路的工作原理为:当开关 S 合于 1 侧时,电容 C 缓慢充电,其时间常数 $\tau_1 = R_1 C$。若 $U_C(0) = 0$,则电容电压由零逐渐充电至 U_s,而电流 $i(t)$ 则由 U_s/R_1 逐渐衰减为零,它们的变化曲线如图 6.7-5 所示。当 $t \geq 4\tau_1$ 时,此充电过程结束,电容储入足够多的能量,即 $W_C = \frac{C}{2} U_s^2$。当开关 S 合于 2 侧时,构成 R_2 和 C 的放电电路。由于放电管电阻极低,故放电时间常数 $\tau_2 = R_2 C$ 极小,放电完成的时间极短,它们的变化曲线如图 6.7-5 所示。可见此时 $R_2 C$ 电路提供了一个持续时间极短的大电流脉冲,放电管在高电压的作用下,发出极强的光线,实现瞬间闪光。

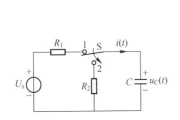

图 6.7-4 电子闪光灯简化电路

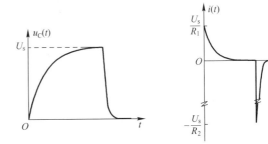

图 6.7-5 电容的电压、电流变化曲线

本 章 小 结

1. 若 $t = t_0$ 时电路发生换路,则有换路定则:
$$u_C(t_{0+}) = u_C(t_{0-}), \quad i_L(t_{0+}) = i_L(t_{0-})$$
即换路前后电容两端的电压和电感中的电流不可以发生跃变。注意:换路定则仅对电容电压与电感电流成立。

2. 零输入响应是指电路的输入为零,而初始储能不为零时所产生的电路响应。一阶电路的零输入响应按同一模式变化,即 $f(t) = f(0_+) \mathrm{e}^{-t/\tau}, t > 0$。

3. 零状态响应是指电路的初始储能为零,而输入不为零时所产生的电路响应。一阶电路中电容电压 $u_C(t)$ 和电感电流 $i_L(t)$ 的零状态响应的变化模式为:$f(t) = f(\infty)(1 - \mathrm{e}^{-t/\tau}), t > 0$。

4. 直流激励下一阶电路的三要素法:
$$f(t) = f(\infty) + [f(0_+) - f(\infty)] \mathrm{e}^{-t/\tau}, \quad t > 0$$

其中的三个要素和求取方法如下：

（1）$f(0_+)$——初始值。若求 $u_C(0_+)$ 和 $i_L(0_+)$，根据换路定则，应由 $t=0_-$ 的等效电路求取，即 $u_C(0_+)=u_C(0_-)$，$i_L(0_+)=i_L(0_-)$。而其他物理量的初始值则必须由 $t=0_+$ 的等效电路求取。在 $t=0_+$ 的等效电路中，电容元件用电压源替代，电压源的方向与电压值与 $u_C(0_-)$ 一致；电感元件用电流源替代，电流源的方向与电流值与 $i_L(0_-)$ 一致。当 $u_C(0_-)=0$ 时，电容元件则短路；$i_L(0_-)=0$ 时，电感元件则断路。由 $t=0_+$ 的等效电路便可以利用电阻电路的分析方法求得各物理量的初始值。

（2）$f(\infty)$——稳态值。当 $t\rightarrow\infty$ 时，由于是直流稳态电路，所以电容元件断路，电感元件短路。由此等效电路可以求出各物理量的稳态值。

（3）τ——时间常数。在 RC 电路中 $\tau=R_oC$；RL 电路中 $\tau=\dfrac{L}{R_o}$。其中 R_o 为由动态元件 C(L) 两端看进去的戴维南等效电阻，即求 R_o 时电路中独立源置为零值（电压源短路，电流源断路）。时间常数是反映电路变化快慢的指标，通常 $t\geq4\tau$ 时就认为电路进入新的稳态。

6.8　　　　　6.9

习　　题

6.1 节的习题

6-1　电路如题图 6-1 所示，$t<0$ 时电路已稳定。$t=0$ 时打开开关 S。试求 $u_L(0_+)$ 和 $i_C(0_+)$。

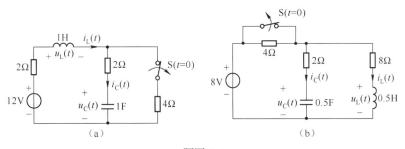

题图 6-1

6-2　电路如题图 6-2 所示，$t<0$ 时电路已稳定。$t=0$ 时打开开关 S。试求 $t=0_+$ 时的各支路电流。

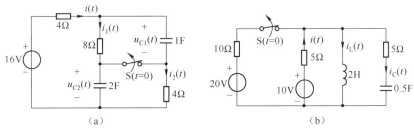

题图 6-2

6.2 节的习题

6-3 电路如题图 6-3 所示，$t<0$ 时电路已经稳定。$t=0$ 时打开开关 S，经 2 s 电容电压降为 81.87 V；经 5 s 电容电压降为 60.65 V。（1）求 R 和 C 的值。（2）写出电容电压 $u_C(t)$ 的表达式。

6-4 电路如题图 6-4 所示，$I_s=3$ A，$C=0.5$ F。$t<0$ 时电路已稳定，$t=0$ 时合上开关 S。试求 $t>0$ 时的电容电压 $u_C(t)$ 和电流 $i(t)$，并定性画出它们随时间变化的曲线。

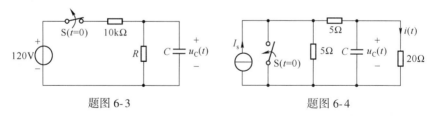

题图 6-3　　　　　　　　题图 6-4

6-5 电路如题图 6-5 所示，$U_s=10$ V，$C=50$ μF。$t<0$ 时电路已经稳定，$t=0$ 时打开开关 S。试求 $t>0$ 时的电容电压 $u_C(t)$ 和电流 $i(t)$，并定性画出它们随时间变化的曲线。

6.3 节的习题

6-6 电路如题图 6-6 所示，$U_s=10$ V，$R=8$ kΩ，$C=5$ μF。$t<0$ 时电路已稳定，$t=0$ 时开关 S 由 a 合向 b。试求 $t>0$ 时的电容电压 $u_C(t)$ 和电阻电压 $u_R(t)$，并定性画出它们随时间变化的曲线。

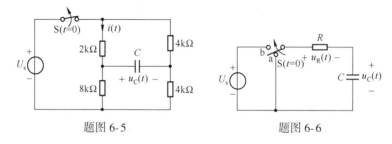

题图 6-5　　　　　　　　题图 6-6

6-7 电路如题图 6-7 所示，$U_s=12$ V，$C=0.5$ F。$t<0$ 时电路已稳定，$t=0$ 时合上开关 S。试求 $t>0$ 时的电容电压 $u_C(t)$ 和电流 $i(t)$，并定性画出它们随时间变化的曲线。

6-8 电路如题图 6-8 所示，$U_s=20$ V，$C=25$ μF。$t<0$ 时电路已稳定，$t=0$ 时打开开关 S。试求 $t>0$ 时的电容电压 $u_C(t)$ 和输出电压 $u_o(t)$，并定性画出它们随时间变化的曲线。

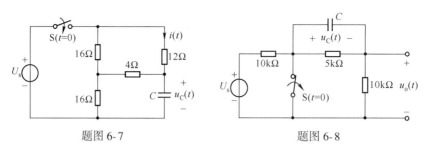

题图 6-7　　　　　　　　题图 6-8

6-9 电路如题图 6-9 所示，$I_s=2$ mA，$C=2$ μF。$t<0$ 时电路已稳定，$t=0$ 时合上开关 S。试求 $t>0$ 时的电容电压 $u_C(t)$，并定性画出它随时间变化的曲线。

6.4 节的习题

6-10 电路如题图 6-10 所示，$U_s=6$ V，$I_s=2$ A，$C=0.5$ F。$t<0$ 时电路已稳定，$t=0$ 开关 S 由 a 合向 b。试求 $t>0$ 时的电容电压 $u_C(t)$，并定性画出它随时间变化的曲线。

6-11 电路如题图 6-11 所示，$U_{s1}=10$ V，$U_{s2}=6$ V，$C=0.5$ F。$t<0$ 时电路已稳定。$t=0$ 时合上开关 S。试求 $t>0$ 时的电容电压 $u_C(t)$ 和电流 $i(t)$，并定性画出它们随时间变化的曲线。

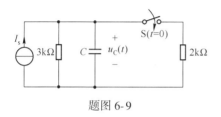

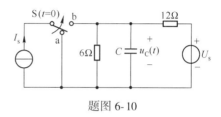

题图 6-9　　　　　　　　　　　题图 6-10

6-12　电路如题图 6-12 所示,$U_s = 6$ V,$I_s = 3$ A,$C = 0.5$ F。$t<0$ 时原电路已稳定,$t=0$ 时开关 S 由 a 合向 b。试求 $t>0$ 时电容电压 $u_C(t)$ 和电流 $i(t)$,并定性画出它们随时间变化的曲线。

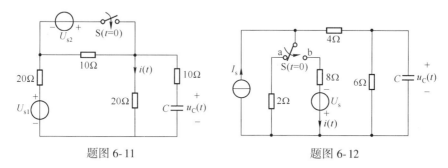

题图 6-11　　　　　　　　　　　题图 6-12

6-13　电路如题图 6-13 所示,$U_s = 10$ V,$I_s = 2$ A,$C = 0.5$ F。$t<0$ 时电路已稳定,$t=0$ 时合上开关 S。试求 $t>0$ 时的电容电压 $u_C(t)$ 和电流 $i(t)$,并定性画出它们随时间变化的曲线。

6-14　电路如题图 6-14 所示,$U_{s1} = 18$ V,$U_{s2} = 6$ V,$C = 0.5$ F。$t<0$ 时电路已稳定。$t=0$ 时合上开关 S。试求 $t>0$ 时的电容电压 $u_C(t)$ 和电流 $i(t)$,并定性画出它们随时间变化的曲线。

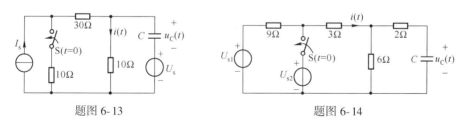

题图 6-13　　　　　　　　　　　题图 6-14

6-15　电路如题图 6-15 所示,$U_s = 10$ V,$I_s = 1$ A,$C = 0.5$ F。$t<0$ 时电路已稳定,$t=0$ 时合上开关 S。试求 $t>0$ 时的电容电压 $u_C(t)$ 和电流 $i(t)$,并定性画出它们随时间变化的曲线。

6-16　电路如题图 6-16 所示,$U_s = 24$ V,$C = \dfrac{1}{3}$ μF。$t<0$ 时电路已稳定,$t=0$ 时打开开关 S;$t=4$ ms 时又合上开关 S。试求 $t>0$ 时的输出电压 $u_o(t)$,并定性画出它随时间变化的曲线。

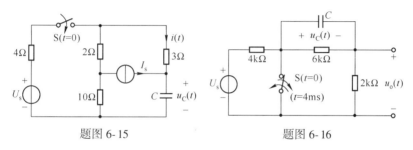

题图 6-15　　　　　　　　　　　题图 6-16

6-17　电路如题图 6-17 所示,$U_{s1} = 3$ V,$U_{s2} = 8$ V,$C = 3$ μF。$t<0$ 时电路已稳定。$t=0$ 时开关 S 由 1 合向 2;$t=10$ ms 时,开关 S 又由 2 合向 3。试求 $t>0$ 时的电容电压 $u_C(t)$,并定性画出它随时间变化的曲线。

6-18 电路如题图6-18(a)所示,其输入电压$u_1(t)$如题图6-18(b)所示。已知$u_C(0)=0$,试画出下列两种参数时,输出电压$u_2(t)$的波形图,并说明电路的作用。

(1) 当$R=10$ kΩ,$C=510$ pF 时;

(2) 当$R=10$ kΩ,$C=1$ μF 时。

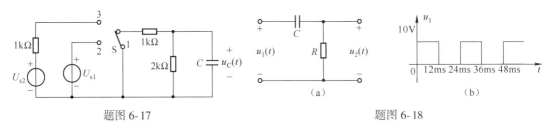

题图 6-17   题图 6-18

6.5 节的习题

6-19 电路如题图6-19所示,$U_s=30$ V,$L=1$ H。$t<0$时电路已稳定,$t=0$时合上开关S。试求$t>0$时的各支路电流,并定性画出它们随时间变化的曲线。

6-20 电路如题图6-20所示,$U_s=30$ V,$L=1$ H。$t<0$时电路已稳定,$t=0$时合上开关S。试求$t>0$时的电感电流$i_L(t)$和电流$i(t)$,并定性画出它们随时间变化的曲线。

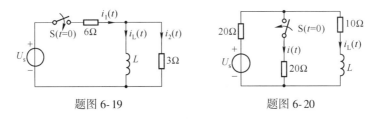

题图 6-19   题图 6-20

6-21 电路如题图6-21所示,$U_{s1}=15$ V,$U_{s2}=30$ V,$L=2$ H。$t<0$时电路已稳定,$t=0$时开关由a合向b。试求$t>0$时的电感电流$i_L(t)$和电流$i(t)$,并定性画出它们随时间变化的曲线。

6-22 电路如题图6-22所示,$U_s=7.5$ V,$I_s=6$ A,$L=2.5$ H。$t<0$时电路已稳定,$t=0$时合上开关S。试求$t>0$时的电感电流$i_L(t)$和电流$i(t)$,并定性画出它们随时间变化的曲线。

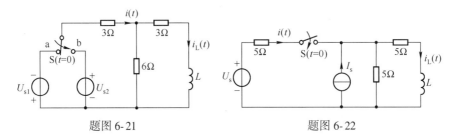

题图 6-21   题图 6-22

6-23 电路如题图6-23所示,$U_s=36$ V,$L=6$ H。$t<0$时电路已稳定,$t=0$时合上开关S。试求$t>0$时的电感电流$i_L(t)$和电流$i(t)$,并定性画出它们随时间变化的曲线。

6-24 电路如题图6-24所示,$U_s=5$ V,$L=\dfrac{1}{7}$ H。$t<0$时电路已稳定,$t=0$时合上开关S。试求$t>0$时的$i_L(t)$,并定性画出它随时间变化的曲线。

6-25 电路如题图6-25所示,$U_s=30$ V,$C=10^3$ μF,$L=2$ mH。$t<0$时电路已稳定,$t=0$时打开开关S。试求$t>0$时的电容电压$u_C(t)$和电感电流$i_L(t)$,并定性画出它们随时间变化的曲线。

6-26 电路如题图6-26所示,$U_s=6$ V,$I_s=6$ A,$C=1$ F,$L=2$ H。$t<0$时电路已稳定,$t=0$时开关由a合向b。试求$t>0$时的电容电压$u_C(t)$和电感电流$i_L(t)$。

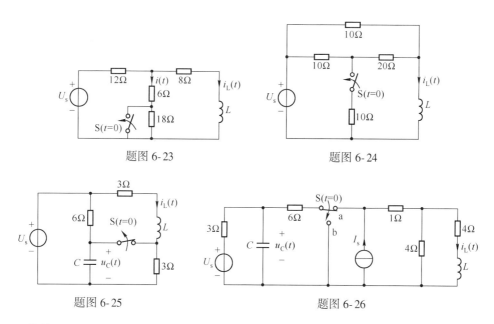

题图 6-23   题图 6-24

题图 6-25   题图 6-26

6.6 节的习题

6-27 电路如题图 6-27 所示，$i_L(0_+)=3$ A，$u_C(0_+)=4$ V。试求 $t>0$ 时的电容电压 $u_C(t)$。

6-28 电路如题图 6-28 所示，已知 $i_L(0_+)=1$ A，$u_C(0_+)=10$ V。试求 $t>0$ 时的电容电压 $u_C(t)$。

本章综合习题

6-29 电路如题图 6-29 所示，$t<0$ 时电路已稳定，$t=0$ 时打开开关 S。试求 $t>0$ 时的电容电压 $u_C(t)$ 及支路电流 $i(t)$，并定性画出它们随时间变化的曲线。

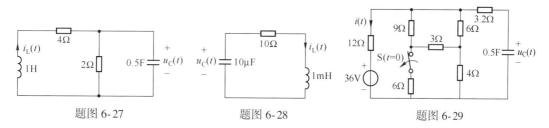

题图 6-27   题图 6-28   题图 6-29

6-30 电路如题图 6-30 所示，$t<0$ 时电路已稳定，$t=0$ 时打开开关 S。试求 $t>0$ 时的电感电流 $i_L(t)$ 及支路电流 $i(t)$，并定性画出它们随时间变化的曲线。

6-31 电路如题图 6-31 所示，$t<0$ 时电路已稳定，$t=0$ 时闭合开关 S。试求 $t>0$ 时的电感电流 $i_L(t)$ 及支路电流 $i(t)$，并定性画出它们随时间变化的曲线。

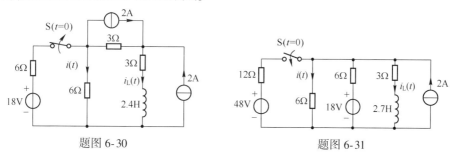

题图 6-30   题图 6-31

第7章 磁路与变压器

前面各章介绍了电路的基本理论,下面各章将介绍工程实用的一些电工设备,例如变压器、电动机等。在研究这些电工设备的运行特性时,不仅会遇到电路问题,而且会遇到磁路问题。因此,本章首先介绍磁路基本知识、交流铁心线圈电路的分析;然后介绍变压器的结构、工作原理;最后简单介绍三相变压器、自耦变压器、仪用互感器与电磁铁。

7.1 磁路基本知识

在变压器、电动机等电工设备中,为了得到较强的磁场并有效地利用它们,经常采用导磁性能良好的铁磁材料做成一定形状的铁心,使磁通的绝大部分通过主要由铁心构成的闭合路径。这类磁通集中通过的路径就是电工技术中讨论的磁路。

7.1

图 7.1-1 所示的电磁铁由励磁线圈、静铁心与动铁心组成。有时又把静铁心与动铁心分别称为铁心与衔铁。当励磁线圈接通电源流入电流后,所产生的磁通绝大部分将沿着导磁性能良好的静铁心、动铁心及它们之间的空气隙闭合。

磁路分为直流磁路与交流磁路,这两类磁路具有不同的特点。

铁磁材料是指铁、镍、钴及其合金,这类材料的导磁性能良好,是制造变压器、电动机等电工设备的主要材料。非铁磁材料是指铜、铝、纸、空气等,这类材料的导磁性能差。在变压器、电动机等电工设备中的磁路大部分由铁磁材料、小部分由空气或其他非铁磁材料构成。这小部分空气或非铁磁材料对磁路工作影响很大。

把铁磁材料放在磁场中,它将会受到强烈的磁化。当磁场强度 H 由零逐渐增加时,铁磁材料的磁感应强度 B 也随之变化,通常将 B 随 H 变化的曲线称为磁化曲线,如图 7.1-2 所示。由图 7.1-2 可知,开始时随着 H 由零逐渐增加时,B 增加较快,且近似线性变化;后来,随着 H 增加,B 增加缓慢,为非线性变化,并逐渐出现磁饱和现象。这说明铁磁材料具有高导磁性与磁饱和性。在磁化曲线上任何一点的 B 与 H 的比值称为磁导率 μ,即 $\mu = B/H$。磁导率 μ 是表征物质导磁性能的一个物理量。根据磁化曲线可以得到对应的 H-μ 曲线,如图 7.1-2 所示。由于铁磁材料的 B 与 H 的关系是非线性的,因此,H 与 μ 的关系也是非线性的,即磁导率 μ 不是常数。非铁磁材料的磁导率基本上为常数,等于真空磁导率 μ_0,$\mu_0 = 4\pi \times 10^{-7}$ H/m。

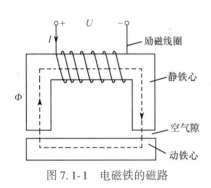

图 7.1-1 电磁铁的磁路

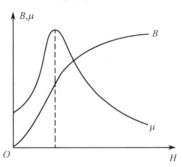

图 7.1-2 磁化曲线与 H-μ 曲线

每种铁磁材料的磁化曲线不同,因此对应的 H-μ 曲线也不相同。但是,各种铁磁材料的磁导率远比真空磁导率 μ_0 大。因此,变压器、电动机等电工设备中的铁心几乎都用铁磁材料构成。这样,在励磁线圈中通入不大的电流便能在铁心磁路中产生足够大的磁通,解决了既要磁路中磁通大、又要励磁电流小的矛盾。

图 7.1-3 给出了铸铁、铸钢与硅钢(含硅 4%)三种铁磁材料的磁化曲线。

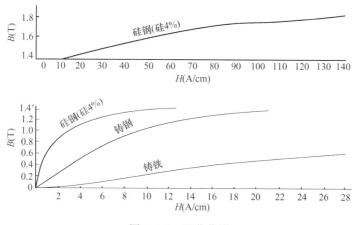

图 7.1-3　磁化曲线

当 H 由零增加到某值($H=H_m$)再减小时,B 将不沿着原来磁化曲线返回减小,而是沿着位于原磁化曲线上部的另一条曲线返回减小,如图 7.1-4 所示。当 H 减小到零时,B 并未减小为零。图 7.1-4 中,$H=0$ 时,$B=B_r$ 称为剩磁感应强度,简称剩磁。只有当 H 反方向变化到 $-H_c$ 时,B 才下降为零。去掉剩磁施加的反方向磁场强度 H_c 称为矫顽力,它表示铁磁材料反抗退磁的能力。这种 B 变化滞后于 H 变化的现象称为磁滞现象。

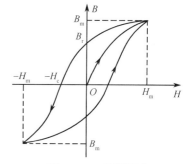

图 7.1-4　磁滞回线

如果继续增加反方向 H,B 将反方向增加。当到达 $H=-H_m$ 时,将反方向磁场强度减小。当到达 $H=0$ 时,再将正方向磁场强度逐渐增加到 H_m。如此反复,使铁磁材料在 $+H_m$ 与 $-H_m$ 之间反复磁化,便得到一条如图 7.1-4 所示的闭合曲线,称其为磁滞回线。

综上所述,铁磁材料具有高导磁性、磁饱和性与磁滞性等磁性能。

根据磁滞回线的不同形状,把铁磁材料分为软磁材料、硬磁材料与矩磁材料三种类型,如图 7.1-5 所示。

图 7.1-5(a)所示为软磁材料的磁滞回线,回线较狭窄,剩磁与矫顽力均较小。纯铁、硅钢片、坡莫合金、软磁铁氧体等都属于软磁材料,适宜制造变压器、电动机与各种电器的铁心。图 7.1-5(b)所示为硬磁材料的磁滞回线,回线较宽,剩磁与矫顽力均较大。碳钢、钴钢、铁镍铝钴合金、稀土钴与硬磁铁氧体等都属于硬磁材料,也称为永磁材料。硬磁材料适宜制作永久磁铁。图 7.1-5(c)所示为矩磁材料的磁滞回线。回线近似于矩形,剩磁很大,接近饱和磁感应强度,但其矫顽力较小,易于迅速磁化与退磁。镁锰铁氧体与某些铁镍合金就属于矩磁材料。矩磁材料适宜制作计算机与控制系统中的记忆元件。

铁磁材料在交变磁化过程中产生磁滞损耗与涡流损耗,统称铁心损耗。铁磁材料在交变磁化过程中,材料内部磁畴反复转向,磁畴之间相互摩擦引起铁心发热。这种由于磁滞现象产生的损耗称为磁滞损耗。一般来讲,磁滞损耗与铁磁材料的磁滞回线面积成正比。铁磁材料在交变磁化过程中,在交变磁通作用下,材料内将产生感应电动势和感应电流,其中感应电流在垂直于磁通的材料平面内围绕着磁力线呈旋涡状,故称为涡流,如图7.1-6(a)所示。涡流在铁磁材料电阻上引起的功率损耗称为涡流损耗。为了减少磁滞损耗与涡流损耗,变压器、电动机等电工设备常用软磁材料(硅钢片)叠装制作铁心,如图7.1-6(b)所示。同时把具有高磁导率、较大电阻率的硅钢片两面涂上绝缘漆,使片间电气绝缘,大大地减少了铁心损耗。

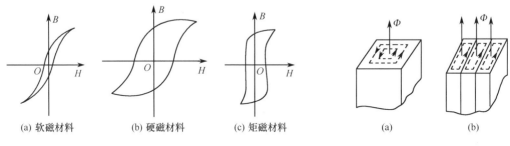

(a) 软磁材料   (b) 硬磁材料   (c) 矩磁材料   (a)   (b)

图 7.1-5　三类铁磁材料的磁滞回线　　　　　图 7.1-6　涡流

某些场合下涡流的这些特点也得到应用,例如,利用涡流热效应可加热或冶炼金属;利用涡流和磁场相互作用产生电磁力原理可制作感应式仪表等。

思考与练习

7.1-1　铁磁材料的磁化曲线具有什么特点?其磁导率是否可以为常数?为什么?磁滞回线具有什么特点?

7.1-2　铁磁材料分为哪几种类型?在工程中分别有哪些典型应用?

7.2　磁路基本定律

对磁路进行分析与计算时要应用一些基本定律。

磁路基尔霍夫第一定律:对于磁路中任一闭合面,任一时刻穿过该闭合面的磁通的代数和等于零。数学表达式为

$$\sum \Phi = 0 \tag{7.2-1}$$

式中,约定磁通穿出该闭合面取正号,则磁通穿入该闭合面取负号。

实际上,磁路基尔霍夫第一定律是磁通连续性的体现。

安培环路定律:磁场强度矢量 $\boldsymbol{H}$ 沿着某一闭合路径 l 的线积分等于穿过该闭合路径所围面积的电流的代数和。数学表达式为

$$\oint \boldsymbol{H} \mathrm{d}l = \sum I \tag{7.2-2}$$

式中,电流的正负号是这样规定的:任意选定闭合路径的循行方向,凡是电流方向与闭合路径循行方向之间符合右手螺旋定则的电流取正号,否则取负号。

安培环路定律又称为全电流定律。根据该定律得到磁路基尔霍夫第二定律:对于磁路中任一闭合回路,任一时刻各段磁路磁压降代数和等于磁动势代数和。数学表达式为

$$\sum Hl=\sum NI \tag{7.2-3}$$

设磁路中某一闭合回路由不同材料或不同长度与截面积的 m 段磁路组成,共有 n 个励磁绕组,其匝数与励磁电流分别为 $N_1,N_2,\cdots,N_n$ 与 $I_1,I_2,\cdots,I_n$,则式(7.2-3)可写成

$$H_1l_1+H_2l_2+\cdots+H_ml_m=N_1I_1+N_2I_2+\cdots+N_nI_n$$

式中,$H_1l_1,H_2l_2,\cdots,H_ml_m$ 称为各段磁路的磁压降,$N_1I_1,N_2I_2,\cdots,N_nI_n$ 称为各个励磁绕组的磁动势。

例如,某磁路由铁心与空气隙组成,如图7.2-1所示。当励磁线圈通入直流电流 I 时,磁路中便产生恒定磁通 Φ,该磁通穿过铁心也穿过空气隙。如果认为铁心与空气隙截面积相等,即 $S_1=S_0=S$,则铁心与空气隙的磁感应强度也相等,即 $B_1=B_0=\Phi/S$。但是,由于空气隙为非铁磁材料,其磁导率 μ_0 远小于铁心磁导率 μ_1。因此,空气隙中磁场强度 $H_0=B_0/\mu_0$ 将远大于铁心中磁场强度 $H_1=B_1/\mu_1$。根据磁路基尔霍夫第二定律,取磁力线方向为磁路回路循行方向,得到

$$H_1l_1+H_0l_0=NI \tag{7.2-4}$$

式(7.2-4)中,l_1 为铁心平均长度;l_0 为空气隙长度;N 为励磁线圈匝数。在磁动势 NI 作用下,在磁路中产生磁通 Φ。

把 $H_1=B_1/\mu_1$,$H_0=B_0/\mu_0$,$B_1=B_0=B=\Phi/S$ 代入式(7.2-4),得到

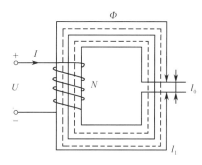

$$\frac{\Phi}{\mu_1 S}l_1+\frac{\Phi}{\mu_0 S}l_0=NI$$

因此

$$\Phi=\frac{NI}{\dfrac{l_1}{\mu_1 S_1}+\dfrac{l_0}{\mu_0 S_0}}=\frac{NI}{R_{m1}+R_{m0}} \tag{7.2-5}$$

式中,$R_{m1}=\dfrac{l_1}{\mu_1 S_1}$,称为铁心磁阻;$R_{m0}=\dfrac{l_0}{\mu_0 S_0}$,称为空气隙磁阻。

图7.2-1 磁路

如果磁路由 m 段串联组成,则式(7.2-5)变为

$$\Phi=\frac{NI}{\sum\limits_{i=1}^{m}R_{mi}} \tag{7.2-6}$$

式(7.2-6)与电路欧姆定律形式相似,故称为磁路欧姆定律。应该指出:由于铁心的 μ 值不是常数,因此,即使铁心的长度和截面积一定,磁阻 R_m 也不是定值,它将随着 B 的变化而变化。

在国际单位制中,磁通单位是韦伯(Wb),简称韦,$1\text{ Wb}=10^8\text{ Mx}$(麦克斯韦);磁感应强度单位是特斯拉(T),简称特,$1\text{ T}=1\text{ Wb/m}^2=10^4\text{ Gs}$(高斯);磁导率单位是亨(利)每米(H/m);磁场强度单位是安(培)每米(A/m),$1\text{ A/m}=4\pi\times10^{-3}\text{ Oe}$(奥斯特);磁动势单位是安(培)(A),简称安。

简单的磁路分析计算一般预先给定铁心中磁通或磁感应强度,然后根据磁路各段的材料和尺寸去计算产生预定磁通所需要的磁动势。下面举例说明。

[例7.2-1] 图7.2-2所示磁路由两块铸钢及其之间一段空气隙组成。已知 $l_1=30\text{ cm}$,$l_2=12\text{ cm}$,$l_0=1\text{ cm}$,$S_1=S_0=10\text{ cm}^2$,$S_2=8\text{ cm}^2$。今要求在空气隙处磁感应强度 $B_0=1\text{ T}$,计算所需

要的磁动势。

解：磁路中磁通为

$$\varPhi = B_0 S_0 = 1 \times 10 \times 10^{-4} \text{ Wb} = 10^{-3} \text{ Wb}$$

各段磁路的磁感应强度为

$$B_1 = \frac{\varPhi}{S_1} = \frac{10^{-3}}{10 \times 10^{-4}} \text{ T} = 1 \text{ T}$$

$$B_2 = \frac{\varPhi}{S_2} = \frac{10^{-3}}{8 \times 10^{-4}} \text{ T} = 1.25 \text{ T}$$

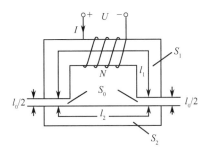

图 7.2-2　例 7.2-1 的磁路

由图 7.1-3 中铸钢磁化曲线查得 $H_1 = 9.3$ A/cm，
$H_2 = 14$ A/cm。

空气隙的磁场强度为

$$H_0 = \frac{B_0}{\mu_0} = \frac{1}{4\pi \times 10^{-7}} \text{ A/m} = 796000 \text{ A/m} = 7960 \text{ A/cm}$$

则各段磁路的磁压降为

$$H_1 l_1 = 9.3 \times 30 \text{ A} = 279 \text{ A}$$

$$H_2 l_2 = 14 \times 12 \text{ A} = 168 \text{ A}$$

$$H_0 l_0 = 7960 \times 1 \text{ A} = 7960 \text{ A}$$

最后根据磁路基尔霍夫第二定律计算出所需要的磁动势

$$NI = H_1 l_1 + H_2 l_2 + H_0 l_0 = (279 + 168 + 7960) \text{ A} = 8407 \text{ A}$$

如果励磁线圈的匝数 $N = 1000$，则需要励磁电流 $I = (8407/1000)$ A $= 8.407$ A。

通过上例计算结果可以看出：空气隙虽然只占磁路总平均长度的 $1/43 = 2.33\%$，但其磁压降 $H_0 l_0$ 却占磁动势 NI 的 $7960/8407 = 94.7\%$，即磁动势主要用来克服空气隙磁阻。因此，一般希望铁心磁路中空气隙尽可能小些。

思考与练习

7.2-1　从电路的对偶性角度，类比基尔霍夫电流定律与磁路基尔霍夫第一定律，以及基尔霍夫电压定律与磁路基尔霍夫第二定律，指出二者之间的相似性。

7.2-2　对比磁路欧姆定律与电路欧姆定律，指出磁阻类似于线性电阻还是非线性电阻？

7.3　交流铁心线圈电路

铁心线圈分为直流铁心线圈与交流铁心线圈两种。直流铁心线圈是对绕制在铁心上的线圈通入直流电流进行励磁。例如直流电机的励磁线圈、电磁吸盘与各种直流电器的线圈。直流铁心线圈的分析比较简单，因为励磁电流为直流电流，产生的磁通是恒定的，因此在铁心和线圈中不会产生感应电动势。在一定的电压 U 作用下，线圈中电流 I 只与线圈本身电阻 R 有关，即 $I = U/R$。功率损耗

7.2

也只有 $I^2 R$，它使线圈发热，而铁心无磁滞损耗与涡流损耗。交流铁心线圈是对绕制在铁心上的线圈通入交流电流进行励磁，因此，在电磁关系、电压电流关系及功率损耗等方面都比直流铁心线圈复杂。

图 7.3-1 所示为交流铁心线圈电路，线圈通入交流电流 i，磁动势 Ni 产生的交变磁通绝大

部分通过铁心闭合,这部分磁通称为主磁通或工作磁通 Φ。另外还有很小一部分磁通主要通过空气闭合,这部分磁通称为漏磁通 Φ_σ。

主磁通 Φ 和漏磁通 Φ_σ 将在线圈中分别产生主磁感应电动势 e 和漏磁感应电动势 e_σ,它们的电磁关系可以表示如下

$$u \to i(Ni) \begin{array}{c} \nearrow \Phi \to e = -N\dfrac{\mathrm{d}\Phi}{\mathrm{d}t} \\[2mm] \searrow \Phi_\sigma \to e_\sigma = -N\dfrac{\mathrm{d}\Phi_\sigma}{\mathrm{d}t} = -L_\sigma\dfrac{\mathrm{d}i}{\mathrm{d}t} \end{array}$$

由于漏磁通主要通过空气闭合,因此励磁电流 i 与漏磁通 Φ_σ 之间可以认为呈线性关系,铁心线圈的漏磁电感 L_σ(简称漏感)为

$$L_\sigma = N\Phi_\sigma/i = 常数 \tag{7.3-1}$$

主磁通 Φ 通过铁心而闭合,因此,Φ 与 i 的关系不是线性的,而是非线性的,如图 7.3-2 所示。铁心线圈的主磁电感 L 也不是一个常数,它将随着励磁电流 i 的变化而变化,L 与 i 的关系与图 7.1-2 所示的 μ 与 H 的关系很相似。因此,交流铁心线圈是一个非线性电感元件。

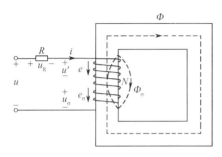

图 7.3-1　交流铁心线圈电路

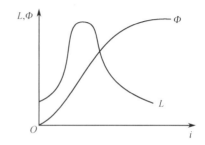

图 7.3-2　Φ、L 与 i 的关系

对于图 7.3-1 所示交流铁心线圈电路,应用基尔霍夫电压定律(KVL)可得

$$u = Ri - e - e_\sigma = Ri - e + L_\sigma\frac{\mathrm{d}i}{\mathrm{d}t} = u_R + u' + u_\sigma \tag{7.3-2}$$

当外施电压(电源电压)u 为正弦电压时,一般情况下,由于 Ri 与 e_σ 很小,因此 $u \approx -e$,$e = -N\dfrac{\mathrm{d}\Phi}{\mathrm{d}t}$,故磁通 Φ 也是正弦量。但是,由于 Φ 与 i 的关系不是线性的,因此电流 i 不是正弦量。为了分析简便,在满足等效条件下用等效正弦电流替代原来的非正弦电流。这样,式(7.3-2)中各量均可视为正弦量,可用相量表示

$$\dot{U} = R\dot{I} - \dot{E} - \dot{E}_\sigma = R\,\dot{I} - \dot{E} + \mathrm{j}X_\sigma\dot{I} = \dot{U}_R + \dot{U}' + \dot{U}_\sigma \tag{7.3-3}$$

式(7.3-3)中,R 为铁心线圈电阻;$\dot{U}_R = R\dot{I}$ 为线圈电阻的电压相量;$\dot{U}' = -\dot{E}$ 是平衡主磁感应电动势的电压相量;$\dot{U}_\sigma = -\dot{E}_\sigma = \mathrm{j}X_\sigma\dot{I} = \mathrm{j}\omega L_\sigma\dot{I}$ 是平衡漏磁感应电动势的电压相量;$X_\sigma = \omega L_\sigma$ 称为漏磁感抗,简称漏抗。

由上述分析可知,电源电压 $\dot{U}$ 由三个分量组成:$\dot{U}_R$、$\dot{U}'$ 与 $\dot{U}_\sigma$。一般情况下,R 与 X_σ 都比较小,因此 $\dot{U}_R$ 与 $\dot{U}_\sigma$ 也比较小,与 $\dot{U}'$ 比较,可以忽略 $\dot{U}_R$ 与 $\dot{U}_\sigma$,得到近似公式

$$\dot{U} \approx \dot{U}' = -\dot{E} \tag{7.3-4}$$

设主磁通 $\Phi = \Phi_m \sin\omega t$，则

$$e = -N\frac{d\Phi}{dt} = -N\omega\ \Phi_m \cos\omega t = 2\pi f\ N\Phi_m \sin(\omega t - 90°) = E_m \sin(\omega t + \varphi_e) \tag{7.3-5}$$

式(7.3-5)中，$E_m = 2\pi f N\Phi_m$ 是主磁感应电动势的最大值；φ_e 为主磁感应电动势的初相位。于是得到主磁感应电动势的有效值为

$$E = \frac{E_m}{\sqrt{2}} = \frac{2\pi}{\sqrt{2}} f N\Phi_m \approx 4.44\, f\, N\Phi_m \tag{7.3-6}$$

式(7.3-6)是分析交流电器的重要公式。

根据式(7.3-4)得到
$$U \approx E = 4.44\, f\, N\Phi_m \tag{7.3-7}$$

由式(7.3-7)可知：当电源电压的频率 f 与铁心线圈的匝数 N 一定时，铁心线圈中主磁通最大值 Φ_m 基本上由正弦交流电源电压的有效值 U 来决定。即

$$\Phi_m = \frac{E}{4.44fN} \approx \frac{U}{4.44fN}$$

也就是说，当 f、N 一定时，Φ_m 与 U 成正比，当 U 不变时，Φ_m 也几乎不变。

交流铁心线圈中 Φ 是由交流电流 i 产生的，i 的最大值 I_m 与 Φ_m 相对应，根据磁路基尔霍夫第二定律得到

$$\sum H_m l = \sum NI_m \tag{7.3-8}$$

式(7.3-8)中，$H_m = B_m/\mu$。当电流 i 按正弦函数规律变化时，其有效值 $I = I_m/\sqrt{2}$，因此

$$I = \frac{I_m}{\sqrt{2}} = \frac{\sum H_m l}{\sqrt{2}N} \tag{7.3-9}$$

[例7.3-1]　欲绕制一个交流铁心线圈，已知电源电压有效值为 220 V、频率为 50 Hz，测得铁心截面积处处相同，均为 30.2 cm²，铁心用硅钢片叠成，设叠片之间空隙系数为 0.91（一般取 0.9~0.93）。

(1) 如果取 $B_m = 1.2$ T，求线圈匝数 N；

(2) 如果铁心平均长度 $l = 60$ cm，求励磁交流电流有效值 I。

解：铁心有效截面积 $S = (30.2 \times 0.91)$ cm² $= 27.5$ cm²。

(1) 根据式(7.3-7)得
$$N = \frac{U}{4.44f\Phi_m} = \frac{U}{4.44f\, B_m S}$$

$$= \frac{220}{4.44 \times 50 \times 1.2 \times 27.5 \times 10^{-4}} = 300$$

(2) 根据图 7.1-3 给出的硅钢片的磁化曲线查得：当 $B_m = 1.2$ T 时，$H_m = 550$ A/m。根据式(7.3-9)得到励磁交流电流有效值

$$I = \frac{H_m l}{\sqrt{2}N} = \frac{550 \times 60 \times 10^{-2}}{\sqrt{2} \times 300} \text{ A} = 0.78 \text{ A}$$

交流铁心线圈中的功率损耗由两部分组成。一部分是由于线圈电阻 R 通过电流发热而产生的损耗，这种损耗称为铜损 ΔP_{Cu}（$\Delta P_{Cu} = RI^2$）。另一部分是由于铁心在交变磁化工作状态下而产生的损耗，这种损耗称为铁损 ΔP_{Fe}。铁损由磁滞损耗 ΔP_h 和涡流损耗 ΔP_e 组成。磁滞损耗与铁磁材料磁滞回线所包围的面积成正比。为了减小磁滞损耗，应选择软磁材料做铁

心。变压器和电动机中常选用硅钢做铁心。涡流损耗是由在铁心截面垂直磁通方向流动的涡流,引起铁心发热所产生的损耗。为了减小涡流损耗,交流铁心线圈的铁心都做成彼此绝缘的叠片状。

由此可见,交流铁心线圈的功率损耗可表示为

$$\Delta P = UI\cos\varphi = RI^2 + \Delta P_{Fe} \tag{7.3-10}$$

对交流铁心线圈也可以用等效电路进行分析,即用一个不含铁心的交流电路来等效,如图7.3-3所示。图中 R 和 X_σ 分别为线圈电阻和漏磁通的感抗;R_o 和 X_o 则为理想铁心线圈的电阻和感抗。其中 R_o 为与铁损相对应的等效电阻

$$R_o = \frac{\Delta P_{Fe}}{I^2} = \frac{UI\cos\varphi - RI^2}{I^2} \tag{7.3-11}$$

感抗 X_o 为与铁心能量储放相对应的等效感抗

$$X_o = \frac{Q_{Fe}}{I^2} = \frac{UI\sin\varphi - X_\sigma I^2}{I^2} \tag{7.3-12}$$

一般线圈 R 和 X_σ 的作用很小,可以忽略,则

$$|Z_o| = \sqrt{R_o^2 + X_o^2} \approx U/I \tag{7.3-13}$$

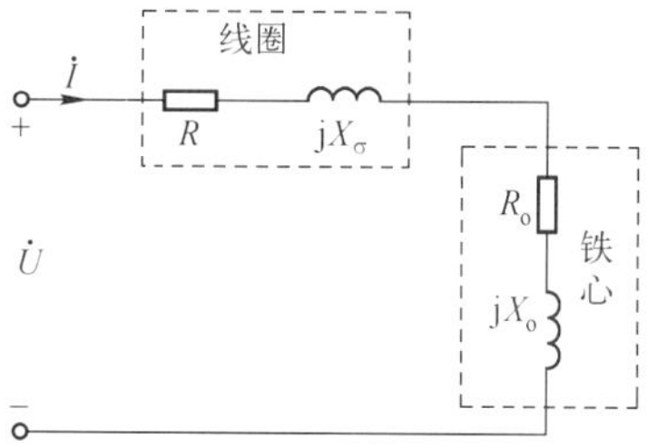

图 7.3-3　交流铁心线圈等效电路

众多电器都是以直流铁心线圈和交流铁心线圈为基础制成的。在使用这些电器时,要特别注意不能加错电压。例如,若将直流铁心线圈错接到有效值与其额定工作电压值相同的交流电压上,将产生铁心电阻 R_o 和感抗 X_o,使得磁路的磁通达不到额定状态,且铁心也会严重发热。反之,若将交流铁心线圈错接到与其额定工作电压值相等的直流电压上,则铁心电阻 R_o 和感抗 X_o 不再存在,线圈电流 $I = U/R$ 将很大(一般线圈电阻 R 很小,与 R_o、X_o 的作用相比可忽略),以致烧坏线圈。

思考与练习

7.3-1　交流铁心线圈中主磁通的最大值主要由哪些参数决定?

7.3-2　交流铁心线圈的功率损耗由铜损和铁损两部分组成,它们分别是怎样产生的?在工程中如何减小这两种损耗?

7.4　变　压　器

变压器是常见的电工设备,广泛地应用于电力系统与电子线路中。

变压器的结构形式多种多样,但是,最基本的结构是由用硅钢片叠制的铁心与绕制在铁心上的高压绕组、低压绕组两个主要部分组成的。图7.4-1所示为变压器的结构示意图。其中芯式变压器常用于容量较大的变压器,而壳式变压器常用于容量较小的变压器。

7.3

变压器的铁心通常用 0.35~0.5 mm 厚硅钢片交错叠制,硅钢片两面涂有绝缘漆,这样可以减小铁心损耗(包括磁滞损耗与涡流损耗)。

变压器的绕组通常用绝缘铜线或铝线绕制。与电源连接的绕组称为原绕组(又称原边或初级绕组);与负载连接的绕组称为副绕组(又称副边或次级绕组)。

大容量电力变压器的铁心与绕组常浸在装有变压器油的油箱内,油箱外面还装有散热油管等附属设备,如图7.4-2所示。变压器油既起冷却作用,又起绝缘作用。

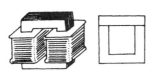

(a) 芯式变压器及铁心

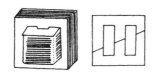

(b) 壳式变压器及铁心

图 7.4-1　变压器结构示意图

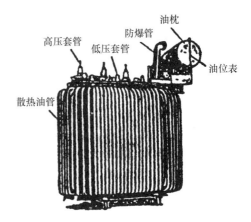

图 7.4-2　油浸自冷却变压器

为了分析方便,现把变压器的原绕组与副绕组分开画在铁心两边,如图 7.4-3 所示。

首先讨论变压器空载运行情况,然后讨论变压器负载运行情况。

变压器空载运行是指变压器原绕组接到交流电压 u_1、副绕组不连接负载,处于开路的运行状态。此时,副绕组中电流 $i_2 = 0$,电压为开路电压 u_{20};原绕组中电流 $i_1 = i_{10}$ 称为空载电流。空载运行的变压器,实质上就是一个交流铁心线圈电路,原绕组空载电流就是励磁电流,只不过铁心上多绕制一个处于开路的副绕组。设原、副绕组的匝数分别为 N_1、N_2。磁动势 $N_1 i_{10}$ 在铁心中产生的主磁通 Φ 通过闭合铁心而穿过原、副绕组,在原、副绕组分别产生主磁感应电动势 e_1、e_2。在图 7.4-3 所示各物理量参考方向下,有

$$e_1 = -N_1 \frac{\mathrm{d}\Phi}{\mathrm{d}t}, \quad e_2 = -N_2 \frac{\mathrm{d}\Phi}{\mathrm{d}t} \quad (7.4\text{-}1)$$

e_1、e_2 的有效值分别为

$$E_1 = 4.44 f N_1 \Phi_{\mathrm{m}}, \quad E_2 = 4.44 f N_2 \Phi_{\mathrm{m}} \quad (7.4\text{-}2)$$

如果忽略漏磁通的影响,而且不考虑绕组电阻的电压降,则有

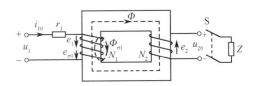

图 7.4-3　变压器的空载运行

$$U_1 \approx E_1, \qquad U_{20} = E_2 \qquad (7.4\text{-}3)$$

把式(7.4-2)代入式(7.4-3),得

$$\frac{U_1}{U_{20}} \approx \frac{E_1}{E_2} = \frac{4.44 f N_1 \Phi_{\mathrm{m}}}{4.44 f N_2 \Phi_{\mathrm{m}}} = \frac{N_1}{N_2} = K \qquad (7.4\text{-}4)$$

由式(7.4-4)可知:变压器空载运行时,原、副绕组电压有效值的比值近似等于原、副绕组匝数的比值,该比值 K 称为变压器的变压比,简称变比。当 $N_1 \neq N_2$ 时,变压器可以把某一有效值的交流电压变换为同频率的另一有效值的交流电压,这就是变压器的第一个作用——变换电压作用。当 $N_1 > N_2$ 时,$K > 1$,$U_1 > U_{20}$,这类变压器用于降低电压,称为降压变压器;当 $N_1 < N_2$ 时,$K < 1$,$U_1 < U_{20}$,这类变压器用于升高电压,称为升压变压器。

变压器铭牌上以分数形式标出的额定电压通常指变压器额定空载运行时的电压。例如 6 000/230 V 的降压变压器,意指该变压器原边额定电压有效值为 6 000 V 时,副边额定电压有效值就是其开路电压有效值 230 V。

正常情况下,变压器的空载电流很小,一般约占额定电流的 3%～8%。变压器的容量越大,空载电流占额定电流的比例就越小。

把图 7.4-3 所示开关 S 闭合,如图 7.4-4 所示,变压器便处于负载运行状态。

当变压器负载运行时,副绕组连接负载,其电流 i_2 不是零;原绕组电流由 i_{10} 增大为 i_1。此时,$U_2 < U_{20}$,稍有下降。这是因为变压器连接了负载,电流 i_1、i_2 都增大,原、副绕组内部电压降都要比空载运行时增大,造成电压 U_2 比 U_{20} 低一些。但是,一般变压器内部电压降小于额定电压的 10%,因此,变压器在负载运行状态与空载运行状态下的电压比值相差不多,可以认为负载运行时变压器原、副绕组电压比仍然近似等于原、副绕组匝数比,即

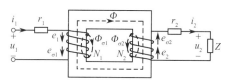

图 7.4-4　变压器负载运行

$$\frac{U_1}{U_2} \approx \frac{N_1}{N_2} = K \qquad (7.4\text{-}5)$$

变压器负载运行时,副绕组中电流 i_2 形成的磁动势 $N_2 i_2$ 对磁路产生影响,此时铁心中主磁通 Φ 是由原绕组磁动势 $N_1 i_1$ 与副绕组磁动势 $N_2 i_2$ 共同作用产生的。根据式(7.4-3)已知 $U_1 \approx E_1 = 4.44 f N_1 \Phi_m$。也就是说,当交流电源的电压有效值 U_1 与其频率 f 不变时,铁心中主磁通最大值 Φ_m 基本上保持不变。因此,变压器在负载运行时与在空载运行时的磁动势也应保持不变,即

$$\left. \begin{array}{l} N_1 i_1 + N_2 i_2 = N_1 i_{10} \\ N_1 \dot{I}_1 + N_2 \dot{I}_2 = N_1 \dot{I}_{10} \end{array} \right\} \qquad (7.4\text{-}6)$$

由于变压器的空载电流一般只占额定电流的百分之几,因此,当负载运行时忽略 $N_1 \dot{I}_{10}$,得

$$N_1 \dot{I}_1 + N_2 \dot{I}_2 \approx 0 \qquad (7.4\text{-}7)$$

根据式(7.4-7)得到变压器原、副绕组电流有效值之间的关系,即

$$\frac{I_1}{I_2} \approx \frac{N_2}{N_1} = \frac{1}{K} \qquad (7.4\text{-}8)$$

由式(7.4-8)可知:当变压器负载运行时,原、副绕组电流有效值之比近似等于原、副绕组匝数之比的倒数。改变变压器原、副绕组的匝数,也就改变了原、副绕组中电流之比值。这就是变压器的第二个作用——电流变换作用。

比较式(7.4-4)与式(7.4-8)可知:变压器中匝数多的绕组的电压高、电流小,匝数少的绕组的电压低、电流大。

变压器原、副绕组的额定电流在铭牌上通常也用分数形式标出(I_{1N}/I_{2N}),其值是指按规定工作方式运行时原、副绕组允许通过的最大电流。这主要是由变压器中绝缘材料允许温度来确定的。

7.4

变压器的额定容量定义为副绕组额定电压与额定电流的乘积,也近似等于原绕组额定电压与额定电流的乘积。对于单相变压器的额定容量有

$$S_N = U_{2N} I_{2N} \approx U_{1N} I_{1N} \qquad (7.4\text{-}9)$$

变压器额定容量 S_N 为视在功率,单位为伏安(VA)。

变压器除了前面所介绍的电压变换作用与电流变换作用外,还具有第三个作用——阻抗变换作用。对图 7.4-5(a)所示电路,根据式(7.4-4)与式(7.4-8),可以得到

$$|Z_L'| = \frac{U_1}{I_1} = \frac{\dfrac{N_1}{N_2}U_2}{\dfrac{N_2}{N_1}I_2} = \left(\frac{N_1}{N_2}\right)^2 \cdot \frac{U_2}{I_2}$$

$$= \left(\frac{N_1}{N_2}\right)^2 |Z_L| = K^2 |Z_L| \qquad (7.4\text{-}10)$$

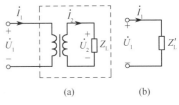

图 7.4-5 变压器的阻抗变换作用

式(7.4-10)中，$|Z_L| = U_2/I_2$ 为变压器副绕组连接的负载阻抗；$|Z_L'| = U_1/I_1$ 为负载阻抗 $|Z_L|$ 折算到变压器原边的等效阻抗。式(7.4-10)说明在变比为 K 的变压器副绕组连接负载阻抗 $|Z_L|$ 相当于在变压器原绕组连接的交流电源上直接连接一个等效阻抗 $|Z_L'| = K^2 |Z_L|$，如图 7.4-5(b)所示。

变压器的阻抗变换作用在电子线路中应用广泛。可以采用不同匝数比的变压器，把负载阻抗变换成所需要的比较适宜的等效阻抗，实现阻抗匹配。

[例7.4-1] 有一交流信号源，其等效电路的内阻 $R_o = 72\ \Omega$、串联电压源 $U_s = 10\ \text{V}$。现有负载电阻 $R_L = 8\ \Omega$。(1)如果把 R_L 直接接到信号源上，计算 R_L 获得的功率。(2)如果利用变压器阻抗变换作用，令变压器原绕组连接信号源，副绕组连接 R_L，且使 R_L 获得最大功率，求该变压器原、副绕组匝数比和 R_L 获得的最大功率。

解：(1)电路如图 7.4-6(a)所示。

负载 R_L 获得的功率为

$$P_L = \left(\frac{U_s}{R_o + R_L}\right)^2 R_L = \left(\frac{10}{72+8}\right)^2 \times 8\ \text{W} = 0.125\ \text{W}$$

(2)电路如图 7.4-6(b)所示。根据前面电路分析的知识可知：要使负载 R_L 获得最大功率，必须使从变压器

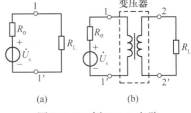

图 7.4-6 例 7.4-1 电路

原绕组看进去的等效电阻 R_L' 等于信号源内阻 R_o，即 $R_L' = R_o$。根据变压器的阻抗变换作用得到 $R_L' = K^2 R_L$，于是

$$K^2 R_L = R_o, \quad 即\ K = \sqrt{R_o / R_L} = \sqrt{72/8} = 3$$

即要求变压器原、副绕组匝数比 $N_1/N_2 = K = 3$。

此时 R_L' 获得的最大功率，也就是 R_L 获得的最大功率，即

$$P_{\max} = \left(\frac{U_s}{R_o + R_L'}\right)^2 \cdot R_L' = \left(\frac{U_s}{R_o + R_o}\right)^2 \cdot R_o = \frac{U_s^2}{4R_o} = \left(\frac{100}{4\times72}\right)\ \text{W} = 0.347\ \text{W}$$

变压器副边额定电压定义为原绕组加额定电压时副边的开路电压 U_{20}。实际上，当变压器负载运行时，当电源电压 U_1 不变时，随着副绕组电流 I_2 的增加，也就是说随着负载的增加，原绕组与副绕组阻抗上的电压降也增加，将使副绕组端电压 U_2 发生变动。当 U_1 和负载功率因数 $\cos\varphi_2$ 保持常数时，副绕组端电压 U_2 与电流 I_2 的变化关系称为变压器的外特性。对于电阻性和电感性负载，变压器外特性曲线如图 7.4-7 所示，电压 U_2 随着电流 I_2 增加而下降。

变压器从空载（$I_2 = 0$）到满载（$I_2 = I_{2N}$），副绕组端电压的变化（$U_{20} - U_2$）与副绕组开路电压 U_{20} 的比值称为变压器的

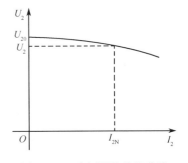

图 7.4-7 变压器外特性曲线

电压变化率 ΔU,即

$$\Delta U = \frac{U_{20} - U_2}{U_{20}} \times 100\%$$

一般变压器的 ΔU 较小,约为 5%。

变压器的功率损耗包括铁心中的铁损 ΔP_{Fe} 与绕组上的铜损 ΔP_{Cu} 两部分。铁损与负载大小无关,与铁心内磁感应强度最大值 B_m 有关;而铜损与负载大小有关,正比于电流平方。因此,变压器输出功率 P_2 小于输入功率 P_1。变压器的效率定义为

$$\eta = \frac{P_2}{P_1} = \frac{P_2}{P_2 + \Delta P_{Fe} + \Delta P_{Cu}} \qquad (7.4\text{-}11)$$

变压器的功率损耗很小,因此效率很高,通常在 95% 以上。一般电力变压器,当负载为额定负载的 50%~75% 时,效率达到最大值。

[例 7.4-2] 一台单相变压器,额定数据如下:$S_N = 50\,\text{kVA}$,$U_{1N}/U_{2N} = 220\,\text{V}/36\,\text{V}$,$f_N = 50\,\text{Hz}$。

(1) 求该台变压器的额定电流;

(2) 如果该台变压器副绕组向并联的 1000 盏 36 V、25 W 白炽灯供电,已知电源电压为 220 V,求变压器原、副绕组电流及其负载率;

(3) 如果额定负载时实验测得 $\Delta P_{Cu} = 1\,600\,\text{W}$,$\Delta P_{Fe} = 400\,\text{W}$,求该台变压器向电阻性负载供电,在满载与半载时的效率。

解:(1) 根据式(7.4-9):$S_N = U_{2N} I_{2N} \approx U_{1N} I_{1N}$,得到

$$I_{2N} = \frac{S_N}{U_{2N}} = \frac{50 \times 10^3}{36}\,\text{A} = 1388.9\,\text{A}, \qquad I_{1N} = \frac{S_N}{U_{1N}} = \frac{50 \times 10^3}{220}\,\text{A} = 227.3\,\text{A}$$

(2) 并联的 1000 盏 36 V、25 W 白炽灯需要变压器副绕组提供的电流为

$$I_2 = 1000 \times \frac{25}{36}\,\text{A} = 694.44\,\text{A}$$

根据式(7.4-8)得到此时变压器原绕组电流为

$$I_1 = \frac{1}{K} I_2 = \frac{U_2}{U_1} I_2 = \frac{36}{220} \times 694.44\,\text{A} = 113.64\,\text{A}$$

负载率为副绕组电流 I_2 与副绕组额定电流 I_{2N} 的比值,得

$$\frac{I_2}{I_{2N}} = \frac{694.44}{1388.9} \approx 50\%$$

(3) 变压器向电阻性负载供电,当满载时 $P_{2N} = S_N = 50\,\text{kW}$,故效率

$$\eta_N = \frac{P_{2N}}{P_{2N} + \Delta P_{Fe} + \Delta P_{Cu}} = \frac{50 \times 10^3}{50 \times 10^3 + 400 + 1600} = 96.15\%$$

当半载时 $\qquad\qquad\qquad\qquad P_2 = S_N/2 = 25\,\text{kW}$

铜损为 $\qquad\qquad\qquad\quad \left(\frac{1}{2}\right)^2 \Delta P_{Cu} = \frac{1}{4} \times 1600\,\text{W} = 400\,\text{W}$

效率 $\qquad\quad \eta_{1/2} = \frac{P_2}{P_2 + \Delta P_{Fe} + \left(\frac{1}{2}\right)^2 \Delta P_{Cu}} = \frac{25 \times 10^3}{25 \times 10^3 + 400 + 400} = 96.9\%$

[例 7.4-3] 一台单相变压器,额定数据如下:$S_N = 20\,\text{kVA}$,$U_{1N}/U_{2N} = 380\,\text{V}/110\,\text{V}$。

（1）如果此变压器副绕组向 110 V、30 W 白炽灯供电,在不超载运行下最多可并联接入多少盏白炽灯?

（2）如果负载为 110 V、30 W、$\cos\varphi_2 = 0.8$ 的单相感性负载,则在不超载运行下最多可以并联接入这类负载多少个?

解:（1）白炽灯为电阻负载,即 $\cos\varphi_2 = 1$。在不超载运行下可以并联的白炽灯盏数为

$$n \leq S_N \cos\varphi_2 / P_{N灯} = 20 \times 10^3 \times 1/30 = 666.7$$

即最多可并联这类白炽灯 666 盏。

（2）感性负载 $\cos\varphi_2 = 0.8$,在不超载运行下可以并联的负载数为

$$n \leq S_N \cos\varphi_2 / P_{N负} = 20 \times 10^3 \times 0.8/30 = 533.3$$

即最多可以并联这类负载 533 个。

当然也可以求出每个负载所需电流,再计算在不超载条件下变压器提供额定电流 I_{2N} 时能供给的负载个数,留给读者练习。

前面介绍的是单相变压器,现在介绍三相变压器。三相变压器主要用来变换三相交流电压,其结构示意图如图 7.4-8 所示。三相变压器一般有三个铁心柱,每个铁心柱上分别套装一相原绕组与副绕组。三个铁心柱与上下磁轭构成三相闭合铁心磁路。变压器运行时,三相原绕组施加的电压是对称的,因此,磁路中磁通也是对称的,副绕组电压也是对称的。

三相变压器原、副绕组可以根据需要接成星形（Y）或三角形（△）,最常见的连接方式是 Y/Y$_0$ 连接与 Y/△ 连接,如图 7.4-9 所示。

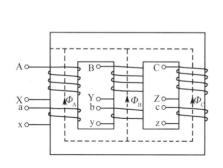

图 7.4-8　三相变压器结构示意图

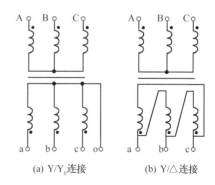

(a) Y/Y$_0$连接　　(b) Y/△连接

图 7.4-9　三相变压器绕组的连接方式

Y/Y$_0$ 连接常用于车间配电变压器,Y$_0$ 表示具有中线引出的星形连接,形成三相四线制供电系统,如图 7.4-9（a）所示。图中 A、B、C 是三相变压器的接入端,连接高电压输电线（例如 6 kV、10 kV、35 kV）。图中 a、b、c 是三相变压器的引出低电压输出端,o 是零线输出端。这种接法可向用户提供三相电源（线电压 u_{ab}、u_{bc}、u_{ca},线电压有效值为 380 V）,同时还可以向用户提供单相电源（单相电压 u_{ao}、u_{bo}、u_{co},相电压有效值为 220 V）,方便用户的三相负载（例如三相异步电动机等）与单相负载（例如照明灯泡）的连接使用,Y/Y$_0$ 连接方式下,线电压之比等于相电压之比,即

$$\frac{U_{l1}}{U_{l2}} = \frac{\sqrt{3}\,U_{P1}}{\sqrt{3}\,U_{P2}} = \frac{N_1}{N_2} = K \tag{7.4-12}$$

图 7.4-9（b）所示 Y/△ 连接的三相变压器常用于变电站做降压或升压用。例如把35 kV电

压降为 3.15 kV 或 6.3 kV。Y/△ 连接的三相变压器的线电压之比等于相电压之比的 $\sqrt{3}$ 倍,即

$$\frac{U_{l1}}{U_{l2}} = \frac{\sqrt{3}\,U_{P1}}{U_{P2}} = \frac{\sqrt{3}\,N_1}{N_2} = \sqrt{3}\,K \tag{7.4-13}$$

对于三相变压器,其原、副绕组的额定电压、额定电流均指其线电压、线电流,变压器额定容量为

$$S_N \approx \sqrt{3}\,U_{N2}I_{N2} \approx \sqrt{3}\,U_{N1}I_{N1} \tag{7.4-14}$$

[**例 7.4-4**] 一台 Y/Y$_0$ 连接的三相变压器,其额定数据为:$S_N = 50\ \text{kVA}$,$U_{N1}/U_{N2} = 10\ \text{kV}/0.4\ \text{kV}$。

(1) 求该台变压器原、副绕组额定电流;

(2) 如果该台变压器副绕组连接三相对称负载,已知此负载额定功率为 45 kW,额定电压为 400 V。在不超载运行条件下,该三相负载的功率因数 $\cos\varphi_2$ 为多少?

解:(1) 根据式(7.4-14)得

$$I_{N1} = \frac{S_N}{\sqrt{3}\,U_{N1}} = \frac{50}{\sqrt{3}\times 10}\ \text{A} = 2.887\ \text{A}, \qquad I_{N2} = \frac{S_N}{\sqrt{3}\,U_{N2}} = \frac{50}{\sqrt{3}\times 0.4}\ \text{A} = 72.17\ \text{A}$$

(2) 变压器向外提供最大有功功率为 $S_N\cos\varphi_2$,在不超载运行条件下,即要求 $S_N\cos\varphi_2$ 大于等于负载额定功率,即 $S_N\cos\varphi_2 \geq 45\ \text{kW}$,故

$$\cos\varphi_2 \geq P_N/S_N = 45/50 = 0.9$$

要求该三相负载的功率因数不得低于 0.9。

前面介绍的变压器都是原、副绕组相互绝缘、没有电的直接联系的双绕组变压器。自耦变压器只有一个绕组,低压绕组是高压绕组的一部分。因此自耦变压器的高、低压绕组有电的直接联系。自耦变压器分为固定抽头式与可调式两种。可调式自耦变压器又称为调压器,其铁心做成圆柱形的,副绕组抽头做成滑动触头,可以自由滑动,得到连续可调的交流电压。调压器的外形与电路图如图 7.4-10(a) 与图 7.4-10(b) 所示,其中图 7.4-10(b) 中原绕组匝数 N_1 固定,副绕组匝数 N_2 因滑动触头 p 的位置不同而改变。如果原绕组施加交流电压有效值 U_1,由于同一个主磁通穿过原、副绕组,故原、副绕组电压仍然与其匝数成正比;当副绕组连接负载时,原、副绕组侧电流仍然与其匝数成反比,即

$$\frac{U_1}{U_2} \approx \frac{N_1}{N_2} = K, \qquad \frac{I_1}{I_2} \approx \frac{N_2}{N_1} = \frac{1}{K}$$

使用时转动手柄可以改变输出电压 U_2 的大小。

可调式自耦变压器有单相、三相两种;固定抽头式自耦变压器通常为三相,主要用于三相异步电动机的降压启动。

由于自耦变压器的原、副绕组有电的直接联系,因此,在使用时要格外小心,注意安全。如图 7.4-11 所示,当自耦变压器高压侧发生断线或者高压端接到公共端时,便把高压直接加到低压端,容易造成事故。另外,自耦变压器的原、副绕组不要接错,否则会造成电源短路或烧坏变压器。

在电工测量中经常使用一种专用双绕组变压器,称为仪用互感器。它的主要作用是使测量电路与待测高电压或大电流电路隔离,保证工作安全,同时扩大测量仪表的量程。仪用互感器分为电压互感器与电流互感器两种。

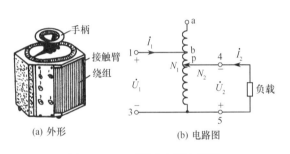
(a) 外形   (b) 电路图

图 7.4-10　可调式自耦变压器

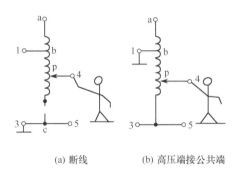
(a) 断线   (b) 高压端接公共端

图 7.4-11　自耦变压器的可能故障

电压互感器电路如图 7.4-12 所示,其原绕组匝数多,与待测高电压电路并联;其副绕组匝数很少,与测量电压表或其他仪表的电压线圈相连接。由于电压线圈阻抗较大,故电压互感器副绕组侧电流很小,近似于变压器空载运行,于是有

$$U_1 = \frac{N_1}{N_2}U_2 = K_u U_2 \tag{7.4-15}$$

式中,K_u 称为电压互感器的变压比。

由于电压互感器的 $N_1 \gg N_2$,因此 K_u 比较大,$U_2 \ll U_1$。于是,可以用小量程电压表测量高电压。通常副绕组额定电压为 100 V,采用统一的 100 V 标准交流电压表。当 K_u 已知,测量时只要把电压表读数乘上该变压比就等于待测的高电压。

使用时,运行中的电压互感器的副绕组不允许短路,否则较大的短路电流会烧坏电压互感器,为此在原绕组侧装有熔断器作为短路保护。另外,为了安全,电压互感器的铁心、金属外壳与副绕组的一端都必须接地。

电流互感器电路如图 7.4-13 所示,它的原绕组导线较粗,匝数很少,通常只有一匝或几匝,与待测量电流的负载串联;它的副绕组导线较细,匝数很多,与电流表或其他仪表的电流线圈相连接。由于电流线圈阻抗很小,因此电流互感器的运行状态与变压器短路运行状态很相似。有

$$I_1 = \frac{N_2}{N_1}I_2 = K_i I_2 \tag{7.4-16}$$

式中,K_i 称为电流互感器的变流比。由于电流互感器的 $N_2 \gg N_1$,因此 K_i 很大,故用小量程交流电流表连接在副绕组上,便能测量大电流。副绕组额定电流通常为 5 A,采用统一的 5 A 标准交流电流表。测量时只要把电流表读数乘上变流比便等于待测量的大电流数值。

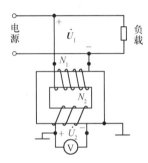

图 7.4-12　电压互感器

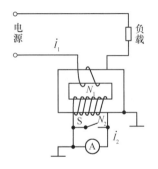

图 7.4-13　电流互感器

为了安全,电流互感器的铁心与副绕组的一端都必须接地。另外,工作时副绕组不允许开路。这是因为原绕组与负载串联,原绕组电流 I_1 的大小由负载电流大小决定,而与副绕组电流无关。这点与普通变压器不同。所以,当副绕组开路时,铁心中由于无电流 I_2 的去磁作用,主磁通将急剧增加,使铁心过热,烧毁绕组,同时副绕组会感应高电压,危及人身与设备安全。因此,在电流互感器工作中需要拆换电流表时,必须首先把副绕组短接,闭合开关 S,然后才能拆换电流表。

在实际应用中,有时需要把变压器绕组串联起来提高电压,有时需要把变压器绕组并联起来增大电流。正确连接绕组时必须认清绕组的同极性端,否则不仅达不到预期目的,反而可能烧坏变压器。

变压器原、副绕组瞬时电位极性相同的端点称为同极性端,又称为同名端。以图 7.4-14 所示变压器为例,为了方便,把原、副绕组画在同一个铁心柱上,分别标明 AX 与 ax。当主磁通 Φ 穿过两绕组时便在绕组两端产生感应电动势。对于图 7.4-14(a),两绕组在铁心柱上绕制方向相同,因此,A 端与 a 端瞬时电位极性必然相同,称 A 与 a 为同极性端。当然 X 与 x 也为同极性端。通常在绕组同极性端处标记"·"或"*",如图中所示。对于图 7.4-14(b),两绕组在铁心柱上绕制方向相反,于是 A 与 x、X 与 a 便成为同极性端,其同名端标记如图中所示。可见,变压器绕组的同极性端与其在铁心上绕制方向有关。

对于图 7.4-15 所示变压器,它有两个副绕组,设其匝数相同。由于这两个副绕组绕向相同,端点 a 与 b 为同名端(x 和 y 为同名端),如果需要提高供电电压,应把两个副绕组的异极性端(例如 x 与 b)连接在一起构成两绕组串联,则在一对异极性端(例如 a 与 y)得到的电压为两个副绕组电压之和。如果接反,例如把 x 与 y 串联,则在 a、b 两端的输出电压会抵消为零,如果此时连接负载,造成两绕组磁动势相互抵消,绕组中电流过大而烧坏变压器。

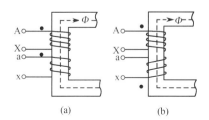 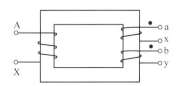

图 7.4-14　变压器绕组的同极性端　　　图 7.4-15　变压器绕组同极性端

已经绕制的变压器绕组经过浸漆、烘干等工艺处理后,很难从外观辨认出线圈具体绕向,可以采用两种实验方法测定绕组同极性端。一种方法是直流法,另一种方法是交流法。

直流法测定绕组同极性端电路如图 7.4-16(a)所示。开关闭合瞬间,如果直流电压表指针正向偏转,说明绕组 A 与 a(X 与 x)为同极性端,否则,说明绕组 A 与 x(X 与 a)为同极性端。

交流法测定绕组同极性端电路如图 7.4-16(b)所示。把绕组 AX 与 ax 的任意两端连在一起,例如把 X 与 x 连在一起, 在其中一个绕组(例如 AX 绕组)施加比较低的交流电压,然后用交流电压表分别测量电压 U_{AX}、U_{ax} 与 U_{Aa}。如果 $U_{Aa} = |U_{AX} - U_{ax}|$,则 A 与 a(X 与 x)为同极性端;如果 $U_{Aa} = U_{AX} + U_{ax}$,则 A 与 x(X 与 a)为同极性端。

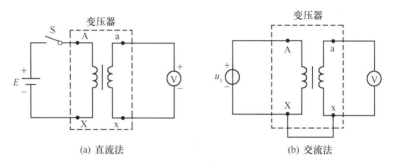

(a) 直流法　　　　　　　　　　　(b) 交流法

图 7.4-16　变压器绕组同极性端测量电路

思考与练习

7.4-1　对于一个变比为 k 的变压器,原边和副边上的电压、电流分别满足什么关系?

7.4-2　根据变压器原边和副边的功率关系,变压器应当属于哪种电路组成部分,电源、负载还是中间环节?

7.4-3　什么是变压器的容量、外特性、电压变化率及效率?对于电力变压器,一般需要怎样的外特性?

7.4-4　与单向变压器相比,三相变压器在原副边的接法、变比、容量等方面有哪些差异?

7.4-5　什么是变压器的同名端?如何判别变压器的同名端?如果同名端判别错误会带来哪些危害?

7.5　电　磁　铁

电磁铁是利用铁心线圈通入电流后产生吸力使衔铁位移而工作的电器。电磁铁常用于牵引机械装置完成预期动作或专用于吸持钢铁零件、提放钢铁材料等。同时,电磁铁又是各种电磁型开关、电磁阀门、继电器与接触器的基本组成部件。

电磁铁主要由线圈、铁心(静铁心)与衔铁(动铁心)三部分组成。其结构型式多种多样,常见的几种型式如图 7.5-1 所示。

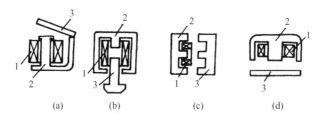

(a)　　　　(b)　　　　(c)　　　　(d)

1. 线圈　2. 铁心　3. 衔铁

图 7.5-1　电磁铁的结构型式

按照电磁铁的励磁电流种类可把电磁铁分为直流电磁铁与交流电磁铁两种。

直流电磁铁的励磁电流为直流电流,因此在一定的空气隙下,磁路中产生的磁通是恒定的。于是,不存在铁心损耗,故直流电磁铁的铁心常用整块铸钢或软钢制成。

直流电磁铁的主要参数之一便是其吸力 F,其计算公式为

$$F = \frac{B_0^2 S_0}{2\mu_0} = \frac{\Phi^2}{2\mu_0 S_0} \tag{7.5-1}$$

式中,吸力 F 的单位为牛顿(N);磁感应强度 B_0 的单位为特(T);空气隙截面积 S_0 的单位是平方米(m^2);真空磁导率 $\mu_0 = 4\pi \times 10^{-7}$ H/m;空气隙中磁通 $\Phi = B_0 S_0$ 的单位为韦(Wb)。

直流电磁铁励磁线圈施加直流电压 U 后,励磁电流 I 的大小仅由线圈电阻 R 确定,即 $I = U/R$,励磁磁动势 NI 也是恒定的,但是随着衔铁在吸力 F 作用下吸合,空气隙变小,磁路磁阻显著减小,因此磁路中磁通 Φ 增大,这就说明:衔铁吸合后的磁通、吸力要比衔铁吸合前的磁通、吸力大得多。

交流电磁铁的励磁电流是交变电流,于是磁路中产生交变磁通,铁心中要产生铁心损耗,引起铁心发热。为了减小铁心损耗,交流电磁铁的铁心和衔铁通常用硅钢片叠成。设交流电磁铁空气隙磁通 $\Phi = \Phi_m \sin\omega t$,则其吸力为

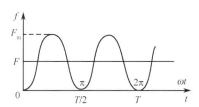

图 7.5-2　交流电磁铁吸力

$$f = \frac{\Phi_m^2}{2\mu_0 S_0}\sin^2\omega t = F_m\left(\frac{1-\cos 2\omega t}{2}\right) \qquad (7.5\text{-}2)$$

式中,$F_m = \Phi_m^2/(2\mu_0 S_0)$ 是交流电磁铁吸力最大值。由式(7.5-2)可知:交流电磁铁的吸力是在零值与最大值之间波动的,如图 7.5-2 所示,其在一个周期内的平均值为

$$F = \frac{1}{T}\int_0^T f\,\mathrm{d}t = \frac{\Phi_m^2}{4\mu_0 S_0} = \frac{1}{2}F_m \qquad (7.5\text{-}3)$$

交流电磁铁励磁线圈在施加交流电压有效值 U 不变的情况下,磁路中磁通最大值 Φ_m 基本上不变,$\Phi_m \approx \dfrac{U}{4.44 f N}$。因此,在衔铁吸合过程中,磁通最大值 Φ_m、吸力平均值 F 基本上保持不变。但是,随着空气隙减小,磁路的磁阻 R_m 显著减小,由磁路欧姆定律 $\Phi = NI/R_m$ 得知:磁动势 NI 必定减小,也就是说,在衔铁吸合过程中,励磁电流 I 由大变小,即吸合前的励磁电流要比吸合后的励磁电流大得多。交流电磁铁励磁额定电流是指衔铁吸合后正常工作的励磁电流。由于上述特点,当交流电磁铁励磁线圈施加额定电压后,一定要防止衔铁受阻卡住或吸合不紧情况发生,否则励磁线圈中通过的电流大于其额定电流,时间过长便会发热过烫甚至烧毁励磁线圈。另外,由于交流电磁铁的吸力是波动的,每周期内有两次为零值、两次达到最大值,这样就会引起衔铁振动,既产生噪声,又使铁心与衔铁接触面磨损,降低使用寿命。为此,通常在铁心部分端面处嵌装一个闭合的铜环,称为短路环或分磁环,如图 7.5-3 所示。当铁心中一部分磁通 Φ_1 穿过短路环时,便在环内产生感应电动势和电流,阻碍 Φ_1 的变化,于是 Φ_1 与不穿过短路环的另一部分磁通 Φ_2 之间出现相位差,使得 $\Phi_1 + \Phi_2 = \Phi \neq 0$,这样吸力也不会降为零值,从而减弱了衔铁的振动、降低了噪声。

直流电磁铁与交流电磁铁的比较,如表 7.5-1 所示。

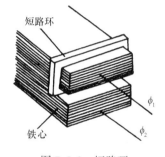

图 7.5-3　短路环

表 7.5-1　直流电磁铁与交流电磁铁的比较

	直流电磁铁	交流电磁铁
铁心结构	用整块铸钢、软钢制成,无短路环	用硅钢片叠成,有短路环
吸合过程中	励磁电流不变,磁通与吸力增大	励磁电流减小,磁通与吸力基本不变
吸合后	无振动、无噪声	有轻微振动、噪声
吸合不好时	励磁线圈不会过热	励磁线圈过热甚至烧毁

思考与练习

7.5-1 简述直流电磁铁和交流电磁铁的工作原理。

7.5-2 交流电磁铁为何存在衔铁振荡现象？如何减弱这样现象？

7.6 应 用 实 例

变压器通常是体积最大，质量最重，也是价格最贵的电路元件。但是，它却是电子电路中不可缺少的无源设备。在众多高效设备中，变压器的效率一般为 95%，但是也可以达到 99%。变压器的应用不胜枚举，例如：

- 升高或降低电压与电流，使其适合电力传输与分配。
- 将电路的一部分与另一部分隔离（即在没有任何电气连接的情况下传输功率）。
- 用作阻抗匹配设备，以实现最大功率传输。
- 用于感应相应的选频电路中。

由于变压器应用的多样性，所以出现了许多专用变压器，如电压变压器、电流变换器、功率转换器等。本节主要介绍变压器作为隔离设备的应用。

当两个设备之间不存在物理连接时，则称这两个设备之间电气隔离。变压器的一次电路与二次电路之间无电气连接，能量是通过磁耦合传输的。下面介绍利用变压器电气隔离特性的三种实际应用。

首先，考虑图 7.6-1 所示电路。图中整流器是将交流电转换为直流电的电子电路，变压器在该电路中的作用是将交流电耦合到整流器中。这里的变压器起两个作用：升高或降低电压；在交流电源与整流器之间提供电气隔离，从而降低电子电路在工作时出现电击的危险性。

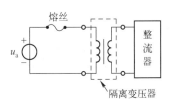

图 7.6-1 用于隔离交流电源与整流器的变压器

隔离变压器的第二个应用实例是用于隔离放大器的两级，从而防止前一级的直流电压影响下一级的直流偏置，直流偏置是晶体管放大器或其他电子电路在要求模式下工作所需的直流电压。放大器的各级都有其在特定模式下工作所需的偏置电压，如果没有变压器提供直流隔离，就会影响各级特定的工作模式。如图 7.6-2 所示，接入变压器后，仅交流信号从前一级耦合到后一级，直流电压源中是不存在耦合的。在无线电接收机或电视接收机中，变压器通常用于高频放大器各级之间的耦合。当变压器仅用于电气隔离时，应将其匝数比制作为 1，即隔离变压器的 $k = 1$。

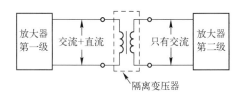

图 7.6-2 在放大器两级之间提供直流隔离的变压器

隔离变压器的第三个应用实例是测量 13.2 kV 线路两端的电压。将电压表直接接到这种高压线路中是非常不安全的。此时采用变压器既可以起到隔离电力线与电压表的作用，又可以将电压降至安全的电平，如图 7.6-3 所示。如果利用电压表测量变压器的二次侧电压，则可根据匝数比确定其一次侧线电压。

[**例 7.6-1**]　电路如图 7.6-4 所示,已知 $k = 3$,试确定电路中负载两端的电压。

解:利用叠加定理求解负载电压,令 $u_L = u_{L1} + u_{L2}$,其中 u_{L1} 为直流电源在负载上产生的电压,u_{L2} 为交流电源在负载上产生的电压。仅包含直流电源或交流电源的电路如图 7.6-5 所示。由直流电源引起的负载电压为零,因为要在二次侧产生感应电压,一次侧必须是时变电压源,于是 $u_{L1} = 0$。对于交流电源,其内阻 R_s 很小可以忽略:

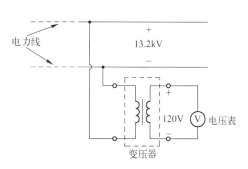

图 7.6-3　在电力线与电压表之间提供隔离

$$\frac{U_2}{U_1} = \frac{U_2}{120} = \frac{1}{3}, \quad U_2 = \frac{120}{3} = 40 \text{ V}$$

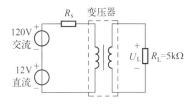

图 7.6-4　例 7.6-1 的电路图

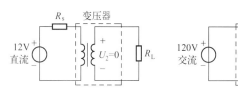

图 7.6-5　仅包含直流电源或交流电源的电路

因此 $U_{L2} = 40$ V(交流电压有效值),即 $u_{L2} = 40\sqrt{2}\cos\omega t$。即只有交流电压才能通过变压器达到负载。本例也说明了变压器的隔离直流作用。

本 章 小 结

1. 磁路的基本物理量有磁感应强度 B、磁场强度 H、磁通 Φ 和磁导率 μ。

2. 铁磁材料具有高导磁性、磁饱和性与磁滞性等磁性能。磁损耗由磁滞损耗和涡流损耗组成。

3. 磁路欧姆定律 $\Phi = NI/\sum_{i=1}^{m} R_{mi}$

由于铁磁材料的 μ 值不是常数,即使在铁心长度和截面积一定的情况下,磁阻 R_m 也不是定值,而是随着 B 的变化而变化。

4. 交流铁心线圈的电磁关系

$$U \approx E = 4.44fN\Phi_m$$

电压电流关系　　　　　$u = Ri - e - e_\sigma = Ri + L_\sigma \frac{\mathrm{d}i}{\mathrm{d}t} - e$

功率损耗　　　　　$\Delta P = \Delta P_{Cu} + \Delta P_{Fe} = RI^2 + \Delta P_h + \Delta P_e$

5. 变压器是利用电磁原理进行同频率电压变换的静止元件。它由闭合铁心及原绕组和副绕组组成。变压器具有变换电压、变换电流和变换阻抗的作用。

$$\frac{U_1}{U_2} \approx \frac{N_1}{N_2} = K; \quad \frac{I_1}{I_2} \approx \frac{N_2}{N_1} = \frac{1}{K}; \quad |Z_L'| = \left(\frac{N_1}{N_2}\right)^2 |Z_L| = K^2 |Z_L|$$

6. 电磁铁由线圈、铁心及衔铁三部分组成。直流电磁铁的电磁吸力 $F = \dfrac{B_0^2 S_0}{2\mu_0} = \dfrac{\Phi^2}{2\mu_0 S_0}$。交

流电磁铁的电磁吸力 $f = \dfrac{\Phi_m^2}{2\mu_0 S_0}\sin^2\omega t = F_m\left(\dfrac{1-\cos\omega t}{2}\right)$。

7. 直流与交流电磁铁的区别在于：直流电磁铁在吸合过程中，励磁电流不变，吸力随空气隙变小而增大；交流电磁铁在吸合过程中，平均吸力不变，电流随空气隙变小而减小。

7.5

习　题

7.2 节的习题

7-1　在一个由铸钢制成的圆环上绕制均匀分布的线圈共有 200 匝，圆环截面积为 6 cm²，圆环平均直径为 22 cm，当圆环内磁通为 6×10^{-4} Wb 时，线圈中励磁电流为多少？如果把圆环切开一个长度为 0.5 mm 的空气隙，保持圆环内磁通仍为 6×10^{-4} Wb，则线圈中励磁电流为多少？

7-2　在一个铁心制成的无分支磁路上绕制一个匝数为 300 匝的线圈，铁心中的磁感应强度为 0.9 Wb/m²，磁路平均长度为 45 cm，试分别计算铁心材料为铸钢与硅钢两种情况下通入线圈的励磁电流。

7-3　磁路如题图 7-1 所示，铁心平均长度 $l = 100$ cm，铁心截面积处处相同，$S = 10$ cm²；空气隙长度 $l_0 = 1$ cm。已知当磁路中磁通为 0.0012 Wb 时，铁心中磁场强度为 8 A/cm。试求铁心和空气隙两部分的磁阻、磁压及励磁线圈的磁动势。

7-4　题图 7-2 所示为铸钢制成的磁路，尺寸单位为 cm。空气隙处的磁感应强度为 0.8 T，求磁动势 NI。

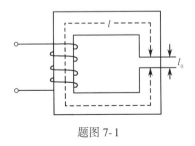

题图 7-1

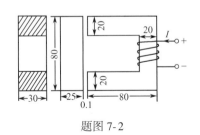

题图 7-2

7-5　欲绕制一个交流铁心线圈，已知电源电压为 220 V，频率为 50 Hz，铁心截面积为 15 cm²，铁心由硅钢片叠成，片间空隙系数为 0.917，试求当 $B_m = 1.2$ T 时线圈匝数为多少？如果磁路平均长度为 60 cm，试求励磁电流的有效值。

7.3 节的习题

7-6　一个交流铁心线圈接到频率为 50 Hz 的交流电源上，在铁心中产生的磁通最大值 $\Phi_m = 2.25\times10^{-3}$ Wb。现在在此铁心上再绕制一个 440 匝线圈，试求当此线圈开路时，其端电压为多少？

7-7　一个交流铁心线圈接到 220 V、50 Hz 的交流电源上，线圈中电流有效值为 2 A，测得功率损耗为 50 W。在忽略漏磁通和线圈电阻电压的情况下，试求铁心线圈的功率因数、等效电阻和等效感抗。

7.4 节的习题

7-8　一台车床照明变压器，额定电压为 220 V/36 V，负载为 40 W、36 V 白炽灯泡一盏，当变压器原边接到 220 V 交流电源时，求其原、副边电流。

7-9　一台单相变压器：1000 V/230 V、5 A/217 A。空载时高压绕组从 1000 V 电源取用有功功率 340 W，电流 0.43 A，试求这台变压器的变比 K、空载电流占额定电流的百分数及空载时原绕组的功率因数。

7-10 一台 50 kVA、6000 V/230 V 的单相变相器,求其变比 K 与额定电流 I_{1N}/I_{2N}。该变压器满载情况下向功率因数为 0.85 的感性负载供电时,测得副边电压为 220 V,试求其输出的有功功率、视在功率和电压调整率。

7-11 一个实际交流电压源的电压有效值为 220 V,串联的阻抗为 100 Ω,现将一个阻抗为 25 Ω 的负载接到该实际电压源上获得最大功率,所需变压器的变比为多少? 并计算此时电压源发出的功率、负载电流和负载电压。

7-12 题图 7-3 所示的变压器有两个相同的原绕组,每个绕组额定电压为 110 V,一个副绕组的额定电压为 6.3 V,向 6.3 V、15 W 灯泡供电。当电源电压为 220 V 和 110 V 两种情况时,原绕组的四个接线端应当如何正确连接? 副绕组端电压及其电流有无变化? 当负载一定时,每个原绕组中的电流有无变化? 如果原绕组的四个接线端接错,会发生什么情况?

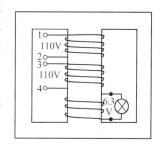

题图 7-3

7-13 已知变压器的三个线圈的绕向如题图 7-4 所示,试以三种不同记号"·"、"∗"、"△"分别标出线圈 1 与 2、2 与 3、3 与 1 的同极性端。

7-14 变压器出厂时进行极性试验电路如题图 7-5 所示。设变压器额定电压为 220 V/110 V,如果 A 与 a 为同极性端,则电压表读数为多少? 如果 A 与 a 为异极性端,则电压表读数又为多少?

7-15 含变压器的电路如题图 7-6 所示,已知交流信号源电压有效值 $U_s = 14$ V、内阻 $R_i = 350$ Ω、负载电阻 $R_L = 3.5$ Ω。求交流信号源输出最大功率时变压器匝数比 N_1/N_2,并计算此最大功率。若把负载 R_L 直接接到信号源,则信号源输出功率为多少?

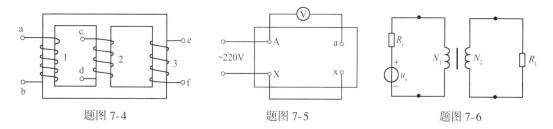

题图 7-4   题图 7-5   题图 7-6

7-16 某三相变压器的每相原绕组匝数 $N_1 = 2\,680$,每相副绕组匝数 $N_2 = 170$,原绕组施加线电压为 380 V,试求该台三相变压器在 Y/Y$_0$ 与 Y/△两种接法下副绕组端的线电压与相电压。

7-17 已知三相电源线电压为 6 000 V,今用三台 $S_N = 10$ kVA、$U_{1N}/U_{2N} = 6$ kV/0.23 kV 的单相变压器组成一台三相变压器组,向额定电压为 380 V 的三相负载供电,试问这三台单相变压器应该如何接线? 画出接线图,并计算这台变压器组的额定电压、额定电流和额定容量。

7-18 将一台额定容量为 5 000 kVA、额定电压为 35 kV/6.3 kV、Y/△接法的三相变压器接在 35 kV 的三相电源上,测得铁损为 11 200 W,当它向每相阻抗为 7.75 Ω、$\cos\varphi = 0.8$、Y 接法的三相对称感性负载供电时,输出电流为额定值,此时测得铜损耗为 44 000 W。试求该台变压器的副边电压、电压调整率、输出有功功率及效率。

7.5 节的习题

7-19 有一个直流电磁铁,其磁路由铁心、衔铁和空气隙组成,如题图 7-7 所示。已知铁心材料为硅钢、衔铁材料为铸钢,图中标明尺寸均以 cm 为单位,今需在空气隙中产生磁通 0.06 Wb,已知线圈 2500 匝,试求线圈励磁电流 I 与产生的电磁吸力 F。

7-20 题图 7-8 所示为拍合式交流电磁铁,磁路尺寸:$l = 7$ cm,$c = 4$ cm;铁心用硅钢片叠成,铁心与衔铁的横截面积均为正方形,每边长 $a = 1$ cm,励磁线圈电压为 220 V。若要求在最大空气隙的平均值 $l_0 = 1$ cm 时产生电磁吸力 $F = 45$ N,在忽略漏磁通并认为铁心和衔铁的磁阻与空气隙的磁阻相比可略去不计的情况下计算励磁线圈的匝数 N 和电流有效值 I。

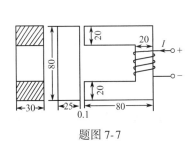
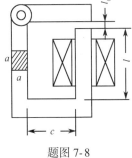

题图 7-7   题图 7-8

7-21 有一个铁心线圈,试分析在下列几种情况下铁心中磁感应强度、线圈中电流和铜损耗将如何变化?

(1) 直流励磁:铁心截面积加倍,线圈的电阻、匝数与电源电压保持不变;

(2) 交流励磁:条件同(1);

(3) 直流励磁:线圈匝数加倍,线圈的电阻与电源电压保持不变;

(4) 交流励磁:条件同(3);

(5) 交流励磁:电源频率减半,电源电压、线圈的电阻、匝数、铁心截面积保持不变;

(6) 交流励磁:电源频率和电压大小减半,其他条件同(5)。

假设上述各种情况下的工作点均在磁化曲线的线性段,铁心闭合、截面积处处相同。对于交流励磁,设电源电压与感应电动势相等,且忽略铁损。

第8章 异步电动机

实现电能与机械能互相转换的旋转机械称为电机。把机械能转换为电能的电机称为发电机;把电能转换为机械能的电机称为电动机。

现代生产机械广泛应用电动机来拖动。按照消耗的电能种类不同可把电动机分为交流电动机和直流电动机。交流电动机又分为异步电动机(或称为感应电动机)和同步电动机。由于异步电动机结构简单、运行可靠、维护方便、价格便宜,成为所有电动机中应用最广泛的一种电动机,特别是三相异步电动机,广泛地用来拖动各种金属切削机床、起重机、传送带、鼓风机、水泵等。

本章主要讨论三相异步电动机。首先介绍它的结构、转动原理和特性,然后讨论它的启动和选择。最后简单介绍单相异步电动机。

8.1 三相异步电动机的结构

三相异步电动机由两个基本部分组成:一是固定不动的部分称为定子;二是旋转部分称为转子。

8.1

定子由机座、铁心、定子绕组和端盖等组成,如图8.1-1所示。机座一般用铸铁或铸钢制成,机座内装有由互相绝缘的硅钢片叠成的圆筒形铁心,铁心内圆周表面冲有均匀分布的槽,如图8.1-2所示。槽内放置对称三相绕组 AX、BY 和 CZ。三相绕组的六个引出端分别连接到机座外部接线盒中,三个绕组的首端接头分别用

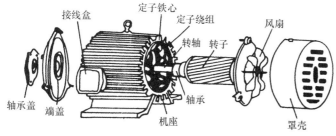

图 8.1-1 三相笼型异步电动机结构

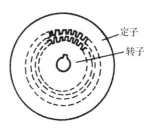

图 8.1-2 定子和转子铁心片

D_1、D_2、D_3(或 A、B、C)表示,其对应的末端接头分别用 D_4、D_5、D_6(或 X、Y、Z)表示。根据电源电压和电动机的额定电压,三相定子绕组可以连接成星形(Y)或者三角形($\triangle$),如图8.1-3所示。

转子由转子铁心,转子绕组,转轴和风扇等组成。转子铁心为硅钢片叠成的圆柱形,压装在转轴上,转子铁心与定子铁心之间有微小的空气隙。转子铁心外圆周表面冲有许多均匀分布的槽,槽内安置转子绕组。

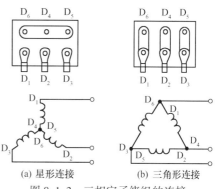

(a) 星形连接 (b) 三角形连接

图 8.1-3 三相定子绕组的连接

转子绕组分为笼型和绕线型两种。笼型绕组由安置在转子槽内铜条和两端短路环组成。如果把转子铁心去掉,整个转子绕组呈笼型,如图8.1-4(a)所示。目前,中小型笼型电动机的转子绕组大都采用铸铝与冷却用风扇叶片一次浇铸成形,如图8.1-4(b)所示。

绕线型转子绕组与定子绕组相似,在转子铁心槽内放置对称三相绕组,接成星形,每相绕组首端分别接到装在转轴上的三相互相绝缘的铜制滑环上,通过电刷的滑动接触与外加三相变阻器连接,用于改善启动或调速性能,如图8.1-4(c)所示。

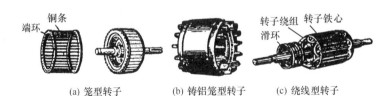

| 端环 铜条 | | 转子绕组 转子铁心 滑环 |

(a) 笼型转子　　　(b) 铸铝笼型转子　　　(c) 绕线型转子

图 8.1-4　三相异步电动机的转子

绕线型异步电动机的结构复杂、价格较高,一般用于对启动和调速性能有较高要求的设备,例如起重机。

思考与练习

8.1-1　若电源线电压为380 V,三相异步电动机的额定电压为380 V,问电动机的绕组按星形连接还是三角形连接?

8.2　三相异步电动机的转动原理

三相异步电动机接上三相电源就会转动,下面说明其转动原理。

在马蹄形磁铁中间放一个磁针,如图8.2-1(a)所示。当转动马蹄形磁铁时,磁针便会跟着转动。这说明转动的马蹄形磁铁形成了一个旋转磁场,这一旋转磁场吸引着磁针与其一起旋转。

8.2

现在将上述装置改变一下,如图8.2-1(b)所示。用三个在空间相互差120°的线圈 AX、BY、CZ 代替马蹄形磁铁,并在这三个线圈中通入三相交流电流。可以看到,放在三个线圈中间的磁针会自动旋转起来。这说明静止不动的三个互相差120°的线圈通入三相交流电流以后产生一个旋转磁场。下面讨论这一旋转磁场。

首先介绍具有一对磁极的三相旋转磁场的产生。为了便于分析,可以用 AX、BY、CZ 三个线圈表示电动机的三相定子绕组,它们在定子的位置如图8.2-2(a)所示,将它们连接成星形接法,如图8.2-2(b)所示。

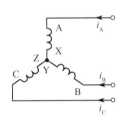

(a) 磁针随磁铁而旋转　　(b) 磁针随三相电流产生的旋转磁场而旋转　　(a) 剖面示意图　　(b) 接线原理图

图 8.2-1　异步电动机转动原理图　　　图 8.2-2　三相定子绕组的布置与接线

当定子绕组的三个首端 A、B、C 与三相电源接通时,在定子绕组中便有对称的三相交流电流 i_A、i_B、i_C 流过。设

$$i_A = I_m \sin\omega t \text{,} \quad i_B = I_m \sin(\omega t - 120°) \text{,} \quad i_C = I_m \sin(\omega t + 120°)$$

其波形如图 8.2-3 所示。

如果选择电流由绕组首端流向其末端方向为其参考方向,电流流过绕组建立的磁场方向由右手螺旋定则确定。通入三相对称定子绕组的三相电流的大小和方向均随时间按正弦规律变化,因此,任一时刻在空间形成的磁场等于三相电流分别产生的磁场的合成。

下面用图示分析法说明三相电流产生的合成磁场。规定:某时刻电流为正值时,电流由绕组首端流向末端,在剖视图中线圈首端以⊗表示,末端以⊙表示;某时刻电流为负值时,电流由绕组末端流向首端,此时,线圈首端以⊙表示,末端以⊗表示。表 8.2-1 列出 $t = t_1$、t_2、t_3、t_4 四个不同时刻三相定子绕组中电流的方向。

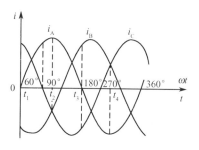

图 8.2-3　三相交流电流波形图

表 8.2-1　不同时刻三相定子绕组中电流的方向

	$t_1(0°)$	$t_2(90°)$	$t_3(180°)$	$t_4(270°)$
i_A	0	A→X	0	X→A
i_B	Y→B	Y→B	B→Y	B→Y
i_C	C→Z	Z→C	Z→C	C→Z

根据表 8.2-1 绘出不同时刻定子绕组电流方向及其产生的合成磁场,如图 8.2-4 所示。

由图 8.2-4 可见:对称的三相定子绕组中通入对称的三相交流电流时便在空间产生一个旋转磁场。

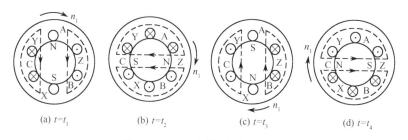

(a) $t=t_1$　　　　(b) $t=t_2$　　　　(c) $t=t_3$　　　　(d) $t=t_4$

图 8.2-4　一对磁极的旋转磁场

在上面分析中假定三相定子绕组中电流相序为 A—B—C,而三相定子绕组在铁心内圆上按 A—B—C 顺序排列,得到顺时针旋转方向的旋转磁场。如果三相定子绕组在铁心内圆上排列顺序不变,但通入的电流相序改为 A—C—B,也就是将与定子绕组 B、C 两端连接的三相电源火线对调,如图 8.2-5(a)所示,再用图示分析法,可以发现:旋转磁场的转向改为逆时针,如图 8.2-5(b)和(c)所示。可见旋转磁场的转向取决于三相定子绕组中通入三相交流电流的相序,从电流相序在前的绕组转向电流相序在后的绕组。

由上述分析可以看出:在空间相互差 120°的三相绕组中通入三相交流电流时所产生的合成旋转磁场有两个磁极,即一对磁极,记为 $P=1$。当交流电流变化一个周期时,旋转磁场在空间正好旋转一圈,其转速称为同步转速。在 $P=1$ 时同步转速为每分钟 $60f_1$ 转,其中 f_1 为交流

电流的频率。

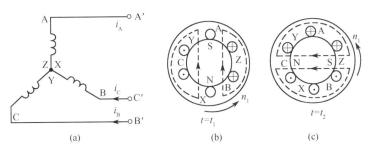

图 8.2-5　旋转磁场转向的改变

在实际应用中,可由三相定子绕组的不同安排获得不同磁极对数。例如在图 8.2-6 中,每相定子绕组由两个串联线圈组成,每相线圈在空间互差 60°安置在定子槽内。按照上述图示分析法可知:三相定子绕组在这种安排下产生两对磁极($P=2$)的旋转磁场,如图 8.2-7 所示。

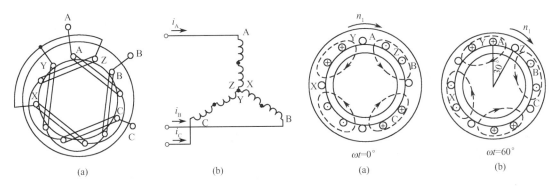

图 8.2-6　产生 $P=2$ 磁场的三相定子绕组　　图 8.2-7　三相电流产生 $P=2$ 的旋转磁场

由图 8.2-7 可以看出:当电流变化一个周期时,旋转磁场在空间只转过半圈。

由上述分析可以类推出当旋转磁场具有 P 对磁极时,电流随时间变化一个周期,旋转磁场在空间旋转 $1/P$ 圈。因此,旋转磁场的同步转速,即旋转磁场每分钟转速为

$$n_1=60f_1/P \qquad\qquad (8.2\text{-}1)$$

式中,n_1 为旋转磁场同步转速,单位 r/min;f_1 为三相交流电流的频率,单位 Hz;P 为旋转磁场的磁极对数。

在我国,频率 $f_1=50$ Hz,由式(8.2-1)可得出不同磁极对数 P 的旋转磁场的同步转速,见表 8.2-2。

综上所述,得出:

① 三相交流电流通入对称三相定子绕组便在空间产生旋转磁场;

② 旋转磁场的转向与三相交流电流的相序一致;

③ 旋转磁场的同步转速与三相电源的频率成正比,与磁极对数成反比。

下面讨论三相异步电动机的转动原理。

当三相定子绕组中通入三相交流电流时便在空间产生旋转磁场,在此磁场作用下,转子旋转起来。为了说明转子会旋转起来的道理,可

表 8.2-2　不同磁极对数 P 的旋转磁场的同步转速

P	1	2	3	4	5	…
n_1(r/min)	3000	1500	1000	750	600	…

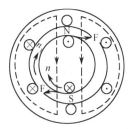

图 8.2-8　三相异步电动机转动原理

以将笼型转子简化为由上下两导体构成的闭合电路,如图 8.2-8 所示。

设旋转磁场转向为顺时针方向。由于转子导体与旋转磁场之间有相对运动,因此转子导体会产生感应电动势。由于转子导体闭合,便有电流流过转子导体。转子导体中感应电动势和电流方向可用右手定则确定。转子导体中电流与旋转磁场相互作用产生电磁力 F,其方向可用左手定则确定。在图 8.2-8 所示情况下,电磁力及其对转轴形成的电磁转矩 T 的方向均为顺时针,于是推动转子顺时针转动起来,转子的转向与旋转磁场的转向一致。

由于转子绕组中电流是由电磁感应产生的,故异步电动机又称感应电动机。

转子转动起来后,其转向与旋转磁场转向一致,但转子转速 n 必然小于同步转速 n_1。如果两者转速相同,则转子导体与旋转磁场之间无相对运动,转子导体中便不会产生感应电动势和电流,因而也不会有电磁力和电磁转矩驱动转子转动。由于转子转速与旋转磁场转速不相等,这就是"异步"电动机名称的由来。

转子转速 n 与同步转速 n_1 之差值称为转差,即 $\Delta n = n_1 - n$。转差 Δn 与 n_1 的比值,称为异步电动机的转差率,用字母 S 表示。

$$S = \frac{\Delta n}{n_1} = \frac{n_1 - n}{n_1} \tag{8.2-2}$$

转差率是三相异步电动机的一个重要参数。当电动机处于静止状态时,$n=0$,则 $S=1$。当 $n = n_1$ 时,则 $S=0$。

三相异步电动机的额定转速与同步转速相近,转差率很小,约为 $0.01 \sim 0.09$。

[**例 8.2-1**] 一台三相异步电动机,电流频率为 50 Hz,额定转速为 1 440 r/min,空载转差率 $S_0 = 0.0026$。求该电动机的磁极对数 P、同步转速 n_1、空载转速 n_0 和额定转差率 S_N。

解: 在 $f_1 = 50$ Hz 条件下,该台电动机的额定转速 $n_N = 1\ 440$ r/min。因 n_N 略低于 n_1,由表 8.2-2 可知,该台电动机同步转速 $n_1 = 1\ 500$ r/min。

根据式(8.2-1)可得电动机磁极对数

$$P = \frac{60 f_1}{n_1} = \frac{60 \times 50}{1500} = 2$$

根据式(8.2-2)可得空载转速和额定转差率

$$n_0 = (1 - S_0) n_1 = (1 - 0.0026) \times 1500 = 1496 \text{ r/min}$$

$$S_N = \frac{n_1 - n_N}{n_1} = \frac{1500 - 1440}{1500} = 0.04$$

思考与练习

8.2-1 已知三相对称电流的相序为顺序,且 $i_A = I_m \sin(\omega t + 60°)$ A,试用图示法画出两极三相异步电动机在 0° 和 30° 时的旋转磁场。

8.3 三相异步电动机的电磁转矩与机械特性

对电动机进行分析必须掌握其重要的物理量(电磁转矩 T)和主要特性(机械特性)。

三相异步电动机的电磁转矩是由旋转磁场的每极磁通 Φ 与转子电流 I_2 相互作用而产生的。由于转子绕组是电感性的,转子电流在相位上滞后于感应电

8.3

动势 φ_2 角度。电磁转矩用来衡量电动机做功的能力,因此,转子电流的有功分量 $I_2\cos\varphi_2$ 与旋转磁场的每极磁通 $\varPhi$ 相互作用产生电磁转矩,其公式为

$$T = K_{\mathrm{T}}\varPhi I_2\cos\varphi_2 \tag{8.3-1}$$

式中, K_{T} 是一个常数,它与电动机的结构有关。

下面进一步分析电磁转矩与电源电压、转速、转子电路参数之间的关系。

从电路上看,异步电动机与变压器很类似。电动机定子绕组相当于变压器的原绕组,转子绕组相当于变压器的副绕组。旋转磁场每极磁通 $\varPhi$ 与定子绕组和转子绕组交链,在定子绕组中产生感应电动势的有效值为

$$E_1 = 4.44K_1f_1N_1\varPhi \tag{8.3-2}$$

式中, $\varPhi$ 为旋转磁场每极磁通; f_1 为电源频率; N_1 是定子每相绕组匝数; K_1 是定子绕组系数,一般 $K_1<1$。这是由于电动机定子每相绕组一般采用双层短距绕组,线圈实际上分布在不同槽中,其感应电动势并非同相,故应引入绕组系数 K_1,其值小于 1 但接近 1。

如果忽略定子绕组的电阻和漏磁感抗,则每相定子绕组的感应电动势 E_1 与其外加电源电压 U_1 平衡,于是有

$$U_1 \approx E_1 \tag{8.3-3}$$

$$\varPhi = \frac{E_1}{4.44K_1f_1N_1} \approx \frac{U_1}{4.44K_1f_1N_1} \tag{8.3-4}$$

从上式可知:当外加电压不变时,定子绕组感应电动势基本不变,旋转磁场的每极磁通 $\varPhi$ 也基本不变。

在电动机转子静止不动情况下,电动机定子绕组通入三相交流电流时,转子转速 $n=0$、转差率 $S=1$,此时电动机转子电路相当于变压器的副边,旋转磁场在转子绕组中产生感应电动势的频率 f_2 与定子外接电源频率 f_1 相等,转子感应电动势有效值为

$$E_{20} = 4.44K_2f_2N_2\varPhi = 4.44K_2f_1N_2\varPhi \tag{8.3-5}$$

式中, K_2 为转子绕组系数,其值稍小于 1; N_2 为转子每相绕组匝数。

电动机运转起来后,转速 $n>0$,转子导体与旋转磁场的转速差 (n_1-n) 便逐渐减小,转差率 S 也随之逐渐减小。因此,转子感应电动势、电流的频率 f_2 便不等于 f_1,而是随着转速 n 的升高而降低。

$$f_2 = P\cdot\frac{n_1-n}{60} = \frac{n_1-n}{n_1}\cdot\frac{Pn_1}{60} = Sf_1 \tag{8.3-6}$$

此时转子绕组的感应电动势的有效值也随之降低。

$$E_2 = 4.44K_2Sf_1N_2\varPhi = SE_{20} \tag{8.3-7}$$

可见转子电动势的有效值和频率都与转差率有关。电动机启动时, $n=0$、$S=1$、$f_2=f_1=50$ Hz,转子电动势 E_{20} 较高;电动机在额定工作情况下运行时, $n=n_{\mathrm{N}}$,$S_{\mathrm{N}}=0.01\sim0.09$,$f_2=0.5\sim4.5$ Hz,转子的频率很低,转子电动势也很低。

转子电路除了电阻 R_2,还存在漏磁电感 L_2 和相应的漏磁感抗 X_2。转子电路的频率 f_2 随转差率 S 变化,因此,感抗 $X_2=2\pi f_2L_2$ 也随 S 而变化。设 $n=0$ 时感抗为 $X_{20}=2\pi f_1L_2$,则

$$X_2 = 2\pi f_2L_2 = 2\pi Sf_1L_2 = SX_{20} \tag{8.3-8}$$

转子绕组中电流为

$$I_2 = \frac{E_2}{\sqrt{R_2^2+X_2^2}} = \frac{SE_{20}}{\sqrt{R_2^2+(SX_{20})^2}} \tag{8.3-9}$$

转子电路功率因数为

$$\cos\varphi_2 = \frac{R_2}{\sqrt{R_2^2 + X_2^2}} = \frac{R_2}{\sqrt{R_2^2 + (SX_{20})^2}} \qquad (8.3\text{-}10)$$

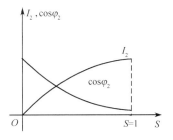

图 8.3-1 I_2、$\cos\varphi_2$ 与 S 关系

式(8.3-9)和式(8.3-10)中，E_{20}、R_2 和 X_{20} 都是定值，因此 I_2 和 $\cos\varphi_2$ 随 S 变化，如图 8.3-1 所示。由图可见：I_2 随 S 的增大而增大，当 $S=1$ 时，即转子静止时 I_2 为最大。$\cos\varphi_2$ 随 S 的增大而减小，当 $S=1$ 时，即转子静止时 $\cos\varphi_2$ 最小。

将式(8.3-4)、式(8.3-9)与式(8.3-10)代入式(8.3-1)并整理化简后得到电磁转矩的另一种表达式，即

$$T = KU_1^2 \cdot \frac{SR_2}{R_2^2 + (SX_{20})^2} \qquad (8.3\text{-}11)$$

式中，K 是由电动机结构和电源频率决定的常数；R_2 和 X_{20} 分别是转子每相绕组的电阻和静止时的感抗，通常也是常数；U_1 为定子每相绕组的电压；S 为转差率。

式(8.3-11)具体地表示出了三相异步电动机的电磁转矩与定子每相电压、转差率和转子电路参数的关系。T 与 U_1 的平方成比例，因此，当电源电压变动时对电动机的电磁转矩及其运行将产生很大影响。另外，T 还受到 R_2 的影响。

在 U_1 和转子电路参数为常数条件下，T 与 S 的关系曲线 $T=f(S)$ 称为异步电动机的转矩特性曲线，如图 8.3-2 所示。

由图 8.3-2 可以看到：当 $S=0$，即 $n=n_1$ 时，$T=0$，这是理想的空载运行状态；随着 S 增大，T 也开始增大(此时 I_2 增加较快而 $\cos\varphi_2$ 减小较慢)。到达最大值 T_m 以后，随 S 继续上升，T 反而减小(此时 I_2 增加较慢而 $\cos\varphi_2$ 减小较快)。

在实际应用中，人们更关心电动机在电源电压一定时其转速 n 与电磁转矩 T 的关系即 $n=f(T)$ 曲线，这条曲线称为电动机的机械特性曲线，如图 8.3-3 所示。用它来分析电动机的工作情况更为方便。下面讨论三个重要转矩：额定转矩、最大转矩和启动转矩。

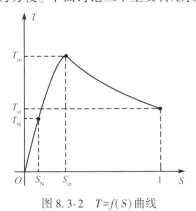

图 8.3-2　$T=f(S)$ 曲线　　　　图 8.3-3　$n=f(T)$ 曲线

额定转矩是指电动机在额定电压下以额定转速运行、输出额定功率时其转轴输出的转矩。

电动机的额定转矩可以根据铭牌给出的额定功率 P_N、额定转速 n_N 求得，即

$$T_N = \frac{P_N}{\omega} = \frac{P_N \times 10^3}{\frac{2\pi n_N}{60}} = 9550\frac{P_N}{n_N} \qquad (8.3\text{-}12)$$

式中,角速度 ω 的单位为 rad/s;额定功率 P_N 的单位为 kW;额定转速 n_N 的单位为 r/min,额定转矩 T_N 的单位为 N·m。电动机额定运行对应图8.3-3曲线上 c 点。

最大转矩 T_m 是电动机能够提供的极限转矩。机械特性曲线上的 b 点对应的电磁转矩便是 T_m,因此,电动机在运行时拖动的机械负载不可以超过最大转矩,否则电动机转速将越来越低,很快导致堵转,造成电动机电流过大,如果时间过长将使电动机过热,甚至烧毁。因此,异步电动机在运行中应当避免出现堵转。如果出现堵转,应当立即切断电源并卸掉过重的负载。

最大转矩描述了电动机允许的过载能力,通常用最大转矩与额定转矩的比值来表示,称为过载系数 λ_m,即

$$\lambda_m = T_m / T_N \tag{8.3-13}$$

在电动机技术数据资料中可以查到三相异步电动机的过载系数 λ_m,一般 $\lambda_m = 1.8 \sim 2.2$。

最大转矩对应的转速 n_m 和转差率 S_m 分别称为临界转速和临界转差率。由 $\dfrac{\mathrm{d}T}{\mathrm{d}S} = 0$ 可以求得临界转差率 S_m,即

$$S_m = R_2 / X_{20} \tag{8.3-14}$$

把式(8.3-14)代入式(8.3-11),得

$$T_m = K \frac{U_1^2}{2X_{20}} \tag{8.3-15}$$

由上述两式可知:T_m 与 U_1 的平方成正比,而与转子电阻 R_2 无关,如图8.3-4所示。S_m 与 R_2 有关,R_2 越大,则 S_m 越大。如图8.3-5所示,将绕线型转子异步电动机转子电路外接电阻可改善电动机的启动性能和调速性能。

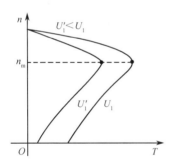

图8.3-4 $n=f(T)$ 曲线(R_2 为常数)

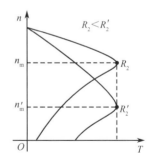

图8.3-5 $n=f(T)$ 曲线(U_1 为常数)

电动机接通电源刚启动($n=0$、$S=1$)时的电磁转矩称为启动转矩 T_{st},对应图8.3-3所示曲线的 a 点。把 $S=1$ 代入式(8.3-11)得

$$T_{st} = K \frac{R_2 U_1^2}{R_2^2 + X_{20}^2} \tag{8.3-16}$$

式(8.3-16)表明:T_{st} 与 U_1 的平方成正比,还与 R_2 有关。当 U_1 降低时,T_{st} 会减小。当 R_2 适当增大时 T_{st} 会增大。当 $R_2 = X_{20}$ 时,$T_{st} = T_m$,$S_m = 1$。继续增大 R_2 时则 T_{st} 随之减小。

如果启动转矩大于负载转矩,即 $T_{st} > T_L$,则电动机的工作点会沿着 $n=f(T)$ 曲线从下向上升,T 逐渐增大,n 越来越高。越过 T_m 后便随着 n 的升高,T 又逐渐减小,直到电磁转矩与负载转矩平衡,即 $T=T_L$ 时,电动机便以某一转速稳定运行。

异步电动机的启动能力通常用启动转矩 T_{st} 与额定转矩 T_N 的比值表示,即

$$\lambda_{st} = T_{st}/T_N \tag{8.3-17}$$

λ_{st} 称为启动系数,它是衡量异步电动机启动性能的一个重要指标,一般可从异步电动机的技术数据资料中查到。三相笼型异步电动机的 λ_{st} 约为 1.0~2.0,绕线型异步电动机通过滑环使转子回路外接电阻提高启动能力。

如果电动机转速 $n=n_1$,则 $T=0$,对应图 8.3-3 曲线上 d 点。根据上述 a、b、c、d 四个特殊点便可以绘出电动机机械特性曲线 $n=f(T)$。

[例 8.3-1] 已知两台三相异步电动机的额定功率都是 11 kW,但额定转速不同。第一台电动机的额定转速为 2 930 r/min,第二台电动机的额定转速为 1 460 r/min;两台电动机的过载系数都为 2.2。求这两台电动机的额定转矩与最大转矩。

解:根据式(8.3-12)可得:

第一台电动机的额定转矩　　$T_{1N} = 9550 \times \dfrac{11}{2930} \text{ N} \cdot \text{m} = 35.85 \text{ N} \cdot \text{m}$

第二台电动机的额定转矩　　$T_{2N} = 9550 \times \dfrac{11}{1460} \text{ N} \cdot \text{m} = 71.95 \text{ N} \cdot \text{m}$

根据式(8.3-13)可得:

第一台电动机的最大转矩　　$T_{1m} = 2.2 \times 35.85 \text{ N} \cdot \text{m} = 78.87 \text{ N} \cdot \text{m}$

第二台电动机的最大转矩　　$T_{2m} = 2.2 \times 71.95 \text{ N} \cdot \text{m} = 158.29 \text{ N} \cdot \text{m}$

此例说明,若电动机额定功率相同,转速不同,则转速低的电动机的转矩较大。

为了正确使用异步电动机,应当注意上述三个重要转矩,还要注意机械特性曲线上的两个区:以最大转矩 T_m 对应的临界转速 n_m 为界,机械特性曲线上方为稳定(运行)区,下方为不稳定区。

现以图 8.3-3 来说明,dcb 线段为稳定区,它是电动机的工作区。当电动机工作在稳定区上某一点时,电磁转矩与转轴上的负载转矩相平衡,保持匀速运行。如果负载转矩变化,电磁转矩将自动适应随之变化,达到新的平衡而匀速稳定运行。因此,电动机稳定运行时的电磁转矩和转速都取决于它所拖动的机械负载。

异步电动机的机械特性在稳定区比较平坦,随负载转矩增大而转速稍有下降,这样的机械特性称为硬特性,这种硬特性能适应于各类金属切削机床等加工设备。

图 8.3-3 机械特性曲线 ab 段为不稳定区。如果电动机工作在不稳定区,其电磁转矩不能自动适应负载转矩的变化,因此不能稳定运行。

思考与练习

8.3-1 试定性分析当三相异步电动机的负载转矩突然变大一些时(未过载),电磁转矩自动适应随之变化,达到新的平衡而匀速稳定运行的基本过程。

8.3-2 三相异步电动机在正常运行时,如果转子突然被卡住而不能转动,试问这时电动机的电流有何变化? 对电动机有何影响?

8.3-3 为什么三相异步电动机不在最大转矩处或接近最大转矩处运行?

8.4　三相笼型异步电动机的启动

将电动机的定子绕组接通三相电源使其转子由静止加速到以某一转速稳定运行的过程称

为启动。在电动机启动开始瞬间，转子转速 $n=0$，旋转磁场以同步转速 n_1 旋转，转差率 $S=1$，因此，转子电流达到最大值，定子电流也达到最大值，约为额定电流的 5~7 倍。但由于启动过程时间很短，且在启动过程中电流不断减小，因此，在不是频繁启动情况下，电动机发热并不严重。但是，电动机过大的启动电流对供电线路有影响，因此要考虑启动电流对供电线路造成的电压降会不会影响同一电网中其他负载的正常工作。

8.4

一般情况下，要采取人为措施把过大启动电流限制在一定数值上，同时又要有足够大的启动转矩，使启动时间缩短，启动过程顺利。三相笼型异步电动机的启动分为直接启动和降压启动两种。

直接启动是指把异步电动机直接接到额定电压电源上的启动，又称全压启动，这种方法设备简单、操作方便、启动过程短。只要电网容量允许，应尽量采用。

一台电动机能否直接启动，有一定的规定。在有独立变压器的场合，不经常启动的异步电动机的容量不超过变压器容量的 30% 时才允许直接启动；经常启动的异步电动机的容量不超过变压器容量的 20% 时才允许直接启动。如果没有独立的变压器（与照明公用），则允许直接启动的电动机容量是以它启动时电网电压降不超过额定电压的 5% 为原则。

一般二三十 kW 以下的异步电动机都可以采用直接启动。

在不允许直接启动的场合，可采用启动设备把电源电压适当降低后加到电动机定子绕组（减小启动电流）进行启动，待转速升高到接近稳定时再把电压恢复到额定值，转入正常运行，这种方法称为降压启动。

三相笼型异步电动机常用的降压启动方法有两种：Y-△换接启动与自耦降压启动。

1. Y-△换接启动

Y-△换接启动只适用于正常运行时电动机三相定子绕组连接成三角形的情况。启动时把定子绕组连接成星形，待电动机转速上升接近稳定时再把定子绕组换接成三角形。

Y-△换接启动常借助 Y-△启动器，其原理电路与外形如图 8.4-1 所示。

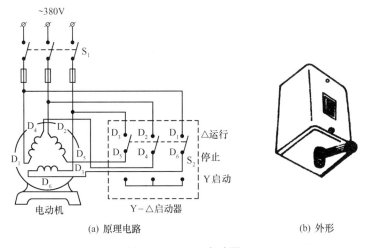

(a) 原理电路　　　　　　　　(b) 外形

图 8.4-1　Y-△启动器

启动时先合上电源开关 S_1，再把启动器开关 S_2 合向"Y 启动"位置，电动机定子绕组接成 Y 形，各相绕组承受的电压为额定电压的 $1/\sqrt{3}$。待电动机转速上升到接近稳定时，再把启动器

开关 S_2 合向"△运行"位置,电动机定子绕组换接成△形,于是各相绕组电压为额定电压,进入正常运行。

设定子每相绕组阻抗为 $|Z|$,电源线电压为 U_1,Y 接降压启动线电流为 I_{stY},△接直接启动的线电流为 $I_{st△}$,则有

$$\frac{I_{stY}}{I_{st△}} = \frac{\dfrac{U_1}{\sqrt{3}\,|Z|}}{\dfrac{\sqrt{3}\,U_1}{|Z|}} = \frac{1}{3}$$

即 Y 接降压启动电流为△接直接启动电流的 1/3。

由于电磁转矩与定子每相绕组电压的平方成正比,Y 接启动转矩减小到△接直接启动转矩的 1/3,因此,Y-△换接启动只适合空载或轻载时启动。

2. 自耦降压启动

自耦降压启动就是利用自耦变压器降压启动, 其原理电路如图 8.4-2(a)所示。启动用的自耦变压器专用设备称为启动补偿器,其外形如图 8.4-2(b) 所示。它用特制的六刀双掷转换开关控制三相自耦变压器接入或脱离电源,它通常有两至三个抽头,可输出不同电压,例如三抽头时输出电压分别为电源电压的 80%、60% 和 40%,可供用户选用。

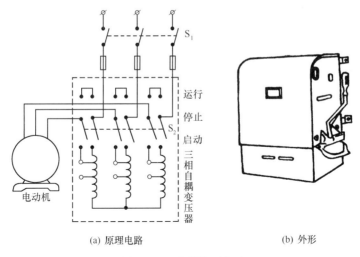

(a) 原理电路　　　　　　　　　(b) 外形

图 8.4-2　自耦降压启动

启动时先合上开关 S_1,再把开关 S_2 扳到启动位置使三相交流电源接入自耦变压器原边,电动机定子绕组接到自耦变压器的副边,因此电动机的电压低于电源电压,减少了启动电流。当电动机转速升高到接近稳定时,再把开关 S_2 扳到运行位置,使电动机定子绕组直接与电源连接,转入正常运行,自耦变压器脱离电源。

自耦降压启动适合于功率较大的电动机和不能利用 Y-△换接启动的电动机。

[**例 8.4-1**] 已知 Y280M-4 型笼型异步电动机的额定功率为 90 kW,额定电压为 380 V,△接法,额定转速为 1 480 r/min,启动能力为 $T_{st}/T_N = 1.9$,负载转矩为 300 N·m。

（1）该电动机能否用 Y-△换接启动?

（2）如采用具有 40%、60%、80% 三抽头的启动补偿器进行降压启动,应选用哪个抽头

为宜?

解:(1)该台电动机的额定转矩和启动转矩分别为

$$T_N = 9550 \frac{P_N}{n_N} = 9550 \frac{90}{1480} \text{N} \cdot \text{m} = 580.74 \text{N} \cdot \text{m}$$

$$T_{st} = 1.9 T_N = 1.9 \times 580.74 \text{N} \cdot \text{m} = 1103.41 \text{N} \cdot \text{m}$$

如果采用 Y-△ 换接启动,则启动转矩为

$$T_{stY} = \frac{1}{3} T_{st} = \frac{1}{3} \times 1103.41 \text{N} \cdot \text{m} = 367.8 \text{N} \cdot \text{m} > 300 \text{N} \cdot \text{m}$$

该电动机正常运行时定子绕组△接法,Y 接启动转矩大于负载转矩,因此可以采用 Y-△ 换接启动。

(2)自耦启动时电动机定子电压降为额定电压的 $1/K$(K 为变压比),定子电流(变压器副边电流)也降为直接启动时的 $1/K$,而变压器原边的电流则降为直接启动的 $1/K^2$,启动转矩与外加电压的平方成正比,故启动转矩也降低为直接启动时的 $1/K^2$。

当用 40%、60%、80% 三个抽头降压启动时的启动转矩分别为

$$T_{st1} = (0.4)^2 \times 1103.41 \text{N} \cdot \text{m} = 176.55 \text{N} \cdot \text{m} < 300 \text{N} \cdot \text{m}$$

$$T_{st2} = (0.6)^2 \times 1103.41 \text{N} \cdot \text{m} = 397.23 \text{N} \cdot \text{m} > 300 \text{N} \cdot \text{m}$$

$$T_{st3} = (0.8)^2 \times 1103.41 \text{N} \cdot \text{m} = 706.18 \text{N} \cdot \text{m} > 300 \text{N} \cdot \text{m}$$

可见,不能采用 40% 抽头,应采用 60% 抽头为宜。采用 80% 抽头能启动,但启动电流要比采用 60% 抽头时大。

思考与练习

8.4-1 试分析 Y 接启动转矩为△接直接启动转矩的 1/3 的原因。

8.5 三相异步电动机的铭牌数据

每台电动机的外壳上都附有一块铭牌,上面打印的基本数据称为这台电动机的铭牌数据,这些数据是正确使用和选用电动机的依据。Y160L-4 型电动机的铭牌如下:

三相异步电动机

型号	Y160L-4	接法	△
功率	15kW	工作方式	S1
电压	380V	绝缘等级	B 级
电流	30.3A	温升	75℃
转速	1460r/min	质量	150kg
频率	50 Hz		
		编号	
		××电机厂	出厂日期

(1)型号 Y160L-4

Y——(笼型)异步电动机(YR 表示绕线式异步电动机);

160——机座中心高为 160mm;

L——长机座(M 表示中机座,S 表示短机座);

4——4 极电动机。

（2）电压

电压是指电动机定子绕组应加的线电压有效值，即额定电压。Y 系列三相异步电动机的额定电压统一为 380 V。有的电动机标有电压 380 V/220 V，这是对应于定子绕组采用 Y/△ 两种接法时应加的线电压有效值，即该类电动机每相定子绕组电压为 220 V 时才能正常工作。

（3）频率

我国电动机所用交流电源的频率规定为 50 Hz。

（4）功率

功率是指在额定电压和额定频率下电动机额定状态运行时转轴上输出的机械功率，即额定功率。

（5）电流

电流是指电动机在额定运行状态时定子绕组的线电流有效值，即额定电流。当电动机标有两种额定电压时相应地标出两种额定电流。

（6）接法

接法是指电动机在额定电压下三相定子绕组应该采用的连接方式。Y 系列三相异步电动机额定功率为 4 kW 及以上时均为 △ 接法。

（7）工作方式

根据发热条件一般把异步电动机的工作方式分为三种：S_1 表示连续工作，允许在额定负载下连续长期运行；S_2 表示短时工作，在额定负载下只能在规定时间内运行；S_3 表示断续工作，在额定负载下按规定重复短时运行。

（8）绝缘等级

绝缘等级是根据电动机的绝缘材料允许的最高温度分为 A、E、B、F、H 级，如表 8.5-1 所示。一般电动机多采用 E、B 级绝缘。

（9）温升

温升是指电动机工作时其绕组温度与周围环境温度的最大温差。我国规定周围环境温度以 40℃ 为标准。电动机的允许温升与其所用绝缘材料有关（见表 8.5-1），其中允许最高温升是考虑到定子绕组最热点温度与平均温度差 5℃ 而取低值。

表 8.5-1　绝缘等级

绝缘等级	A	E	B	F	H
允许最高温度(℃)	105	120	130	155	180
允许最高温升(℃)（环境温度 40℃）	60	75	85	110	135

为正确使用和选用电动机，除了要了解其铭牌数据外，还要了解它的一些技术数据，可从产品技术数据资料中查到。这些技术数据包括效率 η_N、功率因数 $\cos\varphi_N$、启动电流/额定电流（I_{st}/I_N）、启动转矩/额定转矩（T_{st}/T_N）、最大转矩/额定转矩（T_m/T_N）等。

电动机铭牌标出功率是指电动机额定运行时轴上输出的机械功率，该机械功率与输入的电功率的比值称为效率 η_N。对三相异步电动机，输入额定电功率 $P_{IN} = \sqrt{3}\,U_N I_N \cos\varphi_N$，它与 P_N 的关系为 $P_{IN} = P_N/\eta_N$。

以 Y160L-4 型电动机为例，查得其主要技术数据如下：$P_N = 15$ kW，$U_N = 380$ V，△ 接法，$f_N = 50$ Hz，$I_N = 30.3$ A，$n_N = 1\,460$ r/min，$\eta_N = 88.5\%$，$\cos\varphi_N = 0.85$，$I_{st}/I_N = 7$，$T_{st}/T_N = 2.0$，$T_m/T_N = 2.2$。

输入额定电功率　　　$P_{IN} = \sqrt{3}\,U_N I_N \cos\varphi_N = \sqrt{3} \times 380 \times 30.3 \times 0.85$ kW $= 16.95$ kW

也可根据 $P_{IN} = P_N/\eta_N$ 算出

$$P_{IN} = 15/0.885\,kW = 16.95\,kW$$

电动机本身的损耗功率为

$$P_{IN} - P_N = (16.95 - 15)\,kW = 1.95\,kW。$$

根据型号 Y160L-4 可知:这是一台四极电动机,极对数 $P = 2$, $f_1 = 50\,Hz$,故同步转速 $n_1 = 1500\,r/min$。

额定转差率 $\qquad S_N = \dfrac{n_1 - n_N}{n_1} = \dfrac{1500 - 1460}{1500} = 0.0267$

额定转矩 $\qquad T_N = 9550\dfrac{P_N}{n_N} = 9550\dfrac{15}{1460}\,N \cdot m = 98.12\,N \cdot m$

启动电流 $\qquad I_{st} = 7I_N = 7 \times 30.3\,A = 212.1\,A$

启动转矩 $\qquad T_{st} = 2.0T_N = 2.0 \times 98.1\,N \cdot m = 196.2\,N \cdot m$

最大转矩 $\qquad T_m = 2.2T_N = 2.2 \times 98.1\,N \cdot m = 215.82\,N \cdot m$

思考与练习

8.5-1　三相异步电动机额定值为:$P_N = 40\,kW$, $n_N = 1470\,r/min$, $U_N = 220\,V/380\,V$,接法为 $\triangle/Y$, $f_{1N} = 50\,Hz$, $\eta_N = 88.5\%$, $\cos\varphi_N = 0.85$。试求:P_{1N}, I_N, T_N, S_N, f_{2N}。

8.6　三相异步电动机的选择

在工农业生产中,三相异步电动机得到广泛应用,正确地选择其种类、结构形式、转速和功率相当重要。

选择电动机的种类是根据交流或直流、机械特性、调速与启动性能、维护及价格等方面来考虑的。

通常生产场所都采用三相交流电源,因此,没有特殊要求时都应选用交流电动机。在交流电动机中,三相笼型异步电动机结构简单、工作可靠、维护方便、价格低廉;其主要缺点是调速困难、启动性能较差。因此,无特殊要求的生产机械应尽可能采用三相笼型异步电动机拖动。例如水泵、风机、运输机、压缩机,以及各种机床的主轴和辅助机构,差不多都采用笼型异步电动机拖动。

绕线式异步电动机的启动性能较好,并可在一定范围内平滑调速。但其结构复杂,价格较贵,使用和维护不方便。所以,只有在启动负载大、有一定调速要求、不能采用笼型异步电动机的场合才选用绕线式异步电动机。例如某些起重机、卷扬机、锻压机等。

当异步电动机不能满足要求时,才考虑选择同步电动机或直流电动机。

电动机结构形式的选择要根据生产场所的工作环境、对电动机结构形式的要求等方面考虑,既要保证安全可靠工作,又要考虑经济节约。电动机的结构形式和适用场合列于表 8.6-1。

表 8.6-1　电动机的结构形式和适用场合

结构形式	结　构　特　点	适　用　场　合
开启式	无防护设备,通风散热好	环境干燥,清洁,无易燃、易爆气体的场所
防护式	电动机外壳下边有通风孔,可防止水滴、铁屑或其他杂物从电机上方或沿垂直方向成45°角以内落入机壳内,但不能防尘	灰尘不多,比较干燥的场所
封闭式	整个电机是封闭的,能防止潮气和尘土浸入,但散热条件差	潮湿,水液飞溅,尘土飞扬的场所
防爆式	电机外壳与接线盒全部密封,能承受内部爆炸的压力,不会让火花窜到机壳外,能防止外部易燃、易爆气体浸入电机内	有爆炸性气体的工作场所

额定功率相同的电动机,额定转速越高,其额定转矩越小,但其体积小,价格低,因此要全面考虑电动机和传动机构各方面因素才能确定最合适的转速。一般多选用同步转速为 1500 r/min 的 4 极异步电动机。

合理选择电动机的功率具有重大的经济意义。电动机的功率是由生产机械所需要的功率决定的。

目前选择电动机功率的方法有三种:计算法、类比法和实验法。计算法适用于电动机拖动的负载变化较小的情况;类比法适用于电动机拖动负载经常变化的情况,通过调查研究将各国同类生产机械所选用的电动机功率进行类比和统计分析,找出电动机功率和生产机械主要参数之间的关系。例如车床,$P = 36.5D^{1.54}$ kW,D 为工件最大直径(m)。实验法是用一台同类型或相近类型的生产机械进行实验,测出它所需要的功率。下面介绍计算法,此法是根据电动机工作制的不同采用不同的计算方法。

1. 连续运行电动机功率的选择

所选用电动机的额定功率等于或稍大于生产机械所需功率即可。例如,车床的切削功率为

$$P_1 = \frac{Fv}{1000 \times 60}(\text{kW})$$

式中,F 为切削力(N),可从切削用量手册查取或经计算得出;v 为切削速度(m/min)。

所选电动机的额定功率为 $P_N \geq P_1/\eta_1$,式中 η_1 为传动机构的效率。

又如拖动水泵的电动机功率为

$$P_N \geq \frac{\rho Q H}{102\eta_1\eta_2}(\text{kW})$$

式中,ρ 为液体密度(kg/m³);Q 为流量(m³/s);H 为扬程,即液体被压送的高度(m);η_1 为传动机构的效率(如果水泵与电动机直接连接,取 $\eta_1 = 1$);η_2 为水泵的效率。

2. 短时运行电动机功率的选择

水坝闸门启闭、机床尾座前后移动与横梁夹紧,以及刀架快速移动拖动电动机,都是短时运行电动机的例子,一般根据过载系数选择短时运行电动机的功率。

例如,刀架快速移动拖动电动机的功率为

$$P_N \geq \frac{G\mu v}{102 \times 60 \times \eta_1 \lambda_m}(\text{kW})$$

式中,G 为被移动部件的质量(kg);μ 为摩擦系数,正常取 0.1~0.2;v 为移动速度(m/min);η_1 为传动机构的效率,正常取 0.1~0.2;λ_m 为电动机的过载系数,$\lambda_m = T_m/T_N$。

8.7 单相异步电动机

单相异步电动机的定子绕组由单相交流电源供电,广泛地应用于家用电器与医疗器械中,例如电扇、电冰箱、洗衣机等。在结构上,单相异步电动机与三相异步电动机相仿,转子多为笼型转子,只是定子只有一个单相工作绕组。

单相异步电动机定子绕组接单相电源时,绕组中流过正弦交流电流,产生一个单相脉振磁

动势。根据磁场理论,只考虑基波磁动势,一个脉振磁动势可以分解为两个幅值相等(各等于脉振磁动势振幅的一半)、转速相等(均为同步转速),但转向相反的两个旋转磁动势——正转磁动势(转向与电机转向相同)与反转磁动势。这两个磁动势均切割转子导体,分别在导体中感应电动势和电流,产生两个电磁转矩——正转转矩 T_+ 与反转转矩 T_-,分别企图使转子正转与反转,两者的合成便是电动机的合成转矩 T。单相电动机合成转矩的特点是:当电动机不转时,合成转矩 $T=0$,即无启动转矩。如果不采取其他措施,则电动机不能启动。如果用外力使电动机转动起来,则 T 不为零,此时去掉外力,电动机也能加速转动到接近同步转速。单相异步电动机无启动转矩,这是它的特点与缺点,但是,一经启动,单相异步电动机便可达到某一稳定转速工作,电动机转动方向则由电机启动时转向确定。

为了使单相异步电动机能够产生启动转矩,必须采用某些特殊启动装置。根据启动方法不同,把单相异步电动机分为分相电动机、电容电动机与罩极电动机。其中分相电动机又分为电阻分相与电容分相电动机。

下面简介电容分相电动机与电容电动机。

电容分相电动机的定子上嵌装两个单相绕组 AX 与 BY,在空间相隔 90°,其中绕组 AX 直接接到单相电源上,称为主绕组(工作绕组);绕组 BY 串联电容 C 与离心开关 S 后接到单相电源上,如图 8.7-1 所示。如果电容 C 选择恰当,可使绕组 BY 中电流 i_B 在相位上超前绕组 AX 中电流 i_A 接近 90°,即把单相交流电流分相为两相交流电流,如图 8.7-2 所示。

平时离心开关 S 处于闭合状态,当单相电动机接上单相电源时,两相交流电流 i_A 与 i_B 便通过在空间相隔 90° 的绕组 AX 与 BY。设电流 $i_A=I_m\sin\omega t$,$i_B=I_m\sin(\omega t+90°)$。采用与前面图 8.2-4 相同的图示分析法可以证明,这两相电流产生一个旋转磁场,其原理图如图 8.7-3 所示。

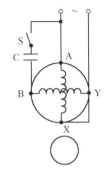

图 8.7-1　电容分相
电动机

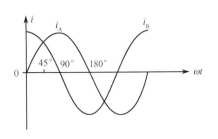

图 8.7-2　两相电流

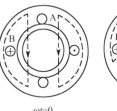

$\omega t=0$　　$\omega t=45°$　　$\omega t=90°$

图 8.7-3　旋转磁场

由图 8.7-3 可知:两个相位互差 90° 的交流电流通入空间位置相差 90° 的两个绕组,便在空间产生一个旋转磁场,从而产生启动转矩,使单相电动机顺着旋转磁场转向转动起来。通常辅助绕组按短时运行设计,为了避免其长期工作而过热,当电动机启动后,转速达到一定数值时,离心开关 S 自动断开,把绕组 BY 从电源切断。电容电动机结构与电容分相电动机一样,只是辅助绕组按长期工作设计,只串联电容 C,不串联离心开关 S,实质上是一台两相电动机。电容电动机运行性能较好。

另外,由图 8.7-3 可知:旋转磁场的转向由两相绕组中电流的相位决定。当 i_B 超前 i_A 90° 时,旋转磁场便按着从绕组 B 端向绕组 A 端的方向(顺时针方向)旋转。如果把电容 C 改接到绕组 AX 电路中,则电流 i_A 便超前电流 i_B 90°,于是旋转磁场将按着从绕组 A 端向绕组 B 端方向(逆时针方向)旋转。也就是说,只要调换电容 C 与某一绕组串联就可以改变旋转磁场方向,也就改变了电动机转向。电容电动机的正反转控制便采用了这种方法,如图 8.7-4 所示。当开关 S 扳到"1"位时,电容 C 与绕组 BY 串联,电动机正转;当开关 S 扳到"2"位时,电容 C 与绕组 AX 串联,电动机反转。洗衣机中起驱动作用的电容单相异步电动机的正反转控制就是按此原理设计的。

罩极电动机的结构特点是定子通常制成凸极式,磁极上绕有励磁绕组,磁极端面上开槽,槽内嵌放短路铜环,罩住极面约 1/3～1/4,如图 8.7-5 所示。定子绕组通入交流电流产生的交变磁通在磁极端面被分成 Φ_1 与 Φ_2 两部分,其中 Φ_2 穿过短路环,将在短路环内产生感应电动势和电流。此感应电流对 Φ_2 变化起阻碍作用。因此 Φ_2 在相位上滞后于不穿过短路环的磁通 Φ_1。同时由于磁通 Φ_1 与 Φ_2 的中心位置也相隔一定角度,这样的两个在空间相隔一定角度、且相位存在一定相位差的交变磁通便可以合成一个旋转磁场,在此旋转磁场作用下,笼型转子便会产生感应电动势和电流,形成电磁转矩而驱动转子转动,转子转动方向是由磁极未罩短路环部分向罩短路环部分的方向转动的。在图 8.7-5 中,转子转向为顺时针方向。

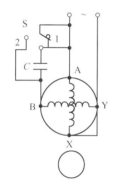

图 8.7-4　电容电动机正反转控制电路

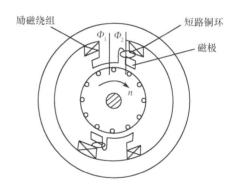

图 8.7-5　罩极电动机

罩极电动机的结构简单,但其启动转矩较小,适用于单向转动的电唱机、仪用电扇、电钻等。

本 章 小 结

1. 电机是利用电磁原理,进行电能与机械能互换的旋转机械。

2. 三相异步电动机由定子和转子两部分组成。三相异步电动机的工作原理:对称三相定子绕组与对称三相电源接通,便流入对称三相交流电流,进而产生三相旋转磁场,其转速(同步转速)$n_1 = 60f_1/P$,转向与对称三相电流的相序有关。转子与旋转磁场产生相对运动,便产生感应电动势,其大小 $e = Blv$,方向用右手定则判断。感应电动势在转子绕组中产生感应电流,使其成为载流导体。载流导体在旋转磁场中运动便产生电磁力,其大小 $F = Bli$,方向用左手定则判断。电磁力产生电磁转矩,从而驱动电动机旋转。电动机转速 $n < n_1$,方向与旋转磁场的转向相同。电动机转速与旋转磁场转速的相差程度用转差率 S 表示,$S = (n_1 - n)/n_1$。

3. 三相异步电动机的电磁转矩 $T = K_T \Phi I_2 \cos\varphi_2$,也可表示为 $T = KU_1^2 \dfrac{SR_2}{R_2^2 + (SX_{20})^2}$。

4. 三相异步电动机的机械特性 $n = f(T)$（见图8.3-3）。三个重要转矩分别为：

（1）额定转矩 $T_N = 9550 \dfrac{P_N}{n_N}$，式中额定功率 P_N 的单位为 kW，额定转速 n_N 的单位为 r/min，额定转矩 T_N 的单位为 N·m。

（2）启动转矩 $T_{st} = \lambda_{st} T_N$，启动系数 λ_{st} 约为 1.0~2.0，反映了电动机的启动性能。它与电源电压 U_1 及转子电阻 R_2 有关。

（3）最大转矩 $T_m = \lambda_m T_N$，过载系数 λ_m 约为 1.8~2.2，反映了电动机的过载能力。

5. 三相异步电动机启动时，启动电流大，$I_{st} = (5~7)I_N$。一般小容量的异步电动机采用直接启动方法；大容量的异步电动机常采用 Y-△ 换接启动或自耦降压启动。其中 Y-△ 换接启动适用于定子绕组正常工作时为△接法，且负载转矩 $T_L < \dfrac{1}{3} T_{st}$ 的状态；自耦降压启动适用于功率较大的电动机和不能采用 Y-△ 换接启动的电动机。

6. 三相异步电动机的铭牌数据是电动机的运行依据，铭牌数据的计算一定要准确。

7. 单相异步电动机的单相绕组通入单相正弦交流电流，产生脉动磁场。为了产生旋转磁场和启动转矩，单相异步电动机常采用电容分相和罩级两种方法。

8.5

习　题

8.2 节的习题

8-1　试用图示分析法画出两极三相异步电动机通入三相交流电流在 $\omega t = 0°$、$60°$、$150°$ 时的旋转磁场。

8-2　有一台四极三相异步电动机，已知电源频率为 50 Hz，电动机运行时的转差率为 0.03，求电动机的转速与同步转速。

8-3　有两台三相异步电动机，已知电源频率为 50 Hz，两台电动机的额定转速分别为 1 440 r/min 与 2 900 r/min，试求这两台电动机的磁极数、额定转差率与转子电流的频率。

8.3 节的习题

8-4　有一台三相异步电动机，已知其 $T_{st}/T_N = 1.6$。今把电动机端电压降低为额定电压的 60%，启动时转轴上负载转矩等于 0.6 倍额定转矩，试问该电动机能否启动？ 如果减轻负载转矩使电动机能启动，则最大负载转矩是额定转矩的多少倍？

8-5　一台三相异步电动机的额定数据如下：2.8 kW，220 V/380 V，△/Y 接法，1 430 r/min，$\eta_N = 83.5\%$，$\cos\varphi_N = 0.84$。试求该电动机在△接法与 Y 接法下的额定电流和额定转矩。

8-6　一台四极三相笼型异步电动机，已知把其定子绕组接成三角形接法后接到 380 V、50 Hz 的三相电源时，其启动转矩为 54 N·m，最大转矩为 66 N·m，临界转差率为 0.18。如果把其定子绕组改接成星形接法再接到同一个三相电源时，则其启动转矩与最大转矩是否改变？试求其值并大致画出在上述两种接法下电动机的机械特性曲线 $n = f(T)$。

8.5 节的习题

8-7　一台四极三相笼型异步电动机的额定数据如下：4 kW，380 V，△ 接法，50 Hz，8.8 A，1 440 r/min，$\cos\varphi_N = 0.8$。试求这台电动机在额定运行状态下的输入电功率、转差率、效率与电磁转矩。

8-8 一台三相笼型异步电动机的主要技术数据如下：$10\,kW$，$380\,V$，$\triangle$接法，$50\,Hz$，$1\,450\,r/min$，$\cos\varphi_N = 0.87$，$\eta_N = 87.5\%$，$I_{st}/I_N = 7$，$T_{st}/T_N = 1.6$，$T_M/T_N = 2$。试求这台电动机的额定电流、额定转差率、额定转矩、启动转矩、最大转矩与直接启动时的启动电流。

8-9 一台三相笼型异步电动机的主要技术数据同题 8-8，如果采用 Y-$\triangle$ 换接启动法启动，则启动电流与启动转矩各为多少？如果负载转矩分别等于额定转矩的 60% 与 25%，试说明这台电动机分别在此两种负载转矩下能否采用 Y-$\triangle$ 换接启动法进行启动的理由。

8-10 电动机主要技术数据同题 8-8，今采用自耦变压器启动法进行启动，设自耦变压器具有三个抽头 m1、m2 与 m3，分别对应得到额定电压的 55%、64% 与 73%。已知负载转矩等于 60% 额定转矩，试选择适宜的自耦变压器抽头并计算对应的启动转矩、电动机的启动电流与变压器原绕组的启动电流。

8-11 一台三相笼型异步电动机的主要技术数据如下：$45\,kW$，$380\,V$，$2850\,r/min$，$\triangle$接法，$\cos\varphi_N = 0.85$，$\eta_N = 0.885$。该台异步电动机定子绕组如题图 8-1 所示。

(1) 试求这台电动机的额定电流 I_N，额定转矩 T_N。

(2) 设通入顺序对称三相线电流，且设 $i_A = I_m\sin\omega t$，试用图示分析法画出 $\omega t = 60°$、$\omega t = 150°$ 时的旋转磁场。

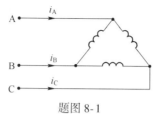

题图 8-1

第9章　继电−接触器控制

现代机床与生产机械的运动部件大多用电动机拖动。通过对电动机的启动、停止、正反转、调速与制动的自动控制,使生产机械各部件按顺序动作,保证生产过程与加工工艺达到预定要求。

继电−接触器控制由闸刀、按钮、继电器与接触器等控制电器组成,实现对电动机等用电设备的自动控制。继电−接触器控制具有线路简单、安装与调整方便、便于掌握等优点,因此,在各种生产机械电气控制中获得广泛应用。

本章主要讨论三相异步电动机的继电−接触器控制,其控制原理与方法也适用于其他各种电气设备的控制。

9.1　几种常用低压电器

电器种类繁多,本节主要介绍继电−接触器控制中常用的几种低压电器。所谓低压是指工作电压不超过 1 200 V。低压电器可分为手动电器与自动电器两大类。

9.1

9.1.1　手动电器

手动电器主要是由工作人员用手来直接操作进行切换的电器。

1. 刀开关

刀开关是结构最简单的一种手动开关,如图 9.1-1(a)所示。按极数不同,把刀开关分为单极(刀)、双极(刀)与三极(刀)三种,其图形、文字符号如图 9.1-1(b)所示。

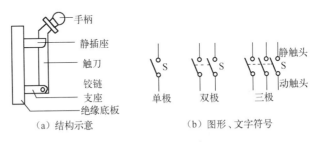

（a）结构示意　　　　（b）图形、文字符号

图 9.1-1　刀开关

刀开关用于不频繁接通和分断的低压电路。

2. 组合开关

组合开关又称转换开关,其刀片是转动式的,由装在同一转轴上的单个或多个单极旋转开关叠装组成。组合开关有单极、双极、三极和四极结构。图 9.1-2 所示为常用的 HZ10 系列组合开关。它有三对静触片,每个触片的一端固定在绝缘垫板上,另一端伸出盒外,连在接线柱上。三个动触片套在装有手柄的绝缘转轴上,转动手柄时就可以把彼此相差一定角度的三个

触点同时接通或断开。

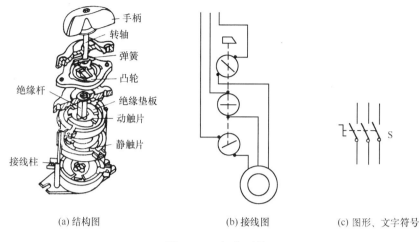

(a) 结构图　　　　　　(b) 接线图　　　　　　(c) 图形、文字符号

图 9.1-2　组合开关

组合开关常用作生产机械电气控制线路中的电源引入开关,也可用于小容量电动机的不频繁控制及局部照明电路中。

3. 熔断器

熔断器是最简便、有效的常用短路保护电器,串接在被保护的电路中。熔断器中的熔片或熔丝统称为熔体,一般用电阻率较高的易熔合金制成,如铅锡合金等。当线路正常工作时,熔断器的熔体不应熔断,一旦发生短路,熔体应立即熔断,及时切断电源,达到保护线路和电气设备的目的。图 9.1-3 所示是常用的三种熔断器的结构图及其图形、文字符号。

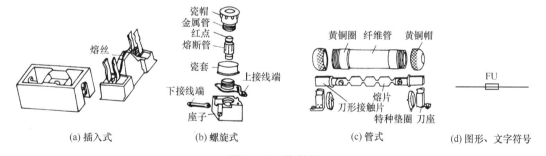

(a) 插入式　　　　　(b) 螺旋式　　　　　(c) 管式　　　　　(d) 图形、文字符号

图 9.1-3　熔断器

熔体额定电流的计算:

(1) 照明和电热电路用的熔体:熔体额定电流≥被保护设备的额定电流。

(2) 一台电动机用的熔体:熔体额定电流≥电动机的启动电流/k。一般情况下,k 值取 2.5;如果电动机启动频繁,则取 $k=1.6\sim2$。这样既防止了在电动机启动时熔体熔断,又能在短路时尽快熔断熔体。

(3) 几台电动机合用的熔体:熔体额定电流等于 1.5~2.5 倍容量最大的电动机的额定电流与其余电动机的额定电流之和。

在实际应用中,常把熔断器和刀开关组合在一起,例如闸刀开关和铁壳开关,既可用来接通或切断电路,又可起短路保护作用。

闸刀开关如图9.1-4(a)所示,常用瓷底胶木盖保证安全,刀片下面装熔丝。安装时要注意,电源进线应接在刀座上,用电设备应接在刀片下面熔丝的另一端。这样,当闸刀开关断开时,刀片和熔丝不带电,保证装接熔丝时的安全。另外,当垂直安装闸刀开关时,规定操作刀片用的手柄向上合闸接通电源,向下拉闸切断电源,不能反装,否则会因震动等原因引起刀片自然下落造成误合闸。

铁壳开关如图9.1-4(b)所示。当操作手柄拉开刀片时,由于速断弹簧的作用,使刀片能够迅速脱离刀座,避免电弧烧伤。铁壳上装有一凸筋,它与操作手柄的位置有机械联锁作用:当铁壳盖打开时,无法使开关合闸;当开关合上时,铁壳盖不能打开,以保证使用安全。

闸刀开关与铁壳开关的图形、文字符号如图9.1-4(c)所示。

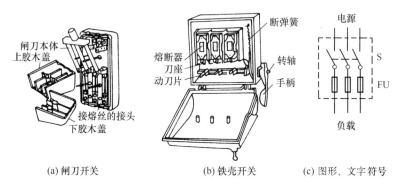

(a) 闸刀开关　　　　(b) 铁壳开关　　　　(c) 图形、文字符号

图9.1-4　闸刀开关与铁壳开关

4. 按钮

按钮是用于接通或断开电流较小的控制电路,从而控制电流较大的电动机或其他电气设备的运行,是起指令作用的简单手动开关。

按钮的结构剖面图及其图形文字符号如图9.1-5所示。在未按下按钮帽时,动触头与上面的静触头接通,这对触头称为常闭触头;此时的动触头与下面的静触头是断开的,这对触头称为常开触头。当按下按钮帽时,上面的常闭触头断开,下面的常开触头接通。当松开按钮帽时,在复位弹簧作用下,动触头复位,使常闭与常开触头都恢复到原来的状态。

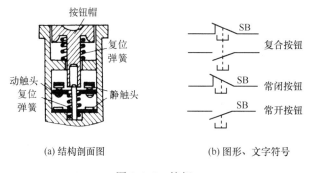

(a) 结构剖面图　　　　(b) 图形、文字符号

图9.1-5　按钮

应当注意,按下按钮帽时,动触头先断开常闭触头,后接通常开触头;手松开按钮帽复位时,动触头先使常开触头复位,后使常闭触头复位,虽然过程短暂,但有时间差。

9.1.2 自动电器

自动电器是按照指令、信号或某个物理量的变化而自动动作的,如各种继电器、接触器、行程开关等。

1. 接触器

接触器是一种依靠电磁力作用使触头闭合或分离从而接通或断开电动机或其他用电设备电路的自动电器。图 9.1-6 所示是交流接触器的外形、结构与图形、文字符号。

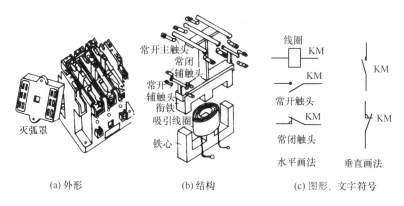

图 9.1-6　交流接触器

由图 9.1-6 可见,接触器主要由电磁系统和触头部分组成。电磁系统包括吸引线圈、铁心、衔铁;触头有动触头与静触头之分。当吸引线圈通电后,产生电磁吸力吸引衔铁向下移动,使常闭触头先断开、常开触头后闭合。当吸引线圈失电后,电磁吸力消失,在复位弹簧作用下,衔铁和各触头恢复原位。

根据用途不同,接触器的触头分主触头和辅助触头两种。主触头的接触面较大,允许通过较大的电流,接在电动机的主电路中。辅助触头的接触面较小,只能通过较小的电流,常接在电动机的控制电路中。例如 CJ10-20 型交流接触器有三个常开主触头、两个常开辅助触头和两个常闭辅助触头。

为了防止主触头断开时产生电弧烧坏触头,并使切断时间延长,通常交流接触器的触头都做成桥式的,具有两个断点;电流较大的交流接触器还设有灭弧装置。为了减小铁损,交流接触器的铁心用硅钢片叠成。为了消除铁心的颤动和产生的噪声,在铁心端面的一部分套有短路环。

在选用接触器时应注意它的额定电流、吸引线圈工作电压、触头数量等。

2. 继电器

继电器种类很多,作用原理也不相同,下面介绍几种常用的继电器。

（1）中间继电器

中间继电器的结构和工作原理与接触器相似,只是其电磁系统小些,触头数多些,且无主、辅触头之分,主要用于控制电路中,起传递信号与同时控制多个电路的作用。它的图形、文字符号如图 9.1-7 所示。

在选用中间继电器时,主要考虑电压等级和触头数量。常用中间继电器有 JZ7 系列和 JZ8

系列两种。

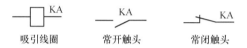

吸引线圈　　　常开触头　　　常闭触头

图 9.1-7　中间继电器的图形、文字符号

（2）时间继电器

时间继电器是按照所设定的时间间隔长短来接通或断开电路的自动电器。它的种类很多,常用的有空气式、电动式、电子式等。图 9.1-8 所示为通电延时空气式时间继电器。

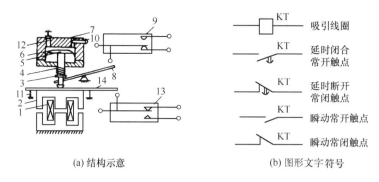

(a) 结构示意　　　　　　　　　(b) 图形文字符号

图 9.1-8　通电延时空气式时间继电器

当吸引线圈 1 通电后把衔铁 2 吸下,微动开关瞬动触头 13(一个常闭、一个常开)动作。但衔铁与活塞杆 3 之间有一段距离,在释放弹簧 4 的作用下,活塞杆向下移动。由于伞形活塞 5 的表面固定一层橡皮膜 6,因此当活塞向下移动时,在皮膜上面造成空气稀薄的空间,受到下面空气的压力使活塞不能迅速下移。当空气由进气孔 7 进入时,活塞才逐渐下移,移动到最后位置时,杠杆 8 使微动开关延时触头 9(一个常闭、一个常开)动作。延时时间为自吸引线圈通电时刻起到微动开关动作止的这段时间。通过调节螺钉 10 调节进气孔大小便可调节延时时间。

吸引线圈断电后,依靠恢复弹簧 11 的作用使衔铁、触头复位。空气经由出气孔 12 被迅速排出。

图 9.1-9 所示为断电延时空气式时间继电器。

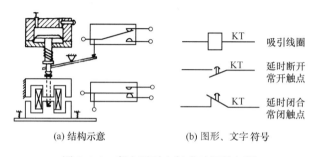

(a) 结构示意　　　　　　　　　(b) 图形、文字符号

图 9.1-9　断电延时空气式时间继电器

实际上,把图 9.1-8(a)所示的通电延时空气式时间继电器的铁心倒装一下便成为断电延时空气式时间继电器。

空气式时间继电器延时范围较大,有 0.4~60 s 和 0.4~180 s 两种,结构简单,但准确度较低。产品有 JS7-A 型、JJSK2 型多种。

（3）热继电器

热继电器是用来保护电动机使之免受长期过载危害的保护电器。热继电器是利用电流的热效应而动作的。图 9.1-10 所示为热继电器。

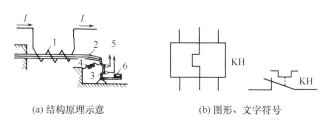

(a) 结构原理示意   (b) 图形、文字符号

图 9.1-10 热继电器

在图 9.1-10(a)中,热元件 1 是一段电阻不大的电阻丝,接在电动机的主电路中。双金属片 2 是由两种具有不同膨胀系数的金属碾压而成的,上层金属膨胀系数小、下层金属膨胀系数大。当电动机的主电路中电流超过容许值而使双金属片受热时,它便向上弯曲,因而脱扣,扣扳 3 在弹簧 4 的拉力下把常闭触头 5 断开。触头 5 接在电动机的控制电路中将控制电路断开而使接触器线圈断电,从而使接在电动机主电路的接触器的主触头断开,切断主电路。

发生短路事故时希望电路立即断开,由于热惯性,热继电器不能立即动作,因此热继电器不能起短路保护作用。但是,热继电器的热惯性使其在电动机启动或短时过载时不会动作,避免了电动机的不必要停车,这是合乎使用要求的。

注意,排除过载故障后,双金属片冷却了,按下复位按钮 6 才能使热继电器重新工作。

常用的热继电器有 JR0、JR10 与 JR16 等系列。热继电器的主要技术数据是整定电流。整定电流就是热元件中通过的电流超过此值的20%时,热继电器应当在 20 min 内动作。通常使整定电流与电动机额定电流基本一致。

3. 行程开关

行程开关又称限位开关,它是利用机械部件的位移来切换电路的自动电路。行程开关的结构和工作原理与按钮相似,只是按钮靠人手去按,而行程开关靠运动部件上的撞块来撞压。当撞块压下行程开关时,使其常闭触头断开,常开触头闭合。当撞块离开时,靠弹簧作用使触头复位。行程开关有直线式、单滚轮式、双滚轮式等。图 9.1-11 所示为单滚轮式行程开关。双滚轮式行程开关无复位弹簧,不能自动复位,它需要两个方向的撞块来回撞压才能重复工作。

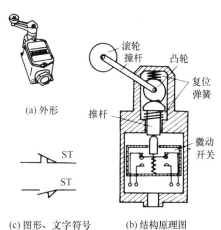

(a) 外形

(c) 图形、文字符号   (b) 结构原理图

图 9.1-11 单滚轮式行程开关

9.2 继电–接触器控制线路的绘制与阅读

继电–接触器控制线路可以绘制成两种不同形式:安装图与原理图。安装图是按照电器与设备的实际布置位置绘制的,属于同一个电器或设备的全部部件都按其实际位置画在一起。安装图便于安装与检修控制线路。原理图不是按照电器实际布置位置绘制,而是按照电路功能绘制的,对分析控制线路的工作原理十分方便。本节讨论原理图绘制规则与阅读步骤。

1. 原理图绘制规则

原理图绘制规则有如下几点:

(1)原理图主要分主电路和辅助电路两部分。电动机等通过大电流的电路为主电路,其他均为辅助电路。辅助电路包括接触器和继电器的控制电路、信号电路、保护电路与照明电路。一般用粗实线把主电路绘制于原理图的左侧(或上方),用细实线把辅助电路绘制于原理图的右侧(或下方)。

(2)原理图中电器等均用其图形符号和文字符号表示。图形符号和文字符号应符合国家标准(GB4728—85《电气图用图形符号》、GB7159—87《电气技术中的文字符号制定通则》)。常用的电动机、电器的图形、文字符号如表 9.2-1 所示。图形符号习惯平行画法。若触头采用垂直画法时,把平行画法的图形符号顺时针旋转 90°。

(3)同一个电器的不同部件根据其在电路中的不同作用分别画在原理图的不同电路中,但要用同一种文字符号标明,表明这些部件属于同一个电器。

(4)多个同种电器要用相同字母表示,但在字母后面加上数码或其他字母下标以示区别。

(5)原理图中全部触头都按常态画出,对于继电器和接触器是指其线圈未通电时的状态,对于按钮、行程开关等是指其未受外力作用时的状态。

表 9.2-1 常用的电动机、电器的图形、文字符号

名　　称	图形、文字符号		名　　称	图形、文字符号
三相笼型异步电动机		接触器	吸引线圈	KM
三相绕线式异步电动机			常开触头	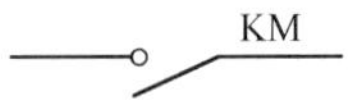 KM
			常闭触头	 KM
直流电动机		时间继电器	吸引线圈	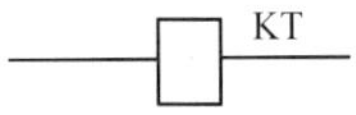 KT
单相变压器	T		通电延时闭合常开触头	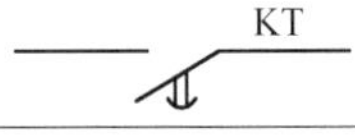 KT
			通电延时断开常闭触头	 KT
三极开关	S		断电延时断开常开触头	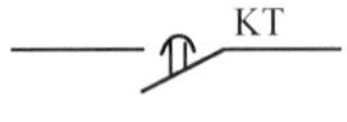 KT
熔断器	FU		断电延时闭合常闭触头	 KT

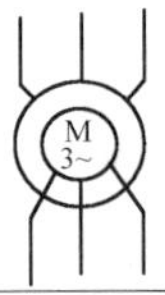

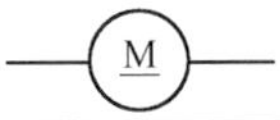

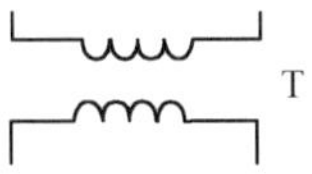

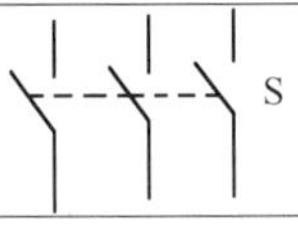

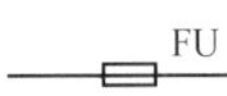

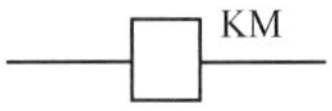

名　　称	图形、文字符号	名　　称		图形、文字符号
灯	⊗ EL	行程开关	常开触头	ST
			常闭触点	ST
常开按钮触头	SB	热继电器	热元件	KH
				KH
常闭按钮触头	SB		常闭触点	KH
			常开触点	KH

2. 原理图阅读步骤

原理图阅读步骤如下：

（1）阅读原理图前必须了解控制对象的工作情况，搞清楚其有关机械传动、液（气）压传动、电气控制的全部过程。另外，要掌握原理图绘制的规则。

（2）阅读原理图的主电路，搞清楚有几台电动机，各有什么特点，是否正反转，采用什么方法启动，有无调速与制动等。

（3）阅读原理图的控制电路。一般从主电路的接触器触头入手，按动作的先后顺序（通常自上而下）逐一分析，搞清楚它们的动作条件和作用。搞清楚控制电路由几个基本环节组成，逐一分析。另外搞清楚有哪些保护环节。

（4）阅读原理图的信号及照明等辅助电路。

9.3 三相笼型电动机直接启动控制线路

继电-接触器控制线路多种多样，但都由一些基本环节按照一定要求连接组成。本节以三相笼型异步电动机的单方向运转的直接启动控制线路为例，说明一些基本环节及其原理。

9.2

1. 点动控制

点动控制就是按下按钮时电动机就转动，松开按钮时电动机就停转。生产机械经常需要试车或调整，需要点动控制。

图9.3-1所示为三相笼型异步电动机点动控制线路。图中，由开关S、熔断器FU、接触器主

触头 KM_1 和电动机 M 组成主电路;由按钮 SB 和接触器线圈 KM 组成控制电路。当电动机需要点动控制时,先合上 S,再按下 SB,则接触器线圈 KM 通电,使其衔铁动作,于是接触器 KM 的三对主触头 KM_1 闭合,电动机与电源接通而启动运转。当手松开按钮 SB 后,弹簧使 SB 复位,于是接触器 KM 线圈失电,在弹簧作用下,接触器衔铁释放复位,接触器 KM 主触头 KM_1 断开,电动机停转。

2. 启、停控制

大多数生产机械(例如水泵、通风机、机床等)需要连续工作,因此需要拖动生产机械工作的电动机在按钮按过后能保持连续运转。中小容量三相笼型异步电动机的启、停控制线路如图 9.3-2 所示。

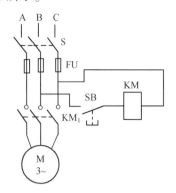

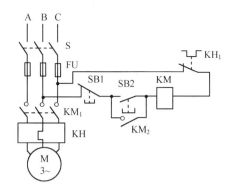

图 9.3-1　点动控制线路　　　　　图 9.3-2　启、停控制线路

先把开关 S 闭合,为电动机启动做好准备。按下启动按钮 SB2,交流接触器吸引线圈 KM 通电,其衔铁被吸合,把三个主触头 KM_1 闭合,三相笼型电动机 M 便启动。当手松开 SB2 时,在弹簧作用下 SB2 恢复到断开位置,但是,由于与 SB2 并联的接触器辅助触头 KM_2 与其主触头是同时闭合的,因此接触器线圈 KM 仍然接通,使其触头保持闭合位置,电动机便可连续运行。接触器用其常开触头"锁住"自己线圈电路的作用称为"自锁",具有此作用的触头称为"自锁触头"。

需要电动机停转时,按下电路中串接的停止按钮 SB1,其常闭触头断开,使接触器线圈 KM 失电,接触器的主触头 KM_1 和自锁触头 KM_2 同时复位断开,电动机便停转。

图 9.3-2 所示线路中刀开关 S 作为隔离开关用:当需要对电动机或电路进行检修时,拉开开关 S,隔离电源确保安全。

图 9.3-2 所示线路还可实现短路保护、过载保护和零压保护。熔断器 FU 起短路保护作用,当发生短路事故时,熔体立即熔断,切断电源,电动机立即停转。热继电器 KH 起过载保护,当电动机负载过大,电压过低或发生一相断路故障时,电动机的电流都会增大,其值超过额定电流。如果超过额定电流不多,熔断器熔体不会熔断,但时间长了影响电动机寿命,甚至烧毁电动机,因此需要过载保护。当过载时,热继电器的热元件 KH 发热,使其串接于控制电路的常闭触头 KH_1 断开,于是接触器线圈 KM 断电,主触头 KM_1 断开,切断电动机电源,使电动机停转。零压(或失压)保护是指当电源暂时断电或电压严重下降时,能够自动地把电动机电源切断;当电源电压恢复正常时,如果不重新按下启动按钮 SB2,则电动机不能自行启动。接触器起了零压保护作用,因为电源断电或电压下降严重时,接触器衔铁释放,触头断开,切断电动机电源;当电源电压恢复正常时,接触器自锁触头 KM_2 断开,不重按 SB2 则接触器线圈 KM 不会通电。

3. 启动与点动联锁控制

某些生产机械常常需要既能连续工作又能实现调整的点动工作。图9.3-3为两种此类联锁控制线路,其主电路与图9.3-2所示主电路相同。

图9.3-3(a)所示是带手动开关的启动、点动控制线路。一般常用于机床调整点动,在调整机床时,预先打开开关S切断自锁电路,便可达到点动目的。调整完毕后,闭合开关S,使电路具有自锁作用,实现电动机正常连续工作的启动控制。图9.3-3(b)所示是把点动按钮SB3的常闭触头作为联锁触头串接在接触器KM₂的自锁触头电路中,正常启动时按下启动按钮SB2,接触器线圈KM通电并自锁,实现电动机启动并连续工作。需要点动时,按下点动按钮SB3,其常开触头闭合使接触器线圈KM通电,但SB3的常闭触头断开把接触器的自锁电路切断,因此,当手松开按钮SB3时,线圈KM便失电,实现点动控制。应当注意,接触器的释放时间应小于点动按钮SB3的复位时间,否则点动无法正常工作。

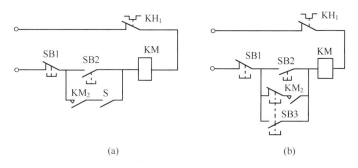

(a)   (b)

图9.3-3 启动与点动连锁控制线路

9.4 三相笼型异步电动机的正反转控制

1. 正反转控制原理

各种生产机械常常要求具有上下、左右、前后等正、反两个方向的运动,这就要求拖动电动机能正、反向运转。为实现三相异步电动机的正、反转,需要把连接到三相电源的三根火线中的任意两根对调,改变了引入电动机的三相电流的相序,就改变了电动机的转向。

9.3

2. 正反转控制线路

采用两个接触器和三个按钮组成电动机正反转控制线路,如图9.4-1所示。图9.4-1(a)所示线路要求操作顺序不能标错。闭合开关S后,正向启动时按下正转按钮SB2,电动机正转。需要反转时,必须先按停止按钮SB1,然后再按反转按钮SB3。反之,当电动机反转时需要其正转,必须先按SB1,然后再按SB2。如果不是先按SB1后按SB2(或SB3),会造成接触器线圈1KM与2KM同时通电,其主触头同时闭合,发生电源短路事故。因此需要机械装置保证操作顺序:SB2⇆SB1⇆SB3。

图9.4-1(b)所示线路中把两个接触器的常闭触头相互串接于对方线圈电路中,便可避免两个接触器线圈同时通电。当正转接触器线圈1KM通电时,其常闭触头断开,此时即使按下

反转按钮 SB3 也不能使反转接触器线圈 2KM 通电。同理,当反转接触器线圈 2KM 通电时,其常闭触头断开,也不能使接触器线圈 1KM 通电。两个接触器利用各自触头封锁对方控制电路的作用,称为"互锁",这两个常闭触头称为"互锁触头"。控制电路中加入互锁环节,避免两个接触器线圈同时通电,从而防止短路事故发生。

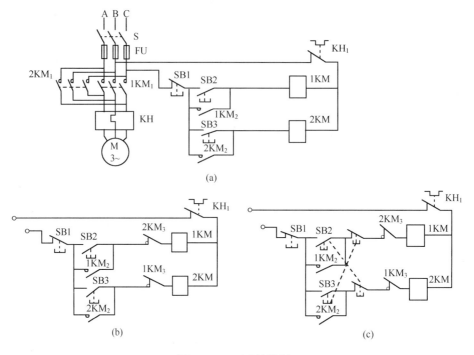

图 9.4-1　正反转控制

图 9.4-1(b)所示控制线路,当电动机正在正转时,如需要其反转,必须先按下停止按钮 SB1,接触器线圈 1KM 失电,使其常闭触头 $1KM_3$ 复位,然后按下反转按钮 SB3,才能使接触器线圈 2KM 通电,电动机反转。如果不按 SB1 而直接按下 SB3,则将由于互锁而不起作用。反之,由电动机反转改为正转时,也要先按下 SB1 再按 SB2。这种操作方式比较适用于大功率电动机与频繁正反转的电动机,避免由于正反转直接换接时造成很大电流冲击。但是,对于小功率、允许直接正反转的电动机,上述操作不方便。图 9.4-1(c)采用复式按钮互锁控制电路,实现电动机正反转直接换接。例如,当电动机正转时,按下反转按钮 SB3,其常闭触头断开,使正转接触器线圈 1KM 断电;同时 SB3 常开触头闭合,使反转接触器 2KM 线圈通电,于是电动机由正转直接改为反转。同理,当电动机反转时,按下 SB2,可以使电动机由反转直接改为正转,操作比较方便。

9.5　行　程　控　制

生产机械的某些部件运动时,其行程或位置是变化的,根据其行程或位置变化来进行控制称为行程控制。行程控制通常用行程开关实现。

图 9.5-1(a)所示是用行程开关控制机床工作台前进与后退的示意图。行程开关 ST1 和 ST2 分别装在工作台的原位和终点,由装在工作台上的撞块来撞压。工作台由电动机 M 拖动,当 M 正转时,拖动工作台前进;当 M 反转时,拖动工作台后退。因此电动机的主电路与图 9.4-1正反转控制的主电路相同,控制电路中多了行程开关的触头,起行程控制作用。

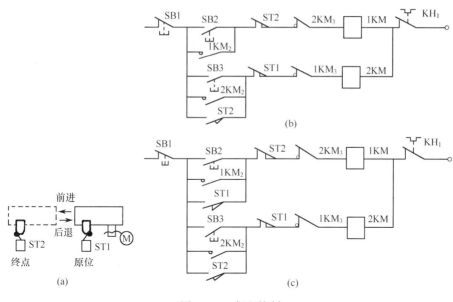

图 9.5-1　行程控制

1. 自动单循环行程控制

自动单循环是指工作台在原位启动、前进到终点自动停止,并转换为后退到原位自动停止,其控制电路如图 9.5-1(b)所示。按下正转按钮 SB2,正转接触器线圈 1KM 通电,其主触头闭合,电动机正转拖动工作台前进。同时,两个辅助触头也动作,常开触头闭合起自锁作用,常闭触头断开起互锁作用。当工作台前进到终点时,其撞块撞压终点行程开关 ST2,其常闭触头断开,使接触器线圈 1KM 断电,其触头复位,电动机停转。同时,ST2 的常开触头闭合,使反转接触器线圈 2KM 通电,其主触头闭合,电动机反转拖动工作台后退。当工作台后退到原位时,撞块撞压原位行程开关 ST1,其常闭触头断开,使接触器线圈 2KM 断电,电动机停转。

2. 自动循环行程控制

自动循环是指工作台在原位与终点之间自动往复运动,其控制电路如图 9.5-1(c)所示。

当电动机正转拖动工作台前进到终点时,撞块撞压终点行程开关 ST2,一方面使其常闭触头断开,接触器线圈 1KM 断电,电动机停转;另一方面也使其常开触头闭合,使接触器线圈 2KM 通电,电动机反转拖动工作台后退,此时撞块离开 ST2,其触头自动复位,由于 2KM₂ 自锁,保证电动机继续反转。当工作台后退到原位时,其撞块撞压原位行程开关 ST1,一方面使其常闭触头断开,接触器线圈 2KM 断电,电动机停转;另一方面也使其常开触头闭合,使接触器线圈 1KM 通电,电动机正转拖动工作台前进,如此自动循环往复运动。按下停止按钮 SB1 时才会使电动机停转,工作台停止运动。当工作台正在前进(后退),需要其后退(前进)时,可以先下 SB1,再按 SB3(SB2),电动机便改变转向,使工作台改变运动方向。

9.6　时　间　控　制

采用时间继电器实现延时控制,称为时间控制。例如电动机的 Y-△换接启动、能耗制动常采用时间控制。时间控制线路如下。

1. 三相笼型电动机 Y-△ 启动的控制线路

图 9.6-1 所示是三相笼型电动机 Y-△ 启动的控制线路。首先通过接触器主触头 $1KM_1$、$2KM_1$ 闭合实现电动机三相定子绕组 Y 接启动；由时间继电器 KT 控制延时时间；然后通过接触器主触头 $3KM_1$ 闭合(主触头 $2KM_1$ 打开)实现电动机三相定子绕组△接运行,完成Y-△换接启动。

闭合开关 S 后,图 9.6-1(a)控制线路的动作次序如下：

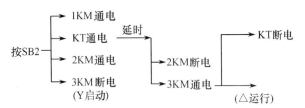

闭合开关 S 后,图 9.6-1(b)控制线路的动作次序如下：

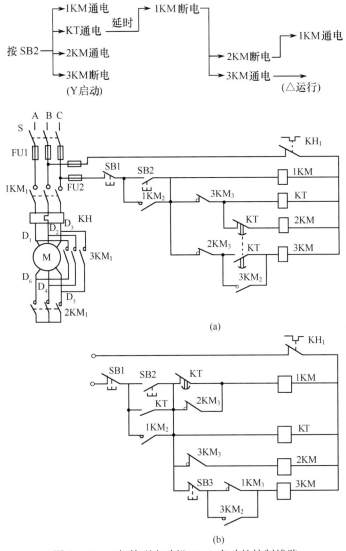

(a)

(b)

图 9.6-1 三相笼型电动机 Y-△ 启动的控制线路

图 9.6-1(a)线路的特点是电动机△接运行时,切断时间继电器线圈电路,延长其使用寿命。图 9.6-1(b)线路的特点是在断电情况下完成电动机 Y-△换接,可以避免接触器主触头 2KM₁ 尚未复位时接触器主触头 3KM₁ 闭合造成电源短路;同时,接触器主触头 2KM₁ 在断电下复位断开,不产生电弧,延长其使用寿命。但时间继电器 KT 始终通电。

2. 三相笼型异步电动机能耗制动的控制线路

能耗制动方法是在电动机运行时断开其三相电源,同时接通直流电源,使直流电流流入电动机定子绕组产生制动转矩,使电动机迅速停转。接通直流电源时间长短,可采用时间继电器控制。电动机能耗制动的控制线路如图 9.6-2 所示。图中时间继电器的常开触头为断电延时打开,其延时时间长短控制直流电源供电时间。直流电流由桥式整流电源供给,设电动机正在转动,如果需要制动,线路的动作次序如下:

```
                    ┌→主触头1KM₁断开→电动机脱离三相电源
            ┌→1KM断电┤
            │        └→辅助触头1KM₂闭合→2KM线圈通电→制动开始
 按下SB1 ┤
            │        延时
            └→KT断电 ─────→常开触头KT延时打开→2KM线圈断电→制动结束
```

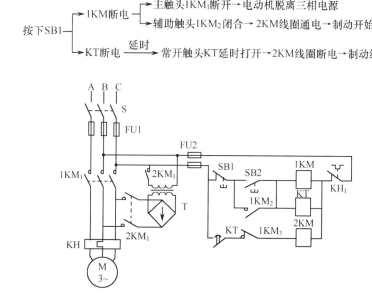

图 9.6-2 电动机能耗制动的控制线路

9.7 联 锁 环 节

联锁是实现几种运动体之间互相联系又互相制约的控制。例如一台生产机械上有多台电动机相互配合完成一定的工作,这些电动机要按顺序先后启动,有的不允许同时工作,有的不允许单独工作等,这些要求反映在控制电路上称联锁。

现以两台电动机为例,介绍几种常见的联锁方法。

图 9.7-1(a)所示为电动机 M1 先启动、M2 后启动,但同时停止的控制线路。闭合开关 S,按下 SB2 时,接触器线圈 1KM 通电,主触头 1KM₁ 闭合接通电动机 M1 电源,使其启动,同时辅助常开触头 1KM₂ 闭合起自锁作用,并为接触器线圈 2KM 通电做好准备。只有在此时按下 SB3,才能使接触器线圈 2KM 通电,使 M2 启动。在 M1 启动前,由于接触器的常开辅助触头

1KM$_2$ 和 SB2 切断了接触器线圈 2KM 电路,即使按下 SB3,也不能使 M2 启动。

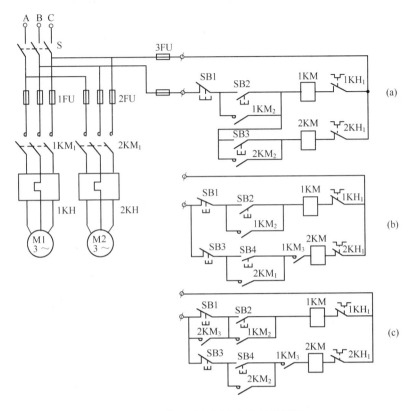

图 9.7-1　两台电动机顺序启停控制线路

图 9.7-1(b)为 M1 先启动、M2 后启动,可以同时停车或先停 M2、后停 M1 的控制线路。其启动顺序控制与图 9.7-1(a)相同。需要停车时,如按下 SB3 则 M2 停转,M1 继续运转;再按下 SB1 时,M1 才停转。如果一开始便按下 SB1,则接触器线圈 1KM、2KM 同时断电,M1 与 M2 同时停转。

图 9.7-1(c)是 M1 先启动、M2 后启动;M2 先停转、M1 后停转的控制线路。其顺序启动过程与图 9.7-1(a)相同。停车时先按 SB3,使接触器线圈 2KM 断电,电动机 M2 停转,然后按 SB1,使接触器线圈 1KM 断电,M1 停转。如果先按下 SB1,由于与其并联的接触器常开触头 2KM$_3$ 闭合,不能使接触器线圈 1KM 断电,因此不能使 M1 先停转。

由上述三个控制电路可以得到顺序启停控制的规律:把控制先启动电动机的接触器常开触头串接在控制后启动电动机的接触器线圈电路中;把控制先停转电动机的接触器常开触头与控制后停转电动机的停止按钮并联。

本 章 小 结

1. 接触器是一种依靠电磁力作用使触头闭合或分离,从而接通或断开电动机或其他用电设备电路的自动电器。

2. 继电器种类繁多,作用原理也不同,主要有中间继电器、时间继电器、热继电器。

3. 掌握继电-接触器控制线路的绘制与阅读,熟悉表 9.2-1。

4. 掌握三相异步电动机继电-接触器控制的基本环节:点动控制,启、停控制,启动与点动联锁控制。掌握图 9.3-1,图 9.3-2,图 9.3-3。

5. 熟练掌握三相异步电动机正反转控制线路。掌握图 9.4-1。

6. 生产机械的某些部件运动时,其行程或位置是变化的,根据其行程或位置变化来进行控制称为行程控制。行程控制通常利用行程开关来实现。掌握图 9.5-1。

7. 采用时间继电器实现延时控制,称为时间控制。尤其在电动机的 $Y-\Delta$ 换接启动、能耗制动的控制中,常采用时间控制。

8. 联锁是实现几种运动体之间互相联系又互相制约的控制。

9.4

习　题

9.3 节的习题

9-1 设计能在两地用按钮启动和停止一台三相笼型异步电动机的继电接触器控制线路。

9-2 图 9.3-2 所示控制电路在合上开关 S 后,按下按钮 SB2,发现下列故障,试分析并处理每个故障:

(1) 接触器 KM 不动作;

(2) 接触器 KM 动作,但电动机不转动;

(3) 电动机转动,但一松手电动机就不转动;

(4) 接触器 KM 有明显颤动,噪声较大;

(5) 电动机不转动或者转速极慢,并有"嗡嗡"声。

9.4 节的习题

9-3 设计一台三相笼型异步电动机既能正转点动、又能正反转连续工作的继电接触器控制线路。

9-4 题图 9-1 所示三相笼型异步电动机正反转控制电路中有哪些错误? 指出并改正之。

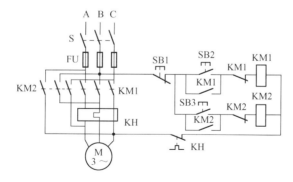
题图 9-1

9.5 节的习题

9-5 根据图 9.5-1 的控制线路,设计实现工作台前进到终点时停留一段时间再自动返回原位的控制线路。

9.6 节的习题

9-6　根据下列要求,设计完成三相异步电动机 M1 和 M2 的时间控制电路:

（1）M1 先启动,经过延时 t 秒后,M2 自动启动。

（2）M1 先启动,经过延时 t 秒后,M2 自动启动;当 M2 启动时,M1 自动停转。

（3）M1 启动后,M2 才能启动;M2 启动后经过延时 t 秒后,M1 自动停转。

9.7 节的习题

9-7　根据下列三个要求,分别设计三相异步电动机 M1 和 M2 的顺序控制电路:

（1）M1 启动后,M2 才能启动,M2 并能单独停转;

（2）M1 启动后,M2 才能启动,M2 启动后,M1 立即停转;

（3）M1 启动后,M2 才能启动,M2 停转后,M1 才能停转。

9-8　某车床上有两台三相笼型异步电动机,一台是主轴电动机,要求它能正、反转;另一台是冷却液泵电动机,只要求正转。车床上有照明装置和四个指示灯,分别表示电源接通、主轴正转、主轴反转和冷却液泵工作四个状态。试设计能完成上述要求的继电接触器控制线路。

9-9　设计两台三相异步电动机不允许同时运转的联锁控制线路。

9-10　设计两台三相异步电动机不允许单独运转的联锁控制线路。

第 10 章 直流电动机

交流电动机具有结构简单、坚固耐用、维护方便、价格便宜和工作可靠等优点,因此,在工农业生产方面得到最广泛的应用。直流电动机具有良好的启动性能和调速性能,因此,对调速性能要求较高的生产机械(例如龙门刨床、轧钢机等)或者需要较大启动转矩的生产机械(例如起重设备、电力牵引等)仍然采用直流电动机来驱动。

本章主要介绍直流电动机的结构、工作原理、并(他)励直流电动机的机械特性、调速、启动与反转方法。

10.1 直流电动机的结构

直流电动机主要由定子和转子两个基本部分组成,其结构如图 10.1-1 所示。

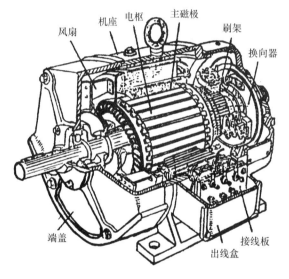

图 10.1-1 直流电动机结构

(1)定子

直流电动机的定子是固定不动部分,主要包括主磁极、换向磁极、机座和电刷装置等部件。

主磁极由主磁极铁心和套在主磁极铁心上的励磁绕组组成,主磁极的作用是产生主磁场。

换向磁极安装在相邻的两个主磁极之间,其作用是产生附加磁场,改善换向。换向磁极由换向极铁心和套在换向极铁心上的换向极绕组构成。

机座由铸钢或钢板焊接制成。它的作用除了保护电动机和固定主磁极、换向磁极外,还是电动机磁路的一部分。

在机座的两边各有一个端盖,端盖中心处装有轴承用来支撑转轴。

电刷装置固定在端盖上。它主要由电刷和刷架等构成,利用弹簧把电刷压在转子的换向器上。通过固定的电刷和旋转的换向器之间的滑动接触使转动的转子电路与静止的外电路相连接。电刷经软导线引到出线盒内的接线板上。

（2）转子

直流电动机的转子是转动部分，主要包括电枢铁心、电枢绕组、换向器和转轴等部件。

电枢铁心由硅钢片叠成，外圆均匀开槽，槽内嵌放电枢绕组。电枢铁心也是电动机磁路的一部分。

电枢绕组由许多绕组构成，它们按一定规则嵌放在电枢铁心槽内，并按一定规则连接到换向器。电枢绕组的作用是产生感应电动势和电磁转矩，实现能量转换。

换向器是由许多换向片组成的圆柱体，装在转子的一端。换向片之间用云母片绝缘，每个换向片按一定规则与电枢绕组连接。换向器的表面压着电刷，使转动的电枢绕组与静止的外电路相连接，引入直流电。换向器是直流电动机的构造特征。

思考与练习

10.1-1　直流电动机主要由哪两部分组成？

10.2　直流电动机的工作原理

（1）电磁转矩

在图 10.2-1 所示最简单的直流电动机模型中，有一对固定的主磁极 N 和 S，电枢绕组只有一个线圈，其两个端点 a 和 d 分别连接到两个换向片上，换向片上面压着电刷 A 和 B。设电刷 B 和 A 分别连接直流电源的正极与负极，于是电枢绕组中通过直流。电枢绕组 ab 边和 cd 边将在磁场中受到电磁力的作用，电磁力的大小等于磁感应强度 B、电枢绕组有效边长度 l 和通过绕组的电流 I_a 的乘积；电磁力的方向可以根据磁场方向和电枢绕组中电流方向由左手定则确定，即电枢绕组 ab 边受力方向指向右，而 cd 边受力方向指向左。这两个力对电动机转轴产生电磁转矩 T

$$T = K_T \Phi I_a \qquad (10.2\text{-}1)$$

式中，T 的单位为牛顿·米（N·m）；K_T 是与电动机结构有关的常数；Φ 是每个磁极下的磁通，单位为韦伯（Wb）；I_a 是电枢电流，单位为安（A）。

在电磁转矩驱动下转子将转动起来。按图 10.2-1 所示情况下，电动机转子将按顺时针方向转动。

随着转子转动，电枢绕组的 ab 边转入 S 极下，cd 边转入 N 极下。由于 d 端通过换向片与电刷 A 接触，a 端通过换向片与电刷 B 接触，因此，流经绕组导体的电流方向同原来方向反了。但是，保证了位于 N 极下和 S 极下的导体中电流方向没变，使得电磁力和电磁转矩方向保持不变，电动机转子能连续地转动下去。这样便把输入的直流电能转换为机械能输出。

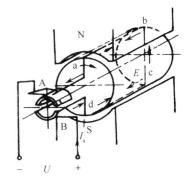

图 10.2-1　直流电动机模型

（2）电动势

根据电磁感应定律得知，当电枢绕组在磁场中转动时，其每个绕组的导体内将产生感应电动势，该电动势的大小等于磁感应强度 B、绕组导体有效长度 l 和导体转动线速度 v 的乘积；感应电动势的方向可按右手定则确定。由图 10.2-1 可看出处于 N 极下导体的感应电动势方向一致向里,处于 S 极下导体的感应电动势方向一致向外,因此两电刷间总电动势就是导体中感应电动势的总和,其大小为

$$E = K_E \Phi n \tag{10.2-2}$$

式中,K_E 是与电动机结构有关的常数;Φ 为每极磁通;n 为电动机转子转速,单位为转/分钟(r/min)。

由于电动势的方向与电枢电流相反,故称为反电动势,在电路中起着限制电流的作用。

（3）电压平衡

根据基尔霍夫电压定律得知,当直流电动机工作时,电枢电路的电压平衡方程为

$$U = E + I_a R_a \tag{10.2-3}$$

式中,U 为电枢绕组端电压;E 为反电动势;I_a 为电枢电流;R_a 为电枢电路电阻。此式表示 U 被 E 和电枢电阻的电压降 $I_a R_a$ 这两部分所平衡。

由式(10.2-3)可得电枢电流为

$$I_a = \frac{U-E}{R_a} \tag{10.2-4}$$

（4）转矩平衡

直流电动机的电磁转矩是驱动转矩,它驱动电动机转动,因此,它与其拖动的机械负载转矩 T_2 和电动机本身的空载转矩 T_0 相平衡,即

$$T = T_2 + T_0 = T_c \tag{10.2-5}$$

式中,T_c 为作用于电动机转轴上的阻转矩总和。

当电动机转轴上的机械负载转矩发生变化时,电动机的转速、反电动势、电枢电流和电磁转矩都要自动进行调整,适应负载的变化,保持新的平衡状态。

[例 10.2-1] 一台他励直流电动机,额定功率为 17 kW,额定电压为 220 V,额定转速为 1 500 r/min,额定效率为 83%。

（1）求额定电流;

（2）若 $K_E = 15.6$,额定运行时电枢电阻压降等于电枢端电压的 10%,计算每极磁通;

（3）若 $K_T = 148$,计算额定电磁转矩。

解:（1）直流电动机的额定功率 P_{2N} 是指其转轴输出的额定机械功率,而直流电源向电动机输入的额定电功率 P_{1N} 与 P_{2N} 的关系为

$$P_{1N} = P_{2N} / \eta_N = U_N I_N$$

故额定电流为

$$I_N = \frac{P_{1N}}{U_N} = \frac{P_{2N}}{U_N \eta_N} = \frac{17 \times 10^3}{220 \times 0.83} \text{A} = 93.1 \text{ A}$$

（2）已知 $I_{aN} R_a = 0.1 U_N = 0.1 \times 220 = 22$ V,故额定反电动势

$$E_N = U_N - I_{aN} R_a = (220-22) \text{V} = 198 \text{ V}$$

由式(10.2-2)得每极磁通

$$\Phi_N = \frac{E_N}{K_E n_N} = \frac{198}{15.6 \times 1500} \text{Wb} = 8.46 \times 10^{-3} \text{ Wb}$$

（3）他励直流电动机中 $I_{aN} = I_N$,由式(10.2-1)得额定电磁转矩

$$T_N = K_T \Phi_N I_{aN} = 148 \times 8.46 \times 10^{-3} \times 93.1 \text{ N} \cdot \text{m} = 116.6 \text{ N} \cdot \text{m}$$

思考与练习

10.2-1　电磁转矩 $T=K_T\Phi I_a$，T，K_T，Φ，I_a 分别代表什么物理量?

10.3　直流电动机的励磁方式

直流电动机的磁通是由励磁绕组中励磁电流产生的,励磁绕组与电枢绕组的连接方式称为励磁方式。按励磁方式不同,把直流电动机分为四种类型,如图 10.3-1 所示。

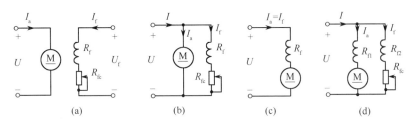

图 10.3-1　直流电动机的励磁方式

（1）他励电动机

图 10.3-1(a)所示为他励电动机原理图。他励电动机的励磁电流 I_f 和电枢电流 I_a 分别由两个不同的直流电源供电,因此调节电枢绕组电流,不会影响励磁电流。但是,由于采用单独的励磁电源,设备比较复杂。

（2）并励电动机

图 10.3-1(b)所示为并励电动机原理图。并励电动机的励磁绕组和电枢绕组并联,由同一个直流电源供电。通常励磁电流约为额定电枢电流的 1%~5%。这种励磁方式在直流电动机中应用最广。

（3）串励电动机

图 10.3-1(c)所示为串励电动机原理图。串励电动机的励磁绕组和电枢绕组串联,因此,励磁电流等于电枢电流,电动机中主磁极磁通将随着电枢电流的变化而变化。为使励磁绕组不致引起过大的电阻损耗和电压降,串励电动机的励磁绕组都由粗导线绕制,而且匝数很少,这与并励电动机的励磁绕组(电流小、导线细、匝数多)正好相反。

（4）复励电动机

图 10.3-1(d)所示为复励电动机原理图。复励电动机的主磁极上绕有两个励磁绕组,一个与电枢绕组并联,称为并励绕组;另一个与电枢绕组串联,称为串励绕组。当这两个励磁绕组的电流产生的磁通方向相同时称为和复励,否则称为差复励。复励电动机兼有并励电动机和串励电动机的特点。

10.4　并励电动机的机械特性

图 10.4-1 所示为并励电动机的电路原理图。当并励电动机接上直流电源后,便有励磁电流 I_f 通过励磁绕组、电枢电流 I_a 通过电枢绕组。

由基尔霍夫电流定律,可知直流电源所提供电流 I 为

$$I=I_a+I_f \tag{10.4-1}$$

由基尔霍夫电压定律,可得电枢电路电压平衡方程式

$$U = E + I_a R_a$$

于是

$$E = U - R_a I_a \qquad (10.4-2)$$

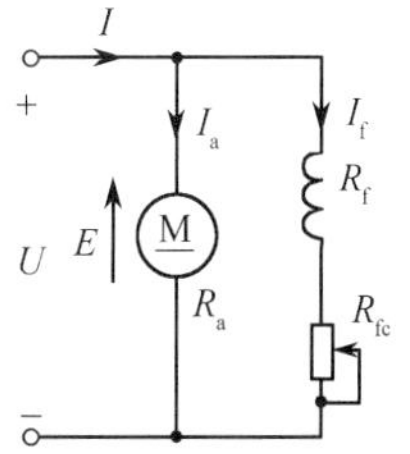

根据式(10.2-2),$E = K_E \Phi n$,可得

$$n = \frac{E}{K_E \Phi} \qquad (10.4-3)$$

根据式(10.2-1),$T = K_T \Phi I_a$,可得

$$I_a = \frac{T}{K_T \Phi} \qquad (10.4-4)$$

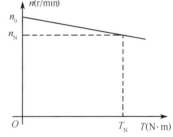

图 10.4-1 并励电动机的
电路原理图

把式(10.4-2)、式(10.4-4)代入式(10.4-3)得

$$n = \frac{U}{K_E \Phi} - \frac{R_a}{K_E K_T \Phi^2} T = n_0 - bT \qquad (10.4-5)$$

式(10.4-5)中,$n_0 = \dfrac{U}{K_E \Phi}$,为 $T=0$(即 $I_a = 0$)时的转速,称为理想空载转速;$b = \dfrac{R_a}{K_E K_T \Phi^2}$,当磁通和电枢电阻 R_a 不变时,b 为一个常数;bT 表示电动机拖动机械负载后的转速比理想空载转速降低的数值。

当电源电压 U 和励磁电流 I_f 为常数条件下,电动机转速 n 和电磁转矩 T 之间的关系,即 $n = f(T)$ 称为机械特性。

图 10.4-2 所示为对应式(10.4-5)的机械特性曲线。当 $T=0$ 时,$n = n_0$,随着 T 的增加,n 将有所下降。由于电枢电路电阻 R_a 很小,使式(10.4-5)中常数 b 的值很小,因此,n 随着 T 的增加而降低不大,即并励电动机的机械特性是硬特性,这种硬特性适用于负载变化大且要求转速基本不变的场合。

上面讨论的有关并励电动机的机械特性,同样适用于他励电动机。

图 10.4-2 并励电动机
机械特性曲线

[例 10.4-1] 一台并励电动机的额定数据为:额定功率 22 kW、额定电压 220 V、额定电流 122 A、电枢电路电阻 0.15 Ω、励磁电路电阻 110 Ω、额定转速 960 r/min。

(1)画出该电动机的机械特性曲线;

(2)若负载转矩减小,当转速上升到 1 000 r/min 时输入电流为多少?

(3)若负载转矩降低为 75%额定电磁转矩时,电动机转速为多少?

解:(1)额定励磁电流 $I_{fN} = U_N / R_f = 220/110 \text{ A} = 2 \text{ A}$

额定电枢电流 $I_{aN} = I_N - I_{fN} = (122-2) \text{ A} = 120 \text{ A}$

额定反电动势 $E_N = U_N - I_{aN} R_a = (220-120 \times 0.15) \text{ V} = 202 \text{ V}$

根据式(10.2-2)得 $K_E \Phi_N = E_N / n_N = 202/960 = 0.2104$

当 $T=0$ 时对应的理想空载转速为

$$n_0 = U_N / K_E \Phi_N = 220/0.2104 \text{ r/min} = 1\,045 \text{ r/min}$$

当 $T = T_N$ 时对应的额定转速为 $n_N = 960 \text{ r/min}$。

通过上述两个特殊点:$T=0$ 时 $n = n_0 = 1\,045 \text{ r/min}$ 与 $T = T_N$ 时 $n = n_N = 960 \text{ r/min}$,在 T-n 平

面上可以画出一条直线,即并励电动机的固有机械特性曲线,如图 10.4-2 所示。

（2）当 $n=1\,000$ r/min 时,反电动势为
$$E=K_E\varPhi_N n=0.2104\times1000\ \text{V}=210.4\ \text{V}$$
电枢电流为 $\qquad I_a=(U_N-E)/R_a=(220-210.4)/0.15\ \text{A}=64\ \text{A}$
输入电动机的电流为 $\qquad I=I_{fN}+I_a=(2+64)\ \text{A}=66\ \text{A}$

上述计算结果表明:当电动机负载转矩减小时,电磁转矩下降、转速上升,电源输入的电流相应降低。

（3）根据式（10.2-1）得额定状态下
$$T_N=K_T\varPhi_N I_{aN}$$
令电磁转矩下降为 75% 额定电磁转矩,即
$$T=0.75T_N=0.75K_T\varPhi_N I_{aN}=K_T\varPhi_N I_a$$
$$I_a=0.75I_{aN}=0.75\times120\ \text{A}=90\ \text{A}$$
对应的反电动势 $\qquad E=U_N-I_a R_a=(220-90\times0.15)\ \text{V}=206.5\ \text{V}$
得到 $T=0.75T_N$ 时的转速
$$n=E/K_E\varPhi_N=206.5/0.2104\ \text{r/min}=981\ \text{r/min}$$
上述计算结果表明:电动机电磁转矩下降,其转速升高。

注意:上述计算过程中电枢电压 $U_N=220$ V、励磁电路电阻 $R_f=110\ \Omega$、电枢电路电阻 $R_a=0.15\ \Omega$,均保持不变,即磁通 $\varPhi=\varPhi_N$ 不变。

思考与练习

10.4-1　并励电动机机械特性的定义是什么? 并写出表达式。

10.4-2　并励电动机机械特性是否适用于他励电动机?

10.5　并励电动机的启动和反转

1. 启动

如果把并励电动机直接接到直流电源启动,由于电枢尚未转动,$n=0$,电枢反电动势 $E=K_E\varPhi_N n=0$,所以电枢直接启动电流为
$$I_{ast}=U/R_a \qquad\qquad (10.5\text{-}1)$$
由于电枢电路电阻 R_a 很小,所以 I_{ast} 很大,可达到额定电流值的 10~20 倍。这样大的启动电流一方面会在换向器上产生火花,甚至烧坏换向器;另一方面会产生过大的启动转矩,产生较大机械冲击,使传动机构(齿轮等)与生产机械遭受损坏。因此,必须限制启动电流,一般规定启动电流不应超过额定电流的 1.5~2.5 倍。

限制启动电流的方法有两种:降低电枢电压 U 和增大 R_a。降低电枢电压,需要有一个可调压的直流电源。此法只适用于他励电动机,不适用于并励电动机。因为降低电压将使励磁电流减小,削弱主磁通,影响启动性能。对于并励电动机,一般采用在电枢电路中串联启动电阻的方法进行启动,其原理图如图 10.5-1 所示。启动时先把启动电阻 R_{st} 置于最大位置,接通电源后,随着转速升高将启动电阻逐渐减小到零。

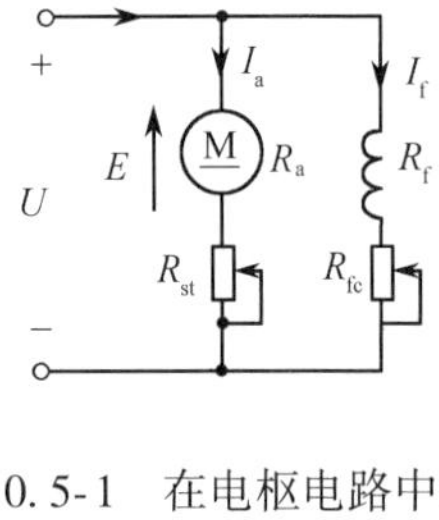

图 10.5-1　在电枢电路中串联启动电阻进行启动的原理图

应该强调:启动电阻一般按短时运行要求设计,将 R_{st} 串联至电枢电路,启动时需保证

$$I_{ast} = \frac{U_N}{R_a + R_{st}} \leq (1.5 \sim 2.5) I_{aN} \qquad (10.5\text{-}2)$$

运行时必须把启动电阻全部切除。电动机启动时励磁电路必须连接可靠,不允许开路。否则励磁电流为零,磁路中只有很小的剩磁,启动转矩 $T = K_T \Phi I_a$ 太小,将不能启动,此时反电动势 $E = K_E \Phi n \approx 0$,启动电流很大,可能会烧坏电枢绕组。电动机在运行时,励磁电路也不允许开路。否则,如果电动机有载运行,将会由于磁通很小造成电磁转矩很小,使电动机立刻停转,反电动势急剧下降,电枢电流急剧上升,可能烧坏电动机;如果电动机空载运行,则由式(10.4-5)可知,其转速将上升到很高,出现"飞车"现象,危及设备与操作人员的安全。

[例 10.5-1] 一台并励电动机,已知额定电压为 220 V,额定电枢电流为 96.3 A,额定转速为 1 500 r/min,电枢电路电阻为 0.2 Ω,试求:

(1) 如果直接启动,电枢启动电流为其额定电流的几倍?

(2) 若限制电枢启动电流为其额定电流的 1.5 倍,应选用多大阻值的启动电阻串入电枢电路?

解:(1) 直接启动时有

$$I_{ast} = U_N/R_a = 220/0.2 = 1\ 100\ A\ ,\quad I_{ast}/I_{aN} = 1100/96.3 = 11.4$$

(2) 若将电枢启动电流限制为其额定电流的 1.5 倍,则有

$$\frac{U_N}{R_a + R_{st}} = 1.5 I_{aN}$$

求得

$$R_{st} = \frac{U_N}{1.5 I_{aN}} - R_a = \left(\frac{220}{1.5 \times 96.3} - 0.2 \right) \Omega = 1.32\ \Omega$$

2. 反转

生产机械经常需要电动机改变旋转方向,即实现反转。要改变电动机的转向,必须改变其电磁转矩方向。根据直流电动机工作原理可知:电磁转矩的方向是由磁极磁通 Φ 的方向和电枢电流 I_a 的方向决定的。因此,只要改变励磁电流的方向或者改变电枢电流的方向,两者任取其一便可实现反转。但是,由于励磁绕组的电感较大,改变其电流方向时会产生较高的感应电动势,造成不良后果,因此,一般不采用改变励磁电流方向的方法实现反转。通常采用改变电枢电流方向实现反转,即把电枢电路的两个端钮互换一下即可。

10.6 并(他)励电动机的调速

直流电动机的调速就是在同一负载下采用人为方法改变电动机的机械特性,获得不同的转速,以满足生产需要。

根据直流电动机机械特性

$$n = \frac{U}{K_E \Phi} - \frac{R_a}{K_E K_T \Phi^2} T$$

可知:改变电枢电路电阻 R_a,改变磁极磁通 Φ,或者改变电枢电压 U 都可以改变电动机的机械特性。

1. 改变电枢电路电阻调速

改变电动机电枢电路电阻实现调速的方法是在电枢电压 U 与磁极磁通 Φ 不变的条件下，在电枢电路串联调速电阻 R_{ac}，如图 10.6-1 所示。

此时电动机机械特性为

$$n=\frac{U}{K_E\Phi}-\frac{R_a+R_{ac}}{K_EK_T\Phi^2}T=n_0-b'T \tag{10.6-1}$$

在 U 和 Φ 不变的条件下，对于同一负载而言，调速电阻 R_{ac} 越大，则 b' 越大，对应的机械特性曲线越软，转速越下降，如图 10.6-2 所示。

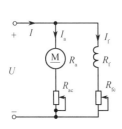
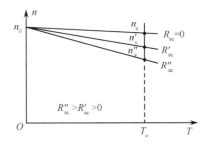

图 10.6-1　改变电枢电阻调速　　　　图 10.6-2　改变电枢电路电阻时的机械特性曲线

此种调速的物理过程如下：设电动机的 U 和 Φ 保持不变，正以电磁转矩 T_c 对应转速 n_c 运行。当把 $R'_{ac}>0$ 串入电枢电路瞬间，电动机的转速 n_c 由于转动惯性尚未改变，故反电动势 E 也不变。此时电枢电流 $I_a=(U-E)/(R_a+R'_{ac})$ 将变小，引起 $T=K_T\Phi I_a$ 下降，破坏了原来转矩平衡关系，出现电磁转矩小于负载转矩（设负载转矩不变），电动机转速开始下降，引起反电动势随之下降，电枢电流和电磁转矩相应增大，直到电磁转矩与负载转矩达到新的平衡，电动机转速不再下降，而以比原来为低的转速 n'_c 稳定运转。

这种调速方法只能向降速方向调速，机械特性变软，当轻载时得不到低速，同时调速电阻通过电枢电流要消耗电功率，不经济。但是由于这种调速方法比较简单，在调速范围不大和调速时间不长的中小容量直流电动机中常被采用。

2. 改变磁极磁通调速

改变电动机磁极磁通实现调速的方法就是在 U 和 R_a 不变的条件下在电动机励磁电路中串联调速电阻 R_{fc}（或者对于他励电动机降低励磁电源的电压），如图 10.6-3 所示。

此时电动机机械特性方程为

$$n=\frac{U}{K_E\Phi'}-\frac{R_a}{K_EK_T\Phi'^2}T=n'_0-b'T$$

在 U 与 R_a 不变的条件下，由于励磁电路中串联调速电阻 R_{fc}，使得励磁电流与磁通 Φ' 均比原来的值小，因此能使电动机转速升高，其机械特性曲线如图 10.6-4 所示。

减弱主磁通调速的物理过程如下：设电压 U 保持不变，在额定磁通 Φ_N 下电动机转速为 n，当串入调速电阻 R_{fc} 瞬间，励磁电流 I_f 减小，主磁通减小，使 $\Phi<\Phi_N$。由于转动惯性，电动机转速 n 还来不及改变，于是反电动势 $E=K_E\Phi n$ 减小，使电枢电流 I_a 增大，由于 I_a 增大要比磁通 Φ 减小显著，因此 $T=K_T\Phi I_a$ 也增大，在负载转矩不变的条件下，使电动机原来的转矩平衡

关系遭到破坏,出现电磁转矩大于负载转矩,这样必然使电动机转速 n 上升,随着反电动势上升,电枢电流与电磁转矩减小,直到电磁转矩与负载转矩达到新的平衡,n 才不再上升,以比原来较高的转速稳定运转。

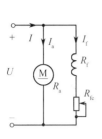
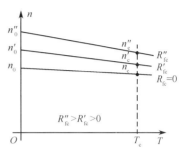

图 10.6-3　改变励磁电路电阻调速电路　　　图 10.6-4　改变磁极磁通时的机械特性曲线

应该强调:如果调速前电动机工作在额定状态,则当减弱磁通调速时,在负载转矩保持不变条件下,调速后电枢电流必然大于额定值,这是不允许的。为此,调速时必须减轻小载转矩,使电枢电流不超过额定值。所以,改变磁通调速方法一般适用于转矩与转速成反比的场合,即恒功率负载,例如切削机床。

这种调速方法调速平滑,可以实现无级调速;调速经济,控制方便;调速后机械特性仍比较硬,运行稳定性较好,但只能向升速方向调节。由于最高转速受到机械强度和换向条件的限制,所以一般并励电动机的调速范围只有 1.5 倍,专门用来调速的直流电动机的调速范围可达到 4 倍。

3. 改变电枢电压调速

改变电枢电压调速方法是在励磁电流不变,电枢电路不串联电阻条件下,改变电枢电压实现调速。此法只适用于他励电动机,如图 10.6-5 所示。

由式(10.4-5)

$$n = \frac{U}{K_E \Phi} - \frac{R_a}{K_E K_M \Phi^2} T = n_0 - bT$$

可知:在 Φ、R_a 和负载转矩均不变条件下,改变电枢电压 U 便改变了理想空载转速 n_0,而 bT 不变。于是,改变电压 U 时电动机的机械特性曲线如图 10.6-6 所示,为一簇平行的直线。一般情况电枢电压不超过额定电压,因此,通常为降低电枢电压调速,使转速低于额定转速。

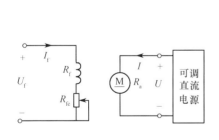
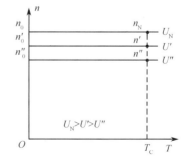

图 10.6-5　改变电枢电压的调速电路　　　图 10.6-6　改变电枢电压时的机械特性曲线

这种调速的物理过程为:在 Φ、R_a 和负载转矩不变的条件下,设电动机在额定电压 U_N 作用下以转速 n 运行,当降低电压瞬间,n 还来不及改变,故反电动势也暂时不变化,于是电枢电

流 $I_a=(U-E)/R_a$ 减小,电磁转矩随之减小,出现电磁转矩小于负载转矩,破坏了原来转矩平衡关系,结果使转速下降。随着转速下降,反电动势减小,电枢电流和电磁转矩增大,直到电磁转矩等于负载转矩,电动机转速不再下降,以较原来为低的转速运行。

这种调速方法保持电动机机械特性的硬度不变,使电动机在较低转速下仍能稳定运行,调速范围较大,可达到 6~8 倍,且可实现无级调速,控制也较灵活方便。但是这种调速方法需要专用的可调直流电源设备(如可控硅整流电源),故投资费用较高。

直流电动机能够实现较宽范围的平滑调速的特点是交流电动机无法比拟的。

[**例 10.6-1**] 一台他励直流电动机,额定功率为 22 kW,额定电压为 220 V,额定电流为 116 A,额定转速为 1 500 r/min。已知电枢电路电阻 $R_a=0.2\ \Omega$。设电动机正在额定状态下运行,负载转矩不变。分别计算在下述三种情况下的转速:

(1) 电枢电路串入调速电阻 $R_{ac}=0.8\ \Omega$;(2) 电源电压降低到 110 V;(3) 磁通减弱到额定磁通的 80%。

解:(1) 电动机在额定状态下运行时,有

$$n_N=\frac{U_N-R_aI_{aN}}{K_E\Phi_N} \tag{1}$$

当电枢电路串联调速电阻 R_{ac} 时,有

$$n=\frac{U_N-(R_a+R_{ac})I_{aN}}{K_E\Phi_N} \tag{2}$$

故

$$\frac{n_N}{n}=\frac{U_N-R_aI_{aN}}{U_N-(R_a+R_{ac})I_{aN}}$$

$$n=\frac{U_N-(R_a+R_{ac})I_{aN}}{U_N-R_aI_{aN}}n_N=\frac{220-(0.2+0.8)\times116}{220-0.2\times116}\times1500\ \text{r/min}=793\ \text{r/min}$$

(2) 当电源电压降至 $U=110\ \text{V}$ 时,有

$$n=\frac{U-R_aI_{aN}}{K_E\Phi_N} \tag{3}$$

根据式(1)与式(3)得到

$$n=\frac{U-R_aI_{aN}}{U_N-R_aI_{aN}}n_N=\frac{110-0.2\times116}{220-0.2\times116}\times1500\ \text{r/min}=662\ \text{r/min}$$

(3) 当 $\Phi=80\%\Phi_N$ 时,已知负载转矩 T_N 不变,在额定状态下有

$$T_N=K_T\Phi_NI_{aN}$$

当 $\Phi=0.8\Phi_N$、负载转矩 T_N 不变时有

$$T_N=K_T(0.8\Phi_N)I_a$$

得到

$$I_a=I_{aN}/0.8=116/0.8\ \text{A}=145\ \text{A}>116\ \text{A}$$

此时

$$n=\frac{U_N-R_aI_a}{K_E(0.8\Phi_N)} \tag{4}$$

根据式(1)与式(4)得到

$$n=\frac{U_N-R_aI_a}{(U_N-R_aI_{aN})\times0.8}n_N=\frac{220-0.2\times145}{(220-0.2\times116)\times0.8}\times1500\ \text{r/min}=1820\ \text{r/min}$$

通过上述计算可知:当弱磁调速时,如果维持额定转矩不变,则电枢电流必然大于额定电

流,这是不允许的。为此,必须减小负载转矩。

思考与练习

10.6-1　根据直流电动机的机械特性,可以使用哪几种方式对电机进行调速?

10.6-2　相对于交流电动机,直流电动机调速的优点是什么?

本 章 小 结

1. 直流电动机主要由定子和转子两个基本部分组成。定子是固定不动部分,主要包括主磁极、换向磁极、机座和电刷装置等部件;转子是转动部分,主要包括铁心、电枢绕组、换向器和转轴等部件。

2. 电动机转轴产生的电磁转矩 $T = K_T \Phi I_a$,T 为电磁转矩,K_T 是与电动机结构有关的常数;Φ 是每个磁极下的磁通,I_a 是电枢电流。反电动势为 $E = K_E \Phi n$,K_E 是与电动机结构有关的常数,Φ 为每极磁通,n 为电动机转子转速。电压平衡:$U = E + I_a R_a$,U 为电枢绕组两端的电压,E 为反电动势,I_a 为电枢电流,R_a 为电枢电路电阻。转矩平衡:$T = T_2 + T_0 = T_c$,T_2 为拖动的机械负载转矩,T_0 为电动机本身的空载转矩,T_c 为作用于电动机转轴上的阻转矩总和。当电动机转轴上的机械负载转矩发生变化时,电动机的转速、反电动势、电枢电流和电磁转矩都要自动进行调整,适应负载变化,保持新的平衡。

3. 他励电动机的励磁电流和电枢电流分别由两个不同的直流电源供电,因此调节电枢电流不会影响励磁电流;并励电动机的励磁绕组和电枢绕组并联,由同一个直流电源供电;串励电动机的励磁绕组和电枢绕组串联,因此,励磁电流等于电枢电流,电动机中主磁极磁通将随着电枢电流的变化而变化;复励电动机的主磁极上绕有两个励磁绕组,一个与电枢绕组并联称为并励绕组,另一个与电枢绕组串联称为串励绕组,当两个励磁绕组的电流产生的磁通方向相同时称为和复励,否则称为差复励。

4. 并励电动机机械特性:

$$n = \frac{U}{K_E \Phi} - \frac{R_a}{K_E K_T \Phi^2} T = n_0 - bT$$

式中 $n_0 = \dfrac{U}{K_E \Phi}$,为理想空载转速。$b = \dfrac{R_a}{K_E K_T \Phi^2}$,当磁通和 R_a 不变时,b 为常数,bT 表示电动机拖动机械负载后的转速比理想空载转速降低的数值。

5. 并励电动机直接接到直流电源启动,启动电流 I_{ast} 会很大,可达额定电流值的 10~20 倍。这样一方面会在换向器上产生火花,甚至烧坏换向器,另一方面过大的启动转矩产生较大机械冲击造成设备损坏。因此必须限制启动电流,一般不超过额定电流的 1.5~2.5 倍。限制启动电流的方法有两种:降低电枢电压 U 和增大电枢电路电阻 R_a。

6. 电动机改变旋转方向即实现反转,由于励磁绕组的电感较大,改变其电流方向时会产生较高的感应电动势,造成不良后果。因此,一般不采用改变励磁电流方向的方法实现反转,通常采用改变电枢电流方向实现反转,即把电枢电路的两个端钮互换一下即可。

7. 直流电动机的调速就是在同一负载下采用人为方法改变电动机的机械特性,获得不同的转速,根据直流电动机机械特性

$$n = \frac{U}{K_E \Phi} - \frac{R_a}{K_E K_T \Phi^2} T$$

可知:改变电枢电路电阻 R_a,改变磁极磁通 Φ,或者改变电枢电压 U 都可以改变电动机的机械特性。

习　题

10.4 节的习题

10-1　一台并励直流电动机的主要技术数据如下:$U_N = 220\text{ V}$,$P_N = 10\text{ kW}$,$R_a = 0.2\ \Omega$,$R_f = 120\ \Omega$,$n_N = 1\ 000\text{ r/min}$,$\eta_N = 80\%$。计算其额定励磁电流 I_{fN}、额定输入电流 I_N、额定电枢电流 I_{aN}、额定反电动势 E_{aN} 和额定电磁转矩 T_N。

10-2　一台直流并励电动机在下列三种情况下励磁电路突然断开会发生什么后果? (1) 电动机启动时; (2) 电动机在满载下运行;(3) 电动机空载运行。

10-3　一台并励电动机,$U_N = 220\text{ V}$,$I_N = 50\text{ A}$,$n_N = 1\ 500\text{ r/min}$,$R_a = 0.25\ \Omega$,$R_f = 450\ \Omega$,电动机空载电流 $I_0 = 6\text{ A}$,试求该台电动机的理想空载转速 n_0 与实际空载转速 n。

10-4　一台并励电动机,$U_N = 220\text{ V}$,$I_N = 122\text{ A}$,$n_N = 960\text{ r/min}$,$R_a = 0.2\ \Omega$,$R_f = 110\ \Omega$。试求负载减小转速升到 $1\ 000\text{ r/min}$ 时的输入电流。假定磁通不变,试求当负载转矩降低到 75% 额定转矩时的转速。

10.5 节的习题

10-5　一台并励电动机,$P_N = 22\text{ kW}$,$U_N = 110\text{ V}$,$n_N = 1\ 000\text{ r/min}$,$\eta_N = 84\%$,$R_a = 0.04\ \Omega$,$R_f = 27.5\ \Omega$。试求直接启动时的电枢电流。如果限制启动电流不超过额定电流的1.5倍,电枢电路应串联启动电阻阻值为多少?

10.6 节的习题

10-6　一台并励电动机,$P_N = 7.5\text{ kW}$,$U_N = 110\text{ V}$,$\eta_N = 82.9\%$,$n_N = 1\ 000\text{ r/min}$,$R_a = 0.150\ 4\ \Omega$,$R_f = 41.5\ \Omega$。试求额定电磁转矩为多少? 如果电枢电路串联电阻为 $0.524\ 6\ \Omega$,在满载情况下运行的稳定转速为多少?

10-7　对 10-6 题的电动机的励磁电路串入电阻使主磁通减小 15% 进行调速,如果电枢电路不串入电阻且保持额定负载转矩不变,求其稳定转速。

10-8　一台他励电动机,$U_N = 110\text{ V}$,$I_N = 25\text{ A}$,$R_a = 0.2\ \Omega$,如果电枢电压和负载转速保持不变,把主磁通减小 10%,求其转速变化百分比。如果主磁通和负载转矩保持不变。电枢电压降低 10%,求其转速变化百分比。

10-9　一台并励电动机,$P_N = 7.5\text{ kW}$,$U_N = 110\text{ V}$,$I_N = 82.2\text{ A}$,$n_N = 1\ 500\text{ r/min}$,$R_a = 0.1\ \Omega$,$R_f = 46.7\ \Omega$,试求当电枢电流为 60 A 时电动机的转速 n 为多少? 如果在额定电磁转矩下把主磁通减小 15%,试求此时的电枢电流和转速。

第11章 可编程控制器

11.1 PLC概述

传统的继电器控制系统已有上百年的应用历史。它是将人们熟悉的各种定时器、继电器、接触器、开关等电器的触点按所需的逻辑要求进行组合、连线,组成复杂的控制系统。由于各种电器功能直观、价格低廉,在一定范围内能满足控制要求,其在电工技术与控制领域一直占主导地位。但是因其可靠性差、体积大、功能不全、接线复杂、改变动作困难而很难满足现代控制设备的要求。

现代生产设备和自动控制系统迫切需求具有极高的可靠性和灵活性的新式控制系统。随着微电子技术的发展,尤其是20世纪70年代中期出现了微处理器和微型计算机,人们将微机技术应用到控制系统中。用逻辑编程软件取代传统电器硬件连线逻辑,用"软"的触点取代传统电器"硬"的触点,并充分发挥"计算"的功能,增加了运算、数据传送和处理等功能。传统的继电器控制系统逐渐被计算机工业控制机所取代。国外工业界在1980年正式将这种计算机工业控制机命名为可编程序控制器(Programmable Logic Controller),简称PC。但由于它和个人计算机(Personal Computer)的简称容易混淆,所以把可编程序控制器简称为PLC。

20世纪80年代以来,随着大规模和超大规模集成电路等微电子技术的迅猛发展,以16位和32位微处理器构成的微机化PLC得到了快速发展,使PLC在概念、设计、性能价格比及应用等方面都有了新的突破。不仅其控制功能增强,功耗和体积减小,可靠性提高,成本也逐步下降,PLC成为应用广泛的工业控制设备。

1. PLC分类

(1)根据PLC输入、输出端子数量、存储器容量、功能分类

① PLC输入、输出端子(点)数量分类:小型PLC指128点以下;中型PLC指128~2048点;大型PLC指2048点以上。

② PLC存储器容量分类:PLC存储器容量以"位(Bit)"、"字节(Byte)"、"字(Word)"衡量。小型PLC用户存储器容量在4KB以下;中型PLC用户存储器容量为4~8KB;大型PLC用户存储器容量为8~16KB。

③ PLC功能分类:小型PLC只能完成逻辑运算、计时、计数、移位、步进控制等功能;中型PLC除上述功能外,还能完成算术运算、数据传送、模拟输入/输出等功能;大型PLC除中型PLC的功能外,还具有智能、监视、记录、打印、通信等功能。

(2)根据结构形状分类

PLC根据结构形状分为整体式、模块式和叠装式三大类。整体式是将PLC的所有硬件,如CPU、I/O、电源等组件全部装在一个机箱内,具有体积小、结构紧凑、价格低、安装方便等优点,但不能扩展,一般只适用于单机控制。模块式是将PLC分成若干标准模块,如CPU模块、

输入模块、输出模块等,将这些模块插在基板或机架上组成一台 PLC,其特点是硬件配置灵活、维修方便,为大多数生产厂家所采用。叠装式吸取了整体式和模块式的优点,其基本单元、扩展单元和扩展模块等高等宽,但长度不同,相互间可用扁平电缆连接扩充,这样用户就可以根据需要来配置各种扩展模块。

2. PLC 生产厂家

目前世界上 PLC 生产厂家约有 200 多家,产品大约有 400 多种。我国应用较多的有:美国 AB(Allen Bradley)公司生产的 SLC-5 系列(SLC-500、SLC-501、SLC-502、SLC-5/10),通用电气(GE)公司生产的 GE 系列;MODICON 公司的 84 系列;欧洲 SIEMENS(西门子)公司生产的 S5 系列(S5-100U)、S7 系列(S7-200、S7-300、S7-400);日本三菱公司的 FX 系列、A 系列(A1、A2 A3)、F 系列(F1、F2);OMRON(欧姆龙)公司的 CQMI 系列、C200H 系列、CVM1 系列等产品。

3. PLC 具备的功能

(1)顺序控制。顺序控制具有按预定步次顺序进行控制的功能,也就是能使生产过程中的设备按确定的次序进行开和关动作的功能,是 PLC 最广泛应用的领域。它被用来代替传统的继电器顺序控制,如机床电气控制、供电系统保护、机械制造系统、装配流水线等各种生产线的自动控制中。

(2)时限控制。时限控制能使生产过程中的设备在进行了一个动作之后,经过规定的时间再进行下一个动作,它被用来代替传统的继电控制系统中的时间继电器。如电机的降压启动、能耗制动,注塑机的合模、开模等。

(3)条件控制。完成设备之间的逻辑控制,就像继电控制系统中的"连锁"、"互锁"功能。例如直流电机不加励磁时,不能加电枢电压;电梯不关门时,不能升降;三相电机正转时不能反转等。

(4)计数控制。即当某个动作达到规定的动作次数时,才允许进行另一个动作。例如电动汽锤的锻打次数,机械手搬运计件等。

(5)过程控制。PLC 能控制大量的物理参数,如温度、流量、压力和速度。PID(Proportional Integral Derivative)模块提供了使 PLC 具有闭环控制的功能,即一个具有 PID 控制功能的 PLC 可用于过程控制。当过程控制中某个变量出现偏差时,PID 控制算法会计算出正确的输出,把变量保持在设定值上。

(6)数据处理。PLC 具有数学运算、数据传送、转换、排序等功能,可以完成数据的采集、分析和处理。在精密机械加工中,把 PLC 和计算机数字控制(CNC)设备相结合,实现 PLC 和 CNC 设备内部数据自由传递已成为发展方向。如日本 FANUC 公司推出的 System10/11/12 系列,已将 CNC 控制功能作为 PLC 的一部分。美国 GE 公司的 NC 设备也使用了具有数据处理功能的 PLC。

(7)通信。为了适应工厂自动化(FA)和网络化发展的需要,许多厂家开发了 PLC 之间、PLC 与上级计算机之间的通信功能,如西门子公司生产的 S7-200 系列 PLC。

本书主要介绍 SIEMENS(西门子)公司生产的 S7-200 系列小型可编程控制器的特点和编程方法。

11.1.1 可编程控制器的特点和结构

1. PLC 的特点

（1）编程语言简单易学。PLC 大量用于开关量的逻辑控制，其输入、输出的"点"与继电器的触点有相似之处。但 PLC 中的 CPU 具有"编程"的功能，要改变系统控制逻辑时不用改变硬件，只需由内部 CPU 编程解决，即硬件的软件化。

梯形图是 PLC 面向大众的编程语言，梯形图语言实际上是一种面向用户的高级语言。可编程序控制器在执行梯形图程序时，由内部的解释程序将它"翻译"成汇编语言后再执行。梯形图的电路符号和表达方式与继电器电路原理图相似，语言形象直观，易学易懂，熟悉继电器控制电路图的用户在很短时间就可以熟悉梯形图语言，并编制用户程序。

（2）控制精度高，工作可靠。PLC 可同时为用户提供多个高精度、宽范围定时器、计数器，而且不受环境影响。传统的继电器控制系统中由于使用了大量的中间继电器、时间继电器等电器，定时误差大，而且继电器结构大多属于电磁机电式，可靠性差，容易出现故障。PLC 采用微电子技术，开关动作由无触点的电子存储器件来完成，大部分继电器所承担的任务被软件程序所取代，继电器减少，工作可靠性大大提高。

（3）功能完善，抗电磁干扰力强。PLC 内部具备许多控制功能，如时序、计算、主控继电器，以及中间寄存器等。由于采用了微处理器，它能够很方便地实现延时、锁存、比较、跳转、循环及顺序控制等功能。PLC 在电路硬件上采用隔离、屏蔽、滤波等抗干扰措施，在软件上采用数字滤波，使 PLC 具有很强的抗电磁干扰能力，可以直接用于有强干扰的工业生产现场。

（4）控制系统结构简单，通用性强。PLC 可以根据控制系统的不同要求配置测温扩展模块、输入输出扩展模块、模拟量扩展模块等，可满足不同要求的控制系统。当变更控制步骤或改变控制方式时，只需改编软件（即有很强的柔性），而外围的接线则很少改动。

（5）体积小，功耗低。使用 PLC 后，减少了大量的中间继电器和时间继电器，小型 PLC 控制器的体积仅相当于一个继电器的大小，能轻而易举地装入机械设备内部，是实现机电一体化的理想控制设备。与继电器相比较，PLC 的工作电流小，功耗也很低。

（6）系统设计、施工、调试的周期短。PLC 用软件功能取代了继电器控制系统中大量的中间继电器等器件，使安装、布线工作量大大减少。PLC 的用户程序可以在微机上调试，通过可编程序控制器上的发光二极管可观察输入/输出信号的状态。完成了系统的安装和接线后，在现场的统调过程中发现的问题一般通过修改程序就可以解决，系统的调试时间比继电器系统要短很多。

2. PLC 的结构

PLC 种类繁多，但其组成结构和工作原理基本相同，主要由中央处理模块（CPU）、存储器模块、输入/输出模块和电源模块等组成，其结构框图如图 11.1-1 所示。

（1）中央处理模块

中央处理模块简称 CPU，一般都由集成在一个芯

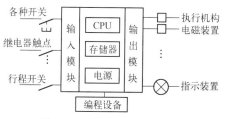

图 11.1-1　PLC 的结构框图

片内的控制器、运算器和寄存器等组成。CPU 通过数据总线、地址总线和控制总线与存储器、输入/输出接口电路相连接。

与一般计算机一样,CPU 是 PLC 的核心,它按 PLC 中系统程序的功能进行工作。用户程序和数据事先存入存储器中,当 PLC 处于运行方式时,CPU 按循环扫描方式执行用户程序。

CPU 的主要任务有:控制用户程序和数据的接收与存储;用扫描的方式通过输入/输出模块接收现场的状态或数据,并存入输入映像寄存器或数据存储器中;诊断 PLC 内部电路的工作故障和编程中的语法错误等;PLC 进入运行状态后,从存储器逐条读取用户指令,经过解释后按指令规定的任务进行数据传送、逻辑或算术运算等;根据运算结果,更新有关标志位的状态和输出映像寄存器的内容,再经输出模块实现输出控制、制表打印或数据通信等功能。

不同型号的 PLC 其 CPU 芯片是不同的,有采用通用 CPU 芯片的,有采用厂家自行设计的专用 CPU 芯片的。CPU 芯片的性能关系到 PLC 处理控制信号的功能与速度,CPU 有采用 8 位微处理器的、有采用 16 位微处理器的,位数越多,系统处理的信息量越大,运算速度也越快。小型 PLC 一般使用 8 位 CPU,如 8080、6800、Z80 等。PLC 的功能随着 CPU 芯片技术的发展而提高。

（2）存储器模块

PLC 的存储器可分为系统存储器和用户存储器两大部分。

系统存储器能够完成 PLC 设计者规定的各项功能,它用来存放由 PLC 生产厂家编写的系统程序,并固化在 ROM(只读存储器)内,用户不能直接更改。系统存储器的质量在很大程度上决定了 PLC 的性能。

用户程序存储器的容量以字为单位,用来存储用户为完成控制功能所编的程序。

目前 PLC 常用三种存储器:

① 随机存取存储器(RAM)。RAM 又叫读/写存储器,用户可以用编程装置读出 RAM 中的内容,也可以将用户程序写入 RAM,但是 RAM 是易失性的存储器,断电后所储存的信息将会丢失。

RAM 的工作速度高,价格便宜,改写方便。在关断可编程控制器的外部电源后,可用锂电池保存 RAM 中的用户程序和某些数据。锂电池可用 2~5 年,需要更换锂电池时,由可编程控制器发出信号,通知用户。

② 只读存储器(ROM)。ROM 的内容只能读出,不能写入。它是非易失的,电源消失后,仍能保存其内容。ROM 一般用来存放 PLC 的系统程序,因为出厂后不再需要改动。

③ 可电擦除可编程的只读存储器(EEPROM 或称 E^2PROM)。它是非易失性的,但是可以用编程装置对它编程,兼有 ROM 的非易失性和 RAM 的随机存取优点,但是将信息写入它所需的时间比 RAM 要长得多,价格也比前两种高。EEPROM 用来存放用户程序和需长期保存的重要数据。

（3）输入/输出(I/O)模块

I/O 模块是被控制对象间传递输入/输出信息的接口部件。许多 I/O 模块的每个通断状态点用发光二极管显示。

① 输入模块。输入模块中设有 RC 滤波电路,以防止由于输入触点抖动或外部干扰脉冲引起错误的输入信号。滤波电路延迟时间的典型值为 10~20 ms(信号上升沿)和 20~50 ms(信号下降沿),输入电流为数毫安。

图 11.1-2 是 SIEMNES 公司 S7-200 PLC 的直流输入模块的内部电路和外部接线图,图中

只画出了一路输入电路。

一般可以将直流电源作为输入回路的电源,也可以为接近开关、光电开关之类的传感器提供直流电源。当图 11.1-2 中的外接触点接通时,光耦合器中两个反向并联的发光二极管点亮,光敏三极管饱和导通;外接触点断开时,光耦合器中的发光二极管熄灭,光敏三极管截止。信号经内部电路传送给 CPU 模块。

② 输出模块。输出模块有继电器式和晶体管式两种。

继电器式输出模块的使用电压范围广,导通压降小,承受瞬时过电压和过电流的能力较强。但是动作速度较慢,寿命(动作次数)有一定的限制。继电器式输出模块既可以驱动交流负载又可以驱动直流负载。输出电流的典型值为 0.5~2 A,负载电源由外部现场提供。其输出电流的额定值与负载的性质有关,例如 S7-200 的继电器输出电路可以驱动 2 A 的电阻性负载,但是只能驱动 200 W 的白炽灯。输出电路一般分为若干组,对每一组的总电流也有限制。额定输出电流还与温度有关,温度升高时额定输出电流减小。图 11.1-3 是 SIMNES 公司 S7-200 PLC 的继电器输出模块电路。继电器同时起隔离和功率放大作用,每一路只给用户提供一对常开触点。与触点并联的 RC 电路和压敏电阻用来消除触点断开时所产生的电弧。

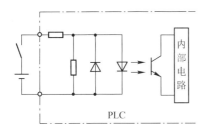
图 11.1-2　直流输入模块的内部电路和外部接线图

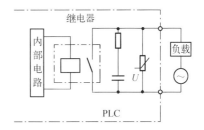
图 11.1-3　继电器输出模块电路

晶体管式输出模块有大功率晶体管(或场效应管)和双向晶闸管两种。具有可靠性高、反应速度快(场效应管输出模块工作频率可达 20 KHz)、寿命长的特点,但过载能力稍差。

通常大功率晶体管用作直流负载,双向晶闸管用作交流负载。

(4) 电源模块

PLC 一般使用 220 V 的交流电源,电源模块将交流电源转换成供 PLC 的中央处理器、存储器等工作所需的直流电源,使 PLC 能正常工作。对于整体式结构的 PLC,通常将电源模块封装到机箱内部;对于模块式 PLC,有的采用单独电源模块,有的将电源与 CPU 封装到一个模块中。

S7-200 的电源对继电器式输出模块使用 AC 85~264 V;对晶体管式输出模块使用 DC 20.4~28.8 V。

11.1.2　可编程控制器的工作方式

继电器控制电路采用并行工作方式。满足导通条件的所有线圈会同时通电。而 PLC 采用循环扫描的工作方式,在 PLC 执行用户程序时,CPU 对梯形图自上而下、从左到右逐次进行扫描,程序的执行是按语句排列的先后顺序进行的。

可见,PLC 梯形图中各线圈状态的变化在时间上是串行的,不会出现多个线圈同时改变状态的情况,这是 PLC 工作方式与继电器控制最主要的区别。但是由于 PLC 的循环扫描时间极短,如 S7-200 PLC 的扫描速度是每千步 0.37 ms,故执行程序的时间难以觉察到。

1. 循环扫描

PLC 采用循环扫描的工作方式,不论用户程序运行与否,都周而复始地进行循环扫描。每一个循环所经历的时间称为一个扫描周期。每个扫描周期又分为几个工作阶段,每个工作阶段完成不同的任务。

PLC 上电后首先进行初始化,然后进入扫描工作过程。一次循环扫描过程主要可归纳为三个工作阶段,各阶段完成的任务如下:

(1) 内部处理阶段。在每一次扫描开始之前,CPU 都要进行复位、监视定时器、硬件检查、用户内存检查和通信连接检查等操作。如果有异常情况,除了故障显示灯亮,还判断并显示故障的性质。如果属于一般性故障,则只报警不停机,等待处理。如果属于严重故障,则停止 PLC 的运行。内部处理阶段所需的时间一般是固定的,但不同机型的 PLC 有所差异。

(2) 程序执行阶段。在程序执行阶段,CPU 对用户程序按先左后右、先上后下的顺序进行逐条扫描。同时读入所有输入映像寄存器和必要的输出映像寄存器的状态,再求解控制逻辑,最后将求解结果存入输出映像寄存器中。

由于用户程序大小不同,扫描所用的时间也必然不同,而且每条指令执行的时间也不同,所以程序执行阶段扫描时间不是固定的,而且会相差很大。

(3) I/O 刷新阶段。在 I/O 刷新阶段,CPU 先从输入电路中读取各输入点的状态并写入输入映像寄存器中。也就是刷新输入映像寄存器的内容,并保持不变,直到下一个扫描周期的 I/O 刷新阶段,才会写进新内容。然后将所有输出元件映像寄存器的状态传送到相应的输出锁存电路中,经输出电路隔离再传送到 PLC 的输出端,驱动外部执行元件动作。

I/O 刷新阶段的时间长短取决于使用 I/O 点数的多少。

2. I/O 滞后现象

(1) 由于 PLC 采用循环扫描的工作方式,而且对输入和输出信号只在每个扫描周期的 I/O 刷新阶段集中输入/输出,所以必然会产生输出信号相对输入信号的滞后现象。扫描周期越长,滞后现象越严重。但是一般扫描周期只有十几毫秒,最多几十毫秒。

(2) 由于 PLC 的输入电路中设置了滤波器,滤波器的时间常数越大,对输入信号的延迟作用越强。有的 PLC 其输入电路滤波器的时间常数可以调整。

(3) 输出继电器的机械动作延时。对继电器式输出模块的 PLC,把从输出锁存器 ON 到输出触点 ON 所经历的时间称为输出 ON 延时,一般需十几个毫秒。

几十毫秒的滞后在慢速控制系统中,可以认为输入信号一旦变化就立即能进入输入映像寄存器中,其对应的输出信号也可以认为是及时的。而采用高速计数器、中断模块和避免运用继电器输出模块都能改善 I/O 的滞后现象。

11.1.3 可编程控制器的主要技术性能和扩展功能

1. PLC 的主要技术性能指标

(1) 存储器容量。系统存储器容量一般是指用户程序存储器的容量,以字为单位来计算。每 1024 个字节为 1 KB。中、小型 PLC 的存储容量千般在 8 KB 以下,大型 PLC 的存储容量可达到 256 KB。

（2）输入/输出点数。I/O 点数即 PLC 硬件的输入/输出端子的个数。I/O 点数越多，外部可接的输入器件和输出器件就越多，控制规模就越大。因此 I/O 点数是衡量 PLC 性能的重要指标之一。

（3）扫描速度。扫描速度是指 PLC 执行程序的速度，是衡量 PLC 性能的重要指标。一般以扫描 1 KB 所用的时间来衡量扫描速度。PLC 用户手册一般会给出执行各条指令所用的时间，可以通过比较各种 PLC 执行相同的操作所用的时间，来衡量扫描速度的快慢。

（4）编程指令的种类和条数。编程指令种类越丰富、指令条数越多，功能越强，操作就越方便，处理数据功能和控制功能就越强。

（5）内部器件的种类和数量。内部器件包括各种软继电器、计数器、高速计数器、定时器、数据存储器等。其种类越多存储数量越大，存储各种信息的能力和控制能力就越强。

（6）扩展能力。PLC 的扩展能力包括测温模块、PID 控制模块等各种功能模块进行功能扩展和 I/O 点数扩展的能力。

2. S7-200 主要技术性能

S7-200 有 5 种 CPU 模块：CPU221、CPU222 、CPU224、CPU226 和 CPU226XM，这 5 种 CPU 模块共有的技术指标见表 11.1-1，5 种 CPU 模块特有技术指标见附录 A。其中 CPU221 无扩展功能，适于用作小点数的微型控制器，CPU222 有扩展功能，CPU224 是具有较强控制功能的控制器，CPU226 和 CPU226XM 适用于复杂的中小型控制系统。

S7-200 CPU 的指令功能强，有位逻辑、比较、定时、计数等 107 条基本指令和移位、传送、数学运算指令等功能指令，共近 200 条指令。采用主程序、子程序和中断程序的程序结构。用户程序可设 3 级口令保护，监控定时器（看门狗）的定时时间为 300 ms。

数字量输入中有 4 个用作硬件中断，6 个用于高速功能。32 位高速加/减计数器的最高计数频率为 30 kHz，两个高速输出可输出最高 20 kHz，频率和宽度可调的脉冲序列。

S7-200 支持 PPI、DP/T、自由通信口协议和 PROFIBUS 点对点协议（使用 NETR/NETW 指令）。通信接口可用于与运行编程软件的计算机通信，与人机接口（操作员界面）TD200 和 OP 通信，以及与 S7-200 CPU 之间的通信。通过自由通信口协议，可与其他设备进行串行通信。

S7-200 中用户数据存储器可永久保存，或用超级电容和电池保持。超级电容充电 20 分钟可达 60% 的电量。可选的存储器卡可永久保存程序、数据和组态信息，可选的电池卡保存数据的时间典型值为 200 天。

表 11.1-1　S7-200 中 5 种 CPU 模块共有的技术指标

项目	指标
最大数字量 I/O 映像区	128 点入/128 点出
最大模拟量 I/O 映像区	32 点入/32 点出
内部标志位（M 寄存器）	256 位
定时器总数 1 ms 定时器 10 ms 定时器 100 ms 定时器	256 个 4 个 16 个 236 个
计数器总数	256 个
布尔量运算执行速度 字传送指令执行速度 定时/计数器执行速度 单精度数学运算执行速度 实数运算执行速度	0.37 μs/指令 34 μs/指令 50~μ64s/指令 46 μs/指令 100~400 μs/指令
顺序控制继电器	256 点
定时中断 硬件输入边沿中断 可选滤波时间输入	2 个，1 ms 分辨率 4 个 7 个，0.2~12.8 ms
高速脉冲输出	2 个，每个 20 kHz

S7-200 的 DC 输出型电路用功率场效应管作为功率放大元件,输出的最高开关频率为 20 kHz;继电器输出型电路用继电器触点控制外部负载,最高输出频率为 100 Hz。

3. PLC 的扩展功能

PLC 除了 CPU 模块、输入模块、输出模块等基本模块,根据用途不同,还可以选择测温、通信、A/D 和 D/A 等扩展模块。将这些模块插在基板或机架上,或用扁平电缆相连组成一台功能更适用的 PLC。采用扩展模块的特点是硬件配置灵活、维修方便,提高了性能价格比。

4. S7-200 的扩展模块

除 CPU221 外,其他 CPU 模块均可接多个扩展模块来增加 I/O 的点数和扩展其功能,扩展模块用扁平电缆相连。

(1) 模拟量扩展模块。模拟量扩展模块的主要功能是实现 A/D 或 D/A 转换,将输入的模拟量(电压或电流)转换成数字量由 CPU 处理,或将输出的数字量转换成模拟量(电压或电流)完成控制。

S7-200 有 3 种模拟量扩展模块:EM231 为四路模拟量输入、EM232 为二路模拟量输出、EM235 为四路模拟量输入一路模拟量输出。其中 EM231 为热电偶扩展模块,可用于 J、K、E、N、S、T 和 R 型热电偶。

(2) 数字量扩展模块。S7-200 有各种不同的 I/O 点的数字量扩展模块,可根据不同需求选用,具体见表 11.1-2。各模块在 I/O 连接中的位置排列方式也可能有多种,图 11.1-4 为其中的一种模块连接形式。

表 11.1-2　各种不同的 I/O 点的数字量扩展模块

型　　号	各组输入点数	各组输出点数
EM221 24VDC 输入	4,4	无
EM221 230VAC 输入	8 点相互独立	无
EM222 24VDC 输出	无	4,4
EM222 继电器输出	无	4,4
EM222 230VAC 双向晶闸管输出	8 点相互独立	无
EM223 24VDE 输入/继电器输出	4	4
EM223 24V DC 输入/DC 输出	4	4
EM223 24V DC 输入/继电器输出	4,4	4,4
EM223 24V DC 输入/DC 输出	4,4	4,4
EM223 24V DC 输入/DC 输出	8,8	4,4 ,8
EM223 24V DC 输入/继电器输出	8,8	4,4 ,4,4

图 11.1-4　扩展模块的一种连接形式

(3) 通信模块。S7-200 的通信模块 EM277 共有 6 个连接,其中的 2 个分别保留给编程器(PC)和操作员面板(OP)。EM277 通过串行 I/O 总线连接到 CPU 模块,可以读写 S7-200

CPU 中定义的变量存储区中的数据块,使用户能与主站交换各种类型的数据。

11.2 可编程控制器的编程

11.2.1 PLC 的编程语言

为适应编制用户程序的需要,PLC 厂家为用户提供了完整的编程语言。PLC 厂家提供的编程语言通常有以下几种:梯形图(LAD)、指令表(STL)和功能块图(FBD)。各 PLC 厂家的编程语言大同小异,这里以 S7-200 PLC 为例来介绍。

1. 梯形图(LAD)

梯形图编程语言是从继电器控制系统原理图的基础上演变而来的,由于其具有直观、易懂又与继电器控制系统电路相类似而为电气控制工程师所广泛采用,它特别适用于开关量控制。

梯形图由代表逻辑输入条件的触点、代表逻辑输出结果的线圈和用方框表示的功能块组成。

代表输入条件的触点通常表示输入继电器的动作触点,与继电器控制系统中的开关、按钮等相对应;代表输出结果的线圈通常是输出继电器的线圈和动作触点,与继电器控制系统中的接触器线圈相对应;用方框表示的功能块组成用来表示定时器、计数器或数学运算等附加指令。其中的定时器与继电器控制系统中的时间继电器线圈和动作触点相对应。

梯形图每一逻辑行起始于左边母线,按从左到右、自上而下的顺序排列。

梯形图中每个梯级触点接通时,有一个概念上的“能流(Power Flow)”从左到右流过线圈。如图 11.2-1 所示,当 I0.0 与 I0.1 的触点接通时,有一个假想的“能流”流过继电器线圈 Q0.0,以此帮助读者更好地理解和分析梯形图。

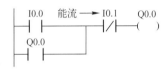

图 11.2-1　梯形图的“能流”

梯形图中的继电器不是“硬”继电器,仅是 PLC 存储器中的一个存储单元。

使用编程软件可以直接生成和编辑成如图 11.2-2 所示的梯形图,并将它下载到可编程控制器。使用编程软件还可以方便地将梯形图转换为语句表。

2. 指令表(STL)

指令表又称语句表,是一种用指令助记符来编制 PLC 程序的语言,它用一个或几个容易记忆的字符来表示 PLC 的某种操作功能,如图 11.2-3 所示。语句表程序的逻辑关系比较难看出,开关量控制一般用梯形图即可。语句表较多应用于通信、数学运算中,它适合熟悉可编程控制器和逻辑程序设计的经验丰富的程序员使用。

3. 功能块图(FBD)

功能块图用类似与门、或门的方框来表示逻辑运算关系,如图 11.2-4 所示,方框的左侧为逻辑运算的输入变量,右侧为输出变量。输入、输出端的小圆圈表示“非”运算,方框被“导线”连接在一起,信号自左向右流动。

功能块图有利于程序流的跟踪,但目前应用较少。

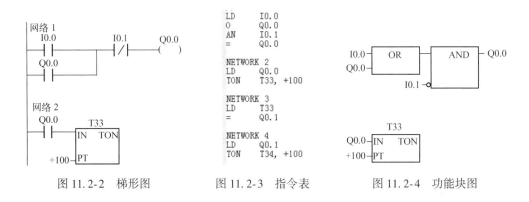

图 11.2-2　梯形图　　　　图 11.2-3　指令表　　　　图 11.2-4　功能块图

11.2.2　可编程控制器存储器的空间安排和寻址

PLC 存储器的空间可划分为程序空间和数据空间两大部分,程序空间又分为系统程序空间和用户程序空间。系统程序空间由 PLC 厂商完成,用户一般无须了解,而且它对用户也不透明。用户程序空间为用户编程使用,为了提高系统的可靠性,一般在 RAM 区、E^2PROM 区互为用户程序的映像空间。

数据空间也分为数据存储空间和数据对象空间两部分,在编程中对其进行访问称为"寻址"。

PLC 存储器的空间安排如图 11.2-5 所示,它们可以以位、字节、字、双字为单位进行寻址。它们与编程紧密相关,因此我们要学习好此部分内容,掌握好数据存储器空间的特点及使用方法。

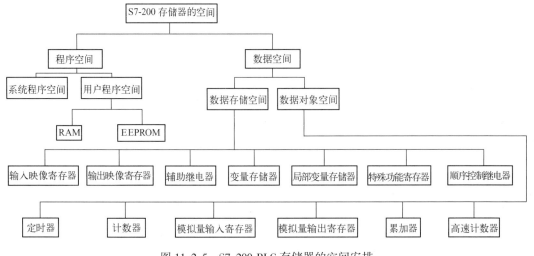

图 11.2-5　S7-200 PLC 存储器的空间安排

数据对象空间实际上是一些寄存器组,用于模拟定时器、计数器、高速计数器等各种硬件部件和模拟量输入、模拟量输出等各种外部设备数据锁存器。这些寄存器组的工作状态决定了控制对象的工作状态和被控过程。

1.　数据存储空间的安排

(1) 输入映像寄存器(I):又称为输入继电器,用于映像开关输入量,其每一位对应输入端子上的一个节点,(一般对应 PLC 上的一个输入继电器的序号)。在每个扫描周期开始时,PLC 对各个输入点进行采样,系统程序控制其在输入采样阶段顺序读写到该存储区,并在该周期内不再改变输入映像寄存器中的值,直到下一个扫描周期的输入采样阶段。

(2) 输出映像寄存器(Q):又称为输出继电器,用于映像开关输出量,其每一位对应输出端子上的一个节点(一般对应 PLC 上的一个输出继电器的序号)。在每个扫描工作过程执行用户程序阶段,它先把解读用户程序的结果写入到输出映像寄存器中,等输出刷新阶段,才将内容输出到输出端子上。

(3) 辅助继电器(M):是一种假想的内部继电器,实质上仅是寄存器的一位,它可以以位、字节、字、双字为单位寻址。它用于存储中间状态及控制信息,故也称为软继电器。它相当于电气控制系统中的中间继电器。注意辅助继电器不直接受输入信号的控制,其触点不能驱动外部负载。

(4) 变量存储器(V):用于存储逻辑操作中的中间结果、工序及与任务相关的其他数据。它可以由主程序、子程序、中断程序以位、字节、字、双字为单位寻址。

(5) 局部变量存储器(L):用作存储暂时数据和子程序的数据传送。变量存储器可以被包括主程序、子程序和中断程序在内的任何方式访问;而局部变量存储器只和特定的程序相关,别的程序不能访问。

S7-200 PLC 提供 64 个字节的局部存储器,其中 60 个可以用作暂时存储器或给子程序传递参数,最后 4 个保留不用。

(6) 特殊功能存储器(SM):用来作为 PLC 与用户之间信息交换的媒介,分为只读区、读/写区。例如,可以读取程序运行过程中的设备状态和运算结果信息,用程序实现一定的控制功能。用户也可通过直接设置某些 SM 指令来使设备实现某种功能,SM 可以在位、字节、字和双字情况下使用。SM 对 PLC 完成控制任务起着特殊作用,S7-200 PLC 的特殊功能存储器(SM)标志位及功能见附录 B。

例如:

SM0.1:首次扫描为 1,以后为 0,常用来对程序进行初始化。

SM0.5:提供高低电平各 0.5 s,周期为 1 s 的时钟脉冲。

(7) 顺序控制继电器(S):是特殊的软继电器,它为顺序控制提供规范化的指令,简化了顺序控制和步进控制的编程方法。

2. 数据对象空间的安排

(1) 定时器(T):其工作过程与继电器接触式控制系统的时间继电器基本相同,它是可编程控制器中重要的编程元件,用作累计时间增量。自动控制的大部分领域都需要用定时器进行延时控制。灵活地使用定时器可以编制出动作要求复杂的控制程序。

S7-200 PLC 有三种类型定时器共 256 个,最大设定为 32767。

(2) 计数器(C):用来累计输入脉冲的次数。它是应用非常广泛的编程元件,经常用来对产品进行计数或进行特定功能的编程。

S7-200 PLC 有三种类型计数器共 256 个,最大设定为 32767。

(3) 模拟量输入映像寄存器(AI):用以实现模拟量/数字量(A/D)之间的转换。PLC 只能处理数字量,故从数据对象的意义上讲,它们并不是 PLC 的内存单元,它们是 PLC 的硬件部分,PLC 只是将其当作一个映像寄存器的存储单元来处理。

（4）模拟量输出映像寄存器（AQ）：它与模拟量输入映像寄存器对应，在 PLC 处理数字量后用以完成数字量/模拟量（D/A）之间的转换。

（5）累加器（AC）：用于向子程序或指令块传递参数及间接寻址地址指针；在用于中断情况下，能自动压栈和自动退栈；但不能用于在主程序与中断服务程序之间进行参数传递。

S7-200 PLC 共有 4 个长度为 32 位的累加器：AC0、AC1、AC2、AC3。

（6）高速计数器（HSC）：用于计数外部输入脉冲或者外部事件。与一般计数器的不同之处在于：计数过程不受 PLC 扫描工作方式的限制，高速计数器为 32 位（双字长）的，只可进行读操作。

S7-200 PLC 提供 6 个高速计数器：HSC0~HSC5。

3. 存储空间的数据和寻址方式

S7-200 PLC 处理的存储空间数据有：常数、数据存储器中的数据和数据对象中的数据三大类。

（1）存储空间的数据

① 数据类型

数据类型有：位（bit）、字节（Byte）、字（Word）、双字（Double Word）四种。

位数据的数据类型为 BOOL（布尔）型，即只有 0 和 1 两种不同的取值，用来表示数字两种状态，如线圈的通电和断电、电器触点的断开和接通等。

1 个字节（Byte）由 8 位（Bit）二进制数组成，第 0 位为最低位（LSB），第 7 位为最高位（MSB），2 个字节组成 1 个字（Word），2 个字组成 1 个双字（Double Word）。

例如：VB100 表示由 0~7 共 8 位二进制数组成 1 个字节（B）的内存空间，V 为区域标志符，见图 11.2-6（a）；VW100 表示 VB100 和 VB101 相邻的字节组成 1 个字（W）的内存空间，见图 11.2-6（b）；VD100 表示 VB100~VB103 组成的双字（D）的内存空间，见图 11.2-6（c）。

（a）字节　　　　　　（b）字　　　　　　　　　（c）双字

图 11.2-6　不同的数据类型所占用的内存空间

可见，对同一地址使用不同的数据类型，所占用的内存空间是不同的。

② 数据表示形式

常数可以以二进制数、十进制数、十六进制数、ASCII 码形式出现。一般以字节、字、双字进行二进制数存储；用十进制数、十六进制数、ASCII 码显示、输出。常数的取值范围见表 11.2-1。

表 11.2-1　常数的取值范围

数据的位数	无符号数		有符号整数	
	十进制数	十六进制数	十进制数	十六进制数
B（字节），8 位	0~255	0~FF	−128~127	80~7F
W（字），16 位	0~65 535	0~FFFF	−32 768~32 767	8000~7FFF
D（双字），32 位	0~4 294 967 295	0~FFFF FFFF	−2 147 483 648~ 2 147 483 647	8000 0000~ 7FFF FFFF

（2）寻址

① 直接寻址

直接寻址是直接给出存储器的区域标志符及位地址进行访问的方式。按地址位寻址,要指明存储器区域、字节的地址和位;按字节编址的形式寻址,除要指明存储器区域外,还要指明数据类型和首字节地址。如图 11.2-7 所示,I0.5 中的 I(输入)为存储器区域标志符,字节地址为 0,位地址为 5;VB100 表示 V 存储器、B 为字节、地址为 100。

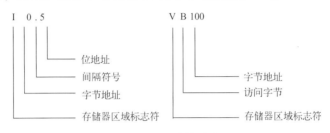

图 11.2-7　直接寻址

直接寻址存储器的区域一般为 I、Q、V、M、L 及 S 所在的数据存储空间,数字量控制系统一般只用直接寻址。

② 间接寻址

间接寻址是指在指令中仅给出地址指针,通过地址指针间接地访问想要的数据存储器空间或数据对象空间。其寻访的存储器的区域一般为:I、Q、M、V、S、T、C。

a. 建立指针。间接寻址前应先创立一个双字数据类型的指针,用以存放另一个存储器的地址。用作指针的数据空间只能有变量存储器 V、局部变量存储器 L 和累加器 AC1、AC2、AC3。在创立指针时要使用 MOVE 指令(双字传送指令)将某个位置的地址移入用作指针的数据空间。例如:

MOVE　&VB100,AC1　表示把 & 后面变量存储器 V 的地址 B100 中的内容传送到用作指针的地址 AC1 中去;

MOVE　&C4,LD6　表示把 & 后面 C4 计数器中的内容传送到用作指针的地址 LD6 中去。

b. 用指针来存取数据。用指针来存取数据时,操作数前加"＊"号,表示该操作数为一个指针。例如图 11.2-8 中的 ＊AC1 表示操作数 AC1 是一个指针,＊AC1 是 MOVW 指令确定的一个字长的数据。此例中,存于 V200 和 V201 的数据被传送到累加器 AC0 的低 16 位。

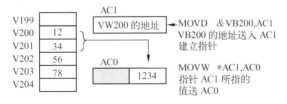

图 11.2-8　用指针来存取数据

c. 修改指针。要使用间接寻址方式连续存取指针所指的数据时,就要进行指针修改操作。因为指针是 32 位的数据,所以要使用双字指令来修改指针值。注意对字、字节、双字读写时指针调整长度是不同的:当读写 1 个字节时,指针加 1;当读写 1 个字或者定时器、计数器的当前值时,指针加 2;当读写 1 个双字时,指针加 4。

11.2.3 S7-200 可编程控制器的常用基本指令

PLC 编程时利用计算机和专用的 STEP 7-Micro/MIN 32 软件，由 PC/PPI 电缆与 PLC 相连接。使用指令在编程软件上编程并调试后下载到 PLC 上，就可以使 PLC 正常工作。

S7-200 PLC 用 LAD(梯形图)编程时以每个独立网络块为单位，所有网络块组合在一起就形成梯形图程序。由于用 STEP 7-Micro/MIN 32 软件编程后，LAD 可以转化成 STL 或 FDB，而 LAD 又易学易懂，为工程上所广泛采用，以下介绍的常用指令以梯形图为主。

1. 逻辑触点和输出指令

逻辑触点和输出指令的指令操作对象是：I、Q、M、SM、T、C、V、L、S，其梯形图和语句表见表 11.2-2。其中的立即指令(语句表指令中最后一个字母为 I)是为了提高 PLC 对输入和输出的响应速度而设的，它不受 PLC 循环扫描工作方式的影响，允许对输入和输出点进行快速直接存取。

表 11.2-2　逻辑触点和输出指令(bit 为操作对象地址)

操作	梯形图(ALD)	语句表(STL)	说　明
电路起始	┤ ├ bit	LD bit	以常开触点 bit 为起始，引出 1 行新程序
	┤/├ bit	LDN bit	以常闭触点 bit 为起始，引出 1 行新程序
	┤I├ bit	LDI bit	以立即读常开触点 bit 为起始，引出 1 行新程序(I:立即读)
	┤/I├ bit	LDN I bit	以立即读常闭触点 bit 为起始，引出 1 行新程序(I:立即读)
与	┤ ├ ┤ ├ bit bit	A bit	常开触点串联，串联触点使用上限为 11 个
	┤ ├ ┤/├ bit bit	AN bit	常开触点与常闭触点串联，串联触点使用上限为 11 个
	┤ ├ ┤I├ bit bit	AI bit	常开触点与立即读常开触点串联，串联触点使用上限为 11 个
	┤ ├ ┤/I├ bit bit	ANI bit	常开触点与立即读常闭触点串联，串联触点使用上限为 11 个
或	┤ ├ bit ┤ ├ bit	O bit	常开触点并联
	┤ ├ bit ┤/├ bit	ON bit	常开触点与常闭触点并联
	┤ ├ bit ┤I├ bit	OI bit	常开触点与立即读常开触点并联
	┤ ├ bit ┤/I├ bit	ONI bit	常闭触点与立即读常闭触点并联
输出	( ) bit	= bit	线圈左面所有触点闭合时，线圈得电，否则失电
立即输出	(I) bit	=I bit	线圈左面所有触点闭合时，线圈立即得电(运行结果立即被写入物理触点)，否则失电

[例 11.2-1]　利用逻辑触点和输出指令,由 3 个地点控制同 1 台电动机(输出 Q0.0)的运行与停止的梯形图编程,如图 11.2-9 所示。

2. 堆栈指令

堆栈指令常用于梯形图中多个动作连于同一点的独立网络中,并要用到同一中间运算结果的场合。

堆栈是一组能够存储和读出数据的暂存单元,其特点是"先进后出",每进行一次入栈操作,新值放入栈顶,栈底数据丢失;每进行一次出栈操作,栈顶值弹出,栈底值补充随机数。

S7-200 PLC 堆栈指令有 3 条:LPS(压栈)、LRD(读栈)、LPP(退栈),它们是一种组合指令,不能单独使用。由图 11.2-10 可见,在一个网络的分支开始处用 LPS 指令;网络分支结束时用 LPP 指令来读出和清除 LPS 指令存储的运算结果;在 LPS 指令和 LPP 指令之间用 LRD 指令。在出现图 11.2-10(a)梯形图中的情况时,若用语句表编程,必须使用堆栈指令,如图 11.2-10(b) 所示。

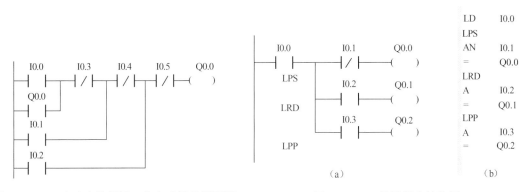

图 11.2-9　3 个地点控制同一台电动机的梯形图　　　图 11.2-10　堆栈指令的使用

用梯形图语言编程时,堆栈的处理是编程软件和 PLC 自动完成的,用户只需根据自己的要求编制出梯形图就行了。在将梯形图转换成指令表时,编程软件会根据电路的结构自动地在程序中加入 LPS、LRD 和 LPP 指令。

3. 置位、复位和边沿触发指令

置位、复位指令的操作对象是:I、Q、M、SM、T、C、V、L、S 及 VB、IB、QB、MB、SMB、SB、AC。边沿触发指令常用于启动和关断条件的判定及配合功能指令完成逻辑控制。其梯形图和语句表见表 11.2-3。

表 11.2-3　置位、复位和边沿触发指令的梯形图和语句表

位逻辑操作	梯　形　图	语　句　表	说　　　明
置位	bit ——(S) N	S bit,N	S bit 将从 bit 开始的 N 个元件连续置 1,且保持该状态
复位	bit ——(R) N	R bit,N	R bit 将从 bit 开始的 N 个元件连续置 0,且保持该状态。如 R-bit 是定时器或计数器,则标志位和当前值清 0

位逻辑操作	梯 形 图	语 句 表	说 明
上升沿触发	─┤P├─	EU	每检测到一次上升沿变化(电平从低到高),让能流接通一个扫描周期(又称微分指令)
下降沿触发	─┤N├─	ED	每检测到一次下降沿变化(电平从高到低),让能流接通一个扫描周期
取非	─┤NOT├─	NOT	能流未能达到该触点时给右边线圈提供能流,能流能达到该触点时停止,使左边电路的逻辑运算结果取反

[例 11.2-2] 利用置位、复位指令使输出(Q0.0,Q0.1)二个元件置 1、置 0,并保持,见图 11.2-11。

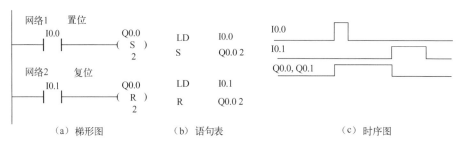

（a）梯形图　　　　　（b）语句表　　　　　（c）时序图

图 11.2-11　例 11.2-2 图

4. 定时器指令

定时器指令是 PLC 中最常用的指令。编程时预置定时值,在运行过程中当输入条件满足时,定时器动作,从而达到精确定时控制的目的。定时器常用来取代继电器控制中的时间继电器。其操作对象是:T、C、AC、VW、IW、QW、MW、SW、SMW、AIW、* VD 和 * AC 和常数,其中常数作为定时器的设定时间最常用。定时器的类型、梯形图和语句表见表 11.2-4。

表 11.2-4　定时器的类型、梯形图和语句表

定时器类型	梯 形 图	语 句 表	说 明
接通延时定时器 TON	TXXX IN TON n-PT	TON TXXX,PT	① 当 IN 接通时,TON 开始定时。 ② 当定时器的值大于等于 PT 端设定值 n 时,定时器变为 ON。梯形图中对应定时器的常开触点闭合,常闭触点断开。此时定时器仍继续计数,直到最大值 32767。 ③ 在 IN 断开时,定时器复位,当前值为零
具有记忆功能的接通延时定时器 TONR	TXXX IN TONR n-PT	TONR TXXX,PT	① 当 IN 接通时,TONR 开始定时。 ② 当定时器的值大于等于 PT 端设定值 n 时,定时器变为 ON。定时器仍继续计数,直到最大值 32767。 ③ 在 IN 断开时,定时器的当前值保持不变,这样可以用来累计输入电路的时间间隔,要用复位指令才能复位
断开延时定时器 TOF	TXXX IN TOF n-PT	TOF TXXX,PT	① 当 IN 接通时,TOF 为 ON,当前值为 0。当 IN 由接通到断开时 TOF 开始计时。 ② 定时器的当前值等于设定值时,输出变为 OFF,当前值保持不变,直到输入电路接通

定时器类型及参量,见表 11.2-5。

定时器的时间计算:

$$T(实际定时时间)=分辨率(ms)×PT(设定值)$$

例如表 11.2-5 中,TON 指令选用分辨率为 10 ms 的定时器 T33,设定值为 100,则 $T=10\ ms×100=1000\ ms$。

[例 11.2-3] 利用边沿触发和定时器指令进行梯形图编程,见图 11.2-12。

① 输入 I0.1 从 0 上升为 1 时,P 检测到上升沿触发,使输出 Q0.0 为 1,经 T33 延迟 5 s 后 Q0.0 复位为 0。

② 输入 I0.2 从 1 下降为 0 时,N 检测到下降沿触发,使输出 Q0.1 为 1,经 T34 延迟 5 s 后 Q0.1 复位为 0。

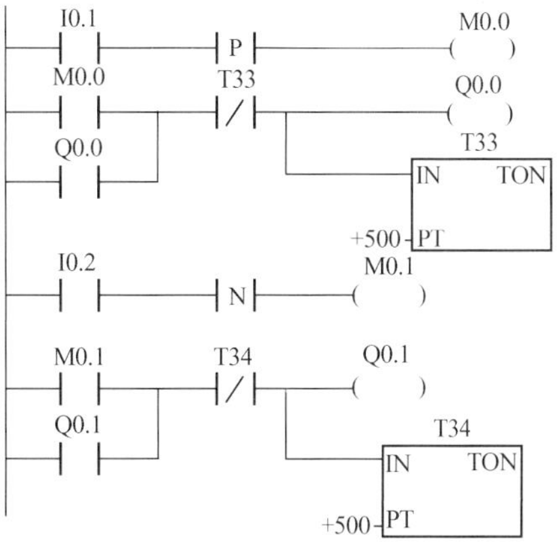

表 11.2-5　定时器类型及参量

定时器类型	分辨率(ms)	定时范围(s)	定时器编号
TONR	1	32.767	T0,T64
	10	327.67	T1~T4,T65~T68
	100	3276.7	T5~T31,T69~T95
TON TOF	1	32.767	T32,T96
	10	327.67	T33~T36,T97~T100
	100	3276.7	T37~T63,T101~T255

图 11.2-12　例 11.2-3 图

5. 计数器指令

计数器指令用来累计输入脉冲的次数,在实际应用中常用来对动作进行计数或完成复杂的逻辑控制。

计数器使用时的编号由计数器名称 C 和 0~255 中的数字组成,如 C50、C100 等。

计数器指令的使用与定时器相似,编程时输入设定值,计数器累计输入脉冲上升沿的个数,达到设定值时动作,完成计数任务。其类型、梯形图和语句表见表 11.2-6。

表 11.2-6　计数器类型、梯形图和语句表

计数器类型	梯形图	语句表	说明
加计数器	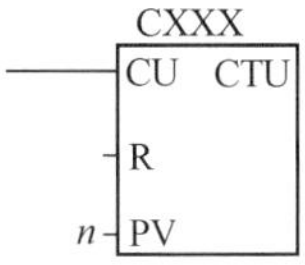 CXXX CU CTU R n-PV	CTU CXXX,PV	① 当计数输入端(CU)有上升沿输入时,计数器当前值加 1; ② 当复位输入端(R)接通时,计数器复位; ③ 最大允许设定值(PV)为 32767; ④ 在当前计数值大于等于设定值(PV)时,计数器输出标志为 1;当前计数器值大于 32767 时,停止计数
减计数器	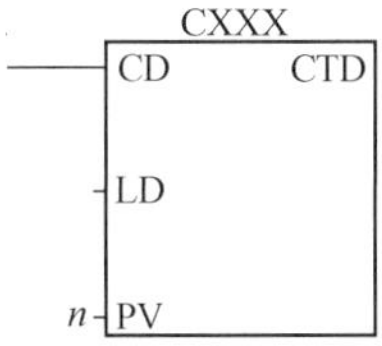 CXXX CD CTD LD n-PV	CTD CXXX,PV	① 当计数输入端(CD)有上升沿输入时,计数器当前值减 1; ② 当装载输入端(LD)接通时,计数器输出标志清 0,并将设定值(PV)值装载到当前计数器寄存器中; ③ 最大允许设定值(PV)为 32767; ④ 在当前计数值为 0 时,计数器输出标志置为 1; ⑤ 当装载输入端(LD)断开时,计数器被复位

计数器类型	梯 形 图	语 句 表	说 明
加减计数器	CXXX CU CTUD CD R n—PV	CTUD CXXX,PV	① 当计数输入端(CU)有上升沿输入时,计数器当前值加1; ② 当计数输入端(CD)有上升沿输入时,计数器当前值减1; ③ 当复位输入端(R)接通时,计数器复位; ④ 在当前计数值大于等于设定值(PV)时,计数器输出标志为1; ⑤ 在当前计数器值大于等于32767,或小于等于−32767时,计数器停止计数

计数器指令的操作对象是:T、C、AC、VW、IW、QW、MW、SMW、AIW、*VD、*AC、*LD 和常数,其中常数作为计数器的设定值是最常用的。

[**例 11.2-4**] 计数器用法。

加计数器见图 11.2-13;减计数器见图 11.2-14;加减计数器:见图 11.2-15。

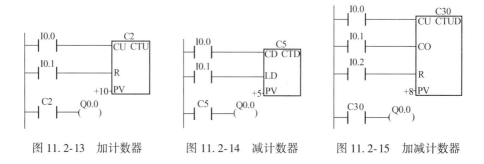

图 11.2-13 加计数器   图 11.2-14 减计数器   图 11.2-15 加减计数器

6. 比较指令

比较指令是指将两个操作数按指定条件进行比较,条件成立时,触点就闭合。所以比较指令实际上也是一种位指令,S7-200 PLC 共有 72 条比较指令。在实际应用中,比较指令为上下限控制及数值条件判断提供了方便。

比较指令的类型有:字节比较、整数比较、双字整数比较和实数比较。

比较指令的运算符有:= 、>= 、<、<= 、>和<>。

11.2.4 S7-200 可编程控制器的功能指令简介

随着计算机技术的飞速发展,PLC 的功能日益强大。PLC 利用机内 CPU 的各种功能增加了程序控制、数据传送、数据运算、数据处理、高速计数器、中断、子程序等指令,这些指令统称为功能指令。由于 S7-200 可编程控制器的功能指令很多,在此只介绍部分常用的指令,有兴趣读者可查阅 SIEMENS 公司的相关技术手册或登录该公司的网站(http://www.ad.siemens.com.cn/)。

功能指令的梯形图用方框表示,称为"功能块"或"盒子"。功能块的输入均在左边,输出均在右边。梯形图的"能流"流到功能块的输入端 EN(使能端),功能指令方能执行。如执行无误,则输出端 ENO(使能输出端)将"能流"传到下一级。否则"能流"将在出现错误的功能块终止。功能块的"能流"如图 11.2-16 所示。

图 11.2-16 功能块的"能流"

1. 传送指令

传送指令用来完成各存储单元间一个或多个数据的传送。常用的指令有以下三大类。

（1）单一传送、块传送指令

单一传送指令又分为字节、字和双字三种传送指令,其特点是将输入数据传送到输出,传送过程中不改变数据的大小。单一传送指令的梯形图和语句表格式见图 11.2-17 和表 11.2-7。

块传送指令同样分为字节、字和双字三种传送指令,其特点是将输入地址开始的 N 个数据传送到输出地址开始的 N 个单元,N 为字节变量,$N=1\sim255$。块传送指令的梯形图和语句表格式见图 11.2-18 和表 11.2-7。

表 11.2-7 传送指令语句表格式及功能

指令类型	语句表(STL)格式	功 能
单一传送	MOVB　IN,OUT	传送字节
	MOVW　IN,OUT	传送字
	MOVD　IN,OUT	传送双字
	MOVR　IN,OUT	传送实数
块传送	BMB　IN,OUT,N	传送字节块
	BMW　IN,OUT,N	传送字块
	BMD　IN,OUT,N	传送双字块
字节交换和立即读写	SWAP　IN	字节交换
	BIR　IN,OUT	字节立即读
	BIW　IN,OUT	字节立即写

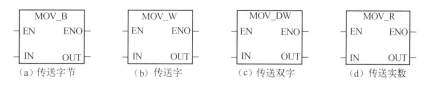

图 11.2-17 单一传送指令的梯形图格式

（2）字节交换指令

字节交换指令用来交换输入字(IN)的高字节与低字节,其指令的梯形图和语句表格式见图 11.2-19 和表 11.2-7。

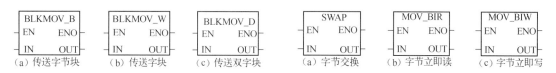

图 11.2-18 块传送指令梯形图格式　　图 11.2-19 字节交换和立即读写指令的梯形图格式

（3）字节立即读写指令

字节立即读指令用来读取输入端(IN)给出的 1 个字节的物理输入点(IB),并写入输出(OUT);字节立即写指令用来将输入端给出的 1 个字节数写入输出(OUT)端给出的物理输出点(QB)。

[例 11.2-5]　用传送字节指令将输出 Q0.0 ~ Q0.7 分别置 1 和置 0 的梯形图编程,见图 11.2-20。

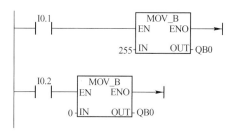

图 11.2-20　例 11.2-5 图

· 263 ·

2. 移位、循环移位和移位寄存器指令

移位指令分为左移位和右移位指令,根据移位数又分为字节、字和双字三种。寄存器移位指令无字节、字和双字之分,最大长度为−64~+64。移位指令的梯形图和语句表格式分别见图 11.2-21 和表 11.2-8。

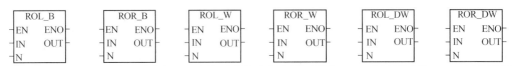

（a）字节循环左移位（b）字节循环右移位（c）字循环左移位（d）字循环右移位（e）双字循环左移位（f）双字循环右移位

图 11.2-21 移位指令梯形图格式

表 11.2-8 移位、循环移位和移位寄存指令语句表格式及功能

指令类型	语句表(STL)格式		功　　能	说　　明
移位指令	SLB	OUT,N	字节左移位	将输入 IN 的字节的各位向左(右)移动 N 位到输出字节 OUT,对移出空位补 0。移动的位数 N 最多为 8 次,超出的位次数无效。N 为字节变量
	SRB	OUT,N	字节右移位	
	SLW	OUT,N	字左移位	将输入 IN 的字的各位向左(右)移动 N 位送到输出字 OUT,对移出空位补 0。移动的位数 N 最多为 16 次,超出的位次数无效
	SRW	OUT,N	字右移位	
	SLD	OUT,N	双字左移位	将输入 IN 的双字的各位向左(右)移动 N 位送到输出双字 OUT,对移出空位补 0。移动的位数 N 最大为 32 次,超出的位次数无效
	SRD	OUT,N	双字右移位	
循环移位指令	RLB	OUT,N	字节循环左移	将输入 IN 的字节数向左(右)循环移动 N 位送到输出字节 OUT。移位次数 N 为字节变量,如果 N≥8,执行循环之前先对 N 进行模 8 操作(N 除以 8 后取余数),因此实际移位次数在 0~7 之间。如果 N 为 8 的整倍数,则不进行移位操作
	RRB	OUT,N	字节循环右移	
	RLW	OUT,N	字循环左移	将输入 IN 的字数值向左(右)循环移动 N 位送到输出字 OUT。如果 N≥16,执行循环之前先对 N 进行模 16 操作(N 除以 16 后取余数),因此实际移位次数在 0~15 之间。如果 N 为 16 的整倍数,则不进行移位操作
	RRW	OUT,N	字循环右移	
	RLD	OUT,N	双字循环左移	将输入 IN 的双字数值向左(右)循环移动 N 位送到输出双字 OUT。如果 N≥32,执行循环之前先对 N 进行模 32 操作(N 除以 32 后取余数),因此实际移位次数在 0~31 之间。如果 N 为 32 的整倍数,则不进行移位操作
	RRD	OUT,N	双字循环右移	
移位寄存器指令	SHRB DATA,S_BIT,N		移位寄存器	将 DATA 端输入数据移入移位寄存器。S_BIT 指定其最低位,N=−64~+64,N 正向移位为正,负向移位为正负

循环移位指令同样分为字节、字和双字循环右移和字节、字和双字循环左移。其梯形图和语句表格式分别见图 11.2-22 和表 11.2-8。

移位寄存器指令是为满足自动化生产需求和控制产品流的实用程序。其梯形图和语句表格式分别见图 11.2-23 和表 11.2-8。

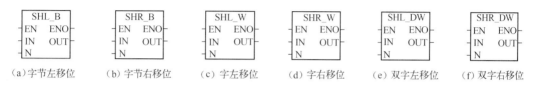

| (a) 字节左移位 | (b) 字节右移位 | (c) 字左移位 | (d) 字右移位 | (e) 双字左移位 | (f) 双字右移位 |

图 11.2-22　循环移位指令梯形图格式

[**例 11.2-6**]　用循环移位和移位指令分别将 AC0 循环右移 3 位和 VB20 左移 4 位的梯形图见图 11.2-24。

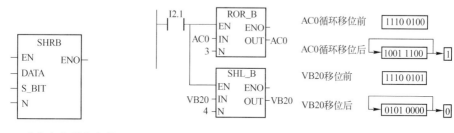

图 11.2-23　移位寄存器指令梯形图　　　　图 11.2-24　例 11.2-6 图

思考与练习

11.2-1　PLC 编程语言主要有哪三种形式？

11.2-2　定时器的编号范围是什么？在此范围内是否可以任意使用？

11.2-3　若 TON 指令选用分辨率为 100 ms 的定时器 T37，设定值为 100，则设定的时间是多少秒？

11.2-4　计数器分别有哪几种类型？各自的工作原理是什么？

11.3　可编程控制器的梯形图程序设计方法及应用

PLC 的程序设计方法有多种，通常有经验设计法、逻辑设计法、图解设计法等。对 PLC 应用最广泛的顺序控制中，顺序功能图法有其独特的优势而被确定为顺序控制中的首推设计方法。在实际设计中往往会多种方法互相渗透，综合运用。对相同的 PLC 机型、相同的控制目标，采用不同的设计方法最终设计的程序会差别很大。

对程序设计总的要求是：可靠性高、可读性好、参数可调性好和程序简练。

11.3.1　经验设计法及应用

经验设计法主要用于继电器控制系统，此法没有一个普遍的规律可循，具有一定的试探性和随意性。程序设计的质量、设计时间的长短与设计者的经验有关。

在比较简单的继电器控制中，经验设计法具有直观、快速有效的特点，但调试周期较长。

经验设计法要求设计人员熟悉所用的 PLC 的性能、指令，掌握一些 LAD 的基本电路。如"启保停"电路、电机控制电路、延时启动电路等，见图 11.3-1、图 11.3-2 和图 11.3-3。

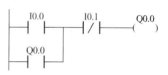

图 11.3-1　"启保停"电路

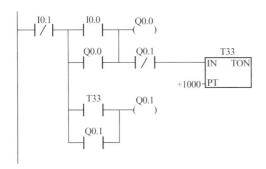

图 11.3-2 控制两台电机先后顺序启动电路

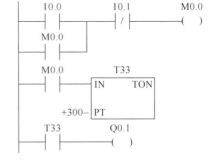

图 11.3-3 延时启动电路

在经验设计法中,原继电器电路的输入、输出与梯形图中的输入位、输出位的地址有对应关系;原继电器电路的中间继电器、时间继电器与梯形图中的存储器(M)和定时器(T)有对应关系。原继电器电路之间的逻辑关系在编程中完全适用。用经验设计法时,可先由其对应关系画出 PLC 的外部接线图,了解清楚电路之间的逻辑关系再进行 LAD 编程。

在用 LAD 指令编程时,选择指令也是一个经验问题,要靠实践。选择不同的指令,尽管都能达到目标,但会编制出完全不同的程序,程序的性能也有所差异。

[例 11.3-1] 将三相异步电动机的正-停-反接触器控制(见图 9.4-1(a))方式,设计成 LAD 编程控制方式。

由三相异步电动机的正-停-反接触器控制电路可确定有 3 个输入开关 K1、K2、K3,输出除了热继电器保护,就是正反转继电器 2 个。接触器控制的逻辑关系见本书第 9 章所述,一是"自保"触点,二是"互锁"触点。

由接触器控制电路对应画出 PLC 外部接线图见图 11.3-4,LAD 编程见图 11.3-5。

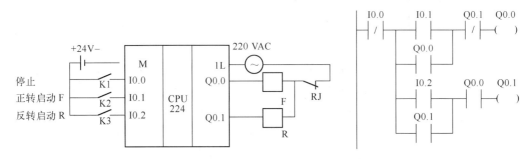

图 11.3-4 外部接线图   图 11.3-5 LAD 编程

[例 11.3-2] 三速异步电动机启动和自动加速的继电器控制电路如图 11.3-6 所示。

图中的输入控制只有启动和停止 2 个,输出为 3 个接触器 KM1、KM2、KM3。为防止继电器主触点由于大电流而烧黏结,使该断时断不开,一般可在 PLC 外接接触器时用其辅助触点来组成"互锁"。其中的 KA 为中间继电器,KT1、KT2 为定时 5 s、6 s 的时间继电器,可用 PLC 中的中间继电器 M 和两个定时器 T 来代替,LAD 编程见图 11.3-7。这样,PLC 的外围只需 3 个接触器来接电机,接线得到简化,PLC 外部接线见图 11.3-8。

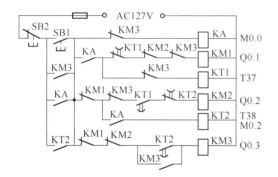

图 11.3-6 电动机继电器控制电路

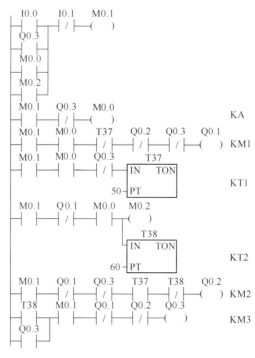

图 11.3-7 LAD 编程

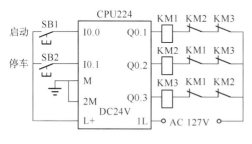

图 11.3-8 PLC 外部接线

11.3.2 顺序功能图法及应用

顺序功能图(Sequential Function Chart)简称 SFT,是描述开关量控制系统的有效方法,也是设计可编程控制器的顺序控制程序的有力工具。它于 20 世纪 80 年代源于法国,我国也在 1986 年颁布了顺序功能图的国家标准 GB69886-86。1994 年公布的 IEC 可编程控制器标准(IEC1131)中,顺序功能图被确定为可编程控制器首选编程语言。

顺序功能图的设计方法有效地克服了经验设计法的试探性和随意性,设计的程序规律性强、可读性好,而且简单易学,为广大 PLC 用户所接受。

目前应用中大部分是根据控制要求,先画出顺序功能图,然后将其转化成梯形图程序。有些大型或中型 PLC 可直接用功能图进行编程。

1. 顺序功能图简介

顺序功能图主要由步、动作(或命令)、有向连线和转换组成。

(1) 步

顺序功能图法的最基本思想是将系统的一个工作周期确定为若干个状态不变、顺序相连的阶段,这些阶段称为"步"。

步用矩形框表示,框内的数字是步的编号。每个顺序功能图都有一个初始步,初始步使用双线框。每步的动作内容放在该步旁边的框中。箭头表示步的转换方向(简单的功能表图可不画箭头)。步与步之间的短横线旁标注转换条件。正在执行的步叫活动步,当前一步为活动步且转换条件满足时,将启动下一步并终止前一步的执行。步和顺序功能图见图 11.3-9。

步是根据输出量的状态变化来确定的,任何一步内各输出量的状态(ON/OF)是不变的,但相邻两步输出量的状态是不同的。

（2）动作(或命令)

动作是指在控制过程每一步要完成的一些控制命令。每个动作用矩形框中的符号或文字表示,并与对应的步相连,一个步可以对应一个动作,也可以对应多个动作,见图11.3-9(c)。

（3）有向连线和转换

在顺序功能图中,用有向连线(带箭头)将各步连接起来。步的活动状态的方向是从上到下或从左至右,在这两个方向有向连线上的箭头可以省略。

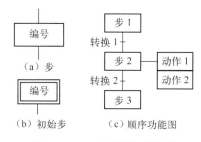

图 11.3-9　步和顺序功能图

转换是用有向连线上与有向连线垂直的短画线来表示的,转换将相邻两步分隔开。步的活动状态的进展是由转换条件来完成的,转换条件可以用文字语言、布尔表达式或图形符号来表示。

2. 顺序功能图的常见种类

（1）单序列

单序列由一系列相继激活的步组成,每一步的后面仅有一个转换,每一个转换的后面只有一个步,见图11.3-10(a)。

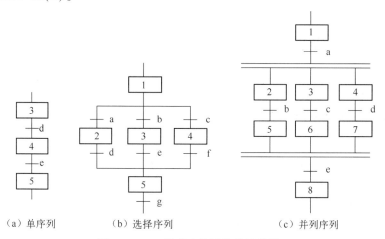

（a）单序列　　　（b）选择序列　　　（c）并列序列

图 11.3-10　顺序功能图的常见种类

（2）选择序列

对于某一步后有多个单序列,只能选择其中的一个单序列执行,这就需要对每个单序列进入转换条件加以约束,优先选择满足约束条件的序列,一般只允许同时选择一个序列,见图 11.3-10(b)。

（3）并列序列

在某一转换条件触发下,同时启动一个以上序列。并列序列水平连线用双线,见图 11.3-10(c)。

3. 顺序功能图设计方法及举例

顺序功能图设计方法可分为三步:

（1）根据被控对象的各个状态确定步,可用存储器 M 来代表每一步。

（2）确定步与步之间的逻辑关系及转换条件。

（3）根据步和转换条件画顺序功能图。

[例 11.3-3] 送料小车的顺序功能图设计和梯形图编程。

送料小车示意图见图 11.3-11,各位置的控制按钮为:

小车的初始阶段位置:I0.4＝ON;按启动按钮 I0.1＝ON;

第一阶段:装料 Q0.2＝ON,T＝5 s;

第二阶段装料(5 s)后自动开始:右行 Q0.0＝ON,到最右端 I0.3＝ON;

第三阶段(到最右端后)自动开始:卸料 Q0.3＝ON,T＝5 s;

第四阶段卸料(6 s)后自动开始:左行 Q0.1＝ON,到最左边时 I0.4＝ON,若此时启动按钮 I0.1＝ON,进入下一轮工作,否则停止。

工作步骤:

（1）根据小车的各个阶段的状态确定被控对象的步,见图 11.3-12。

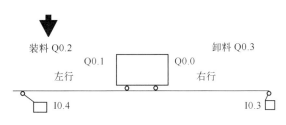

图 11.3-11 送料小车示意图

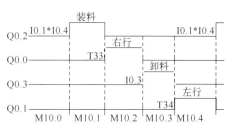

图 11.3-12 被控对象步的确定

（2）确定逻辑关系及转换条件:

初始步 M10.0:由于 M10.1～M10.4 都没有动作,故用"非"关系表示为:$\overline{M10.1} \cdot \overline{M10.2} \cdot \overline{M10.3} \cdot \overline{M10.4}$,此外还考虑到初始化,用特殊功能存储器 SM0.1 使首次扫描时为 1。

第一步 M10.1:I0.1 · I0.4

第二步 M10.2:T33 延时 5 s

第三步 M10.3:I0.3

第四步 M10.4:T34 延时 5 s

第五步 M10.5:＝1 停止或继续

（3）画顺序功能图:根据上述的步,画出顺序功能图见图 11.3-13。

4. 从顺序功能图到梯形图编程

要将顺序功能图转换成梯形图,需找出顺序功能图每一步的启动和停止条件。激活当前步成为活动步,相应的转换条件为真。如图 11.3-14 所示,找出激活当前 Mi 步成为活动步条件的逻辑表达式为:$M_i =$

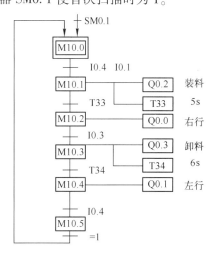

图 11.3-13 顺序功能图

$(M_{i-1} \cdot X_i + M_i) \cdot \overline{M_{i+1}}$,其中,$M_{i-1} \cdot X_i$ 为启动条件,M_i 为自保条件,$\overline{M_{i+1}}$ 为停止条件。由逻辑表达式画出梯形图见图 11.3-15。

由上述方法,可画出送料小车顺序功能图设计的梯形图,见图 11.3-16。

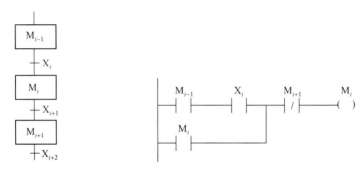

图 11.3-14　顺序功能图的步　　　　图 11.3-15　由逻辑表达式画出的梯形图

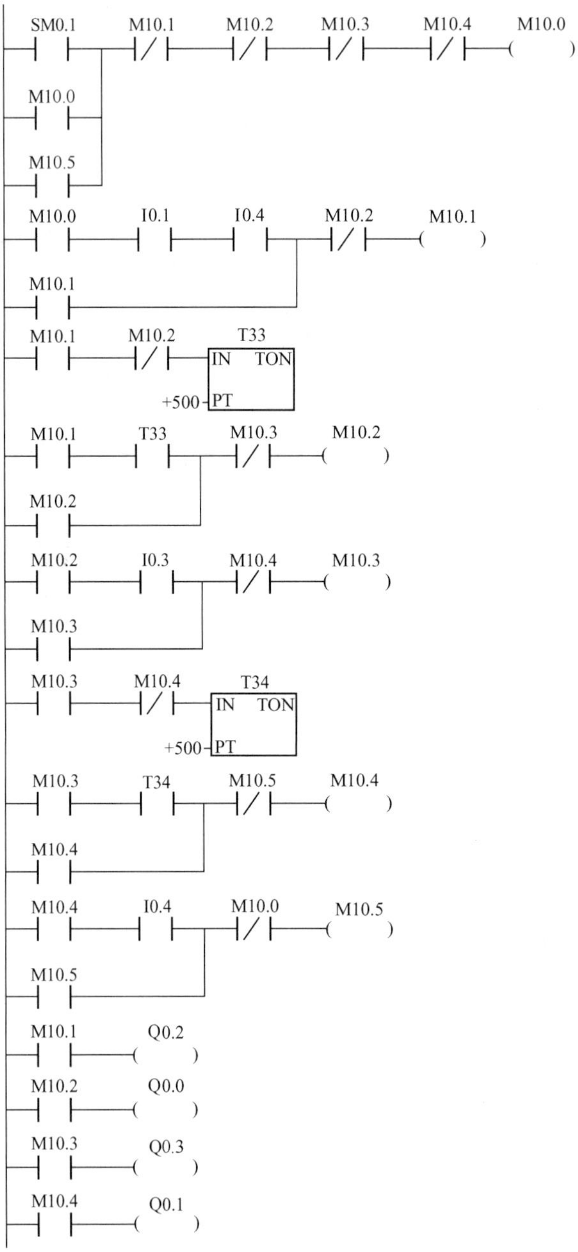

图 11.3-16　送料小车梯形图

5. SCR 指令的顺序控制梯形图设计方法

为进一步使顺序功能图编程简单化和规范化,S7-200 PLC 中的顺序控制指令 SCR 专门用于编制顺序控制程序,操作对象是继电器 S。其将顺序控制程序划分为 LSCR 与 SCRE 指令之间的几个 SCR 段,一个 SCR 段对应顺序功能图的一步。语句表和梯形图见表 11.3-1。

表 11.3-1　顺序控制指令的语句表和梯形图

梯　形　图	语　句　表	说　明
bit SCR	LSCR bit	表示一个 SCR 步的开始,bit 为程序控制继电器 S 的地址,S=1 时对应的 SCR 段中的程序被执行
bit —(SCRT)	LSCRT bit	表示 SCR 段之间的转换,当 SCRT 激活时,其 SCRT 中指定的顺序功能图的后续步对应的程序控制继电器 S=1,同时当前活动步对应的程序控制继电器 S=0,即当前步变为不活动步
—(SCRE)	SCSCRE	表示 SCE 段落到此结束

[**例 11.3-4**]　以图 11.3-11 送料小车工作情况和图 11.3-13 顺序功能图为例。

将图 11.3-13 顺序功能图中每步的辅助继电器 M 改成顺序控制继电器 S,如图 11.3-17 所示。如在设计梯形图时,用 LSCR 和 SCRE 指令作为 SCR 段的开始和结束指令。在 SCR 段中用始终为 1 的 SM0.0 的触点来驱动在该步中应为 1 状态的输出点(Q)的线圈,并用转换条件对应的触点或电路来驱动转换到后续步的 SCRT 指令。SCR 指令的梯形图见图 11.3-18。

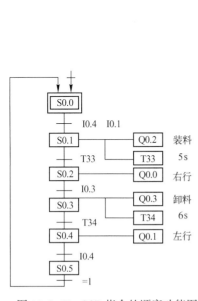

图 11.3-17　SCR 指令的顺序功能图

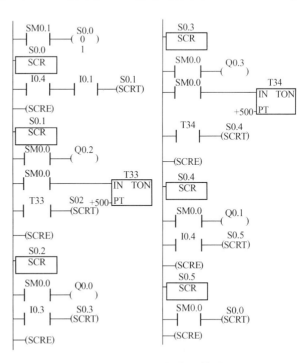

图 11.3-18　SCR 指令的梯形图

· 271 ·

思考与练习

11.3-1 试用置位、复位指令设计例 11.3-1 的 LTD 程序。

11.3-2 顺序功能图的基本结构有哪些？

本 章 小 结

可编程控制器(PLC)是以计算机技术为核心的通用自动控制装置,具有功能强、性价比高、抗干扰能力强、体积小、能耗低等特点,在工业生产中得到了广泛应用。并且在数字量逻辑控制、运动控制、闭环过程控制、数据处理、通信网等领域也得到广泛应用。本章以西门子公司的 S7-200 PLC 为例,介绍了 PLC 的工作原理、硬件结构、指令系统,重点介绍了以下几点:

1. PLC 主要由中央处理器(CPU)、存储器模块、输入/输出模块和电源模块等组成。

2. PLC 采用"逐次扫描,不断循环"的工作方式,存在 I/O 滞后现象。

3. 采用梯形图方式的 PLC 编程指令,包括逻辑、输出、复位、置位、定时器、计数器指令等,以及相关功能指令。

4. PLC 的程序设计方法主要采用经验设计法和顺序功能图法。经验设计法主要用于继电器控制系统,没有一个普遍的规律可循,具有一定的试探性和随意性,虽直观快速有效,但调试周期长。顺序控能图法有效地克服了经验设计法的试探性和随意性,设计的程序规律性强、可读性好,而且易学;顺序功能图主要由步、动作(或指令)、有向连线和转换组成;在设计中,根据控制要求,先画出顺序功能图,然后将其转化成梯形图程序。

习 题

11.1 节的习题

11-1 简述 PLC 的定义。PLC 有哪些特点?

11-2 与一般的计算机控制系统相比,PLC 有哪些优点? 与继电器控制系统相比,PLC 有哪些优点?

11-3 整体式 PLC 和模块式 PLC 各有什么特点? 分别适用于什么场合?

11-4 简述 PLC 的扫描工作过程。

11-5 一扇电动门(由输出 Q0.0 控制,0 为关闭,1 为打开),此时状态为打开,用梯形图编程:用 3 个输入点(I0.0~I0.2)中的任何一个都可以控制其关闭。

11.2 节的习题

11-6 画出题图 11-1 中语句表程序对应的梯形图。

11-7 用接在 I0.0 输入端的光电开关检测传送带上通过的产品,有产品通过时 I0.0 为 ON,如果在 10 s 内没有产品通过,由 Q0.0 发出报警信号,用 I0.1 输入端外接的开关解除报警信号。画出梯形图,并写出对应的语句表程序。

11.3 节的习题

11-8 (Q0.0~Q0.7)8 个彩灯,由输入 I0.0 启动 Q0.0 后用 I0.0 控制彩灯的单循环。试用移位寄存器指令进行梯形图编程。

11-9 试设计出题图 11-2 所示的顺序功能图的梯形图程序。

11-10 试设计出题图 11-3 所示的顺序功能图的梯形图程序。

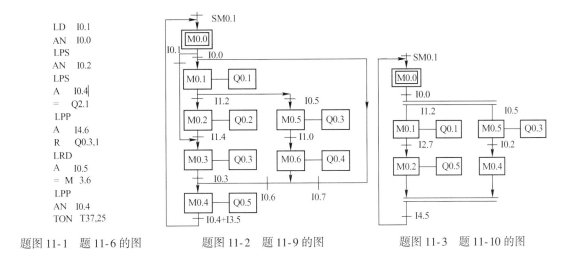

LD   I0.1
AN   I0.0
LPS
AN   I0.2
LPS
A   I0.4
=   Q2.1
LPP
A   I4.6
R   Q0.3,1
LRD
A   I0.5
= M 3.6
LPP
AN   I0.4
TON   T37,25

题图 11-1   题 11-6 的图   题图 11-2   题 11-9 的图   题图 11-3   题 11-10 的图

习题参考答案

第1章

1-1　(a) 20 W(吸收)；　(b) −20 W(产生)；　(c) −20 W(产生)；　(d) 20 W(吸收)

1-2　$P_1 = -560$ W；　$P_2 = -540$ W；　$P_3 = 600$ W；　$P_4 = 320$ W；　$P_5 = 180$ W

1-3　(a) 2 A, $P_b = 20$ W, $P_s = -20$ W；　(b) −1 A, $P_b = 20$ W, $P_s = 10$ W；　(c) 20 V, $P_b = 20$ W, $P_s = 10$ W；

　　　(d) 1 Ω, $P_b = -16$ W, $P_s = -20$ W

1-4　(a) 10 V, 1 A, $P_{50\,V} = -50$ W; $P_{40\,V} = 40$ W

　　　(b) −10 V, −1 A, $P_{50\,V} = 50$ W; $P_{60\,V} = -60$ W

　　　(c) 90 V, 9 A, $P_{50\,V} = -450$ W; $P_{40\,V} = -360$ W

　　　(d) 10 V, −1 A, $P_{50\,V} = -300$ W; $P_{40\,A} = -120$ W

1-5　(a) 10 V, 1 A, $P_{40\,V} = 40$ W; $P_{1\,A} = -50$ W

　　　(b) −10 V, −1 A, $P_{40\,V} = -40$ W; $P_{1\,A} = 30$ W

　　　(c) 10 V, −1 A, $P_{40\,V} = -200$ W; $P_{1\,A} = 20$ W

　　　(d) 10 V, 1 A, $P_{40\,V} = 40$ W, $P_{0.5\,A左} = -27.5$ W, $P_{0.5\,A右} = -25$ W

1-6　(1) 5 A；　(2) 1 A, 4 A, 4 A, 6 A, 2 A；　(3) 8 V, −10 V, −18 V

1-7　(1) 4 A, 12.5 Ω；　(2) 52 V；　(3) 104 A

1-8　0～22 V

1-9　−2 A, 4.5 A, −5.7 A, 3.2 A

1-10　3 A, 5 A, 20 V

1-11　24 Ω, −78 W, −28 W

1-12　−5 V, 20 A

1-13　(a) 5 A, 10 V；　(b) 2 A, 4 V

1-14　(a) S断开时, 0, 0, 0; S闭合时, 10 V, 4 V, 6 V

　　　(b) S断开时, 10 V, 0, 10 V; S闭合时, 4 V, 4 V, 0

　　　(c) S断开时, 10 V, 10 V, 0; S闭合时, 4 V, 0, 4 V

1-15　S闭合时, 200 V, 100 V, 0; S断开时, 212 V, 112 V, 132 V

1-16　S断开时, 2 V; S闭合时, 4.5 V

1-17　8 V, 8 V

1-18　S断开时, 120 V, 110 V, 105 V, 30 V, 10 V, 110 V;

　　　S闭合时, 40 V, 30 V, 45 V, 30 V, 10 V, 30 V

1-19　−120 V, 8 A

1-20　7 A

1-21　4 A, 32 V, 8 V

1-22　−10 V

第2章

2-1　(a) 7 Ω；　(b) 4 Ω

2-2　(a) S打开时, 17 Ω; S闭合时, 7.2 Ω

(b) S 打开时, $\dfrac{76}{29}\Omega$; S 闭合时, $2\,\Omega$

2-3 (a) S 闭合时, $4\,\Omega$; S 打开时, $6\,\Omega$

　　　(b) S 闭合时, $16\,\Omega$; S 打开时, $20\,\Omega$

2-4 (1) $5\,\Omega$; (2) $\dfrac{2}{3}\,A$, $\dfrac{1}{2}\,A$

2-5 (1) $10\,V$, $R_L = 100\,\Omega$; (2) $R_x = 100\sqrt{2}\,\Omega$

2-9 $1\,A$, $6\,V$

2-10 $0.28\,A$, $18.24\,V$

2-11 $10\,V$, $4\,V$

2-12 $0\,A$, $-3\,A$, $P_{U_{s1}} = 0$, $P_{U_{s2}} = 18\,W$, $P_{I_s} = -36\,W$

2-13 $0\,A$, $1\,A$, $1\,A$

2-14 $-\dfrac{3}{10}\,A$, $\dfrac{1}{6}\,A$, $-\dfrac{7}{15}\,A$

2-15 $1.5\,A$, $1.75\,A$, $-0.25\,A$, $6\,A$, $6.25\,A$

2-16 $1\,A$, $-1\,A$, $-2\,A$, $1\,A$, $2\,A$, $-3\,A$

2-17 $0.025\,A$, $50\,mW$

2-18 $10.39\,A$, $3.08\,A$, $-0.81\,A$, $P_{50\,V} = 519.5\,W$, $P_{25\,V} = 97.25\,W$

2-19 $3\,A$, $-1\,A$, $5\,A$, $-1\,A$

2-20 $8\,V$, $-\dfrac{4}{3}\,A$

2-21 $10\,V$, $10\,V$, $P_{I_s} = 15\,W$, $P_{U_s} = 60\,W$

2-22 $\dfrac{120}{31}\,V$, $\dfrac{74}{31}\,V$, $\dfrac{56}{31}\,V$

2-23 $1.25\,V$, $1.5\,V$, $2.75\,V$

2-24 $20\,V$

2-25 $\dfrac{5}{8}\,A$

2-26 $\dfrac{7}{20}\,A$, $\dfrac{7}{8}\,A$

2-27 $2\,A$

2-28 $\dfrac{4}{3}\,A$

2-29 $2\,A$

2-30 $15\,V$, $14\,\Omega$; $\dfrac{15}{14}\,A$, $14\,\Omega$

2-31 $6.25\,V$, $20\,\Omega$; $\dfrac{5}{16}\,A$, $20\,\Omega$

2-32 $2\,A$, $8\,W$; $1.5\,A$, $9\,W$; $1\,A$, $8\,W$

2-33 $\dfrac{2}{3}\,A$

2-34 $1\,A$

2-35 $10\,\Omega$, $30.625\,W$

2-36 $3\,\Omega$, $\dfrac{4}{3}\,W$

2-37　$4\,\Omega,6.25\,W$

2-38　(a) $4\,\Omega$;(b) $8\,\Omega$

2-39　$3\,A,50\,W$

2-40　0.75

2-41　$8\,V$

2-42　$0.02\,A,-80\,mW$

2-44　$16\,V,13\,V,P_{U_s}=70\,W,P_{I_s}=192\,W$

2-45　$-3\,A$

2-46　$\dfrac{28}{15}\,A$

2-47　$3.5\,V$

2-48　(a) $-0.4\,V,-0.8\,\Omega$;(b) $6\,\Omega,12\,\Omega$

2-49　$1.5\,\Omega,37.5\,W$

2-50　$20\,\Omega,\dfrac{5}{16}\,W$

2-51　$1\,V,1.5\,A$

2-52　$10.828\,V$ 或 $5.172\,V$

2-53　$-5\,A$

2-54　$4.5\,V,1.2\,A$

2-55　(1) $\dfrac{120}{11}\,\Omega,330\,W$;(2) $-7.5\,W$

第3章

3-1　$-110\,V;212.5\,V;110\,V$

3-2　(1) $90°$;　(3) $100\,V,220\,V,241.7\,V$

3-3　$10\sin(\omega t-45°)\,A,10\sin(\omega t+135°)\,A$

3-4　$10\sqrt{2}\sin(\omega t+15°)\,A,7\,A,7\,A,10\,A$

3-5　$100\underline{/120°}\,V,0.7\underline{/-60°}\,A$

3-6　$2\,A,440\,W,66.3\,V$

3-7　(2) $7\sqrt{2}\sin\left(314t-\dfrac{\pi}{6}\right)\,A$

3-8　(1) $-8e^{-2t}+8\sin(t+90°)\,V$

3-9　$6.92\,A,6.92\sqrt{2}\sin(314t+90°)\,A,4.84\,J$

3-11　$22\,\Omega,0.121\,H,110\sqrt{2}\sin(314t-15°)\,V,190.5\sqrt{2}\sin(314t+75°)\,V$

3-12　$0.318\,\mu F,22\sin(100\pi t+45°)\,mA,220\sin(100\pi t-45°)\,V$

3-13　$2.6\underline{/90°}\,A,8.8\underline{/90°}\,A$

3-14　$22\,A,-22\,A,0$

3-15　$2\sqrt{2}\sin(314t+30°)\,A,1.79\sqrt{2}\sin(314t+56.57°)\,A,0.89\sqrt{2}\sin(314t-33.43°)\,A,165\sqrt{2}\sin(314t+44°)\,V$

3-16　$3.89\sqrt{2}\sin(314t-45°)\,A;79.6\,\mu F;39.8\,\mu F$

3-17　$3.27\underline{/38.7°}\,A,2\underline{/-56.9°}\,A,4\underline{/68.6°}\,A$

3-18　$20\underline{/0°}\,A,11\underline{/90°}\,A,10\sqrt{2}\underline{/-45°}\,A,30\underline{/1.91°}\,A$

3-19　$0.825\,H$

3-20　$20\ \underline{/-36.9^\circ}$ A,44.7$\underline{/-100^\circ}$ A,40 $\underline{/53.1^\circ}$ A,286.4 $\underline{/-24.8^\circ}$ V

3-21　$15\sqrt{2}\sin(\omega t+28.6^\circ)$ A,$7.03\sqrt{2}\sin(\omega t-10.1^\circ)$ A,$10.43\sqrt{2}\sin(\omega t+53.3^\circ)$ A,$120\sqrt{2}\sin(\omega t-61.4^\circ)$ V,

　　　$62.58\sqrt{2}\sin(\omega t+53.3^\circ)$ V

3-22　185.81 V

3-23　$0\sim180^\circ$

3-25　5 mH

3-26　15.6 V,0.234

3-27　227.3 $\underline{/23.71^\circ}$ V

3-28　11.8 $\underline{/-80.2^\circ}$ A

3-29　6.58 $\underline{/41.2^\circ}$ A

3-30　1.32 $\underline{/2.3^\circ}$ A,6.6 $\underline{/-50.8^\circ}$ V

3-31　0.33 A,204.56 V,60.06 V

3-32　177.4 Ω,1.63 H,185.7 Ω

3-33　（2）833.3 W,2083.5 var,2244 VA

3-34　467 μF

3-35　15.8 Ω,48.7 mH,0.973,6421.8 W,1518 var,6600 VA

3-36　1,4840 W,0,4840 VA,155.6 $\underline{/-165^\circ}$ V

3-37　23.75 kVA

第 4 章

4-1　44 A,220 V

4-2　44 $\underline{/-53.1^\circ}$ A,27.5$\underline{/-120^\circ}$ A,11 $\underline{/120^\circ}$ A,50 $\underline{/-81.8^\circ}$ A

4-3　25.3 A,43.8 A

4-4　（1）1.73 A,3.8 $\underline{/-66.9^\circ}$ A,3 $\underline{/165^\circ}$ A,4.7 $\underline{/-9.6^\circ}$ A,3.5 $\underline{/-93.9^\circ}$ A,6.13 $\underline{/135.7^\circ}$ A

　　　（2）1.73 A,3.8 $\underline{/-66.9^\circ}$ A,0,1.73 A,3.5 $\underline{/-93.9^\circ}$ A,3.8 $\underline{/113.1^\circ}$ A

4-5　（1）13.6 A,108.8 V,272 V　（2）59.3 A,47.5 A,19 A,0,380 V,380 V

4-6　23.94 $\underline{/8.8^\circ}$ A,27.3 $\underline{/-150^\circ}$ A,10 $\underline{/90^\circ}$ A

4-7　（1）44 A,17376 W　（2）131.6 A,51984 W

4-8　40 A

　　　△连接时:17100 W,9873 var,19745 VA;　Y 连接时:5700 W,3290 var,6582 VA

4-9　5.9 A

4-10　（1）31.7 A,18.3 A　（2）24.25 A,14 A,0.79

4-11　43.5 A,49.9 A,30 A,16500 W

4-12　（1）$10\angle -60^\circ$ A,-10 A,$10\angle 60^\circ$ A,5716 W

　　　（2）$10\angle 60^\circ$ A,$20\angle -120^\circ$ A,$10\angle 60^\circ$ A,5716 W

4-13　（1）$15\angle 0^\circ$ A,$15\angle -120^\circ$ A,$15\angle 120^\circ$ A,8573.7 W

　　　（2）$\dot{U}_{Am}=330\angle 30^\circ$ V,$\dot{I}_B=7.5\sqrt{3}\angle -90^\circ \approx 13\angle -90^\circ$ A

第 5 章

5-1　$1.2\sqrt{2}\sin\omega t+0.8\sqrt{2}\sin(3\omega t+30^\circ)+0.15\sqrt{2}\sin(5\omega t+75^\circ)+0.1\sqrt{2}\sin(7\omega t+49^\circ)$ A,1.45A

5-2　$3.18+0.993\sin(\omega t-141.4^\circ)$ V,0.312

5-3　$2+0.41\sin(5t-168.2^\circ)+0.26\sin(4t-165.1^\circ)$ A

5-4　$0.713\sin(\omega t+85.5°)+3\sin3\omega t+0.39\sin(5\omega t-60.7°)$ A,2.19 A

5-6　$40+4.2\sin(\omega t+3.64°)+0.89\sin(2\omega t+1.82°)$ V,20.06 mA

5-7　$f=200$ Hz 时:4.65 μA,4.65 mV；　$f=2000$ Hz 时:4.996 μA,4.996 mV

5-9　$\omega_0=\dfrac{1}{RC}$

5-11　(1) 184.6 pF　(2) 153.9　(3) 154 mV,0.125 mA

5-12　159.2 Hz,100,0.1 A,141 V

5-13　$L=\dfrac{1}{9}$ H,$C=\dfrac{1}{49}$ F 或 $L=\dfrac{1}{49}$ H,$C=\dfrac{1}{9}$ F

5-15　465.3 kHz,114,39 kΩ

5-16　$[1+0.6\sqrt{2}\cos(\omega t-90°)+0.3\sqrt{2}\cos(2\omega t-90°)]$ A

　　　$0.45\sqrt{2}\cos(\omega t-90°)$ A,$[60+45\sqrt{2}\cos(\omega t+180°)]$ V

　　　1.2 A,0.45 A,75 V

5-17　10 μF,1.25 μF

第6章

6-1　(a) 2 A,−4 V；　(b) $-\dfrac{2}{3}$ A,$-\dfrac{4}{3}$ V

6-2　(a) $i(0_+)=1.4$ A,$i_1(0_+)=0.8$ A,$i_2(0_+)=0.6$ A

　　　(b) $i(0_+)=3$ A,$i_L(0_+)=4$ A,$i_C(0_+)=-1$ A

6-3　(1) 50 kΩ,200 μF;(2) $100e^{-0.1t}$ V$(t>0)$

6-4　$10e^{-0.5t}$ V$(t>0)$,$0.5e^{-0.5t}$ A$(t>0)$

6-5　$3e^{-5t}$ V$(t>0)$,$-0.5e^{-5t}$ mA$(t>0)$

6-6　$10(1-e^{-25t})$ V$(t>0)$,$10e^{-25t}$ V$(t>0)$

6-7　$9(1-e^{-\frac{t}{3}})$ V$(t>0)$,$(0.25+0.75e^{-\frac{t}{3}})$ A$(t>0)$

6-8　$4(1-e^{-10t})$ V$(t>0)$,$(8+2e^{-10t})$ V$(t>0)$

6-9　$(3+3e^{-333.3t})$ V$(t>0)$

6-10　$(10-8e^{-\frac{t}{2}})$ V$(t>0)$

6-11　$(8-4e^{-0.1t})$ V$(t>0)$,$(0.4-0.1e^{-0.1t})$ A$(t>0)$

6-12　$(6-3e^{-\frac{t}{2}})$ V$(t>0)$,$(2-0.25e^{-\frac{t}{2}})$ A$(t>0)$

6-13　$(-6+16e^{-\frac{t}{4}})$ V$(t>0)$,$(0.4+1.6e^{-\frac{t}{4}})$ A$(t>0)$

6-14　$(4+2e^{-0.5t})$ V$(t>0)$,$\dfrac{1}{3}(2-e^{-0.5t})$ A$(t>0)$

6-15　$(11-6e^{-\frac{t}{3}})$ V$(t>0)$,$(-1+e^{-\frac{t}{3}})$ A$(t>0)$

6-16　$u_o(t)=\begin{cases}(4+4e^{-1000t})\text{ V}&0<t<4\text{ ms}\\-12e^{-2000(t-4\times10^{-3})}\text{ V}&t>4\text{ ms}\end{cases}$

6-17　$u_C(t)=\begin{cases}2(1-e^{-500t})\text{ V}&0<t<10\text{ ms}\\{[4-2e^{-333.3(t-0.01)}]}\text{ V}&t>10\text{ ms}\end{cases}$

6-19　$i_L(t)=2(1-e^{-2t})$ A$(t>0)$,$i_1(t)=(2-\dfrac{2}{3}e^{-2t})$ A$(t>0)$,$i_2(t)=\dfrac{4}{3}e^{-2t}$ A$(t>0)$

6-20　$(0.75+0.25e^{-20t})$ A$(t>0)$,$(0.375-0.125e^{-20t})$ A$(t>0)$

6-21　$(4-6e^{-2.5t})$ A$(t>0)$,$(6-4e^{-2.5t})$ A$(t>0)$

6-22 $(2.5+0.5e^{-3t})$A$(t>0)$,$(-1+0.25e^{-3t})$A$(t>0)$

6-23 $(1+0.5e^{-2t})$A$(t>0)$,$\left(\dfrac{4}{3}-\dfrac{1}{3}e^{-2t}\right)A(t>0)$

6-24 $(0.6+0.067e^{-50t})$A$(t>0)$

6-25 $(30-12e^{-\frac{500}{3}t})V(t>0)$,$(5-e^{-3\times10^3 t})A(t>0)$

6-26 $(4+5e^{-0.5t})$V$(t>0)$,$(3-0.5e^{-4t})$A$(t>0)$

6-27 $(14e^{-2t}-10e^{-3t})$V$(t>0)$

6-28 $11.56e^{-5000t}\cos(8660t+120°)V(t>0)$

6-29 $(14.4-2.4e^{-t/4})$V,$t>0$;$(-1.8-0.12e^{-t/4})$A,$t>0$

6-30 $(2+e^{-5t})$A,$t>0$;$-e^{-5t}$A,$t>0$

6-31 $(4-1.5e^{-2t})$A,$t>0$;$(2+0.6e^{-2t})$A,$t>0$

第7章

7-1 3.17 A;5.16 A

7-2 1.2 A;0.375 A

7-3 5×10^5/H、7.96×10^6/H;600 A、9550 A;10150 A

7-4 10892 A

7-5 600 匝,0.39 A

7-6 220 V

7-7 0.114,12.5 Ω、109.3 Ω

7-8 0.182 A、1.11 A

7-9 43.5、8.6%、0.0791

7-10 26.1、8.33/217.4 A;40.65 kW、47.8 kVA、4.35%

7-11 2,242 W,2.2 A,55 V

7-15 10,0.14 W;5.49 mW

7-16 380 V、220 V;220 V、220 V

7-17 6/0.4 kV、2.89/43.48 A、30 kVA

7-18 6151 V、2.37%、3905.2 kW、98.6%

7-19 1.2 A,47.8×10^3 N

7-20 6607 匝、1.28 A

第8章

8-2 $n_1=1500$ r/min,$n=1455$ r/min

8-3 第一台:4 极、0.04、2 Hz 第二台:2 极、0.0333、1.667 Hz

8-4 (1) $T_{st}=0.576T_N<0.6T_N$,不能启动。 (2) $T_{st}=0.576T_N>0.5T_N$,能启动。

8-5 220 V 时,$I_N=10.48$ A、$T_N=18.7$ N·m; 380 V 时 $I_N=6.06$ A、$T_N=18.7$ N·m

8-6 $T_{mY}=22$ N·m、$T_{stY}=18$ N·m、$S_m=0.18$

8-7 4633.6 W、0.04、86.3%、26.5 N·m

8-8 19.96 A、0.0333、65.86 N·m、105.38 N·m、131.72 N·m、139.72 A。

8-9 46.57 A、35.1 N·m、$T_{stY}=0.53T_N<T_L=0.6T_N$,但 $T_{stY}=0.53T_N>0.25T_N$,

8-10 $T_{st(0.55)}=0.484T_N$,$T_{st(0.64)}=0.655T_N$,$T_{st(0.73)}=0.85T_N$
$T_L=0.6T_N$ 时应选抽头64%挡,89.4 A、57.2 A。

8-11 (1) 90.9 A,150.79 N·m

第 10 章

10-1 1.83 A,56.8 A,54.97 A,209 V,95.5 N·m

10-3 1594 r/min,1583 r/min

10-4 82 A,990 r/min

10-5 2750 A,0.273 Ω

10-6 71.6 N·m,574 r/min

10-7 1151 r/min

10-8 11.1%,-10.5%

10-9 1529 r/min,1740 r/min

附录 A S7-200 PLC 的 5 种 CPU 模块特有的技术指标

特性	CPU221	CPU222	CPU224	CPU226	CPUX226XM
外形尺寸/mm	90×80×62	90×80×62	120.5×80×62	190×80×62	190×80×62
用户数据存储器	1024 字	1024 字	2560 字	2560 字	5120 字
用户程序存储器	2048 字	2048 字	4096 字	4096 字	8192 字
超级电容数据后备典型时间	50h	50h	190h	190h	190h
本机数字量 I/O	6 入/4 出	8 入/6 出	14 入/10 出	24 入/16 出	24 入/16 出
数字量 I/O 映像区	10	256	256	256	256
模拟量 I/O 映像区	无	16 入/16 出	32 入/32 出	32 入/32 出	32 入/32 出
可带扩展模块	无	2 个	7 个	7 个	7 个
RS-485 通信口	1	1	1	2	2
实时时钟	有(时钟卡)	有(时钟卡)	有	有	有
内置高速计数器（每个 30kHz）	4 个	4 个	6 个	6 个	6 个
模拟量调节电位器(8 位分辨率)	1 个	2 个	2 个	2 个	2 个
DC24 V 电源 CPU 输入电流/最大负载	70 mA/600 mA	70 mA/600 mA	120 mA/900 mA	150 mA/1050 mA	150 mA/1050 mA
AC240 V 电源 CPU 输入电流/最大负载	25 mA/180 mA	25 mA/180 mA	35 mA/220 mA	40 mA/160 mA	40 mA/160 mA
55℃时公共端输出电流总和(水平安装)	3A（DC） 6A（AC）	4.5A（DC） 6A（AC）	3.75A（DC） 8A（AC）		

附录 B　S7-200 PLC 的特殊存储器(SM)标志位及功能

SM 位	功　　能
SM0. 0	此位始终为 1
SM0. 1	首次扫描时为 1,以后为 0,可用于调用初始化子程序
SM0. 2	如果断电保存的数据丢失,此位在一个扫描周期中为 1。可用作错误存储器位或用来调用特殊启动顺序功能
SM0. 3	开机后进入 RUN 方式,该位将进入一个扫描周期。可用于启动操作之前给设备提供预热时间
SM0. 4	此位提供高低电平各 30 s,周期为 1 min 的时钟脉冲
SM0. 5	此位提供高低电平各 0.5 s,周期为 1 s 的时钟脉冲
SM0. 6	此位为扫描时钟,本次扫描时为 1,下次扫描时为 0,可用作扫描计数器的输入
SM0. 7	此位指示工作方式开关的位置,0 为 TERM 位置,1 为 RUN 位置。开关在 RUN 位置时,该位可使自由端口通信模式有效,转换至 TERM 位置时,可与编程设备正常通信

附录 C　S7-200 PLC 的比较指令

语句表	
LDBx　N1，N2	装载字节比较的结果 N1(x：<、<=、=、>= ，>、<>)N2
ABx　N1，N2	与字节比较的结果 N1(x：<、<=、=、>= ，>、<>)N2
OBx　N1，N2	或字节比较的结果 N1(x：<、<=、=、>= ，>、<>)N2
LDWx　N1，N2	装载字比较结果 N1(x：<、<=、=、>= ，>、<>)N2
AWx　N1，N2	与字比较结果 N1(x：<、<=、=、>= ，>、<>)N2
OWx　N1，N2	或字比较结果 N1(x：<、<=、=、>= ，>、<>)N2
LDDx　N1，N2	装载双字比较结果 N1(x：<、<=、=、>= ，>、<>)N2
ADx　N1，N2	与双字比较结果 N1(x：<、<=、=、>= ，>、<>)N2
ODx　N1，N2	或双字比较结果 N1(x：<、<=、=、>= ，>、<>)N2
LDRx　N1，N2	装载实数比较结果 N1(x：<、<=、=、>= ，>、<>)N2
ARx　N1，N2	与实数比较结果 N1(x：<、<=、=、>= ，>、<>)N2
ORx　N1，N2	或实数比较结果 N1(x：<、<=、=、>= ，>、<>)N2

本书教学视频目录

章　　名	二维码编号	教学视频内容
第1章 电路的基本概念与基本定律	1.1	电路和电路模型
	1.2	电路的基本物理量及其参考方向
	1.3	电阻元件
	1.4	独立源
	1.5	基尔霍夫定律
	1.6	电位的计算
	1.7	非独立源——受控源
第2章 电路的分析方法	2.1	电阻的等效变换
	2.2	理想电源的等效变换
	2.3	实际电源的等效变换
	2.4	支路电流法
	2.5	网孔电流法
	2.6	节点电压法
	2.7	叠加定理
	2.8	戴维南定理
	2.9	诺顿定理
	2.10	负载的最大功率传输
	2.11	等效电阻求取例题
	2.12	简单电路计算、电源等效变换例题
	2.13	叠加定理、戴维南定理例题
	2.14	含受控源电路的计算例题
	2.15	含受控源电路、含非线性电阻电路分析例题
第3章 正弦交流电路	3.1	正弦交流电的基本概念
	3.2	正弦量的相量表示法
	3.3	正弦交流电路中的电阻元件
	3.4	正弦交流电路中的电感元件
	3.5	正弦交流电路中的电容元件
	3.6	阻抗与导纳、基尔霍夫定律的相量形式
	3.7	阻抗与导纳的串联和并联
	3.8	复杂正弦交流电路的分析与计算
	3.9	正弦交流电路的功率
	3.10	功率因数的提高
	3.11	简单正弦交流电路分析、相量图辅助分析例题
	3.12	相量图辅助正弦交流电路分析例题

章　名	二维码编号	教学视频内容
第4章 三相交流电路	4.1	三相交流电源
	4.2	三相负载的星形连接
	4.3	三相负载的三角形连接
	4.4	三相电路的功率
	4.5	对称三相电路分析、对称三相负载与单相负载结合的电路分析例题
	4.6	戴维南定理用于分析不对称三相电路例题
第5章 电路的频率特性	5.1	非正弦周期电流电路的基本概念及计算
	5.2	非正弦周期量的有效值
	5.3	RC 串/并联电路的频率特性
	5.4	RLC 串联电路的频率特性及谐振曲线
	5.5	RLC 串联电路的谐振及其特点
	5.6	GCL 并联电路的谐振及其特点
	5.7	RL 串联与 C 并联电路的谐振、电抗网络的谐振
	5.8	非正弦周期电流电路与谐振概念结合的电路分析例题1
	5.9	非正弦周期电流电路与谐振概念结合的电路分析例题2
	5.10	电路的谐振与非正弦周期电流电路分析例题
第6章 电路的暂态分析	6.1	一阶电路与初始值的确定
	6.2	RC 放电电路及时间常数
	6.3	RL 电路的放磁过程
	6.4	RC 充电电路及时间常数
	6.5	RL 电路的充磁过程
	6.6	一阶电路的完全响应
	6.7	一阶电路的三要素法
	6.8	一阶电路的三要素法、开关两次动作的一阶电路分析例题
	6.9	二阶电路分解为两个一阶电路的处理方法及其他例题
第7章 磁路与变压器	7.1	磁路基本知识
	7.2	交流铁心线圈
	7.3	变压器的作用与原理
	7.4	变压器的使用
	7.5	含变压器电路的分析例题
第8章 异步电动机	8.1	三相异步电动机的结构
	8.2	三相异步电动机的转动原理
	8.3	三相异步电动机的电磁转矩与机械特性
	8.4	三相笼形异步电动机的启动与铭牌数据
	8.5	旋转磁场的图示分析方法例题
第9章 继电-接触器控制	9.1	几种常见的低压电器
	9.2	三相异步电动机直接启动控制线路
	9.3	三相异步电动机的正反转控制
	9.4	继电—接触器控制线路的设计例题

参 考 文 献

1　秦曾煌．电工学(第七版,上册)．北京:高等教育出版社,2009

2　唐介．电工学(少学时)．北京:高等教育出版社,2010

3　王永华．现代电器及可编程控制器技术．北京:北京航空航天大学出版社,2008

4　廖常初．PLC 编程及应用．(第 5 版)．北京:机械工业出版社,2019

5　SIEMENS 公司．S7-200 可编程控制器系统手册,2002

6　王树民．电路原理试题选编(第二版)．北京:清华大学出版社,2008

7　汪建．电路原理教程．北京:清华大学出版社,2017

8　黄锦安．电路(第 2 版)．北京:高等教育出版社,2023

反侵权盗版声明

　　电子工业出版社依法对本作品享有专有出版权。任何未经权利人书面许可,复制、销售或通过信息网络传播本作品的行为;歪曲、篡改、剽窃本作品的行为,均违反《中华人民共和国著作权法》,其行为人应承担相应的民事责任和行政责任,构成犯罪的,将被依法追究刑事责任。

　　为了维护市场秩序,保护权利人的合法权益,本社将依法查处和打击侵权盗版的单位和个人。欢迎社会各界人士积极举报侵权盗版行为,本社将奖励举报有功人员,并保证举报人的信息不被泄露。

举报电话:(010)88254396;(010)88258888

传　　真:(010)88254397

E-mail: dbqq@ phei. com. cn

通信地址:北京市海淀区万寿路 173 信箱

　　　　　电子工业出版社总编办公室

邮　　编:100036